经典实例学设计
SolidWorks 2014 从入门到精通

蔡明京　谢龙汉　等编著

机械工业出版社

本书是基于 SolidWorks 2014 中文版编写的，共 10 章，内容包括 SolidWorks 软件的基本知识、草图的绘制、零件特征建模、曲面造型、装配体设计、动画和运动仿真、有限元分析、工程图制作、参数化设计以及二级齿轮减速箱的设计。

本书中的章节以"实例·知识点→要点·应用→能力·提高→习题·巩固"为讲解过程，首先通过若干个实例操作引出知识点，然后对 SolidWorks 的基础知识、功能及命令进行全面的讲解。在讲解中结合大量的工程实例，力求紧扣操作、语言简洁、形象直观，避免冗长的解释说明，使读者能够快速了解 SolidWorks 2014 软件的使用方法和进行三维设计的具体操作步骤。

本书追求实例详实、语言简洁、知识点讲解全面和功能层次递进。书中配有全程操作动画，包括详细的功能操作讲解和实例操作过程讲解，读者可以通过观看动画来学习。

本书具有操作性强，指导性强，语言简洁的特点。可作为 SolidWorks 软件初学者的入门和提高的学习教程，或者作为各大中专院校教育、培训机构的 SolidWorks 教材，也可供从事产品造型设计等工作的人员参考。

图书在版编目（CIP）数据

经典实例学设计：SolidWorks 2014 从入门到精通 / 蔡明京等编著. —北京：机械工业出版社，2014.6

ISBN 978-7-111-47274-2

Ⅰ. ①经… Ⅱ. ①蔡… Ⅲ. ①计算机辅助设计—应用软件 Ⅳ. ①TP391.72

中国版本图书馆 CIP 数据核字（2014）第 148147 号

机械工业出版社（北京市百万庄大街 22 号　邮政编码 100037）
责任编辑：李馨馨　　责任校对：张艳霞
责任印制：李　洋

北京宝昌彩色印刷有限公司印刷

2014 年 10 月第 1 版·第 1 次印刷
184mm×260mm·31.25 印张·777 千字
0001—3000 册
标准书号：ISBN 978-7-111-47274-2
　　　　　ISBN 978-7-89405-520-0（光盘）
定价：79.90 元（含 1DVD）

前　言

计算机辅助设计软件已经成为研究人员和工程师必不可少的工具，但是，计算机辅助设计软件都是包含了繁杂的功能，而大多数的工作只需要一些常用的功能即可实现。所以，如果把所有功能都堆积到书中，那么只会浪费读者的宝贵时间。与此同时，软件作为一种工具，其实质在于操作，如果只是单纯讲解功能和知识点，读者难以快速掌握软件的操作，因此，有必要结合实例操作来介绍软件的使用。

SolidWorks 软件是世界上第一个基于 Windows 开发的三维 CAD 系统，它具有功能强大、易学易用和技术创新等特点。作为市场上领先的、主流的三维 CAD 解决方案，SolidWorks 能够提供不同的设计方案、减少设计过程中的错误以及提高产品质量。正因为 SolidWorks 操作简单方便、易学易用，它成为了工程人员和研究者有力的设计工具。SolidWorks 2014 是目前 SolidWorks 软件的最新版本。

本书结合大量的工程实例，利用 SolidWorks 2014 对三维设计所需的相关知识点、设计方法和操作步骤等进行了讲解，并以全程视频讲解的方式进行了全方位的教学。

本书的特色

本书通过大量的典型实例的操作步骤，对 SolidWorks 2014 的常用功能及命令进行了详细介绍。在操作步骤中力求紧扣操作、语言简洁、形象直观，避免冗长的解释说明，使读者能够快速了解使用 SolidWorks 2014 软件进行三维设计的方法和具体操作步骤。

经典工程实例。模仿实例操作是掌握软件使用的快捷方法，本书中收集了大量经典的工程实例，全面地展示了 SolidWorks 2014 的功能和知识点，读者通过学习经典的工程实例，就可以了解到 SolidWorks 2014 软件的基本功能，同时还能够掌握利用三维软件进行设计的方法。

视频教学。将功能讲解、实例讲解等全部内容，按照上课教学的形式录制成多媒体视频，让读者如临教室，学习效果更好。读者有时候甚至可以抛开书本，直接观看视频，这样学习起来比较轻松。还有，读者可以按照书中列出的视频路径，从光盘中打开相应的视频进行学习观看。视频包含了语音讲解，读者可以使用暴风影音、Windows Media Player 等常用播放器进行观看。

本书内容

本书共 10 章，分别为 SolidWorks 2014 概述、草图的绘制、零件特征建模、曲面造型、装配体设计、动画和运动仿真、有限元分析、工程制图、参数化设计以及二级齿轮减速箱的设计，每个章节中包含大量图片，形象直观，便于读者模仿操作和学习。随书另附有光盘，包含本书的全部教学视频及实例讲解的*.sldprt、*.sldasm 或*.slddrw 文件，以方便读者自学。

第 1 章主要介绍了 SolidWorks 2014 的一些基本知识和基本操作。通过本章的学习，读者能够了解 SolidWorks 的基本操作流程。

第 2 章主要介绍了 SolidWorks 草图绘制的方法。通过本章的学习，希望读者能够熟练掌握绘制草图的方法，可以绘制出比较复杂的二维草图以及基本的三维草图。

第 3 章主要介绍了零件建模的一些方法和技巧。通过本章的学习，希望读者能够熟练地建立三维零件的模型，并能够设计出具有复杂特征的零件。

第 4 章主要介绍了曲面的生成方法和技巧。通过本章的学习，希望读者能够熟练掌握基本曲面的生成方法和技巧，并能够设计出一些复杂的曲面。

第 5 章主要介绍了装配体的设计方法和技巧。通过本章的学习，希望读者能够很好地掌握基本的装配体设计方法。

第 6 章主要介绍了有限元分析。通过本章的学习，希望读者能够较好地对零件进行静力学和模态分析，并能够根据分析的结果对零件进行优化设计。

第 7 章主要介绍了动画和运动仿真。通过本章的学习，希望读者能够掌握几种动画的生成方法和基本的运动仿真操作，并且能够对运动仿真的图解进行分析和解读。

第 8 章主要介绍了工程图的绘制。通过本章的学习，希望读者能够掌握 SolidWorks 工程图的生成方法和技巧，并能够根据 GB 的要求绘制出符合 GB 标准的工程图。

第 9 章主要介绍了参数化设计的方法。通过本章的学习，读者能够利用参数化方法，快速地设计系列零件。

第 10 章主要介绍了二级齿轮减速器的设计。通过本章的学习，希望读者能够掌握二级减速箱的设计流程及方法，同时能够在设计的过程中了解实际工程的设计方法。

本书读者对象

本书具有操作性强，指导性强，语言简洁的特点。可作为 SolidWorks 2014 软件初学者、中级读者的入门和提高的学习教程，或者作为各大中专院校教育、培训机构的 SolidWorks 2014 实例教材，也可供从事产品造型设计及模具设计等工作的人员参考。

学习建议

建议读者按照图书编排的前后次序学习本书。从第 1 章开始，首先请读者浏览一下本章所要讲述的内容，然后按照书中所讲的操作步骤进行操作，相关的实例都配备有视频，如果在学习过程中遇到操作困难的地方，可以观看该部分的视频。对于实例操作部分，建议读者首先根据书中的操作步骤直接动手进行操作，完成后再观看视频以加深印象，并纠正自己动手操作中所遇到的问题。

本书主要由蔡明京完成，参与本书编写和光盘开发的人员还有谢龙汉、林伟、魏艳光、林木议、王悦阳、林伟洁、林树财、郑晓、吴苗、苏杰汶、徐振华、庄依杰、卢彩元等。感谢您选用本书进行学习，请把您对本书的意见和建议告诉我们，电子邮件：tenlongbook@163.com，祝您学习愉快。

作　者
2014 年 3 月

目　录

第 1 章　SolidWorks 2014 概述

众所周知，高效的无纸化设计已经是现代工业快速发展的要求。以 CAD/CAE/CAM 为基础的计算机辅助设计、分析和制造软件成为取代二维设计的工具。三维设计软件以其高效性、高准确率和高精度成为当今工程设计和开发人员的主流工具。作为优秀的 CAD 软件，SolidWorks 备受瞩目。SolidWorks 三维实体建模软件是美国 SolidWorks 公司的产品，第一个 SolidWorks 版本于 1995 年推出。如今 SolidWorks 软件已经历十多年的发展历程，版本不断更新，功能日益强大，本书所介绍的 SolidWorks 2014 是该公司推出的第 22 个版本软件。功能强大、易学易用和技术创新是 SolidWorks 的三大特点，这使得 SolidWorks 成为领先的、主流的三维 CAD 解决方案。作为世界上第一个基于 Windows 开发的三维 CAD 软件，SolidWorks 提供了强大的零件建模、装配建模、钣金建模、管道设计、二维制图等设计功能和良好的第三方软件接口，具有出色的技术和市场表现，不仅成为 CAD 行业一颗耀眼明星，也成为华尔街青睐的对象。1997 年，法国达索公司以 3.1 亿的高额市值将 SolidWorks 全资并购。并购后，SolidWorks 以原来的品牌和管理技术队伍继续独立动作，成为 CAD 行业一家高素质的专业化公司。

本书介绍的 SolidWorks 2014 软件是 SolidWorks 公司最新推出的产品，该版本在多次改进的基础上，具有更加强大的绘图功能，简单易学，绘图效率也大幅提高，可帮助工程师和设计者提高在行业的竞争力，从而促进工业界三维设计的发展，加快了整个行业的前进步伐。

本讲主要内容

- ❏ SolidWorks 工作界面
- ❏ SolidWorks 文件操作
- ❏ SolidWorks 设计特征树
- ❏ SolidWorks 鼠标操作方法

1.1　工作界面

为了提高用户的操作效率、增强软件的方便性，SolidWorks 提供了友好而全面的动态操作界面。SolidWorks 的操作界面具有智能、直观、友好、易用、高效等特性。

1.1.1　SolidWorks 操作界面特性

（1）动态操作和显示

SolidWorks 提供了一套完整的动态界面和鼠标拖动控制，全动感用户界面使设计过程变得非常轻松：SolidWorks 中的动态控标用不同的颜色及说明提醒设计者目前的操作，可以使设计者清楚现在做什么；标注可以使设计者在图形区域就给定特征的有关参数；鼠标确认以及丰富的右键菜单使得设计零件非常容易；建立特征时，无论鼠标在什么位置，都可以快速确定特征建立。SolidWorks 还提供了鼠标手势操作，可以快速地完成常用的操作。直观易用的操作界面，使用户可以很方便地完成各种操作，大大提高了设计效率。

（2）界面直观友好

SolidWorks 是基于 Windows 系统开发的 CAD 软件，利用 Windows 的资源管理器或 SolidWorks Explorer 可以直观地管理 SolidWorks 文件，而且 SolidWorks 还全面采用 Windows 系统的技术，可以直接对零件和特征进行剪切、复制、粘贴等操作。SolidWorks 中的 Feature Manager 设计树、Property Manager、Configuration Manager 可以让设计人员直观地查看文件的特征组成、属性以及配置的情况。直观而友好的操作界面，大大提高了 SolidWorks 软件的易用性。

（3）丰富快捷菜单

在 SolidWorks 中，用户有时只需利用快捷菜单，就可以完成大部分的操作。SolidWorks 为用户提供了丰富而实用的快捷菜单，用户只需要通过单击左键或者右键就能调用出快捷菜单，从而快速完成操作。甚至为了更好地满足用户的个性化要求，SolidWorks 还能允许用户对快捷菜单进行自定义设置。

（4）智能化

SolidWorks 为了提高软件的易用性，设计了智能化的引导界面。很多较为复杂的操作，例如有限元分析、渲染等，都可以通过 SolidWorks 提供的引导步骤来完成操作，这样一来，复杂的操作就简单化了。而且，SolidWorks 能够智能地对草图进行诊断，帮助用户找到错误。

1.1.2　SolidWorks 工作界面

SolidWorks 的工作界面如图 1-1 所示，其工作界面包括菜单栏、标准工具栏、管理器、绘图区和状态工具栏。

（1）菜单栏

菜单栏包含了标准工具栏所具备的所有功能，通过菜单栏的命令按钮，用户能够完成绝大部分的操作。一般情况下，SolidWorks 菜单栏是默认隐藏起来的，当用户把光标移动到菜单栏左边的下拉按钮处时，菜单栏会自动出现，如需要固定住菜单栏，让它处于一直可见状态，则单击菜单栏右侧的 "⚲" 即可，如图 1-2 所示。

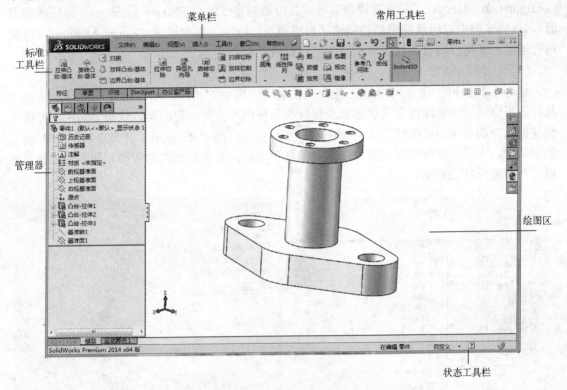

图 1-1   SolidWorks 工作界面

图 1-2   展开和固定菜单栏

（2）常用工具栏

常用工具栏包括了新建文件、打开文件、保存文件、打印文件、撤销操作、重建模型、选项设置等各个模块都通用的命令。单击这些命令图标右侧的下拉按钮符号，可以扩展显示出其他附加的命令，如图 1-3 所示。

（3）标准工具栏

标准工具栏包含了某一类型操作大多数的命令，而且SolidWorks 以命令的使用频率来合理布置每一个命令的位置，以方便用户的操作，使用户可以快速完成每一个操作。

图 1-3   扩展附加命令

标准工具栏中同一类型的命令以选项卡的方式放置在一起，用户可以通过单击某一选项卡来显示该类型的命令。如需添加选项卡，在某一选项卡上单击右键，选择需要添加的选项卡即可，如图 1-4 所示。

（4）管理器

管理器包含 Feature Manager（特征树管理器）、Property Manager（属性管理器）和 Configuration Manager（配置管理器）等。其中最为重要的是 Feature Manager（特征树管理器），该管理器中以树状逻辑结构列出了组成模型的特征，用户通过 Feature Manager（特征树管理器）就可以很直观地了解模型的特征组成结构。

（5）状态工具栏

状态工具栏用于显示用户正在查看或者编辑的模型的状态。用户绘制草图时，状态工具栏还可以显示出草图的定义状态以及鼠标的坐标值，值得一提的是，状态工具栏还提供了快速提示帮助命令。单击状态工具栏中的图标按钮，则 SolidWorks 会弹出如图 1-5 所示的对话框，为用户进行引导式帮助，这对于新手来说，无疑有极大的帮助。如需关闭该对话框，再单击一次即可。

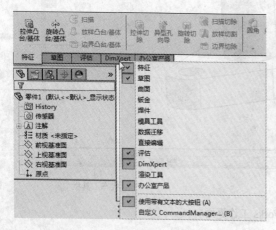

图 1-4　添加选项卡

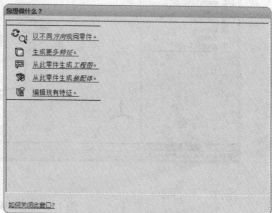

图 1-5　快速提示帮助

（6）绘图区

绘图区占了整个屏幕的大部分空间，是用户完成模型建立的区域。该区域上有显示特性栏和任务窗口，可以帮助用户快速地完成模型的建立。

1.2　文件操作

SolidWorks 对文件的操作方法与 Windows 类似，其新建文件、保存文件等操作与在 Windows 中的操作一样。

1.2.1　新建文件

首先双击桌面图标，打开 SolidWorks 软件，会出现如图 1-6 所示的初始界面。在该界面的常用工具栏中，单击新建文件图标或者单击菜单栏"文件"→"新建"，弹出如图 1-7 所示的"新建 SolidWorks 文件"对话框，该对话框中有"零件""装配体"和"工程图"三种文件类型，分别单击这三个图标即可建立相应的新文件。

图 1-6   SolidWorks 初始界面

图 1-7   "新建 SolidWorks 文件"对话框

图 1-7 所示对话框适合于初学者,对于一些有特定目的的用户,可以单击图 1-7 左下角的"高级"按钮,则变成图 1-8 所示的对话框,该对话框中可以允许用户新建一个具有模板的文件,根据模板可以更加快速地完成具有特定格式的模型,例如,某企业需要绘制含有企业标准的工程图,可以将企业的标准设定成模板,新建文件时采用该模板,则可以大大提高设计效率。

如要返回适合初学者的新建文件对话框,只需要在图 1-8 的左下角单击"新手"按钮即可。

1.2.2   保存文件

SolidWorks 保存文件的操作比较简单,只需要在常用工具栏中单击图标"📰"或者选择菜单栏中的"文件"→"保存"命令,即可保存文件。如需把文件另存为其他格式,则单击图标

"■"右侧的下拉按钮，选择"另存为"，然后选择要保存的格式即可。SolidWorks 具有很丰富的数据转换接口，转换成功率很高，可以把 SolidWorks 文件输出为几乎所有 CAD 软件的输入格式。SolidWorks 支持的标准有：IGES、DXF、DWG、SAT（ACSI）、STEP、STL、ASC 或二进制的 VDAFS、VRML、Parasolid 等，且与 CATIA、Pro/Engineer、UG、MDT、Inventor 等设有专用接口。

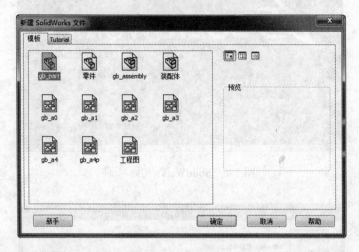

图 1-8　单击"高级"按钮后的"新建 SolidWorks 文件"对话框

1.3　设计特征树

SolidWorks 设计特征树用于展示文件结构关系，用户通过设计特征树就可以直观地了解到该文件的组成结构。

1.3.1　设计特征树概述

设计特征树位于软件窗口的左侧，展示了零件、装配体和工程图的结构大纲。在零件文件中，包含了注解、材质、基准面和特征；在装配体文件中，它包含了注解、基准面、零部件和配合；而在工程图文件中，它包含了注解和图纸。设计特征树中所包含的特征、零部件、配合和图纸都是按照建立的时间先后顺序排列的，因此，可以通过退回控制棒来一步步查看模型的建立步骤。

当然，设计特征树并非仅仅提高了展示文件结构的功能，它的存在还方便用户进行以下操作：

● 按照模型的建立步骤快速选择多个项目。

● 快速显示特征的尺寸。用户可以通过双击特征的名称以显示特征的各个尺寸。

● 对项目重命名。用户可以在某一项目上缓慢单击两次以选择其名称，然后重新为其命名。

● 压缩和解除压缩零件特征、装配体零部件和配合。

● 用右键单击特征，然后选择父子关系以查看父子关系。

1.3.2　SolidWorks 的文件组成系统

SolidWorks 是以草图为基础的，大多数特征都需要在一个或者一个以上的草图上面建立，若干个特征组成一个零件，而装配体又由若干个零件组成，最后工程图是在零件或者装配体的基础上生成的。SolidWorks 中，草图、特征、零件、装配体和工程图是有关联的，例如，修改零件中的特征时，包含有该零件的装配体会自动更改，更新到最新的特征，而包含该零件的工程图也如此。而且，草图和特征都是由尺寸驱动的，建立好某一特征后，通过修改其驱动尺寸，重建模型后就可以显示出新的形状。SolidWorks 的文件组成系统如图 1-9 所示。

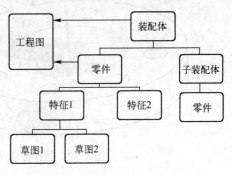

图 1-9　SolidWorks 文件组成系统

（1）草图

SolidWorks 中草图是 3D 模型的基础，草图有 2D 草图和 3D 草图两种，2D 草图较为常用。绘制 2D 草图时，必须在某一草图基准面上绘制，该草图基准面可以是参考基准面，也可以是模型特征上的平面（曲面不可以作为草图基准面）。而 3D 草图无需任何基准面也可以建立，但是有时利用基准面来进行定位，往往会取得很好的效果。2D 和 3D 草图分别如图 1-10 和图 1-11 所示。

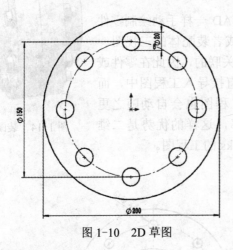

图 1-10　2D 草图

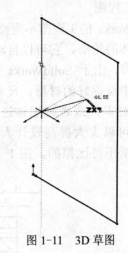

图 1-11　3D 草图

（2）特征

特征是各种单独的形状，各个形状组合起来就成为一个独立的零件。而这里的组合可以是相加或者相减。每一个零件都需要由若干个特征组合起来，因此，特征就是 SolidWorks 零件的基础。SolidWorks 有拉伸、旋转、放样、扫描、圆角、倒角、抽壳、拔模等几十种特征。图 1-12 中的凸台就是法兰中的拉伸特征。

（3）零件

SolidWorks 零件是由若干个特征组成的模型，它有两种生成方式，一种是用户通过一个个特征组合起来，另外一种是用户直接在 SolidWorks 提供的标准零件库（Toolbox）中通过设置定义零件的参数来自动生成零件。前者是一般的操作方法，后者适合于某种标准（例如国家标准 GB）所规定的标准零件的生成。SolidWorks 零件如图 1-13 所示。

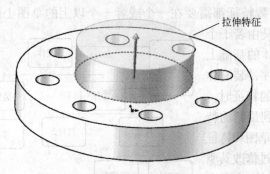

图 1-12　拉伸特征

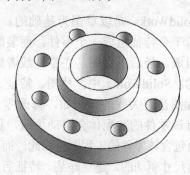

图 1-13　零件

（4）装配体

装配体由若干个零件以及它们之间的配合组成。建立装配体模型的过程，也就是利用配合来约束零件自由度的过程。在建立好装配体的模型后，用户可以对装配体进行间隙分析、干涉检查、碰撞检查、和质量的管理等操作，甚至可以对装配体的运动进行模拟仿真，以减少设计人员的开发成本，提高设计效率。图 1-14 是 SolidWorks 装配体。

（5）工程图

SolidWorks 的工程图不需要用户像 AutoCAD 一样手动绘制零件或者装配体的轮廓，它可以自动地生成零件或者装配体的三视图、剖面视图等。由于 SolidWorks 的文件之间是关联的，因此在零件或者装配体中设置好的材质、尺寸等信息可以直接导入工程图中，而且当用户对零件或者装配体进行修改时，工程图也会自动随之更改，这样可以大大提高设计人员的设计效率，这样的优势是二维设计软件所不可比拟的。图 1-15 是 SolidWorks 的工程图。

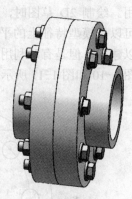

图 1-14　装配体

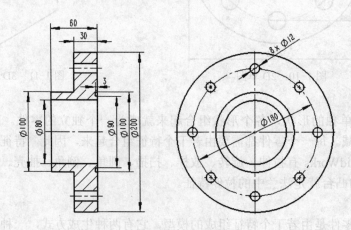

图 1-15　工程图

1.3.3 退回控制棒的使用

退回控制棒可以允许用户返回早期特征的状态，它是位于特征设计树尾部的蓝色粗实线，如图 1-16 所示，当用户把鼠标移动到特征设计树尾部的蓝色粗实线上时，鼠标光标变成手的形状，然后单击蓝色粗实线，可以将其上下拖动。当用户拖动退回控制棒到某一特征时，该特征以后的特征全部处于压缩状态，用户可以在该特征后面增加一个新的特征，当用户把退回控制棒拖动到设计特征树的尾部时，新特征的位置就会在仅次于该特征的地方。退回控制棒对于用户查看模型特征的建立步骤特别有用。

图 1-16　退回控制棒

1.4　鼠标的操作方法

在建模的过程中，需要进行大量的选择对象、调整模型视图等操作，这些操作基本可以通过鼠标来完成，下面将详细介绍这些操作。

1.4.1　选择对象

SolidWorks 选择对象的方法有很多种，一般常用的包括单选、多选、选择其他、选择环、通过设计特征树选择等方法。

1. 选择单个对象

选择单个对象的方法比较简单，只需要移动鼠标到要选择的点、线、面上，此时该对象会高亮显示出来，然后单击该对象，则该对象就被选择了，被选择的对象默认以蓝色显示出来，如图 1-17 所示。

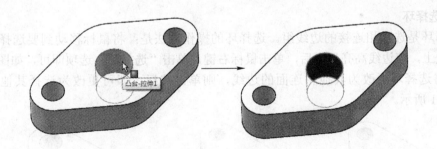

图 1-17　选择单个对象

2. 选择多个对象

选择多个对象时，一般操作方法有两种：第一种方法和选择单个对象的方法类似，即按住<Ctrl>键，然后用鼠标逐个单击要选择的对象即可；第二种方法是框选，即利用鼠标拖动出一个方框，图形全部在方框内的对象会被选择（某些线或面有一部分图形在方框外，则该对象不会被选择），如图 1-18 所示。

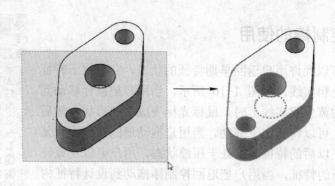

图 1-18　框选对象

3．选择其他

有时候有些面不能被看到，但是可以看到该面的一条边线，此时可以使用"选择其他"来完成对对象的选择，其操作方法是：把鼠标移动到要选择的对象的边线上，单击右键，在弹出的快捷菜单中单击 ，则会弹出一个可选对象的列表，单击列表中要选择的对象即可，如图 1-19 所示。

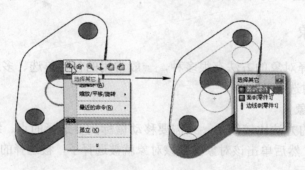

图 1-19　选择其他

4．选择环

选择环是选择相连接的边线组。选择环的操作方法是：将鼠标移动到要选择的边线组任一边线上，该边线高亮显示后，单击鼠标右键，单击"选择环"选项即可，如图 1-20 所示。要将选择环更改为其他相连面的边线，则单击控标，即可更改为选择其他面的环，如图 1-21 所示。

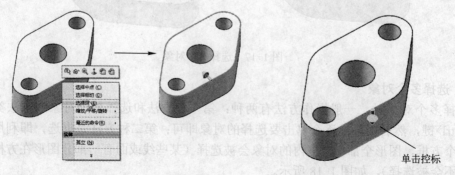

单击控标

图 1-20　选择环　　　　　　　图 1-21　更改选择其他面的环

5. 通过特征设计树选择

特征设计树以大纲的方式列出了所有的特征和基准面、基准轴等几何体，因此通过特征设计树来选择这些项目，会比较方便。通过特征设计树选择时，只需要单击被选择的对象的名字即可，如图 1-22 所示。如果需要选择多个名字排序不连续的对象，则按住〈Ctrl〉键，分别单击各个对象即可。如果要选择名字排序相连的对象，则按住〈Shift〉键，同时用鼠标单击这些对象中的第一个和最后一个即可。

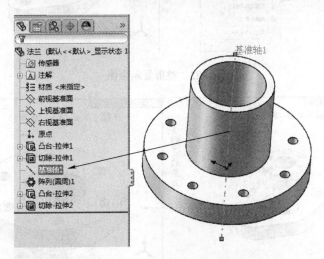

图 1-22　通过特征设计树选择

1.4.2　模型视图

在建模的过程中，用户必须对模型进行不同角度的观察，以便于确定最佳的建模方法，因此，SolidWorks 为用户提供了丰富的动态查看方式。

1. 缩放视图

缩放视图用于对模型进行放大和缩小，方便用户对模型进行观察。缩放视图有三种方式：整屏显示全图、局部放大和放大或缩小。

（1）整屏显示全图

整屏显示全图是 SolidWorks 自动把模型缩放到和屏幕适合的大小，整个模型都会随之缩放。整屏显示全图的操作方法为：选择菜单命令"视图"→"修改"→"整屏显示全图"或单击显示特征栏的"整屏显示全图 🔍"或者在绘图区域单击右键，选择"整屏显示全图 🔍"，此时 SolidWorks 会自动把整个模型缩放到适合屏幕的大小，如图 1-23 所示。

（2）局部放大

局部放大是只放大用户指定的模型区域，放大模型后，没有被选定的区域可能无法看到。局部放大的操作方法是：选择菜单命令"视图"→"修改"→"局部放大"或单击显示特征栏的"局部放大 🔍"或者在绘图区域单击右键，选择"局部放大 🔍"，此时鼠标光标变为"🔍"，再用鼠标在要放大的区域拖动出一个方框，松开鼠标，位于方框区域内的模型会放大，如图 1-24 所示。

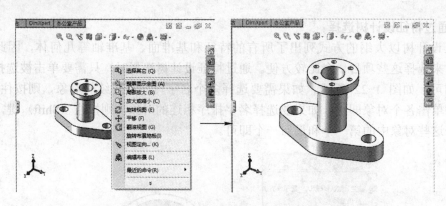

图 1-23　整屏显示全图

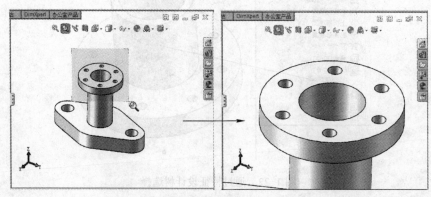

图 1-24　局部放大

（3）放大或缩小

与整屏显示全图类似，放大或缩小也是可以对模型进行放大或者缩小，但是不同的是，放大或缩小是用户手动对模型进行放大或者缩小，以更好地满足用户查看模型的需要。放大或缩小的操作放大是：单击菜单命令"视图"→"修改"→"放大或缩小"或者在绘图区域单击右键，选择"放大或缩小 $\mathcal{Q}$"，此时鼠标光标变为" $\mathcal{Q}$ "，按住鼠标左键，向上拖动鼠标时，模型会随之放大，向下拖动鼠标时，模型会缩小，如图 1-25 所示。还有一种更为方便的操作方法，就是利用鼠标中间的滑轮来对模型进行放大或缩小，向前滑动滑轮时，模型会缩小，向后滑动滑轮时，模型会放大。

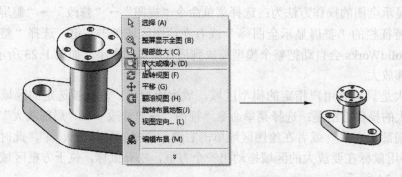

图 1-25　放大或缩小

2. 旋转视图

旋转视图让模型以某一轴为旋转轴来旋转，它能够让用户轻易地从各个角度观察模型，其操作方法是：单击菜单栏"视图"→"修改"→"旋转视图"或者在绘图区域单击右键，选择"旋转视图"，此时鼠标光标变为 ⟳，再按住鼠标左键往某一方向拖动，则模型会绕着相应的旋转轴进行旋转，如图 1-26 所示。事实上，用户按住鼠标中间拖动时，同样也可以旋转模型，这种方法较为便捷。

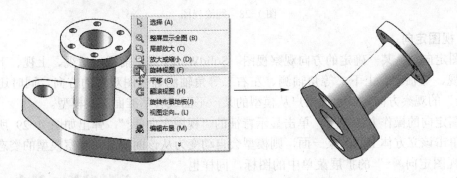

图 1-26　旋转视图

3. 平移视图

平移是把模型移动到绘图区域的其他位置，在这个过程中，观察模型的视图方向并不发生改变，也就是会所，模型不会绕着任何轴进行旋转。平移的操作方法是：选择菜单命令"视图"→"修改"→"平移"或者在绘图区域单击右键，选择"平移"，此时鼠标光标变为 ✥，再按住鼠标左键把模型拖动到合适位置即可，如图 1-27 所示。

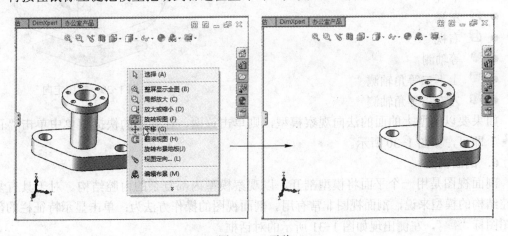

图 1-27　平移

4. 翻滚视图

翻滚视图是使模型绕着屏幕法线旋转，与旋转视图不同的是，它不能绕着屏幕法线以外的轴旋转。翻滚视图的操作方法是：选择菜单命令"视图"→"修改"→"翻滚视图"或者在绘图区域单击右键，选择"翻滚视图 ⟲"，此时鼠标光标变为"⟲"，然后按住鼠标左键左右拖动，模型就会以不同的方向旋转，如图 1-28 所示。

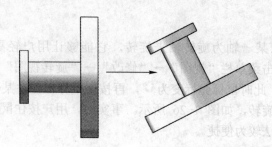

图 1-28　翻滚视图

5．视图定向

视图定向是从某一确定的方向观察视图。SolidWorks 提供前视、后视、上视、下视、左视、右视、等轴测、上下二等角轴测、左右二等角轴测等视图观察的方向，同时还提供了"正视于"的观察方向，以允许用户从模型的某一平面或者基准面观察模型。

视图定向的操作方法如下：单击显示特征的"视图定向🖼▾"，弹出如图 1-29 所示的立方体，单击该立方体上面的某一面，则模型会自动变为从该面的法向观察模型的姿态；或者单击"视图定向🖼▾"的扩展菜单中的图标，同样也可以从某一方向观察模型。

"视图定向🖼▾"的扩展菜单中的图标代表的意义如下：

- 🔲 前视
- 🔲 后视
- 🔲 上视
- 🔲 下视
- 🔲 左视
- 🔲 右视
- 🔳 等轴测
- 🔳 上下二等角轴测
- 🔳 左右二等角轴测

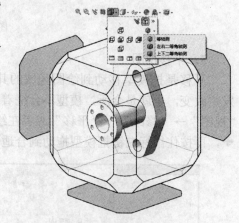

图 1-29　视图定向

如果要以模型上的面的法向观察模型，则单击该面，在弹出的快捷菜单中单击"正视于⬆"即可，如图 1-30 所示。

6．剖面视图

剖面视图是用一个平面将模型剖开，以观察模型内部复杂的内腔结构。对于具有复杂内腔结构的模型来说，剖面视图非常有用。剖面视图的操作方法为：单击显示特征栏的剖面视图图标"🖼"，左侧出现如图 1-31 所示的对话框。

"参考剖面"：选择一个基准面作为剖面的参考面，只可以选择前视基准面、上视基准面和右视基准面作为参考剖面。当等距距离为 0 时，该参考剖面就是切面。

"等距距离↔"：设置切面和参考面的偏移距离，或者通过拖动模型上的控标箭头来设定偏移距离。

"X 旋转⬚"和"Y 旋转⬚"：设置剖面在 X 轴和 Y 轴上的旋转角度。

"编辑颜色"：单击该按钮设置剖面的颜色，默认颜色为蓝色。

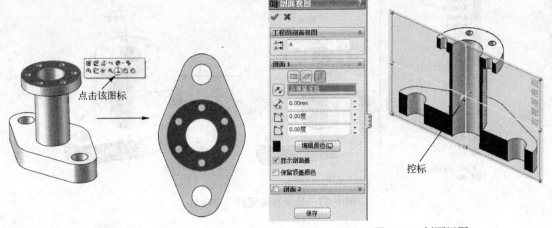

图 1-30 正视于   图 1-31 剖面视图

7. 显示和隐藏项目

在建模的过程中，有时并不需要显示出草图或者基准面等，但是有时却需要把这些项目显示出来，因此需要显示和隐藏项目的命令。SolidWorks 允许用户对某一单独项目或者同一类项目进行显示和隐藏操作。

要隐藏某个项目时，用鼠标单击选择该项目，在弹出的快捷菜单中单击图标 即可，如图 1-32 所示。如需显示该项目，在特征设计树中选择该项目，在弹出的快捷菜单中单击图标 即可。

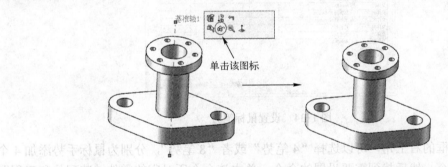

图 1-32 显示和隐藏单个项目

如要隐藏或者显示同一类项目，单击菜单栏中的"视图"，单击某一类型，如该类型前面的图标变成深色，则该类型在视图中显示，如为浅色，则表示被隐藏。如图 1-33 所示是隐藏基准面的操作。

1.4.3 鼠标笔势

鼠标笔势是 SolidWorks 中非常具有个性化的功能，利用鼠标笔势能够快速执行 SolidWorks 的大多数命令，可以帮助设计人员提高设计效率。鼠标笔势需要用户分别在草图、零件、装配体和工程图环境下自定义其附加的命令。

在使用鼠标笔势之前，要先对其附加的命令进行自定义，具体步骤如下：单击菜单栏中的"工具"→"自定义"命令，在弹出的对话框中单击"鼠标笔势"选项卡，如图 1-34

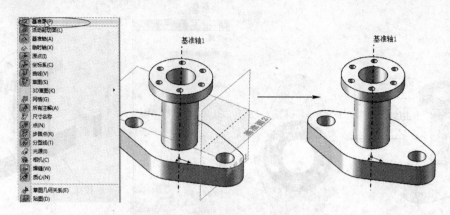

图 1-33　显示和隐藏同一类项目

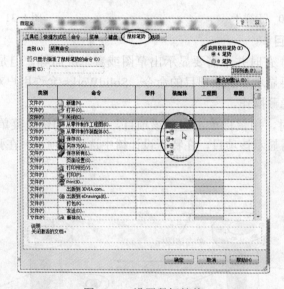

图 1-34　设置鼠标笔势

所示，在该对话框的右上角，可以选择"4 笔势"或者"8 笔势"，分别为鼠标手势添加 4 个或者 8 个附加命令，然后找到需要设置的命令，单击该命令所对应的零件、装配体和工程图模块的图标，在弹出的下拉对话框中选择调用该命令的笔势方向即可。如果某一命令在对应的环境的格子是灰色的，则表示该命令在此环境中不可用，例如"从零件制作装配体"在装配体和工程图环境中不可用。

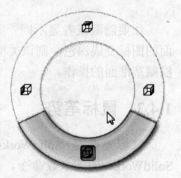

　　设置好鼠标笔势后，单击"确定"按钮关闭自定义对话框。

　　用户自定义好鼠标笔势之后，就可以使用鼠标笔势了，其操作方法为：在绘图区域以鼠标右键拖动，则会出现如图 1-35 所示的鼠标笔势，此时不能放开右键，再继续往要调用的命令方向拖动鼠标，则该命令会被调用。实际上，用户的操作熟练

图 1-35　鼠标笔势

后，可以直接将鼠标右键往要调用的命令方向拖动较长的距离，就可以调用该命令了。

第 2 章 草 图 绘 制

  SolidWorks 中的大多数特征都是以二维或三维草图为基础的，因此，草图应当是 SolidWorks 用户必须首先掌握的知识。草图分为二维草图和三维草图，由于三维草图在建模中不太常用，因此本章重点介绍二维草图的绘制。SolidWorks 绘制草图的操作比较简单，一般包括点、直线、圆、多边形、样条曲线等草图实体，以及剪裁、延伸、镜像、阵列、等距实体、圆角等基本的草图编辑功能。

 本讲主要内容

- ❯ 草图绘制环境
- ❯ 直线
- ❯ 圆弧
- ❯ 椭圆
- ❯ 矩形
- ❯ 多边形
- ❯ 样条曲线
- ❯ 图形修剪
- ❯ 圆角与倒角
- ❯ 草图阵列
- ❯ 几何约束
- ❯ 尺寸约束

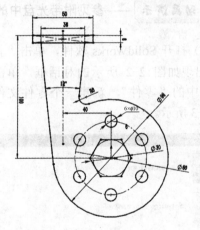

2.1 实例·知识点——风机壳的设计

绘制 SolidWorks 草图的主要操作有直线、圆、多边形、阵列、镜像、等距实体、圆角和倒角等。下面首先以图 2-1 中的实例来说明 SolidWorks 草图绘制的步骤和基本操作。

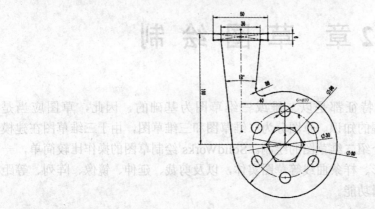

图 2-1　草图绘制实例

 ——参见附带光盘中的 "End/ch2/2.1.sldprt" 文件。

 ——参见附带光盘中的 AVI/ch2/2.1.avi

（1）打开 SolidWorks 软件，单击"新建 📄"，出现如图 2-2 所示的对话框，单击该对话框中的"零件"，新建一个零件文件，如图 2-3 所示。

图 2-2　新建文件对话框

图 2-3　新建零件文件

（2）单击图 2-3 中设计特征树的"前视基准面"，选择该基准面，然后单击草图工具栏中的"草图绘制 ✏"，出现如图 2-4 所示的界面，此时准备进行草图绘制。

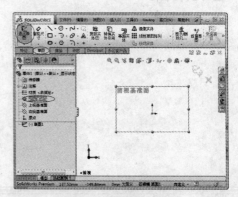

图 2-4　草图绘制界面

（3）单击草图工具栏中的"圆心/起/终点画弧⊙"，此时光标变为"⚬"，然后移动鼠标到原点，单击鼠标左键，此时原点作为将要绘制的圆弧的圆心，再移动鼠标远离原点，光标会显示出要绘制的圆弧的半径大小，如图 2-5 所示，当鼠标移动到半径显示的值约为 50 的点时，再单击鼠标，则该点是圆弧的起点，然后鼠标沿着虚线的圆逆时针移动，移动的角度大于 270° 的时候，再单击一下鼠标，则圆弧绘制完毕，如图 2-6 所示。

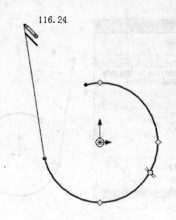

图 2-7　绘制直线

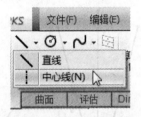

图 2-8　绘制中心线命令

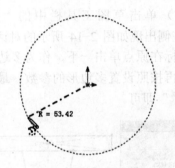

图 2-5　开始绘制圆弧

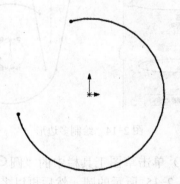

图 2-6　绘制好的圆弧

（4）单击草图工具栏中的"直线＼"，以上一步骤中绘制好的圆弧的起点为起点，绘制一条直线，如图 2-7 所示。

（5）单击草图工具栏中直线图标的下拉按钮，在附加功能中单击"中心线 ┊"，如图 2-8 所示，绘制一条如图 2-9 所示的竖直中心线。

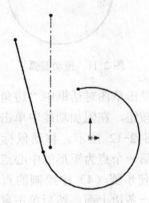

图 2-9　绘制中心线

（6）单击草图工具栏中的"镜像实体⚠"，左侧出现如图 2-10 所示的镜像对话框，在"要镜像的实体"中选择步骤（4）中绘制的直线，在"镜像点"中选择上一步骤绘制的中心线，最后单击"确定✔"即可，如果镜像生成的直线没有和圆弧相交，请用鼠标单击圆弧的终点，然后拖动圆弧与直线相交，如图 2-11 所示。

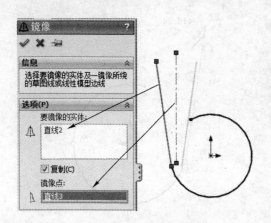

图 2-10　绘制镜像实体

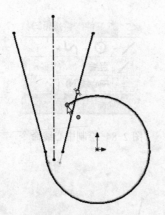

图 2-11　拖动圆弧

（7）单击草图对话框中"边角矩形"右边的下拉按钮，在附加功能中单击"中心矩形"，如图 2-12 所示。移动鼠标到中心线上，选择第一个点为矩形的中心点，然后移动鼠标，使步骤（4）中绘制的直线的端点在矩形的一条边上面，然后单击鼠标，绘制的矩形如图 2-13 所示。

图 2-12　绘制中心矩形命令

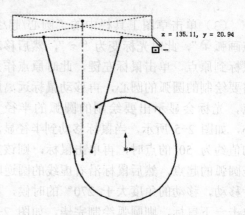

图 2-13　绘制中心矩形

（8）单击草图工具栏中的"多边形⊕"，左侧出现如图 2-14 所示的对话框，然后用鼠标在原点单击一下，作为多边形的中心点，再按照设置多边形的参数，最后单击"确定✔"即可。

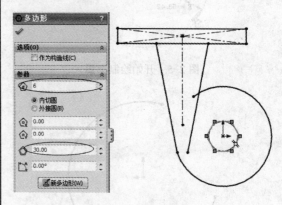

图 2-14　绘制多边形

（9）单击草图工具栏中的"圆⊘"，绘制如图 2-15 所示的圆。然后再以多边形的中心点为圆心绘制一个圆，图 2-15 中绘制的圆的圆心在该圆上，如图 2-16 所示，同时在左侧的对话框中勾选"作为构造线"，使该圆变为构造线。

（10）单击草图工具栏中"线性草图阵列"右边的下拉按钮，如图 2-17 所示，在附加功能中单击"圆周线性阵列✿"，此时左侧出现如图 2-18 所示的对话框，在"圆周阵列的实体"中选择图中所示的小圆，并按图中所示进行设置，最后单击"确定 ✓"完成圆周阵列。

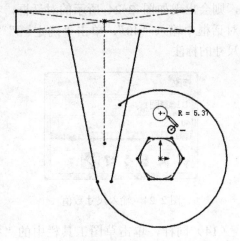

图 2-15 绘制圆

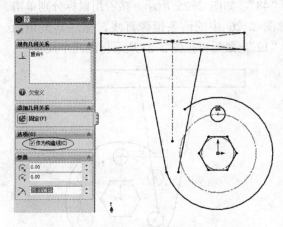

图 2-16 绘制圆

图 2-17 圆周草图阵列命令

（11）单击"显示/删除几何关系"下面的下拉按钮，在附加命令中单击"添加几何关系 ⊥"，如图 2-19 所示，左侧出现如图 2-20 所示的对话框，在"所选实体"中选择图中的直线和圆弧，在"添加几何关系"中选择

"相切"，则"现有几何关系"中会出现"相切"的关系。然后单击"确定 ✓"即可。

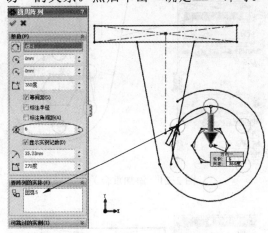

图 2-18 圆周草图阵列

图 2-19 添加几何关系命令

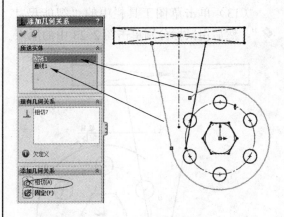

图 2-20 添加相切关系

（12）再单击"添加几何关系 ⊥"，为图 2-21 中的点和直线添加"重合"的关系，同样，也为图 2-22 中的圆心和原点添加竖直关系。

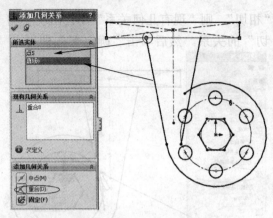

图 2-21　添加重合关系

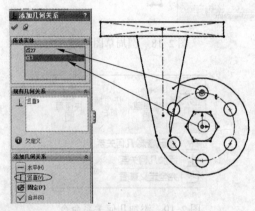

图 2-22　添加竖直关系

（13）单击草图工具栏中的"智能尺寸 "，然后用鼠标分别单击图 2-23 中的原点

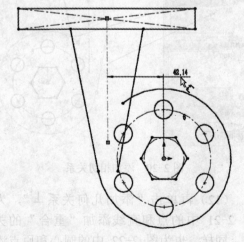

图 2-23　标注尺寸

和中心线，则光标会显示原点到中心线的距离的值，拖动鼠标到合适的位置，单击鼠标，则会出现如图 2-24 所示的对话框，在该对话框中输入"40"，单击"确定 ✔"完成尺寸的标注。

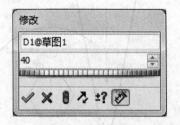

图 2-24　输入尺寸数值

（14）同样，单击草图工具栏中的"智能尺寸 ✎"，再单击圆弧，标注其半径值为"48"，如图 2-25 所示。接着用鼠标分别单击图 2-26 中的两条镜像直线，标注其夹角为"12"，最后再按图 2-27 所示标注几个尺寸。

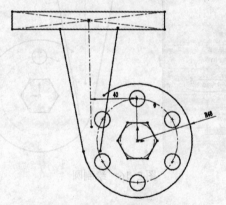

图 2-25　标注圆弧尺寸

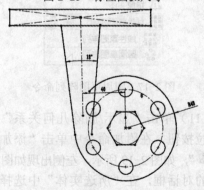

图 2-26　标注直线夹角

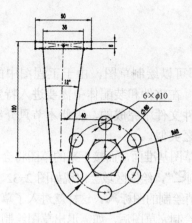

图 2-27　标注其余的尺寸

（15）单击草图工具栏中的"剪裁实体
⚅"，此时光标会出现一个剪刀的形状，如图
2-28 所示，分别单击直线和圆弧相交的部分，
将其剪裁掉，剪裁后的草图如图 2-29 所示。

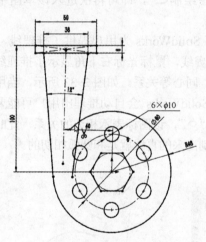

图 2-28　剪裁实体

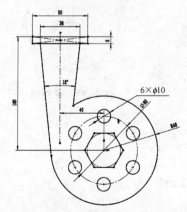

图 2-29　剪裁实体后的草图

（16）单击草图工具栏中的"绘制圆角
⚋"，左侧出现如图 2-30 所示的对话框，单
击该图中直线和圆弧的交点，然后单击"确
定 ✓"完成圆角的绘制。

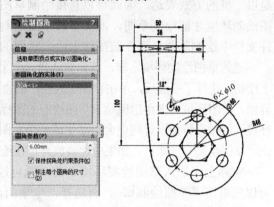

图 2-30　绘制圆角

（17）此时，已经绘制好草图，单击绘
图区域右上角的"⚌"，即可完成草图的绘
制，然后保存文件即可。绘制好的草图如
图 2-31 所示。

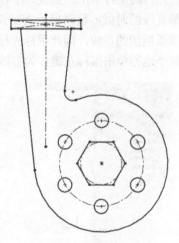

图 2-31　绘制好的草图

2.1.1　草图的进入和退出

　　用户在零件、装配体和工程图三种文件类型中都可以绘制草图，由于工程图中的模型是以二维的方式表达，因此可以直接绘制草图。但是，在零件和装配体中需要进入特定的草图绘制环境才能绘制草图，而大多数草图绘制是在零件文件中完成的，因此本节只介绍在零件文件中绘制草图，而在装配体中绘制草图的方法与之类似。

　　进入草图绘制环境之前，首先要选择一个平面作为草图基准面，而接下来的草图将会在该面上绘制。选择了平面后，单击草图工具栏中的"草图绘制 "，绘图区域会出现如图 2-32 所示的界面，绘图区域右上角出现结束草图绘制的图标 和取消绘制的图标 ，这样就进入了草图绘制环境，同时在特征设计树中会自动生成一个草图项目。绘制完草图后，如需退出草图绘制，则单击"草图绘制 "即可，如果中途要放弃正在绘制的草图，则单击"取消草图绘制 "。

　　实际上，进入草图绘制环境之前，既可以先选择一个平面，再单击"草图绘制 "，也可以先单击"草图绘制 "，再选择一个平面，这两种操作的效果都是一样的。

　　退出草图后，如果需要再次进入该草图中继续编辑草图，其操作方法为：在特征设计树中选择要编辑的草图，单击草图工具栏中的"草图绘制 "，即可再次进入该草图中继续绘制草图。

　　在这里值得一提的是，为了方便用户绘制草图，SolidWorks 为用户提供了推理线，在绘制任何草图实体的过程中都会出现推理线，推理线为虚线，鼠标光标右下角显示了推理线的几何关系，几何约束有水平、竖直、平行、共线、相切、同心等关系。如图 2-33 所示，当用户要绘制一条直线的时候，移动鼠标到圆弧的切线附近，SolidWorks 会自动推理出用户可能要绘制一条和圆弧相切的直线，因此鼠标光标右下角出现了" "，该图标表示相切的关系，此时如果用户在这个地方单击鼠标左键作为直线的终点，则绘制出来的直线就是和圆弧相切的。

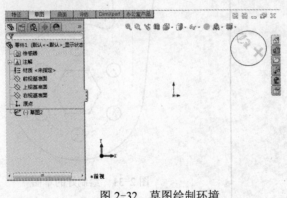

图 2-32　草图绘制环境　　　　　　　　　　　　图 2-33　推理线

2.1.2　直线

——参见附带光盘中的 **AVI/ch2/2.1.2.avi**

　　以本节的实例为例，绘制直线的操作方法如下：

- 单击草图工具栏上的"直线╲"按钮，鼠标光标变为"╲"，左侧弹出如图 2-34 所示的对话框，在该对话框的"方向"中选择"按绘制原样"。
- 在圆弧的一端点处单击鼠标左键，确定直线的起始点，接着移动鼠标到合适的位置，单击左键，确定直线的终点，再单击鼠标右键，在弹出的快捷菜单中选择"选择"命令即可结束直线的绘制。

在图 2-34 中左侧的对话框中，可以设置绘制直线的方法，在"方向"中设置绘制直线的方向，具体设置如下：

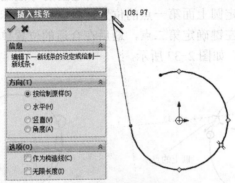

图 2-34　绘制直线

- 按绘制原样：按照移动鼠标的方向绘制任意直线。
- 水平：绘制一条水平的直线。
- 竖直：绘制一条竖直的直线。
- 角度：绘制一条和水平线有一定夹角的直线，直线和水平线的夹角以及直线长度可以由用户指定。

"选项"中设置直线的属性，其具体含义如下：

- 作为构造线：勾选此项时直线转变为构造线，此时直线等同于中心线。
- 无限长度：绘制一条无限长度的直线。

在绘制完一条直线后，如果没有单击"选择"命令结束直线的绘制，则还可以继续以第一条直线的终点为起始点绘制第二条直线，直至所有的直线形成封闭环。

中心线的绘制方法与直线一样，而且两者可以互相转换，其转换方法就是在"作为构造线"的设置中，如果勾选该选项，则绘制的线是中心线，取消该选项时，绘制的线就是直线。中心线与直线的区别是：中心线只是辅助线，不能作为构成特征轮廓的实体。

2.1.3　圆弧

 动画演示——参见附带光盘中的 **AVI/ch2/2.1.3.avi**

圆弧的绘制包括完整的圆和弧线，下面分别介绍圆和弧线的绘制。

1．绘制圆

绘制圆的方法有两种，一种是圆，另外一种是周边圆。圆是以圆心和圆上面的一点确定圆。周边圆是以圆上面的三个点确定圆。

绘制圆的步骤如下：

● 单击绘图工具栏上的"圆 ⊙"，光标变成" ⊘"，左侧出现如图 2-35 所示的对话框。

● 在"圆类型"中选择"圆 ⊙"，则以圆的方法绘制圆，先单击左键确定圆心位置，再移动鼠标到合适的位置，单击左键，确定圆上面一点的位置，如图 2-36 所示。

● 在"圆类型"中选择"周边圆 ⊙"，则以周边圆的方法绘制圆，先单击左键确定圆上面第一点的位置，接着移动鼠标到合适的位置，单击左键确定第二点，最后在合适的位置单击左键确定第三个点，如图 2-37 所示。

图 2-35　绘制圆

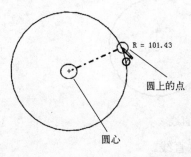

图 2-36　绘制圆

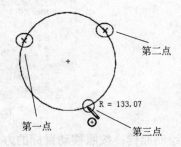

图 2-37　绘制周边圆

此外，还可以在"参数"中指定圆的中心点坐标和半径大小，该参数只能在绘制完圆后输入数值，各选项的意义如下：

● "X 坐标 ⊙"：用于指定圆心的 X 坐标值。

● "Y 坐标 ⊙"：用于指定圆心的 Y 坐标值。

● "半径 ⊿"：用于指定圆的半径值。

2. 绘制圆弧

绘制圆弧的方法有以下三种：

● 圆心/起点/终点画弧：以圆弧的圆心、起始端点和终结端点确定圆弧。方法是选择三个点分别作为圆弧的圆心、起始端点和终结端点，以确定圆弧。

● 切线弧：以直线或者圆弧的一端点作为起始端点，绘制一条与之相切的圆弧。

● 三点圆弧：以圆弧两个端点和圆弧上一点确定圆弧。方法是先选择两个点作为圆弧的端点，再选择一点作为圆弧上的点，以确定圆弧。

绘制圆弧的步骤如下：

● 单击绘图工具栏上的"圆弧 ⊙"按钮，左侧出现如图 2-38 所示的对话框。

● 在"圆弧类型"中选择"圆心/起点/终点画弧 ⊙"，以本节的例子为例，先在原点处单击鼠标左键，作为圆心，然后在两个合适的位置单击鼠标，作为圆弧的起点和终点，如图 2-39 所示。

● 在"圆弧类型"中选择"切线弧 ⊙"，移动鼠标到图 2-39 中圆弧的终点，单击左键，移动鼠标到合适位置，再单击左键，则绘制出一条和第一条圆弧相切的圆弧，如图 2-40 所示。

图 2-38 绘制圆弧

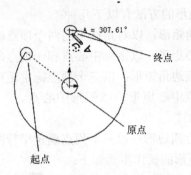

图 2-39 圆心/起点/终点画弧

- 在"圆弧类型"中选择"三点圆弧 ",在绘图区域依次单击左键选择三个合适的点分别作为圆弧的起点、终点和圆弧上一点,绘制一条圆弧,如图 2-41 所示。

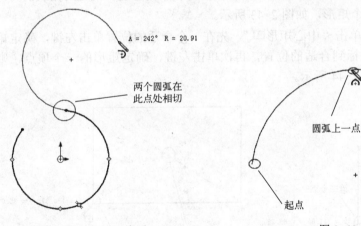

图 2-40 切线弧

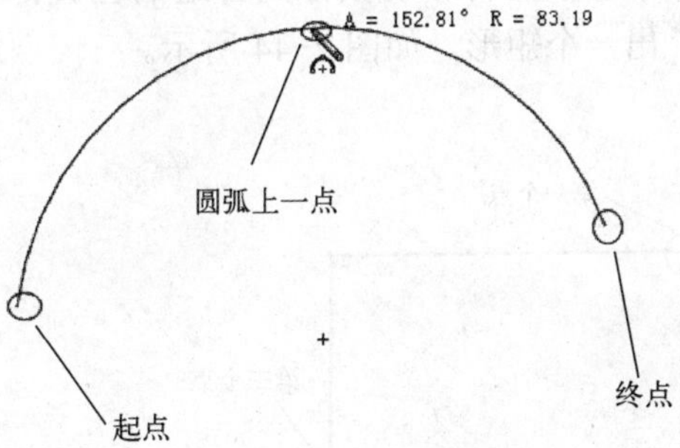

图 2-41 三点圆弧

绘制好圆弧后,还可以对圆弧进行一些参数设置。在图 2-38 中的"参数"选项中,各个参数的意义如下:

- "X 坐标置中 ":用于设置圆心的 X 坐标值。
- "Y 坐标置中 ":用于设置圆心的 Y 坐标值。
- "开始 X 坐标 ":用于设置起点的 X 坐标值。
- "开始 Y 坐标 ":用于设置起点的 Y 坐标值。
- "结束 X 坐标 ":用于设置终点的 X 坐标值。
- "结束 Y 坐标 ":用于设置终点的 Y 坐标值。
- "半径 ":用于设置圆弧半径值。
- "角度 ":用于设置圆弧的角度。

2.1.4　矩形

——参见附带光盘中的 AVI/ch2/2.1.4.avi

绘制矩形的方法有以下几种：

- 边角矩形：以对角线上的两个顶点确定矩形。
- 中心矩形：以矩形中心点和一顶点确定矩形。
- 三点边角矩形：以三个顶点确定矩形。
- 三点中心矩形：以矩形中心点、一边上的中点和一顶点确定矩形。
- 平行四边形：以三个顶点确定平行四边形。

绘制矩形的操作步骤如下：

- 单击草图工具栏上的"矩形□"，左侧弹出如图 2-42 所示的对话框。

图 2-42　绘制矩形

- 在"矩形类型"中单击"边角矩形□"，先在一个合适的位置单击左键，确定矩形对角线的第一个顶点，再移动鼠标到合适的位置，再次单击左键，确定对角线的另外一个顶点，则绘制出一个矩形，如图 2-43 所示。
- 在"矩形类型"中单击"中心矩形□"，先在一个合适的位置单击左键，确定矩形的中心点，再移动鼠标到合适的位置，再次单击左键，确定矩形的一个顶点，则绘制出一个矩形，如图 2-44 所示。

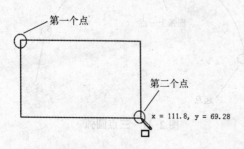

图 2-43　边角矩形

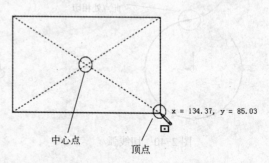

图 2-44　中心矩形

- 在"矩形类型"中单击"三点边角矩形◇"，依次在三个合适的位置单击鼠标左键，分别作为矩形的三个顶点，绘制矩形，如图 2-45 所示。
- 在"矩形类型"中单击"三点中心矩形◇"，依次在三个合适的位置单击鼠标左键，分别作为矩形中心点、边线终点和顶点，绘制矩形，如图 2-46 所示。
- 在"矩形类型"中单击"平行四边形◇"，依次在三个合适的位置单击鼠标左键，分别作为平行四边形的三个顶点，如图 2-47 所示。

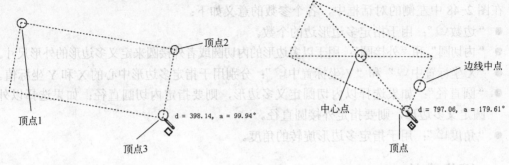

图 2-45   三点边角矩形   图 2-46   三点中心矩形

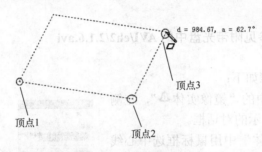

图 2-47   平行四边形

2.1.5   多边形

动画演示——参见附带光盘中的 AVI/ch2/2.1.5.avi

多边形的绘制步骤如下：

● 单击草图工具栏中的"多边形"，左侧出现如图 2-48 所示的对话框。

● 在合适的位置单击左键，确定多边形的中心，然后拖动鼠标，在另外一点单击左键，绘制一个多边形。

● 按照图 2-48 中的设置对多边形进行参数的设置，最后单击"确定 ✔"，完成多边形的绘制。

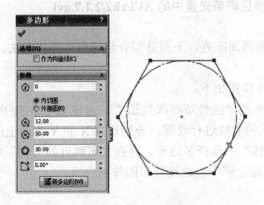

图 2-48   绘制多边形

在图 2-48 中左侧的对话框中，各个参数的意义如下：

- "边数 ♦"：用于指定多边形边的个数。
- "内切圆"和"外接圆"：用于以多边形的内切圆或者外接圆来定义多边形的外形尺寸。
- "X 坐标置中 ⊙"和"Y 坐标置中 ⊙"：分别用于指定多边形中心的 X 和 Y 坐标值。
- "圆直径"：如果选择以内切圆定义多边形，则要指定内切圆直径；如果选择以外接圆定义多边形，则要指定外接圆直径。
- "角度 ⬚"：用于指定多边形旋转的角度。

2.1.6 镜像实体

 ——参见附带光盘中的 AVI/ch2/2.1.6.avi

镜像实体的操作步骤如下：
- 单击草图工具栏中的"镜像实体⚠"，左侧弹出如图 2-49 所示的对话框。
- 在"要镜像的实体"中用鼠标框选中心线左侧的所有实体。
- 在"镜像点"中选择中心线，最后单击"确定✔"即可完成镜像实体。

在图 2-49 的对话框中的设置含义如下：
- "要镜像的实体"：用于选择要进行镜像操作的直线或者圆弧等实体。

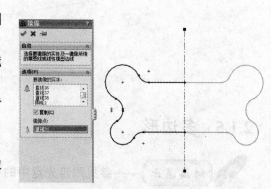

图 2-49　镜像实体

- "复制"：勾选该选项时，保留原始实体，清除该选项时，则会删除原始实体，只保留镜像的实体。
- "镜像点"：　用于选择一条直线作为原始实体和镜像实体的对称轴。

2.1.7 阵列

 ——参见附带光盘中的 AVI/ch2/2.1.7.avi

阵列包括线性阵列和圆周阵列，下面分别介绍这两种操作方法。

1. 线性草图阵列

线性草图阵列的操作步骤如下：
- 单击草图工具栏中的"线性草图阵列 ⠿"，出现如图 2-50 所示的对话框。
- 按照图 2-50 所示的参数进行设置，分别设置 X 和 Y 方向上的实例个数以及间距。
- 在"要阵列的实体"中选择多边形，再在"可跳过的实例"中选择图 2-50 所示的实例，最后单击"确定✔"完成线性草图阵列。

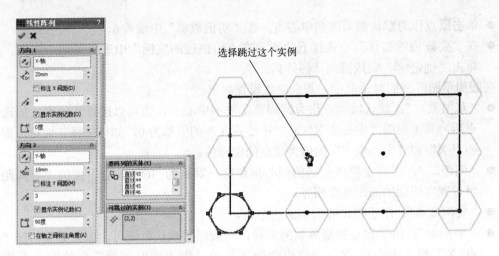

图 2-50　线性阵列实体

线性草图阵列对话框中各个参数的设置含义如下：

- "间距"：用于设置两个阵列实例之间的距离，其下方的"标注 X/Y 间距"可以设置是否在绘图区域显示出两个实例间距的尺寸标注。
- "实例数"：用于设置 X 或者 Y 方向上阵列的实例个数，实例个数包括原始实例。其下方的"显示实例计数"可以设置是否在绘图区域显示出 X 或者 Y 方向实例的个数标注。
- "角度"：用于设置阵列的方向和水平线的夹角。
- "要阵列的实体"：先单击该选项，再在绘图区域选择要阵列的实体作为原始实例。
- "可跳过的实例"：先单击该选项，再在绘图区域单击某个实例，则完成阵列后该实例被忽略。

2．圆周草图阵列

圆周草图阵列的操作步骤如下：

- 单击草图工具栏的"圆周草图阵列"，左侧弹出如图 2-51 所示的对话框。

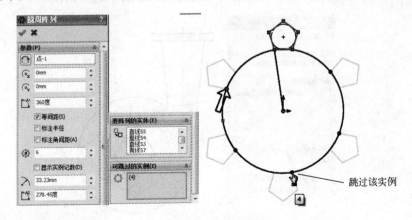

图 2-51　圆周草图阵列

● 单击原点作为默认圆周阵列中心点,在"实例数 ❀"中输入 6。
● 在"要阵列的实体"中选择五边形,在"可跳过的实例"中选择第四个实例,最后单击"确定 ✔"完成圆周草图阵列。

在圆周草图阵列的对话框中,其余参数设置如下:

● "草图原点":默认以原点作为圆周草图阵列中心点,也可以选择其他点。如选择原点后,其下面的"中心点 X"和"中心点 Y"的值都为 0,如果选择其他点,则"中心点 X"和"中心点 Y"的值为该点的坐标值。
● "间距 ⌔":所有实例所包括的圆心角角度,默认为 360°,它下面的"等间距"可以设置实例间的间距是否相等。
● "实例数 ❀":用于指定阵列实例的个数。
● "半径 ⟋":用于设定圆周阵列的半径,一般保持默认值即可,如果更改,则"中心点 X"和"中心点 Y"的值也会随之更改,因为此时圆周阵列的中心点位置已经改变。
● "角度 ⌔":用于设定所选实体中心到阵列中心点的夹角,一般保持默认即可,如果更改,则"中心点 X"和"中心点 Y"的值也会随之更改,因为此时圆周阵列的中心点位置已经改变。
● "要阵列的实体"和"可跳过的实例":含义与线性草图阵列一样,在此不再赘述。

2.1.8　圆角和倒角

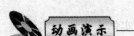
动画演示——参见附带光盘中的 AVI/ch2/2.1.8.avi

圆角和倒角是二维草图中极为常用的功能,在此分别对其详细介绍。

1. 圆角

下面以本节的实例为例,介绍圆角的操作步骤。

● 单击草图工具栏的"圆角 ⟋",左侧弹出如图 2-52 所示的对话框。

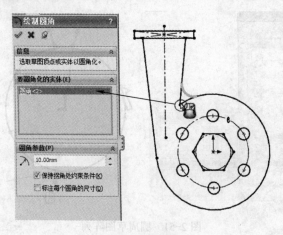

图 2-52　圆角

● 在"要圆角化的实体"中选择要添加圆角的交点，然后在"圆角参数"的"半径↗"
中输入 10。最后单击"确定✔"完成圆角的操作。

在添加圆角的时候，可以在设定好圆角半径后，同时为多个顶点添加相同半径的圆角，如果圆角半径过大，大于或等于要圆角化的实体长度时，会导致添加圆角失败。如图 2-53 所示，矩形的边长为 10，如果要为其顶点添加一个半径为 12 的圆角，把鼠标移动到顶点上，SolidWorks 会提示无法添加圆角，用户必须把圆角半径改成小于 10 的值（也不能等于 10）才可以添加圆角。

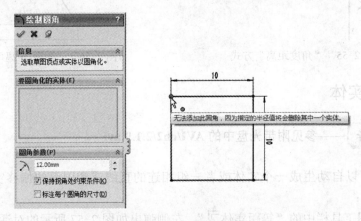

图 2-53　添加圆角失败

2. 倒角

添加倒角的操作步骤如下：

● 单击草图工具栏中的"倒角↘"，左侧弹出如图 2-54 所示的对话框。

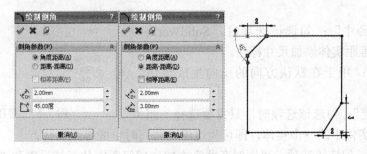

图 2-54　倒角

● 选择"倒角参数"中的"角度距离"，再分别在"距离 1↗"和"角度↘"中输入
2mm 和 45°，然后选择矩形的一个顶点，为其添加一个倒角。

● 选择"倒角参数"中的"距离-距离"，然后分别在"距离 1↗"和"距离 2↗"中输
入 2mm 和 3mm，选择矩形的另外一个顶点，为其添加倒角。最后单击"确定✔"，
完成倒角的添加。

从倒角的操作步骤中可以看到，定义倒角的方式有两种：一种是指定一直角边的长度以及该直角边和斜边的角度，如图 2-55 所示；另一种是分别指定两条直角边的长度，如图 2-56 所示。

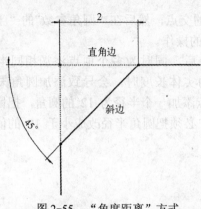

图 2-55 "角度距离"方式

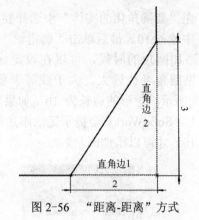

图 2-56 "距离-距离"方式

2.1.9 等距实体

 动画演示——参见附带光盘中的 AVI/ch2/2.1.9.avi

等距实体可以自动生成一个实体或者一组相连的直线或者圆弧的偏移实体。等距实体的操作步骤如下：

- 单击草图工具栏中的"等距实体╗"，左侧弹出如图 2-57 所示的对话框。

- 选择图 2-57 中的任一实体，按照图中的设置进行参数设置，最后单击"确定✓"完成等距实体。

在等距实体的对话框中，一些参数的意义如下：

- "添加尺寸"：勾选该选项时，SolidWorks 自动为等距实体添加尺寸标注。

- "反向"：用于在默认方向的反向生成等距实体。

- "选择链"：勾选该选项时，只需要选择一组

图 2-57 等距实体

相连的实体中的一个实体，即可为这组实体同时生成等距实体。

- "双向"：勾选该选项，可同时在两个方向生成等距实体，该设置和"反向"互斥。

- "制作基体结构"：用于把原来的实体转换成构造性实体。

- "顶端加盖"：选择"双向"后可以设置该选项，用于添加直线或者圆形的顶盖以使原来不相交的实体封闭起来。

2.1.10 样条曲线

 动画演示——参见附带光盘中的 AVI/ch2/2.1.10.avi

样条曲线的操作步骤如下：

- 单击草图工具栏的"样条曲线$\sim$"，鼠标光标变成"$\sim$"。
- 在合适的位置单击左键，确定样条曲线的第一个点，再依次在其他三个位置单击，确定样条曲线的其他点，然后单击右键，在弹出的菜单中单击"选择"。
- 用鼠标选择样条曲线，左侧弹出如图 2-58 所示的对话框，在该对话框中勾选"显示曲率"和"保持内部曲率连续性"。
- 在"参数"中输入 4 个控制点的坐标和相切径向方向，当"样条曲线控制点数$\sim$#"为 1 时，分别在"X 坐标$\sim$x"和"Y 坐标$\sim$y"中输入-236 和-18，勾选"相切驱动"，在"相切径向方向$\measuredangle$"中输入 67°，然后再单击"样条曲线控制点数"右边的下拉按钮，以使其显示为 2，同样输入该点的坐标值和相切径向方向值，4 个点的坐标值和相切径向方向值如表 2-1 所示。

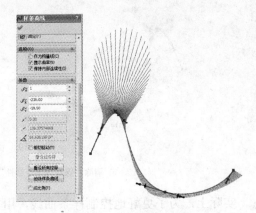

图 2-58　绘制样条曲线

表 2-1　4 个控制点的坐标和相切径向方向

	1	2	3	4
X 坐标	-236	-203	-146	-62
Y 坐标	-18	28	-64	-39
相切径向方向	67°	-44°	-16°	75°

- 最后单击"确定$\checkmark$"，完成样条曲线的绘制。

在样条曲线对话框中，有比较多的参数可以设置，以帮助用户绘制出更加符合要求的样条曲线，各个参数的含义如下：

- "显示曲率"：用于把曲线梳形图添加到样条曲线中。
- "保存内部曲率连续性"：该选项使曲线的曲率逐渐变化，如果取消该选项，曲率幅值可能会有较大的突变，如图 2-59 所示。
- "样条曲线控制点数$\sim$#"：绘制样条曲线时，控制点的编号一般是按照数字大小排序的，单击其右边的下拉按钮可以显示下一编号的控制点。
- "X 坐标$\sim$x"和"Y 坐标$\sim$y"：用于设置控制点的坐标值。
- "相切驱动"：勾选该选项时，激活相切重量和相切径向方向，以控制样条曲线。
- "相切径向方向$\measuredangle$"：用于设置控制点处的切线方向和水平线的夹角。
- "相切重量$\nearrow$"：通过修改控制点处的样条曲线曲率度数来控制相切向量，可以分别控制左相切重量和右相切重量。
- "重设此控标"：将所选样条曲线控标返回到其初始状态。
- "重设所有控标"：将所有样条曲线控标返回到其初始状态。
- "成比例"：勾选该选项时，如果拖动端点，则会保留样条曲线形状，整个样条曲线会按比例调整大小。

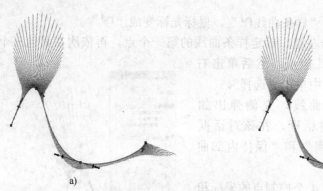

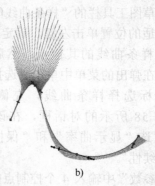

a)   b)

图 2-59　保存内部连续性

a) 清除"保存内部连续性"　b) 勾选"保存内部连续性"

　　实际上，为了更好地控制样条曲线，用户还可以使用控标来控制样条曲线。用鼠标选择某一个控制点，会出现如图 2-60 所示的控标，控标分为圆形、下拉按钮和菱形三个部分，圆形可同时调整相切向量长度和方向，下拉按钮可调整相切向量长度，而菱形则是调整相切向量方向。

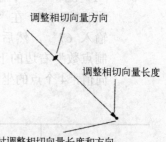

图 2-60　样条曲线控标

2.1.11　槽口

 ——参见附带光盘中的 **AVI/ch2/2.1.11.avi**

　　槽口的类型分为直槽口和圆弧槽口，两种槽口各有两种绘制方法。下面以绘制直槽口为例进行说明。

● 单击草图工具栏中的"槽口 "，左侧弹出如图 2-61 所示的对话框，勾选该对话框中的"添加尺寸"。

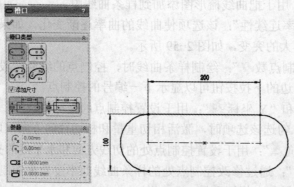

图 2-61　绘制槽口对话框

● 在"槽口类型"中单击"直槽口 "，绘制一条直槽口的中心线，这条中心线的端点是槽口上的圆弧的中心。
● 拖动槽口，在合适的位置单击鼠标，绘制槽口实体，单击"确定 ✔"关闭对话框。

● 双击标注在直槽口上的尺寸标注，分别标注槽口的宽度为 100，中心距为 200。

实际上，绘制直槽口和圆弧槽口的步骤为都是先绘制槽口的中心线，再绘制槽口实体。绘制直槽口时，先绘制中心直线；绘制圆弧槽口时，先绘制中心圆弧，其操作方法与上述操作类似，比较简单，因此这里不再做详细介绍。

2.1.12 椭圆

 动画演示——参见附带光盘中的 **AVI/ch2/2.1.12.avi**

椭圆的绘制步骤如下：
● 单击草图工具栏的"椭圆 $\oslash$"，鼠标光标变为" $\gimel$ "。
● 单击左键，选择第一个点作为椭圆中心点。
● 再单击左键，选择第二个点作为椭圆长半轴的端点。
● 接着单击左键，选择第三个点作为椭圆上的一点，则可以绘制出一个椭圆，如图 2-62 所示。

用户还可以在草图中绘制部分椭圆，其操作步骤如下：
● 单击草图工具栏的"部分椭圆 $\oslash$"，按照绘制椭圆的步骤绘制部分椭圆所在的椭圆。
● 在绘制的椭圆上单击鼠标选择一个点作为部分椭圆的起始点。
● 从起始点逆时针沿着椭圆移动鼠标，在合适的位置上单击，选择该点为部分椭圆的终点，如图 2-63 所示。

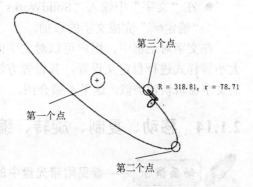

图 2-62 绘制椭圆

绘制好椭圆和部分椭圆后，用鼠标选择它，则左侧弹出如图 2-64 所示的对话框，可以对椭圆或者部分椭圆的参数进行设置，包括椭圆的中心点坐标、长半轴、短半轴、起始点和终点坐标的设置等。

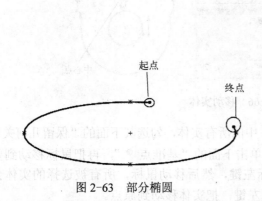

图 2-63 部分椭圆

图 2-64 设置椭圆参数

2.1.13 文字

——参见附带光盘中的 AVI/ch2/2.1.13.avi

在 SolidWorks 草图中，用户可以添加文字，以满足一些特殊的需要，插入文字的操作方法如下：

- 单击草图工具栏中的"文字A"，左侧弹出如图 2-65 所示的对话框。
- 在"曲线"中选择样条曲线。
- 在"文字"中输入"SolidWorks"，单击"确定$\checkmark$"完成文字的添加。

在文字对话框中，用户可以对文字的字体、大小等样式进行自定义设置，其设置方法和一般的文字编辑软件类似，这里不做介绍。

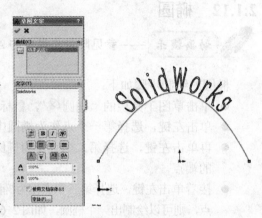

图 2-65 添加文字

2.1.14 移动、复制、旋转、缩放实体

——参见附带光盘中的 AVI/ch2/2.1.14.avi

1. 移动实体

移动实体的操作步骤如下：

- 在草图工具栏单击"移动实体$\square$"，左侧弹出如图 2-66 所示的对话框。

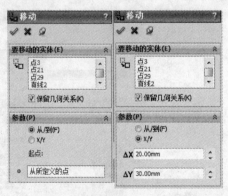
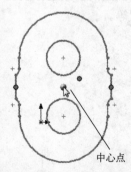

中心点

图 2-66 移动实体

- 在"要移动的实体"中框选图 2-66 中的所有实体，勾选其下面的"保留几何关系"。
- 在"参数"中选择"从/到"，然后单击下面的"基准点$\square$"，再把鼠标移动到要移动的实体上，在其中心位置单击鼠标左键，然后移动鼠标，所有被选择的实体会跟着鼠标移动，最后在原点处单击鼠标左键，把实体移动到原点。

- 在"参数"中选择"X/Y",然后在"ΔX"和"ΔY"中分别输入 20 和 30,最后单击"确定✔"完成实体的移动。

从上面的操作步骤中可以看到,移动实体的方法有两种,都可以在参数中设置:

- 从/到:实体跟随鼠标的移动而移动。
- X/Y:用户输入 X 和 Y 坐标的增量,以使实体在两个坐标上移动相应的值。

2.复制实体

复制实体的操作步骤如下:

- 在草图工具栏中单击"复制实体🔲",左侧弹出如图 2-67 所示的对话框。

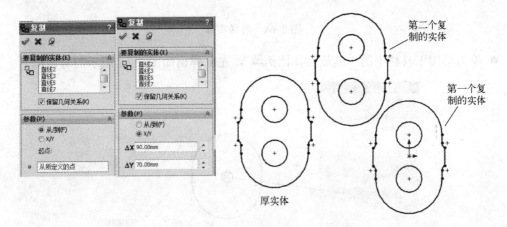

图 2-67 复制实体

- 在"要复制的实体"中框选图 2-67 中的所有实体,勾选其下面的"保留几何关系"。
- 在"参数"中选择"从/到",然后单击下面的"基准点 ●",再把鼠标移动到要移动的实体上,在其中心位置单击鼠标左键,然后移动鼠标,一个被复制的实体会跟着鼠标移动,最后在原点处单击鼠标左键,此时复制第一个实体并将其放置在原点处。
- 在"参数"中选择"X/Y",然后在"ΔX"和"ΔY"中分别输入 90 和 70,最后单击"确定✔"完成实体的移动。

从上面的操作中可以看到,复制实体的操作和移动实体类似,不同之处是复制实体操作后,草图中出现多个相同的实体,因此,复制实体相当于把实体移动到某一位置,但并不删除在原来位置的原始实体。由于复制实体的参数设置与移动实体一样,所以在此不再赘述。

3.旋转实体

旋转实体的操作步骤如下:

- 单击草图工具栏中的"旋转实体🖐",左侧弹出如图 2-68 所示的对话框。
- 在"要旋转的实体"中选择图 2-68 中的所有实体。
- 在"旋转中心"中选择要选择的实体的中心,在"角度△"中输入 45°,最后单击"确定✔"完成旋转。

4.缩放实体比例

缩放实体的操作步骤如下:

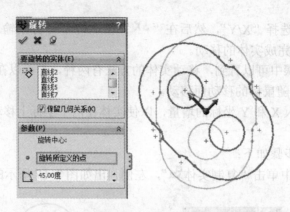

图 2-68　旋转实体

● 单击草图工具栏中的"缩放实体比例[图]"，左侧弹出如图 2-69 所示的对话框。

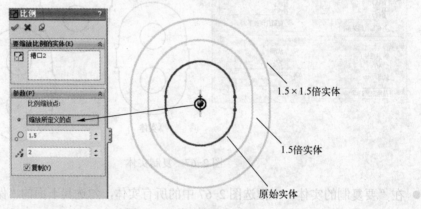

图 2-69　缩放实体

● 在"要缩放比例的实体"中选择槽口。
● 在"比例缩放点"中选择槽口的中心点，在"比例因子[○]"中输入 1.5。
● 勾选"复制"选项，在"份数[#]"中输入 2，最后单击"确定[√]"完成实例的缩放。

在缩放实体比例对话框中，一些参数的含义如下：
● "比例因子[○]"：用于设置缩放实体的比例，必须是正数，不可以为 0 或者负数。
● "复制"：清除该选项时，只缩放实体，而原始的实体被删除；勾选该选项时，保留原来的实体。
● "份数[#]"：勾选"复制"时，该选项才可以设置，生成多份缩放的实体，生成的实体和原始实体的比例是比例因子的整数幂倍。

2.1.15　图形修剪

　——参见附带光盘中的 AVI/ch2/2.1.15.avi

图形的修剪包括剪除和延伸实体，剪除的方法有以下 5 种：

- 强劲剪裁：用鼠标指针拖过实体即可剪裁多个实体。
- 边角：剪裁或延伸两个实体，直到这两个实体在虚拟边角处相交。
- 在内剪除：剪裁位于两个边界实体内的草图实体。
- 在外剪除：剪裁位于两个边界实体外的草图实体。
- 剪裁到最近端：剪裁或延伸草图实体到最近交叉点。

延伸是使一草图实体延长，直到它与其他实体相交为止。下面对图形修剪的方法进行详细介绍。

图 2-70　剪裁对话框

1. 强劲剪裁

强劲剪裁的操作步骤如下：

- 单击草图工具栏中的"剪裁实体 ❦"，左侧弹出如图 2-70 所示的对话框，单击该对话框中的"强劲剪裁"。
- 按住鼠标左键，然后在绘图区域拖动鼠标，绘图区域出现一条鼠标移动的轨迹，所有与该轨迹相交的草图实体都会被剪裁掉，如图 2-71 所示。

从图 2-71 中可以看到，使用强劲剪裁对草图实体进行剪除时，有的草图实体并非全部被删除，而是被剪除到该实体与其他实体最近的交叉点处。

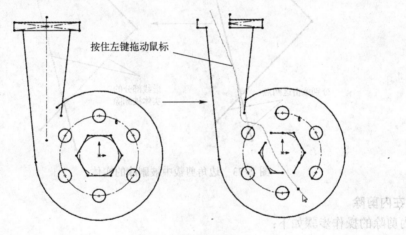

按住左键拖动鼠标

图 2-71　强劲剪裁

2. 边角

边角剪裁的操作方法如下：

- 单击草图工具栏中的"剪裁实体 ❦"，在弹出的对话框中选择"边角"。
- 用鼠标分别单击图 2-72 中直线 1 和直线 2 上的一点，则这两条直线从交点处到另外一端的实体被剪除掉。
- 再用鼠标分别单击直线 2 和直线 3 上的一点，则两条直线会延伸，直到它们在虚拟的交点处相交。

从上面的操作步骤来看，边角剪裁不但可以使两个草图实体从相交点处到端点之间的实体被剪除掉，而且可以使它们延伸，直到虚拟交点处相交。在这里需要注意的是，如果使用边角剪裁剪除两个实体时，以相交点为界，单击鼠标的那一端的草图实体会被保留，而另外一端会被删除，如图 2-73 所示。

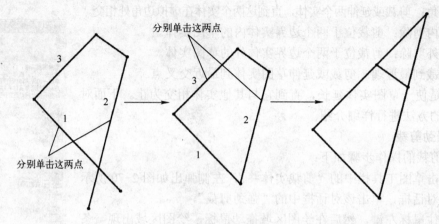

图 2-72　边角剪裁

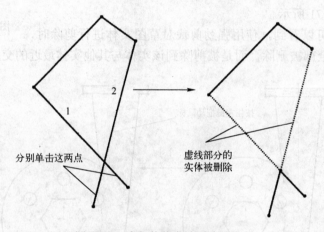

图 2-73　边角剪裁中被删除的实体

3．在内剪除

在内剪除的操作步骤如下：

● 单击草图工具栏中的"剪裁实体 ⦻"，在弹出的对话框中选择"在内剪除"。

● 先用鼠标单击图 2-74 中的直线 1 和直线 2，作为"剪刀"。

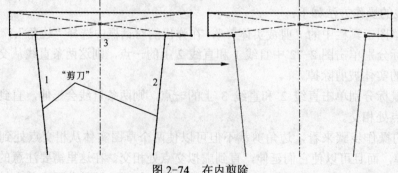

图 2-74　在内剪除

● 最后单击直线 3，则直线 3 位于直线 1 和直线 2 之间的实体被剪除掉。

4．在外剪除

在外剪除与在内剪除类似，不同的是它是修剪掉在"剪刀"之外的实体，其操作步骤如下：

● 单击草图工具栏中的"剪裁实体 ✂"，在弹出的对话框中选择"在外剪除"。

● 先用鼠标单击图 2-75 中的直线 1 和直线 2，作为"剪刀"。

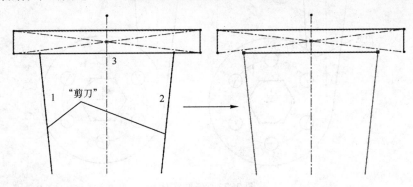

图 2-75　在外剪除

● 最后单击直线 3，则直线 3 位于直线 1 和直线 2 之间的实体被保留，而其余实体都被剪除掉。

5．剪裁到最近端

剪裁到最近端是绘制草图中最为常用的修剪方法，它在大多数场合都能够代替其他 4 种修剪方法，其操作步骤如下：

● 单击草图工具栏中的"剪裁实体 ✂"，在弹出的对话框中选择"在外剪除"。

● 用鼠标单击如图 2-76 所示的直线和圆弧的一段，则鼠标单击的一端到两个实体的交叉点之间的实体都会被删除。

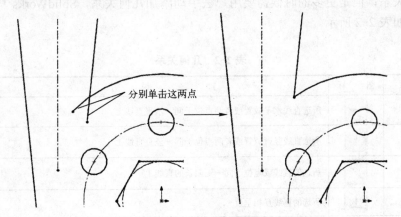

图 2-76　剪裁到最近端

6．延伸实体

延伸实体的操作方法如下：

- 单击草图工具栏中的"延伸实体 T",鼠标光标变成"↖T"。
- 把鼠标移动到如图 2-77 所示的圆弧上,则会出现预览的草图实体。
- 单击圆弧,则圆弧会自动延长,直到与中心线相交。

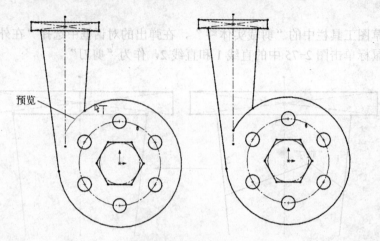

图 2-77 延伸实体

2.1.16 几何约束

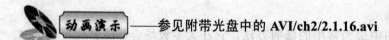 动画演示——参见附带光盘中的 AVI/ch2/2.1.16.avi

几何约束是为草图实体添加几何关系,以提高绘制草图的效率和尺寸的精确度。有些时候,SolidWorks 会自动为草图添加几何关系,例如绘制直线时,SolidWorks 会自动添加"水平""竖直""重合"等几何关系,又例如绘制切线弧时,SolidWorks 会自动添加"相切"的几何关系;但是更多的时候需要用户去手动添加几何关系,SolidWorks 草图中可添加的几何关系如表 2-2 所示。

表 2-2 几何关系

几何关系	图 标	说 明
水平	—	所选直线水平放置或者两点位于同一水平直线上
竖直	│	所选直线竖直放置或者两点位于同一竖直直线上
共线	╱	所选的直线或点位于同一无限长的直线上
垂直	⊥	所选的直线互相垂直
固定	🔒	所选草图实体的大小和位置被固定
平行	╲	所选的两条直线互相平行
相等	=	所选的两条直线长度相等或者两条圆弧半径相等

（续）

几 何 关 系	图 标	说 明
同心		所选的圆或圆弧的圆心在同一点上
相切		所选的圆或者圆弧相切
全等		所选的圆或圆弧圆心重合且半径相等
中点		所选的点在直线的中心
重合		所选的点在直线、圆弧或者其他曲线上
交叉点		所选点与若干条实体的交叉点重合，至少要选择一个点
对称		所选草图实体相对所选的中心线对称，至少要选择一条中心线
合并		所选的两个点合并为一个点

1. 添加几何关系

现在以本节中的实例为例，介绍添加几何关系的步骤。

● 单击草图工具栏中的"添加几何关系 ⊥"，左侧弹出如图 2-78 所示的对话框。

● 在"所选实体"中选择图 2-78 中的直线和圆弧，然后单击"添加几何关系"中的"相切"，为直线和圆弧添加相切的几何关系，此时在"现有几何关系"中会列出这两个实体已有的几何约束。

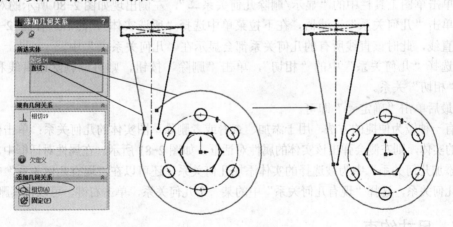

图 2-78　添加几何关系

● 最后单击"确定 ✅"，完成相切几何关系的添加。

● 再一次单击草图工具栏中的"添加几何关系 ⊥"，选择如图 2-79 所示的两条直线和一条中心线，在"添加几何关系"中为之添加"对称"的几何关系，最后单击"确定 ✅"完成几何关系的添加。

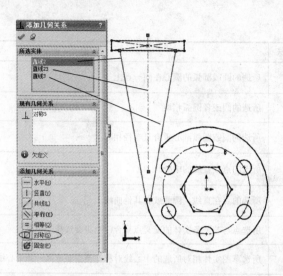

图 2-79　添加对称几何关系

在为草图实体添加几何关系的时候，SolidWorks 会自动在"添加几何关系"选项中列出可以添加的几何关系，对于圆弧和直线，只能够添加相切或者固定的几何关系，而对于两条直线和一条中心线，则就可以添加水平、竖直、平行等较多的几何关系了。

2.　显示/删除几何关系

为草图实体添加了几何关系后，用户还可以查看某个实体的已经添加的几何关系或者删除该几何关系，其操作方法如下：

- 单击草图工具栏中的"显示/删除几何关系⊥"，左侧出现如图 2-80 所示的对话框。
- 单击"几何关系"过滤器，在下拉菜单中选择"所选实体"，然后选择图 2-80 中的直线，此时该直线所有的几何关系都会显示在"几何关系⊥"中。
- 选择"几何关系"中的"相切"，单击"删除"按钮，则可以删除该直线和圆弧的"相切"关系。
- 最后单击"确定✔"即可。

还有一种较为便捷的方法，用于添加、查看或者删除草图实体的几何关系：单击要查看几何关系的实体，则左侧会弹出该实体的属性对话框，如图 2-81 所示。在属性对话框中，不但可以在"添加几何关系"中为被选择的实体添加几何关系，还可以在"现有几何关系"中查看它所有的几何关系，选择"现有几何关系"中的某一个几何关系，单击右键，可以将其删除。

2.1.17　尺寸约束

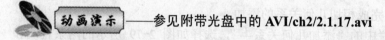

动画演示——参见附带光盘中的 **AVI/ch2/2.1.17.avi**

为了精确地绘制草图，除了为草图实体添加几何约束外，还需要为草图实体添加尺寸的约束，所谓尺寸约束，就是为草图实体添加尺寸标注，以确定草图实体的外形大小、相对位置等。

SolidWorks 为用户提供了非常智能的尺寸约束功能，而且尺寸标注的方法也非常多，一般有以下几种尺寸标注方法：

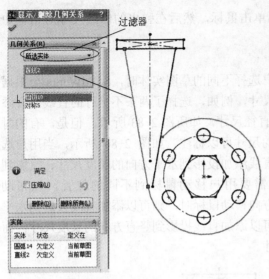

图 2-80 查看几何关系

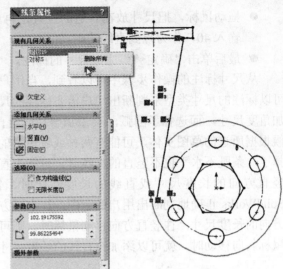

图 2-81 属性对话框

- 智能尺寸。
- 水平尺寸。
- 竖直尺寸。
- 尺寸链。
- 水平尺寸链。
- 竖直尺寸链。

上述几种尺寸标注的方法中，智能尺寸的功能非常强大，完全可以代替其他几种尺寸标注的方法，因此，下面只对智能尺寸进行详细介绍。

智能尺寸的标注步骤如下：

- 单击草图工具栏中的"智能尺寸 ◇"，然后分别单击图 2-82 中的原点和中心线，SolidWorks 自动为用户标注从原点到中心线的距离。

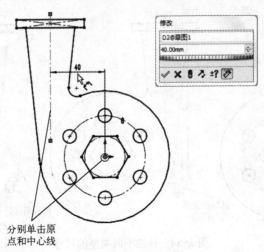

分别单击原点和中心线

图 2-82 添加尺寸

- 拖动鼠标，把尺寸放在合适的位置，再单击鼠标，然后在弹出的修改尺寸对话框中输入 40，作为点到直线的距离值。
- 最后单击"确定 ✔"完成尺寸的标注。

从尺寸标注的操作步骤中可以看到，当用户选择不同的草图实体时，SolidWorks 会根据可以标注的尺寸类型来判断出用户需要标注的尺寸，例如，选择了两条不平行的直线，会添加角度尺寸，而选择了圆弧，会添加半径或者直径尺寸，如所图 2-83 所示。但是，有的时候根据所选的草图实体，可能有两种或者更多的尺寸可以标注，如图 2-84 所示，当用户选择了一条既不水平也不竖直的直线时，可能为直线添加投影到水平方向的长度尺寸、投影到竖直方向的长度尺寸或直线的长度，此时，需要用户移动鼠标到不同的位置，以帮助 SolidWorks 正确地判断出用户的意图。往水平方向移动鼠标时，则可以添加直线投影到水平方向的长度尺寸；往竖直方向移动鼠标时，则可以添加直线投影到竖直方向的长度尺寸；而鼠标斜向移动时，就可以添加该直线的长度尺寸。

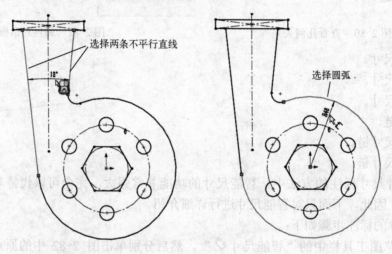

图 2-83　自动识别尺寸类型

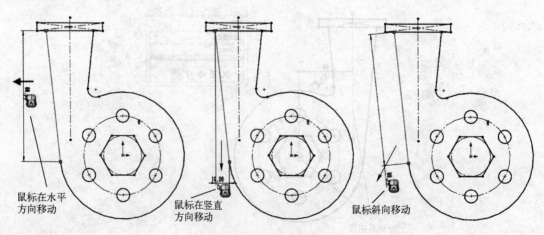

图 2-84　标注不同类型的尺寸

　　一般情况下，当对草图进行几何约束和尺寸约束后，该草图实体的外形大小和位置就已经确定了，SolidWorks 将之称为"完全定义"的实体，这是一种草图实体的状态，一般情况下，草图实体有以下几种状态。

● 完全定义：草图实体的尺寸和位置（相对于草图原点的位置）已经被完整描述。

　　完全定义的草图实体用黑色标记。如图 2-85 所示，图中的圆的半径和圆心相对于原点的位置都被用尺寸精确描述，因此该圆是完全定义的实体；而图中的斜线，虽然没有被标注尺寸，但是它的两个端点分别是已经确定位置的圆心和原点，因此可以根据圆心位置坐标确定它的长度和位置，同样也属于完全定义的实体；而图中的竖直线，它的一个端点位于圆心，有竖直的几何约束，而且另外一个端点和原点有水平的约束，因此根据草图中已有的尺寸和几何关系可以推理出它的准确位置和长度，所以它也属于完全定义的。如果所有草图实体都处于完全定义状态，则该草图也是完全定义的了。

● 欠定义：草图实体的外形大小尺寸或者位置没有确定。

　　定义的草图实体用蓝色标记。如图 2-86 所示，图中的圆虽然圆心位置确定了，但是由于没有标注半径尺寸，因此不能确定其大小，所以它是欠定义的；而图中的斜线，虽然知道它的长度和一端点的位置，但是由于不能确定它另外一端点的位置，因此并不知道它的具体位置，所以它是欠定义的。

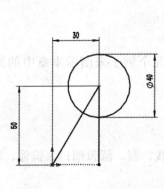

图 2-85　完全定义

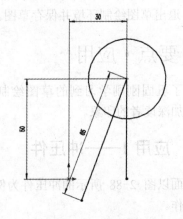

图 2-86　欠定义

● 过定义：草图实体的尺寸或几何关系互相冲突。

　　过定义的草图实体用黄色标记。过定义的草图实体可能是为该实体添加尺寸或者几何关系引起的，也可能是为其他实体添加尺寸或者几何关系引起的。如图 2-87 所示，图中的竖直线长度为 55 的时候，它的端点不可能与原点处于同一水平线上，因此，如果为该线的端点和原点添加平行的几何约束，则几何约束就和尺寸 50 以及 55 冲突，竖直线处于过定义状态，必须删除其中的一个约束，才能解除过定义状态。

2.1.18　思路小结

　　通过对草图绘制功能的介绍，可以总结出一般的草图绘制步骤如下：

● 选择草图绘制的基准面或者模型上的一平面。

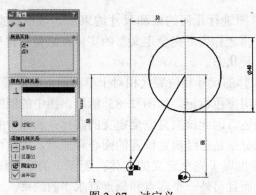

图 2-87 过定义

- 进入草图绘制环境。
- 确定草图的原点。
- 绘制辅助的中心线。
- 使用草图绘制工具绘制草图实体。
- 使用修剪工具对草图进行编辑和修改。
- 为草图实体添加几何约束。
- 通过尺寸标注工具为草图添加尺寸约束。
- 退出草图绘制环境并保存草图。

2.2 要点·应用

为了巩固刚刚学习到的草图绘制知识，下面以几个例子来演示本章中的知识点的运用，以加深读者的印象。

2.2.1 应用1——冲压件

下面以图 2-88 所示的冲压件为例，主要介绍直线、圆、圆弧槽口、镜像、圆周草图阵列等操作。

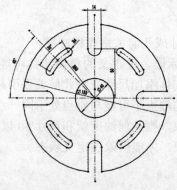

图 2-88 冲压件

本实例中的草图是由圆周阵列构成的，因此，基本的绘制思路是：先绘制好原始的草图实体，然后通过圆周草图阵列将草图完整地绘制出来，最后再进行修剪。

（1）新建一个零件文件，选择前视基准面作为绘制草图的基准面，如图 2-89 所示。

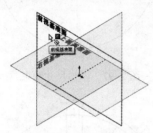

图 2-89　选择草图基准面

（2）单击草图工具栏中的"中心线 ⁞"，分别绘制一条经过原点的水平中心线和竖直中心线，然后绘制一条过原点的中心线，如图 2-90 所示。

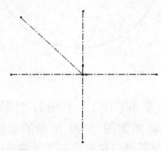

图 2-90　绘制中心线

（3）单击草图工具栏中的"圆 ⊙"，分别以原点为圆心，绘制两个如图 2-91 所示的同心圆。

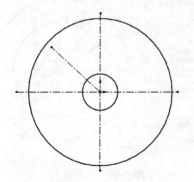

图 2-91　绘制圆

（4）单击草图工具栏中的"圆心/起/终点画弧 🕰"，以竖直的中心线上一点为圆心绘制一条圆弧，同时使圆弧的两个端点处于同一水平线上，如图 2-92 所示。

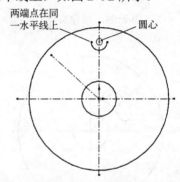

图 2-92　绘制圆弧

（5）单击草图工具栏中的"直线 ＼"，以上一步骤中绘制的圆弧端点为直线起点，绘制一条终点位于圆上的竖直直线，如图 2-93 所示。

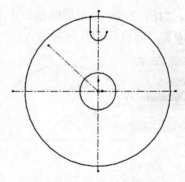

图 2-93　绘制直线

（6）单击草图工具栏中的"镜像实体 ⚠"，在如图 2-94 所示的镜像对话框中，选择上一步骤中绘制的直线作为要镜像的实体，选择竖直中心线作为镜像点，最后单击"确定 ✔"完成镜像实体。

（7）单击草图工具栏中的"中心点圆弧槽口 🎯"，以原点作为圆弧槽口中心弧线的圆心，绘制一个如图 2-95 所示的圆弧槽口。

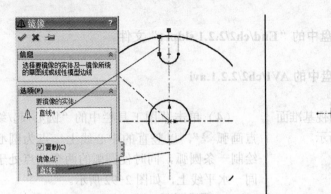

图 2-94　镜像实体

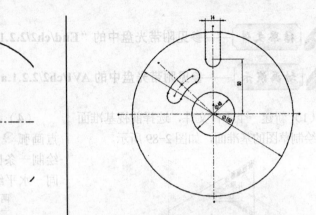

图 2-97　添加尺寸约束

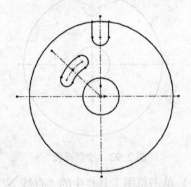

图 2-95　绘制圆弧槽口

（8）单击草图工具栏中的"添加几何关系 ⊥"，为图 2-96 中的圆弧槽口中心点和中心线添加"重合"的几何关系。

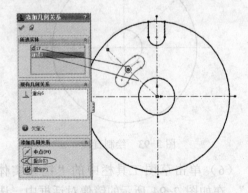

图 2-96　添加重合约束

（9）单击草图工具栏中的"智能尺寸 ◇"，添加如图 2-97 所示的尺寸约束。

（10）再单击草图工具栏中的"智能尺寸 ◇"，继续按照图 2-98 中的尺寸标注。

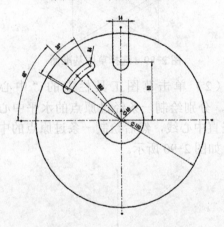

图 2-98　添加尺寸约束

（11）单击草图工具栏中的"圆周草图阵列 ❖"，按照如图 2-99 所示的参数进行设置，选择圆弧槽口和直线与圆弧构成的直槽口作为要阵列的实体，最后单击"确定 ✓"完成圆周阵列，阵列完成的草图如图 2-100 所示。

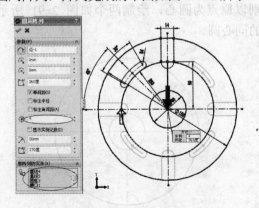

图 2-99　圆周阵列

（12）单击草图工具栏中的"剪裁
半"，选择"剪裁到最近端"，剪除掉直槽口
和圆相交点之间的弧线，如图 2-101 所示，
然后继续剪裁其他三条直槽口和圆相交点之
间的弧线，完成草图的绘制，如图 2-102
所示。

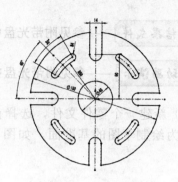

图 2-102　完成草图绘制

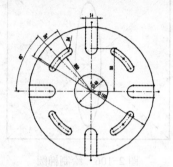

图 2-100　圆周阵列后的草图

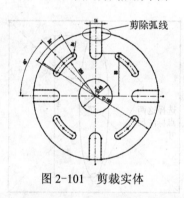

图 2-101　剪裁实体

2.2.2　应用 2——雪花图案

下面以图 2-103 所示的雪花图案为例，介绍矩形、椭圆、圆周阵列、圆角、等距实
体、几何约束等操作，以加深读者对这些基本操作的了解。

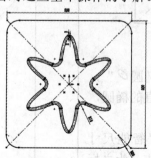

图 2-103　雪花图案

本草图实例的主要绘制思路是：首先绘制一个矩形和一个椭圆，接着对矩形和椭圆进
行尺寸约束，然后对椭圆进行圆周草图阵列操作，最后再修剪草图和添加圆角。

**结果文件**————参见附带光盘中的"**End/ch2/2.2.2.sldprt**"文件。

**动画演示**————参见附带光盘中的 AVI/ch2/**2.2.2.avi**

（1）新建一个零件文件，选择前视基准面作为绘制草图的基准面，如图 2-104 所示。

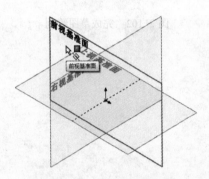

图 2-104　新建草图基准面

（2）单击草图工具栏中的"中心矩形▣"，以原点为矩形中心，绘制一个矩形，如图 2-105 所示。

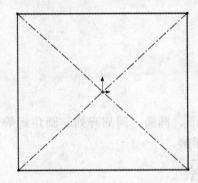

图 2-105　绘制中心矩形

（3）单击草图工具栏中的"椭圆◯"，绘制一个以原点为中心、长轴竖直的椭圆，如图 2-106 所示。

（4）单击草图工具栏中的"智能尺寸◇"，单击椭圆的长轴的两个端点，为之标注长轴的长度尺寸，如图 2-107 所示。同样，为椭圆的短轴和矩形边长添加尺寸约束，如图 2-108 所示。

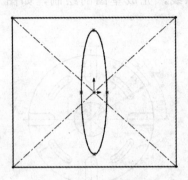

图 2-106　绘制椭圆

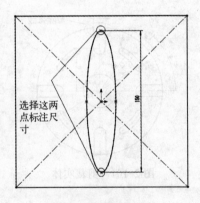

图 2-107　标注尺寸

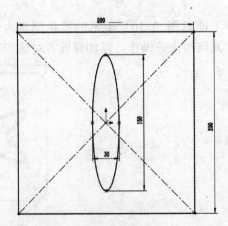

图 2-108　标注其余尺寸

（5）单击草图工具栏中的"添加几何关

系⊥",为椭圆长轴的端点和原点添加"竖直"的几何约束,如图 2-109 所示。

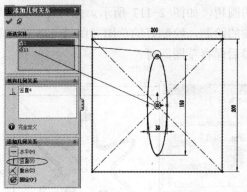

图 2-109　添加几何约束

（6）单击草图工具栏中的"圆周草图阵列 ",如图 2-110 所示,选择椭圆作为要阵列的实体,阵列个数为 3,然后单击"确定 "完成圆周草图阵列。完成圆周草图阵列后的草图如图 2-111 所示。

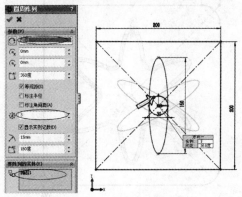

图 2-110　圆周草图阵列

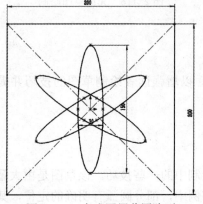

图 2-111　完成圆周草图阵列

（7）单击草图工具栏中的"剪裁 ",选择"剪裁到最近端",将三个圆周阵列的椭圆相交的部分剪除掉,如图 2-112 所示。

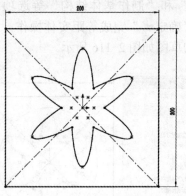

图 2-112　剪除实体

（8）单击草图工具栏中的"圆角 ",为三个椭圆的交点添加半径为 10 的圆角,如图 2-113 所示,然后单击"确定 "完成圆角。添加圆角后的草图如图 2-114 所示。

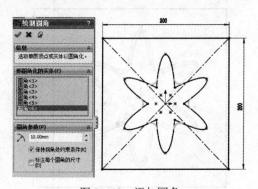

图 2-113　添加圆角

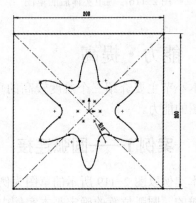

图 2-114　添加圆角后的草图

（9）单击草图工具栏中的"等距实体 "，选择图 2-115 中用圆圈起来的实体作为等距实体，勾选"添加尺寸""选择链""双向"和"制作基体结构"等选项，然后单击"确定 ✓"完成等距实体操作，等距实体后的草图如图 2-116 所示。

（10）单击草图工具栏中的"圆角 "，为矩形的 4 个顶点添加半径为 20mm 的圆角，如图 2-117 所示。此时已经完成草图的绘制，绘制好的草图如图 2-118 所示。最后保存草图即可。

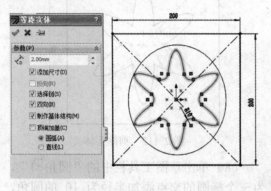

图 2-115　等距实体

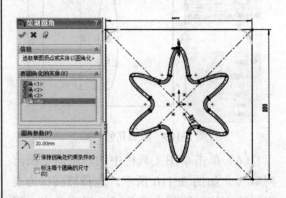

图 2-117　添加圆角

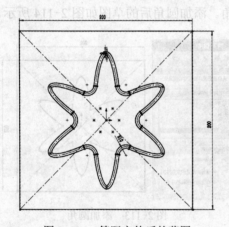

图 2-116　等距实体后的草图

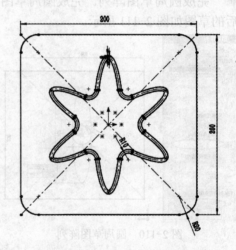

图 2-118　完成草图绘制

2.3　能力·提高

本小节主要介绍三个难度较高的草图绘制实例，以增强读者绘制草图的技巧并提高绘制草图的能力。

2.3.1　案例1——圆弧连接

本案例以图 2-119 所示的草图为例，介绍草图绘制中的一些技巧。该草图是由大量圆弧线组成的，圆弧位置的确定是本实例中的难点。本实例中，部分圆弧有明确的定位，其余的圆弧需要靠几何约束和尺寸约束来进行定位。因此，绘制草图的思路是：先绘制并完全定义三个圆和圆弧槽口，以这三个实体作为定位基准，绘制其他的圆弧和直线，接着对圆弧进行几何约束，最后再进行尺寸约束。

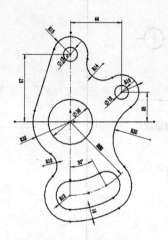

图 2-119　圆弧连接

（1）新建一个零件文件，选择前视基准面作为绘制草图的基准面，如图 2-120 所示。

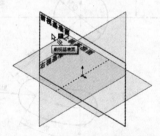

图 2-120　新建草图绘制基准面

（2）单击草图工具栏中的"中心线"，分别绘制一条过原点的水平中心线和竖直中心线，如图 2-121 所示。

图 2-121　绘制中心线

（3）单击草图工具栏中的"圆"，绘制一个圆心在原点的圆 1，再绘制一个圆心在竖直中心线上的圆 2 和一个圆心在圆 1 右上方的圆 3，如图 2-122 所示。

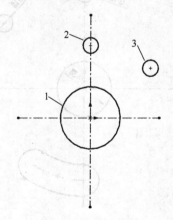

图 2-122　绘制圆

（4）单击草图工具栏中的"中心点圆弧槽口"，绘制一个中心圆弧的圆心在原点、中心圆弧的一个端点在竖直中心线上的圆弧槽口，如图 2-123 所示。

径，如图 2-126 所示。

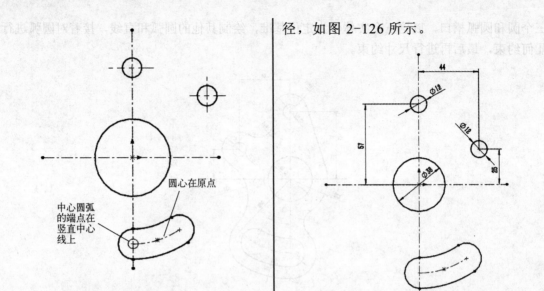

图 2-123　绘制圆弧槽口

（5）单击草图工具栏中的"智能尺寸 ◇"，为步骤（3）中绘制的三个圆标注直径尺寸，如图 2-124 所示，接着再标注圆 2 和圆 3 的圆心到原点的距离尺寸，如图 2-125 所示。

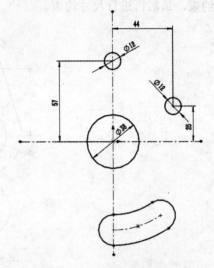

图 2-125　确定圆的位置

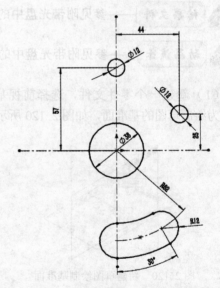

图 2-126　标注圆弧槽口的尺寸

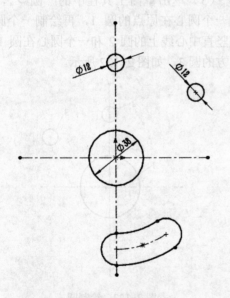

图 2-124　标注圆的尺寸

（6）再单击草图工具栏中的"智能尺寸 ◇"，为圆弧槽口标注其中心圆弧的半径、对应的圆心角大小和槽口半

（7）单击草图工具栏中的"等距实体 ⊃"，选择圆弧槽口作为要等距的实体，输入距离 10，如图 2-127 所示，然后单击"确定 ✓"完成等距实体，完成等距实体后的草图如图 2-128 所示。

（8）单击草图工具栏中的"圆心/起/终点画弧 ◐"，分别以步骤（3）中绘制的三个圆的圆心作为圆弧的圆心，绘制三条圆弧，绘制与圆 1 同心的圆弧时，要使圆弧的一个端点在槽口上，如图2-129所示。

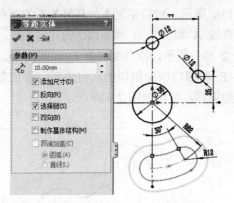

图2-127 等距实体

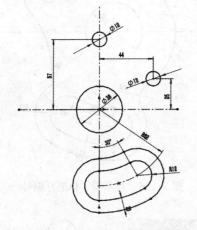

图2-128 完成等距实体后的草图

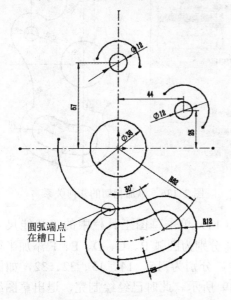

圆弧端点
在槽口上

图2-129 绘制圆弧

（9）单击草图工具栏中的"切线弧
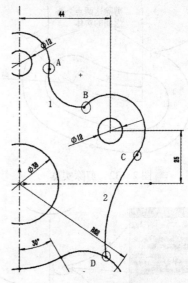"，如图2-130所示，以点A为切点，
绘制切线弧1，使之与圆弧相交于点B，又
以点 C 为切点，绘制切线弧 2，使之与槽
口相交于点D。

图2-130 绘制切线弧

（10）单击草图工具栏中的"直线＼"，
以图2-131中的点 E 和点 F 为端点，绘制直
线1。

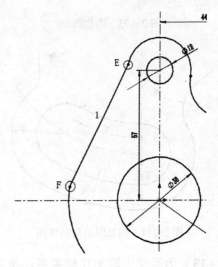

图2-131 绘制直线

（11）单击草图工具栏中的"剪裁≝"，

选择"剪裁到最近端",剪除掉圆弧槽口与两条弧线相交点之间的实体,如图 2-132 所示。

（12）单击草图工具栏中的"圆角 ⌒"，为图 2-133 中的交点添加半径为 12 的圆角。添加圆角后的草图如图 2-134 所示。

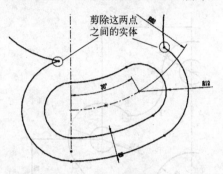

图 2-132　剪除实体

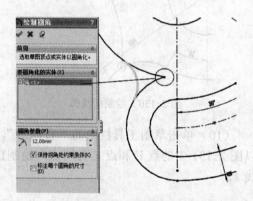

图 2-133　添加圆角

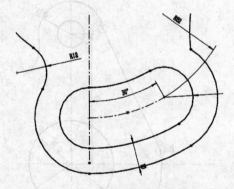

图 2-134　添加圆角后的草图

（13）为了便于添加几何关系，重新对草图中的实体进行如图 2-135 所示的编号。单击草图工具栏中的"添加几何关系 ⊥"，为

直线 A 和圆弧 F 添加相切的几何关系，如图 2-136 所示。然后重复添加几何关系的命令，为直线 A 和圆弧 B 添加相切的几何关系，如图 2-137 所示，接着为圆弧 C 和圆弧 D、圆弧 E 和槽口添加相切的几何关系，添加完几何约束后，草图如图 2-138 所示。

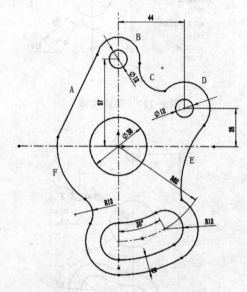

图 2-135　对草图实体进行编号

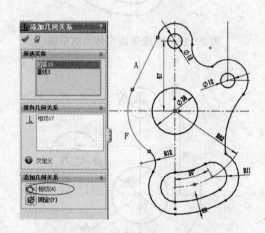

图 2-136　添加相切的几何关系

（14）单击草图工具栏中的"智能尺寸 ◇"，分别为圆弧 B、C、D、E、F 添加半径尺寸，分别为 15、14、15、32、32，如图 2-139 所示。此时已经绘制完，退出草图绘制并保存草图即可。

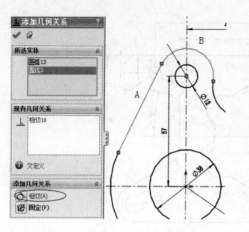

图 2-137　直线 A 和圆弧 B 相切

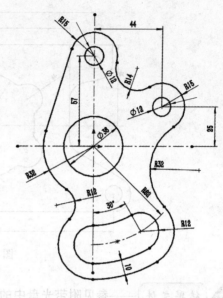

图 2-139　添加尺寸约束

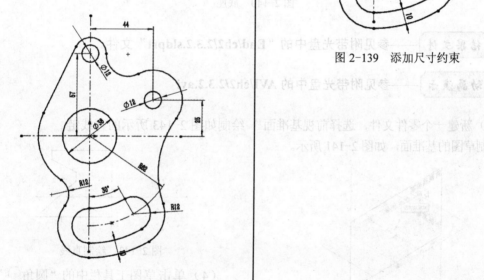

图 2-138　添加几何约束后的草图

2.3.2　案例 2——底座

本案例所要介绍的草图如图 2-140 所示，该草图主要是由镜像实体和圆周阵列实体构成，都包含较多的圆弧连接，一般情况下，圆弧的定位较为复杂，但是如果用圆角来代替圆弧的话，则操作就方便多了。因此本实例的绘图思路为：首先绘制一组直线链，使用圆角代替圆弧，然后进行镜像操作，接着绘制圆周阵列，最后进行尺寸约束。

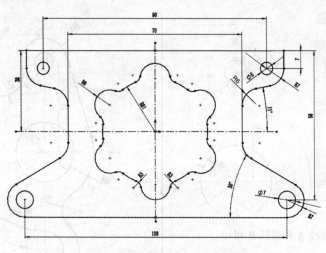

图 2-140 底座

 结果文件——参见附带光盘中的 "**End/ch2/2.3.2.sldprt**" 文件。

动画演示——参见附带光盘中的 **AVI/ch2/2.3.2.avi**

（1）新建一个零件文件，选择前视基准面作为绘制草图的基准面，如图 2-141 所示。

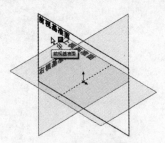

图 2-141 新建草图

（2）单击草图工具栏中的"中心线"，分别绘制一条过原点的水平中心线和竖直中心线，如图 2-142 所示。

图 2-142 绘制中心线

（3）单击草图工具栏中的"直线"，

绘制如图 2-143 所示的直线链。

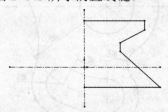

图 2-143 绘制直线

（4）单击草图工具栏中的"圆角"，为图 2-144 中的顶点添加半径为 7 的圆角，然后单击"确定"完成该圆角；再选择图 2-145 中的三个顶点，为其添加半径为 6 的圆角。添加完这三个圆角后的草图如图 2-146 所示。

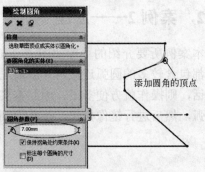

图 2-144 添加圆角

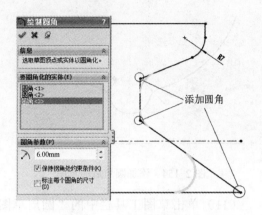

图 2-145　添加圆角

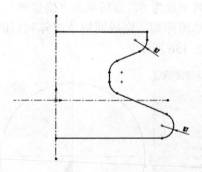

图 2-146　添圆角后的草图

（5）单击草图工具栏中的"圆角 "，以图 2-147 中的两个圆弧的圆心为圆心，绘制两个圆。

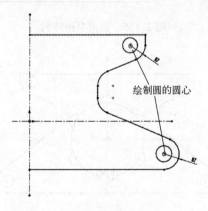

图 2-147　绘制圆

（6）单击草图工具栏中的"镜像实体 "，如图 2-148 所示，选择已经绘制的所有实体作为要镜像的实体，竖直中心线作为镜像点，然后单击"确定 "完成镜像实体，完

成镜像实体后的草图如图 2-149 所示。

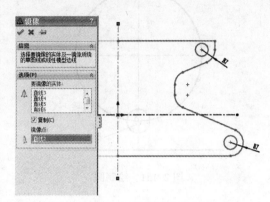

图 2-148　镜像实体

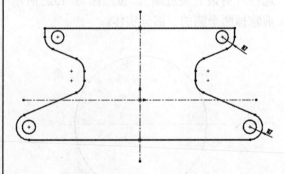

图 2-149　镜像实体后的草图

（7）单击草图工具栏中的"圆 "，以原点为圆心，绘制一个如图 2-150 所示的圆。

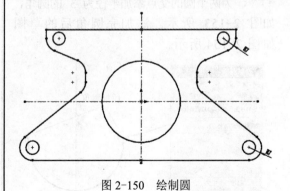

图 2-150　绘制圆

（8）单击草图工具栏中的"圆 "，以上一步骤中绘制的圆和竖直中心线的交点为圆心，绘制一个如图 2-151 所示的圆。

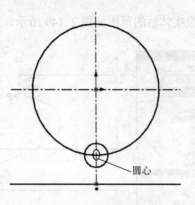

图 2-151　绘制圆

（9）单击草图工具栏中的"剪裁 ✂"，选择"剪裁到最近端"，按照图 2-152 所示剪除掉两个圆的一部分实体。

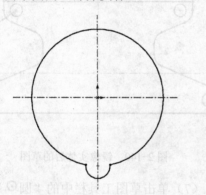

图 2-152　剪除实体

（10）单击草图工具栏中的"圆角 ⌒"，为两个圆的交点添加半径为 3 的圆角，如图 2-153 所示。添加完圆角后的草图如图 2-154 所示。

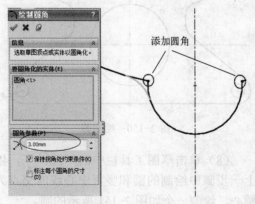

图 2-153　添加圆角

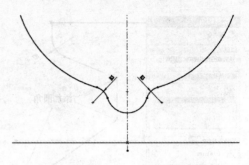

图 2-154　添加圆角后的草图

（11）单击草图工具栏中的"圆周草图阵列 ✹"，选择如图 2-155 所示的实体，设置阵列个数为 6，最后单击"确定 ✓"，完成圆周草图阵列。完成圆周草图阵列后的草图如图 2-156 所示。

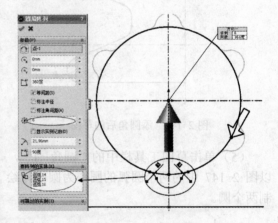

图 2-155　圆周草图阵列

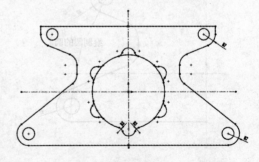

图 2-156　圆周草图阵列后的草图

（12）单击草图工具栏中的"剪裁 ✂"，选择"剪裁到最近端"，剪除掉圆周阵列实体和圆相交点之间的实体，如图 2-157 所示。

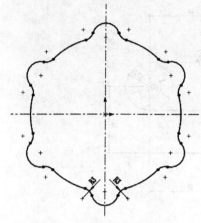

图 2-157 剪裁实体

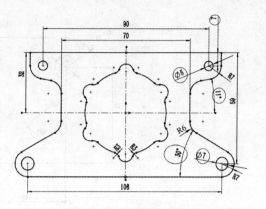

图 2-159 标注镜像实体的尺寸

（13）单击草图工具栏中的"智能尺寸 ✧"，按图 2-158 所示标注尺寸。然后继续标注镜像实体的其余尺寸，如图 2-159 所示，最后标注圆周草图阵列的尺寸，如图 2-160 所示。此时已经绘制完草图，退出并保存草图即可。

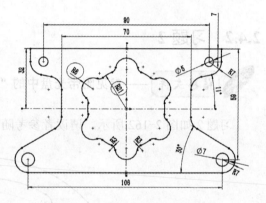

图 2-160 标注圆周草图阵列的尺寸

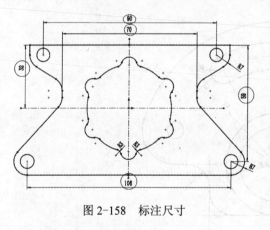

图 2-158 标注尺寸

2.4 习题·巩固

为了巩固读者在本章所学习到的知识，下面提供几个练习实例，以帮助读者进一步加强绘制草图的能力。

2.4.1 习题 1

 结果文件 ——参见附带光盘中的 "End/ch2/2.4.1.sldprt" 文件。

习题 1 如图 2-161 所示，请读者参考随书光盘中的文件自行练习。

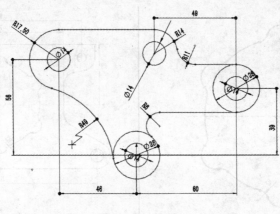

图 2-161　习题 1

2.4.2　习题 2

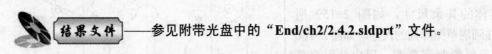

结果文件——参见附带光盘中的 "End/ch2/2.4.2.sldprt" 文件。

习题 2 如图 2-162 所示，请读者参考随书光盘中的文件自行练习。

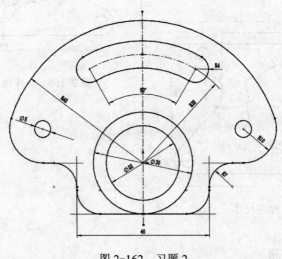

图 2-162　习题 2

第3章 零件建模

SolidWorks 的零件是以特征驱动的,一个零件必定包含有若干个特征。因此,掌握好特征的操作,是零件建模的基础。本章以实例引出特征的操作,再深入地介绍各个特征的使用方法,最后讲解零件建模的实例。

 本讲主要内容

➤ 拉伸
➤ 旋转
➤ 扫描
➤ 放样
➤ 圆角
➤ 参考几何体
➤ 圆顶
➤ 空间曲线
➤ 异型孔
➤ 阵列

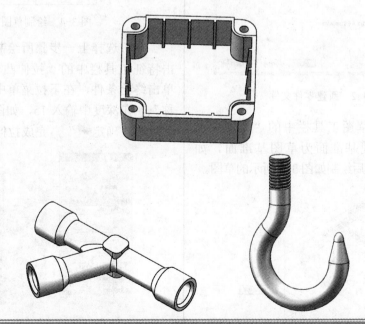

3.1 实例·知识点——斜三通管

本节以图 3-1 所示的斜三通管作为例子，主要介绍拉伸、旋转、镜像、基准几何体、抽壳、圆角、倒角等操作。

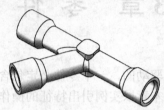

图 3-1 斜三通管

（1）单击菜单栏中的"新建文件 □"，在弹出的对话框中，新建一个零件文件，如图 3-2 所示。

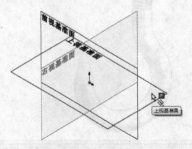

图 3-2 新建零件文件

（2）单击草图工具栏中的"草图绘制 □"，选择上视基准面为草图基准面，如图 3-3 所示，然后绘制如图 3-4 所示的草图。

图 3-3 新建草图基准面

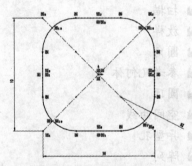

图 3-4 绘制草图 1

（3）选择上一步骤所绘制的草图，再单击特征工具栏中的"拉伸凸台/基体 □"，单击终止条件，在下拉菜单中选择"两侧对称"，在深度中输入 15，如图 3-5 所示，最后单击"确定 ✔"，完成拉伸。

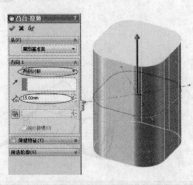

图 3-5 拉伸实体

（4）单击草图工具栏中的"草图绘制
ǝ"，选择右视基准面为草图基准面，绘制
如图 3-6 所示的草图。

（5）选择草图 2，单击特征工具栏中的
"旋转器"，选择草图 2 中绘制的中心线作为
旋转轴，其他参数按照默认值即可，如图 3-7
所示，单击"确定✔"完成旋转。完成旋转
后的模型如图 3-8 所示。

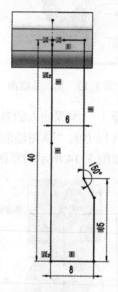

图 3-6　绘制草图 2

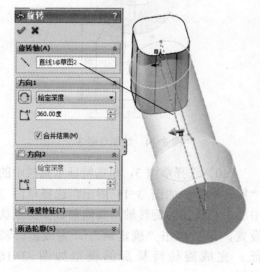

图 3-7　旋转 1

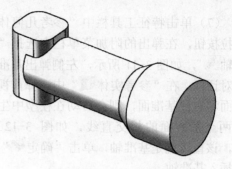

图 3-8　完成旋转后的模型

（6）单击特征工具栏中的"镜像🔲"，
在"镜像面/基准面"中选择"前视基准
面"，在"要镜像的特征"中选择"旋转
1"，如图 3-9 所示。然后单击"确定✔"
完成镜像操作，此时模型如图 3-10 所示。

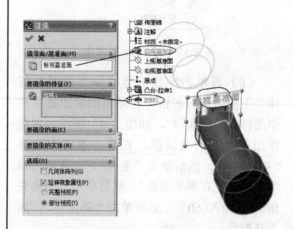

图 3-9　镜像操作

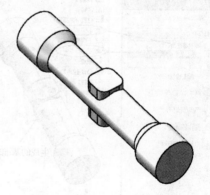

图 3-10　镜像操作后的模型

（7）单击特征工具栏中"参考几何体"下拉按钮，在弹出的附加菜单栏中选择"基准轴"，如图 3-11 所示，左侧弹出基准轴的对话框，在"参考实体"中选择前视基准面和右视基准面，则会自动在模型中生成这两个基准面的相交直线，如图 3-12 所示，该直线就是基准轴，单击"确定"完成插入基准轴。

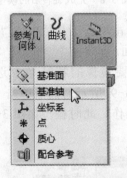

图 3-11　调用基准轴命令

（8）再单击特征工具栏中"参考几何体"下面的下拉按钮，在弹出的附加菜单栏中选择"基准面"，如图 3-13 所示。左侧弹出基准面的对话框，在第一参考中选择"基准轴 1"，然后单击"重合"。在第二参考中选择"右视基准面"，然后单击"两面夹角"，输入 60°，最后单击"确定"，插入基准面。

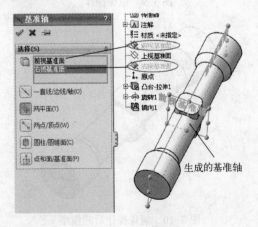

图 3-12　插入基准轴

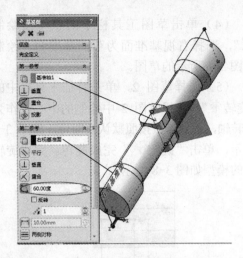

图 3-13　插入基准面

（9）选择上一步骤插入的基准面，然后单击草图工具栏中的"草图绘制"，在基准面上绘制如图 3-14 所示的草图。

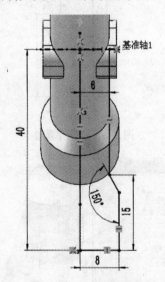

图 3-14　绘制草图 3

（10）选择草图 3，单击特征工具栏中的"旋转"，如图 3-15 所示，选择草图 3 中的中心线作为旋转轴，其他参数保持默认设置，最后单击"确定"，完成旋转特征。完成旋转特征后的模型如图 3-16 所示。

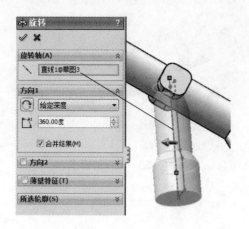

图 3-15　旋转 2

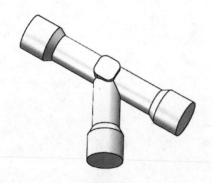

图 3-16　完成旋转特征后的草图

（11）单击特征工具栏中的"抽壳 [图]"，如图 3-17 所示，在弹出的对话框中，在"厚度"中输入 2.5，然后在"移除的面 [图]"中选择图中的三个面，最后单击"确定 [图]"，完成抽壳特征，完成抽壳特征后的模型如图 3-18 所示。

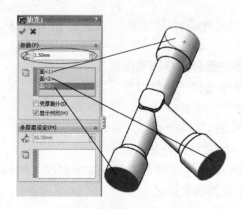

图 3-17　抽壳

图 3-18　完成抽壳后的模型

（12）单击特征工具栏中的"圆角 [图]"，弹出如图 3-19 所示的对话框，选择图中的两条边线，输入圆角半径为 3，其他设置保存默认即可，最后单击"确定 [图]"完成圆角特征，完成圆角特征后的模型如图 3-20 所示。

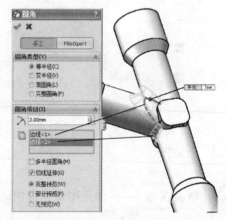

图 3-19　圆角

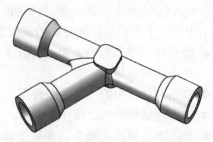

图 3-20　完成圆角特征后的模型

（13）单击特征工具栏中"圆角 [图]"下面的下拉按钮，在图 3-21 所示的附加菜单中单击"倒角 [图]"，此时左侧弹出如图 3-22 所示的对话框，选择图中的三条边线，然后在"距离 [图]"中输入 1.5，其他参数保持默认即可，最后单击"确定 "完成圆角特征。此时已经完成模型的建立，最终的模型如图 3-23 所示。

图 3-21　调用倒角命令

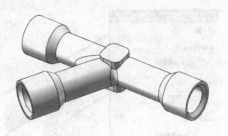

图 3-23　最终的模型

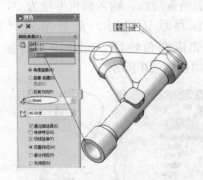

图 3-22　倒角特征

3.1.1　拉伸

动画演示——参见附带光盘中的 AVI/ch3/3.1.1.avi

拉伸是以某一方向（一般是垂直于草图基准面的方向）拉伸截面，从而创建实体。它包括拉伸凸台/基体和拉伸切除，两者的操作方法一样，因此只介绍拉伸凸台/基体。首先以本小节中的例子来说明拉伸特征的操作步骤。

- 绘制好一个草图后，单击特征工具栏中的"拉伸凸台/基体"，左侧弹出如图 3-24 所示的对话框。
- 单击对话框中的"开始条件"，在下拉菜单中选择"草图基准面"。
- 单击对话框中的"终止条件"，在下拉菜单中选择"两侧对称"。
- 单击"拔模开关"，在该图标右边输入 5°。
- 勾选"薄壁特征"，在"薄壁厚度"中输入 2。
- 其他参数保持默认，最后单击"确定"，完成拉伸特征。

进行拉伸凸台/基体的操作时，一般可以设置开始条件、终止条件、拉伸深度、拔模角度和薄壁特征这几个参数，下面详细介绍各个可设置的参数意义。

1. 开始条件

设置草图从何处开始拉伸。开始条件有以下 4 种：

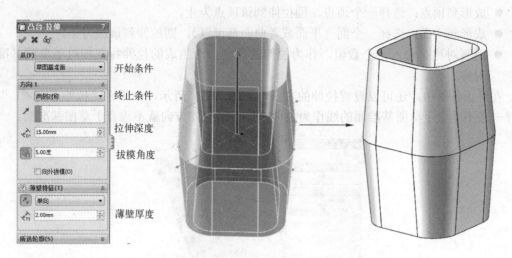

图 3-24 拉伸凸台/基体对话框

- 草图基准面：从草图基准面开始拉伸，这是默认的设置。
- 曲面/面/基准面：从一个指定的平面或者曲面开始拉伸。如图 3-25 所示，当设置从曲面拉伸的时候，拉伸特征并非从草图所在的平面开始拉伸的，而且从选定的曲面开始拉伸凸台。

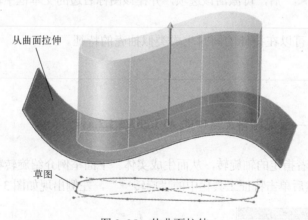

图 3-25 从曲面拉伸

- 顶点：从选择的顶点开始拉伸。
- 偏移：从和草图基准面等距的平面开始拉伸。

2. 终止条件

选择拉伸特征结束的方式，有以下几种方式：

- 给定深度：输入一个数值，作为拉伸的高度。
- 完全贯穿：从草图基准面开始拉伸，直到拉伸特征贯穿现有的模型。
- 完全贯穿两者：同时往两个方向拉伸，直至贯穿模型，与完全贯穿不同的是，完全贯穿两者是向两个相反的方向同时拉伸的。

- 成形到顶点：选择一个顶点，则拉伸到该顶点为止。
- 成形到一面：选择一个面（平面或者曲面都可以），则拉伸到该面为止。
- 两侧对称：输入一个数值，作为拉伸的高度，而生成的拉伸特征相对于草图基准面对称。

在终止条件中，还可以设置拉伸的方向，如图 3-26 所示，如果在"拉伸方向 ⬈"中选择一条不垂直于草图基准面的线作为拉伸方向，则拉伸方向就不垂直于草图基准面。

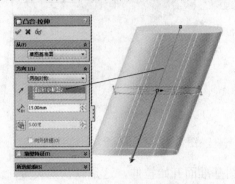

图 3-26　拉伸方向

3．拔模

使拉伸特征生成类似棱锥的几何体。

单击"拔模开关 📐"后，可激活该选项，并在该图标右边的文本框中输入拔模角度的值。

4．薄壁特征

激活该选项后，可以在拉伸的同时生成类似抽壳的特征。

3.1.2　旋转

　——参见附带光盘中的 **AVI/ch3/3.1.2.avi**

旋转是使草图绕着指定的轴旋转，从而生成实体。下面举例介绍旋转特征操作的步骤。

- 选择草图，然后单击特征工具栏中的"旋转 ⧂"，左侧出现如图 3-27 所示的对话框。

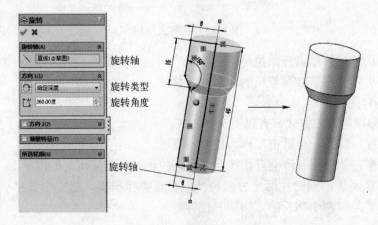

图 3-27　旋转对话框

- 在"旋转轴"中选择草图的中心线,作为草图旋转的旋转轴。
- 单击"旋转类型",在下拉菜单栏中选择"给定深度",在它下面的"旋转角度"中输入 360°。
- 其他参数保持默认,最后单击"确定✔",完成旋转特征。

一般情况下,只需要选择旋转轴和指定旋转类型即可完成一个基本的旋转特征,但是也可以在旋转对话框中设置其他的参数。

1. 旋转轴

指定一条直线或者中心线,作为草图围绕着旋转的轴。

旋转轴可以是直线、中心线或者模型上的边线,如果草图中包含有一条中心线,则 SolidWorks 会默认中心线为旋转轴。

2. 旋转类型

完成旋转的方式,有以下几种类型:

- 给定深度:草图单方向旋转,如需反向旋转,则单击" "即可,同时还要输入旋转的角度,默认为 360°。
- 成形到一顶点:选择一个点,则草图旋转到该点为止。
- 成形到一面:选择一个面,则草图旋转到该面为止。
- 到离指定面指定的距离:草图会旋转到选定的面的等距面为止。
- 两侧对称:草图双向旋转,需要输入旋转角度。

3. 薄壁特征

激活该选项后,生成一个类似于抽壳的特征。

3.1.3 抽壳

动画演示——参见附带光盘中的 **AVI/ch3/3.1.3.avi**

抽壳是使模型变成有内腔结构的实体。抽壳可以把原有的模型内部掏空或者在外面加厚。下面以本小节的例子介绍抽壳特征的操作步骤。

- 单击特征工具栏中的"抽壳 ",左侧出现如图 3-28 所示的对话框。

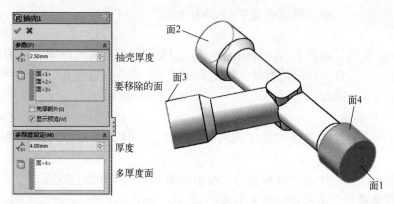

图 3-28 抽壳对话框

● 在"要移除的面"中选择图中所示的"面<1>""面<2>"和"面<3>",在"抽壳厚度"中输入 2.5。

● 在"多厚度面"中选择图中的"面<4>",在"厚度"中输入 4。

● 其他参数保持默认,最后单击"确定✔"完成抽壳特征,生成的特征如图 3-29 所示。

进行抽壳特征操作时,一般要选择要移除的面和指定抽壳厚度,而其余选项根据需要设置即可。

1. 要移除的面

选择模型上的一个面,生成抽壳后会删除该面。

在进行抽壳操作的时候,可以在模型上选择多个面作为要移除的面,如果不选择任何面,则会生成一个内部掏空的零件。此外,还需要输入抽壳的厚度。

2. 多厚度面

选择一个面,使该面所在区域的模型厚度不同于抽壳厚度。

可以指定多个面作为多厚度面,而这些指定的面的厚度相同,并不同于抽壳厚度。从图 3-29 中的抽壳特征可以看到,面 4 所在区域的模型厚度和抽壳厚度不同。

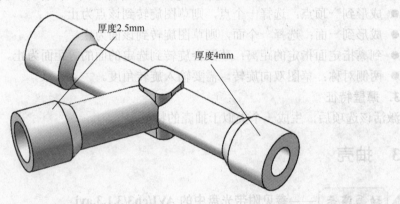

图 3-29　抽壳特征

3.1.4　圆角

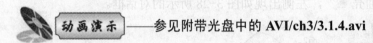

动画演示——参见附带光盘中的 **AVI/ch3/3.1.4.avi**

SolidWorks 虽然只提供了一种圆角的操作,但是圆角的设置比较丰富,用户可以生成不同类型的圆角。一般有 4 种圆角类型:固定尺寸圆角、可变尺寸圆角、面圆角和全周圆角,下面详细介绍这 4 种圆角。

1. 固定尺寸圆角

固定尺寸圆角是要在整条边线生成的圆角半径都一样。下面举例说明固定尺寸圆角的操作步骤。

● 单击特征工具栏中的"圆角🗂",弹出如图 3-30 所示的对话框。

● 在"圆角类型"中选择恒定大小。

● 在"圆角项目"的"边线、面、特征和环🗂"中选择图中所示的"边线 1"。

- 在 "圆角参数" 中的 "半径 " 中输入 3。
- 其余参数保持默认即可, 最后单击 "确定 " 完成圆角特征。

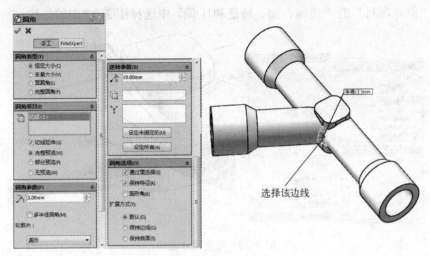

图 3-30　固定尺寸圆角

在进行圆角操作中, 要至少选择一条要添加圆角的边线、面、特征或环, 以及输入圆角的半径, 而且其余参数可以根据需要进行设置即可。

（1）边线、面、特征和环

选择要进行圆角化的实体, 可以是模型的边线、面、特征和环。

（2）半径

用户输入一个数值, 作为圆角的半径。

当选择多条边线的时候, 可以激活 "多半径圆角" 选项, 此时可以分别为不同的边线添加不同半径的圆角。如图 3-31 所示, 激活了 "多半径圆角" 选项后, 选择两条要添加圆角的边线, 然后单击图中所示的文本框, 输入圆角的半径, 则在可以为两条边线添加半径不同的圆角。

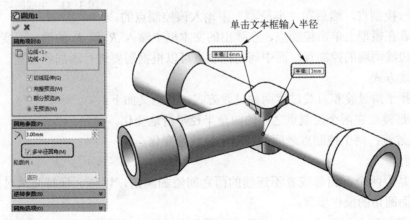

图 3-31　多半径圆角

2. 可变尺寸圆角

可变尺寸圆角是同一边线上生成的圆角半径不相等。可以指定边线上的某些点作为控制点来生成可变半径的圆角。下面举例说明可变尺寸圆角的操作步骤。

● 单击特征工具栏中的"圆角🗋"，在圆角对话框的"圆角类型"中选择变量大小。
● 在"圆角项目"的"边线、面、特征和环🗋"中选择图 3-32 中的边线。

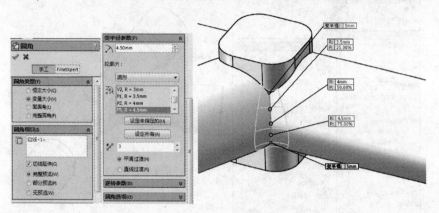

图 3-32　可变尺寸圆角

● 在"变半径参数"选项的"实例数🗋"中输入 3，此时上一步骤中选择的边线上会出现 5 个控制点。
● 单击边线上的控制点，则会弹出一个文本框，按照图 3-32 中的数值，输入各个控制点的半径值 R 和控制点在边线的位置比例值 P。
● 其他参数保持默认值即可，最后单击"确定✔"完成圆角特征，生成的可变尺寸圆角如图 3-33 所示。

可变尺寸圆角的参数设置大多数和固定尺寸圆角的参数设置一样，下面只对可变尺寸圆角特有的参数设置进行介绍。

（1）附加的半径

列出所有控制点，可以对控制点的半径值 R 和位置比例值 P 进行设置。

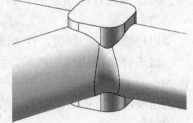

图 3-33　生成的可变尺寸圆角

选择某一控制点，然后在"半径🗋"中输入该控制点的半径值，或者在模型上单击控制点，在弹出的文本框中输入 R 和 P 的值。可变尺寸圆角至少要有位于边线两端的控制点，而中间的控制点可以根据需要进行添加和设置。

（2）过渡方式

可以选择平滑过渡和直线过渡两种过渡方式，其意义如下：

● 平滑过渡：在两个控制点之间的圆角半径平滑地变化。
● 直线过渡：两个控制点之间的圆角半径线性变化。

3．面圆角

面圆角是为两个不相邻或者不连续的面之间添加圆角，以使之保持光滑过渡。下面以一例子说明面圆角的操作步骤：

● 单击特征工具栏中的"圆角🗋"，在圆角对话框的"圆角类型"中选择面圆角。
● 在"面组 1🗋"中选择图 3-34 所示的"面<1>"，在"面组 2🗋"中选择面<3>、面<4>、面<5>三个面。

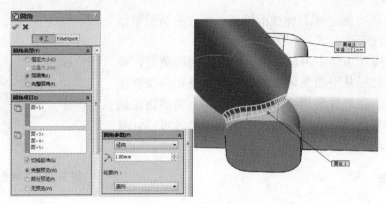

图 3-34　面圆角

- 在"半径"中输入 1。
- 其余参数保持默认即可，最后单击"确定 ✓"完成面圆角，生成的面圆角如图 3-35 所示。

　　在进行面圆角操作时，只需要选择两个面组和指定圆角半径即可，而每个面组中可以选择多个面。

4．全周圆角

　　全周圆角是生成一个相切与三个相邻面的圆角。与面圆角略微不同的是，全周圆角必须选择三个面组。下面举例说明其操作步骤。

- 单击特征工具栏中的"圆角 🔵"，在圆角对话框的"圆角类型"中选择完整圆角。

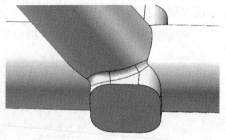

图 3-35　生成的面圆角

- 在"侧边面组 1 🔲"中选择图 3-36 中的外圆柱面，在"中央面组 🔲"中选择圆柱的端面，在"侧边面组 2 🔲"中选择内圆柱面。

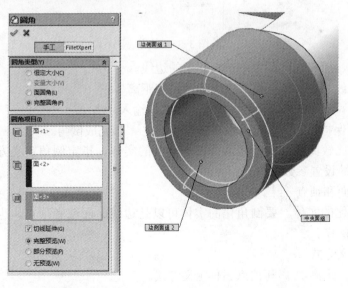

图 3-36　全周圆角

● 最后单击"确定 ✔"完成面圆角，生成的面圆角如图 3-37 所示。

从上面的操作步骤中可以看到，生成全周圆角时，中间面组实际上已经从平面变化成曲面，而且是和两个侧面组相切的曲面。在进行全周圆角操作时，并不需要指定圆角半径，因为根据用户所选择的三个面组，已经可以计算出圆角的半径。

图 3-37　生成的全周圆角

3.1.5　倒角

——参见附带光盘中的 **AVI/ch3/3.1.5.avi**

倒角对于机械零件来说，是很常见的特征，它是在边线、面或顶点上生成倾斜特征。下面举例说明倒角的操作步骤。

● 单击特征工具栏中的"倒角 🍷"，左侧弹出如图 3-38 所示的对话框。

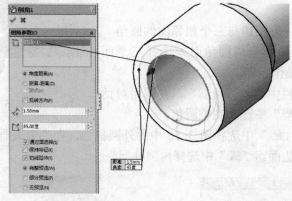

图 3-38　倒角

● 在"边线、面和顶点 🔲"中选择图中的边线。
● 勾选"边线、面和顶点 🔲"下面的"角度距离"。
● 在"距离 🔾"中输入 1.5，在"角度 🔼"中输入 45°。
● 其他参数保持默认值即可，最后单击"确定 ✔"完成倒角。

倒角的操作比较简单，主要是选择要倒角化的实体、指定倒角定义方式和输入倒角参数。下面对倒角的设置参数进行介绍。

（1）边线、面和顶点

选择要倒角化的实体。要倒角化的实体可以是边线、面或者顶点，也可以同时选择多个实体进行倒角操作。

（2）倒角定义方式

有角度距离、距离-距离和顶点三种定义方式。

● 角度距离：用一个直角边长度和直角边与斜边夹角确定倒角。如图 3-39 所示，把倒角特征投影到垂直于倒角化边线的面上，生成倒角的时候从模型上去除（或添加）

的那部分实体的投影就是一个直角三角形。用角度距离的方式定义倒角时，就是指定该三角形中的一个直角边长度（距离 1 或者距离 2）以及直角边和斜边的夹角。如果默认是指定距离 1 的值，则勾选"反转方向"时，可以是指定距离 2 的值。

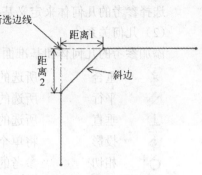

所选边线

距离1

距离2

斜边

- 距离-距离：用两条直角边的长度来确定倒角。这种方法就是指定图 3-39 中的距离 1 和距离 2 的值来确定倒角。
- 顶点：选定一个顶点作为倒角化的实体，然后指定三个斜边的距离来定义倒角。

图 3-39　倒角定义方式

3.1.6　参考几何体

动画演示——参见附带光盘中的 AVI/ch3/3.1.6.avi

参考几何体包括基准面、基准轴和基准点，建模的时候作为辅助几何体，帮助用户更好地建立模型，下面详细介绍这几种参考几何体。

1. 基准面

基准面就是一个虚拟的平面，可以把基准面作为草图基准面、配合参考等，下面介绍如何插入基准面：

- 单击特征工具栏中的"基准面 "，左侧弹出如图 3-40 所示的对话框。
- 在"第一参考"中选择"基准轴 1"，再单击其下的"重合 "，如图 3-41 所示。

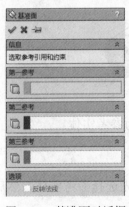

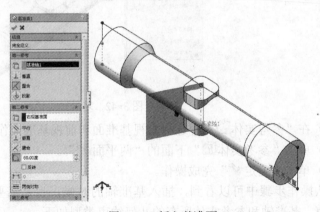

图 3-40　基准面对话框　　　　图 3-41　插入基准面

- 在"第一参考"中选择"右视基准面"，再单击其下的"角度 "，然后输入角度值60°。
- 其他选项保持默认，最后单击"确定 "，完成插入基准面。

实际上，插入基准面的过程就是借助模型中已有的几何体对基准面进行完全定义的过程。基本的操作思路是选择第一个参考，然后选择几何关系，接着根据需要选择第二甚至第三个参考。定义参考几何体的时候，最多只能选择三个参考，参考的实体可以是点、线和面，而可以添加的几何关系有重合、平行、垂直等。下面对基准面的设置参数进行详细介绍。

（1）参考

选择参考的几何体来定义基准面，可以是点、线和面。

（2）几何关系

添加参考的几何体和基准面的几何约束，所有的几何约束如下：

⋏	重合	所选的参考体和基准面重合
⟍	平行	所选的参考体和基准面平行
⊥	垂直	所选的参考体和基准面垂直
⚲	投影	将单个对象（比如点）投影到空间曲面上
⟂	相切	参考的圆柱面、圆锥面、非圆柱面以及空间面和基准面相切
⌐	两面夹角	参考的线、面和基准面成夹角，
⊢	偏移距离	参考的面和基准面平行且有一定距离，可指定"要生成的基准面数"，多个基准面间的间距和输入的间距相同
≡	两侧对称	所选的两个参考面相对于基准面对称

（3）反转法线

使基准面的法线向量方向反转。

2．基准轴

和基准面类似，插入基准轴的过程也是借助参考实体对基准轴进行定义的过程，下面以例子介绍其操作过程：

● 单击特征工具栏中的"基准轴 ⟍"，左侧弹出如图 3-42 所示的对话框。

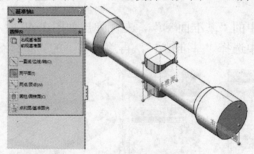

图 3-42　基准轴对话框

● 在"参考实体 ▯"中选择右视基准面和前视基准面作为参考实体。

● 单击"参考实体 ▯"下面的"两平面 ⟍"。

● 单击"确定 ✔"完成操作。

从操作步骤中可以看到，插入基准轴的时候，也是需要先选择参考实体，然后选择几何约束，基准轴和参考实体所有的几何约束类型如下：

⟍	一直线/边线/轴	基准轴和所选的线共线
⟍	两平面	基准轴和所选两个平面的交线重合
⟍	两点/顶点	基准轴通过所选的两个点
▯	圆柱/圆锥面	基准轴是圆柱或圆锥面的中心线
⚲	点和面/基准面	基准轴垂直与所选的面并通过所选的线

3. 基准点

基准点的操作方法与基准轴的操作方法类似：

- 单击特征工具栏中的"点 ✳"，左侧弹出如图 3-43 所示的对话框。
- 在"参考实体 🔲"中选择图中所示的基准轴和面。
- 选择"交叉点 🗙"作为几何约束。
- 最后单击"确定 ✔"完成操作。

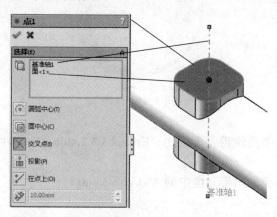

图 3-43　基准点

基准点和参考实体的几何约束有以下几种：

⊙	圆弧中心	点为所选圆弧或圆的中心
🔲	面中心	点为所选面的重心
🗙	交叉点	点为所选线和面的交点
📍	投影	点为线或点在平面上的投影
✏	在点上	选择草图上的点作为基准点
📐	沿曲线距离或多个参考点	沿边线、曲线、或草图线段生成一组参考点。

3.1.7　思路小结——零件建模流程

从上面的实例和知识点的介绍中，我们可以总结出以下的零件建模流程：

- 分析模型结构，确定构成模型的特征。
- 选择绘图基准面。
- 根据绘图轮廓绘制草图。
- 进行拉伸、旋转等基本特征建立初步模型。
- 通过切除、筋等完成特征模型的修饰与变换。
- 保存零件并退出。

3.2　实例·知识点——挂钩

本小节以图 3-44 所示的挂钩为例，主要演示扫描、放样、圆顶、曲线的操作。

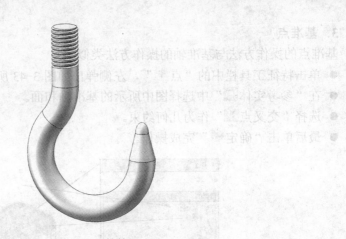

图 3-44 挂钩

——参见附带光盘中的"**End/ch3/3.2.sldprt**"文件。

——参见附带光盘中的 **AVI/ch3/3.2.avi**

（1）单击菜单栏中的"新建文件□"，在弹出的对话框中，新建一个零件文件，如图 3-45 所示。

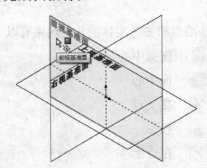

"完成扫描特征。

图 3-46 草图 1 基准面

图 3-45 新建零件文件

（2）单击草图工具栏中的"草图绘制
□"，选择如图 3-46 所示的前视基准面作为草图基准面，绘制如图 3-47 所示的草图。然后再单击草图工具栏中的"草图绘制
□"，以上视基准面为草图基准面，绘制如图 3-48 所示的"草图 2"。

（3）单击特征工具栏中的"扫描□"，在"轮廓○"中选择"草图 2"作为扫描的轮廓，在"路径□"中选择"草图 1"作为路径，如图 3-49 所示。最后单击"确定

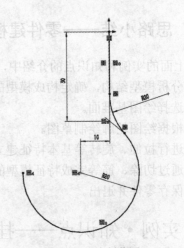

图 3-47 绘制草图 1

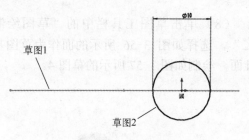

图 3-48　绘制草图 2

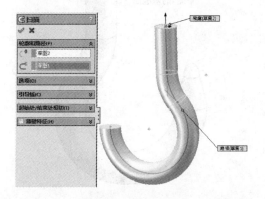

图 3-49　扫描 1

（4）单击特征工具栏中的"基准面 "，选择如图 3-50 所示的面 1 作为参考实体，选择"距离 "作为几何约束，输入距离值 10，最后单击"确定 "插入基准面。

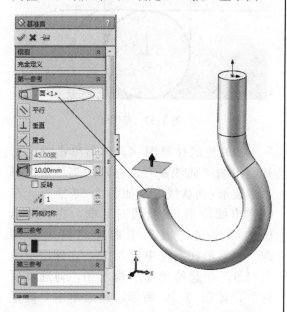

图 3-50　插入基准面

（5）单击草图工具栏中的"草图绘制 "，以上一步骤中插入的基准面作为草图基准面，绘制如图 3-51 所示的草图。

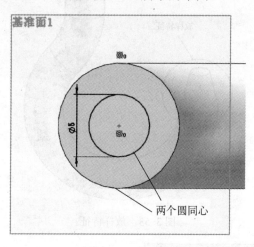

图 3-51　绘制草图 3

（6）单击草图工具栏中的"放样 "，依次在"轮廓 "中选择"草图 3"和与草图 3 中的圆同心的边线，如所图 3-52 所示，其他参数保持默认即可。最后单击"确定 "完成放样特征，生成的放样特征如图 3-53 所示。

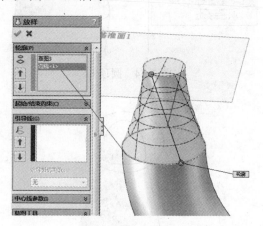

图 3-52　放样 1

（7）选择菜单栏中的"插入"→"特征"→"圆顶 "，在"要圆顶的面 "中选择如图 3-54 所示的面，在"距离"中输入 4，勾选"椭圆圆顶"，其他参数保持默认即可，最后单击"确定✔"，完成圆顶特征，生成的圆顶特征如图 3-55 所示。

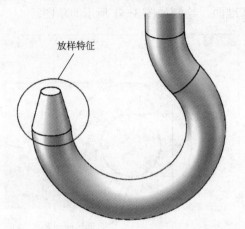

图 3-53　放样特征

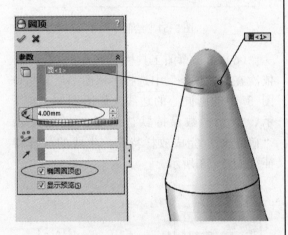

图 3-54　圆顶 1

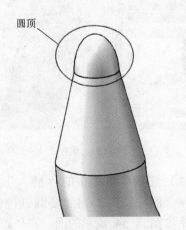

图 3-55　圆顶特征

（8）单击草图工具栏中的"草图绘制✏"，选择如图 3-56 所示的面作为草图基准面，绘制如图 3-57 所示的草图 4。

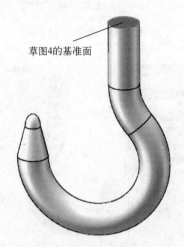

图 3-56　草图 4 的基准面

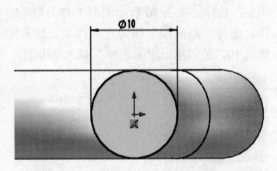

图 3-57　草图 4

（9）先选择草图 4，然后单击特征工具栏中的"曲线🗘"，在附加菜单中选择"螺旋形/涡状线"，如图 3-58 所示。左侧弹出螺旋形/涡状线对话框，在该对话框的"定义方式"中选择"高度和螺距"，然后在高度中输入 15，在螺距中输入 1.5，在起始角度中输入 0，勾选"反向"，如图 3-59 所示。最后单击"确定✔"，插入螺旋线。

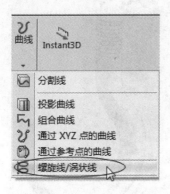

图 3-58 曲线附加菜单

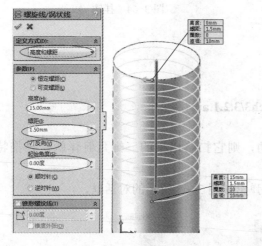

图 3-59 插入螺旋线

（10）单击草图工具栏中的"草图绘制
"，以右视基准面为草图基准面，绘制如
图 3-60 所示的草图 5。

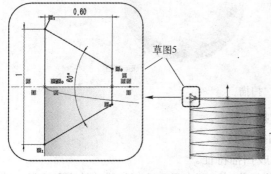

图 3-60 草图 5

（11）单击特征工具栏中的"扫描切除
"，左侧弹出如图 3-61 所示的对话框，

在"轮廓 "中选择"草图 5"作为扫描的
轮廓，在"路径 "中选择"螺旋线"作为
路径，其他参数保持默认，最后单击"确定
"，完成扫描切除，完成扫描切除后
的模型如图 3-62 所示。

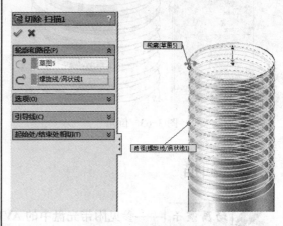

图 3-61 扫描切除 1

图 3-62 扫描切除特征

（12）单击特征工具栏中的"倒角
"，选择图 3-63 中的边线作为要倒角化
的边线，选择"角度距离"作为定义倒角的
方式，在距离中输入 0.5 和在角度中输入
45°，其他参数保持默认即可，最后单击
"确定 "完成倒角。此时已经建立好模
型，如图 3-64 所示。

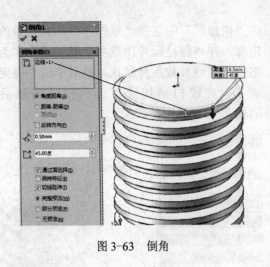

图 3-63　倒角

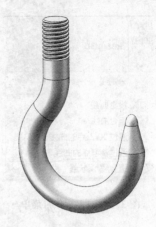

图 3-64　挂钩

3.2.1　扫描

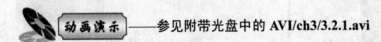——参见附带光盘中的 AVI/ch3/3.2.1.avi

扫描是草图轮廓沿着一定的路径进行运动，则它扫略出来的三维几何体就是扫描特征。下面举例说明扫描特征的操作步骤。

● 单击特征工具栏中的"扫描 "，左侧弹出如图 3-65 所示的对话框。

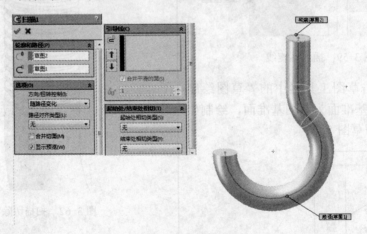

图 3-65　扫描

● 在"轮廓 "中选择"草图 2"，作为扫描的轮廓。
● 在"路径 "中选择"草图 1"，作为扫描的路径。
● 其他参数保持默认，单击"确定 "完成扫描特征。

从上面扫描的操作步骤中可以看到，进行扫描操作时，至少需要选择扫描的轮廓和路径，才能完成扫描特征。SolidWorks 为扫描特征提供了很多的参数设置，下面对其进行详细的介绍。

（1）轮廓

该选项用于选择一个草图作为扫描的轮廓，轮廓必须是闭合的草图，且不能交叉。

（2）路径

该选项用于选择一个闭合或者开环的草图作为扫描路径，路径的起点必须在轮廓的草图基准面上，否则不能生成扫描特征。

（3）引导线

该选项用于选择一个草图作为引导线，引导线可以在扫描时对路径进行引导。

引导线对于生成一些复杂的扫描特别有用，可以使扫描特征生成更加高级的曲面，在扫描中存在引导线和没有引导线的区别如图 3-66 所示。

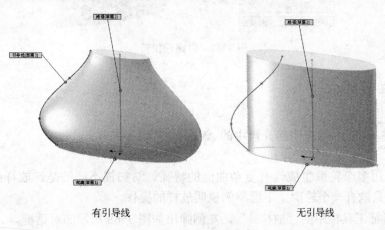

有引导线　　　　　　　　　　　　无引导线

图 3-66　引导线的作用

引导线可以有多条，单击"⬆"和"⬇"可以对引导线的顺序进行调整。

（4）方向/扭转控制

该选项用于控制轮廓在扫描时相对于路径的方向，也就是控制轮廓的法向矢量和路径切向矢量的角度，有以下几种方式：

● 随路径变化：轮廓相对于路径始终保持同一角度，即轮廓法向矢量和路径切向矢量的夹角不变。

● 保持法向不变：轮廓始终与轮廓的草图基准面平行。

● 随路径和第一引导线变化：中间截面的扭转由路径到第一条引导线的向量决定，而且该向量与水平方向之间的夹角保持不变。

● 随第一条和第二条引导线变化：中间截面的扭转由第一条到第二条引导线的向量决定，而且该向量与水平方向之间的夹角保持不变。

● 沿路径扭转：轮廓按照给定的角度，在扫描的同时沿路径扭转截面。如图 3-67 所示，指定扭转角度为 40°，则轮廓会沿着路径扭转 40°。此设置在建立麻花钻等模型时特别有用。

● 以法向不变沿路径扭曲：通过将轮廓在沿路径扭曲时保持与开始截面平行而沿路径扭曲截面。

起始处/结束处相切：定义起始和结束处的相切类型，有以下两种。

● 无：不运用相切。

● 路径相切：垂直于开始点路径而生成扫描。

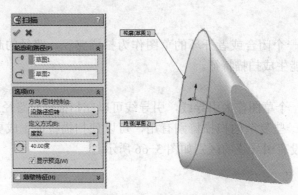

图 3-67　沿路径扭转

3.2.2　放样

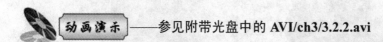
动画演示——参见附带光盘中的 AVI/ch3/3.2.2.avi

放样是利用多个轮廓生成含有复杂曲面的特征。与扫描不同的是，放样必须包含多个轮廓，而扫描只能有一个轮廓。下面举例说明放样的操作。

● 单击特征工具栏中的"放样 🔔"，左侧弹出如图 3-68 所示的对话框。

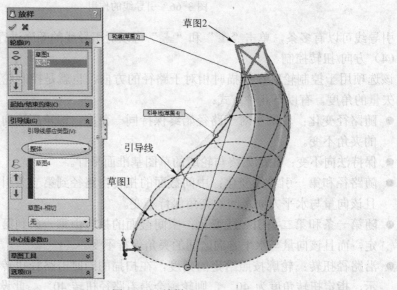

图 3-68　放样

● 在"轮廓"中选择图中的"草图 1"和"草图 2"，作为放样的两个轮廓。
● 在"引导线"选项中，单击"引导线感应类型"，在下拉菜单中选择"整体"，在"引导线 🖉"中选择"草图 4"作为放样的引导线。
● 其他参数保持默认，单击"确定 ✓"，完成放样特征。

放样特征可以设置的参数非常多，因此，在合理的设置下，用户可以利用放样特征生成质量非常高的曲面，下面对放样特征的参数设置进行详细介绍。

（1）轮廓

选择至少两个轮廓，作为放样的轮廓。

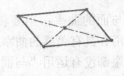

放样的轮廓可以是草图、面或者边线。选择轮廓的顺序对放样的结果有很大的影响，因此 SolidWorks 提供了改变轮廓顺序的按钮，即选择轮廓后，单击"↑"或"↓"可以调整轮廓的顺序。

在这里还必须注意的是，虽然放样特征没有路径，但是实际上生成放样特征的时候也有隐形的类似扫描特征的路径，当用户用鼠标在轮廓上的某点单击以选择该轮廓时，实际上也就选定了放样的路径，放样的路径是通过这些点的。如果要对图 3-69 中的三个草图进行放样，选择轮廓时选定的路径对放样的结果有很大的影响，如图 3-70a 和 b 所示，采用两种不同的路径，最后生成的放样特征外形也是有很大的差别的。

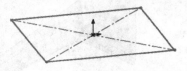

图 3-69　要生成放样的草图

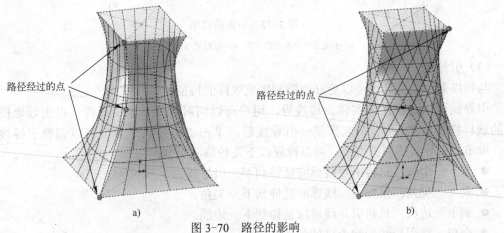

路径经过的点　　　　　　　　路径经过的点

图 3-70　路径的影响

a) 路径 1　b) 路径 2

（2）起始/结束约束

对开始和结束的轮廓进行约束，以控制它们的相切。单击"起始/结束约束"选项卡，展开该选项，如图 3-71 所示，在"开始约束"或者"结束约束"的下拉菜单中列出以下几种约束方式：

- 默认：当轮廓有三个或以上时，拟合出一个相切于开始和结束轮廓的抛物线，这样生成的曲线更加具有预测性、更自然。
- 无：不运用相切约束。

图 3-71　起始/结束约束选项

- 方向向量：选择一个实体，设置拔模角度和相切的长度作为所选实体和方向向量的约束。
- 与面相切：当要将放样附加到现有几何体时，选择该约束条件可以使相邻面在所选开始或结束轮廓处相切。

● 与面的曲率：当要将放样附加到现有几何体时，在所选开始或结束轮廓处应用平滑、具有美感的曲率连续放样。如图 3-72 所示，在图 3-72a 中，开始约束和结束约束都没有运用"与面的曲率"，则放样生成的几何体不与现有的几何体相切，而在开始约束和结束约束都运用"与面的曲率"时，生成的几何体和现有几何体相切，从而使放样特征非常平滑，更加具有美感。

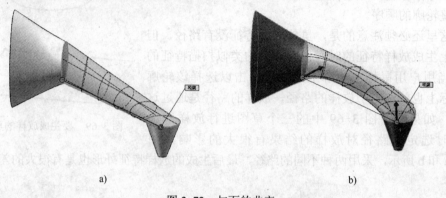

a)   b)

图 3-72　与面的曲率

a) 不运用"与面的曲率"　b) 运用"与面的曲率"

（3）引导线

与扫描类似，引导线可以更好地控制生成放样的特征。

引导线可以是草图的实体、边线等，用户可以同时选择多条引导线，以更好地控制生成的放样特征。类似地，选择某一引导线后，单击"↑"或"↓"可以调整引导线的顺序。单击"引导线感应类型"，可以设置以下几种感应类型：

● 到下一引线：只将引导线感应延伸到下一引导线。

● 到下一尖角：只将引导线感应延伸到下一尖角。

● 到下一边线：只将引导线感应延伸到下一边线。

● 全局：将引导线影响力延伸到整个放样。

单击"引导线相切类型"，可以设置放样特征和引导线相遇的地方的相切类型，其类型和轮廓的起始/结束类型一样，因此在此不再赘述。

（4）中心线

使用中心线来引导放样，则放样特征中所有截面的中心都在中心线上。

如图 3-73 所示，使用了中心线后，放样特征每个截面的中心点都在中心线上。

3.2.3　圆顶

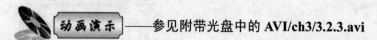

动画演示——参见附带光盘中的 AVI/ch3/3.2.3.avi

圆顶是在平面或者曲面上生成一个顶盖，这个顶盖可以是突起的，也可以是凹陷的。下面举例说明圆顶的操作步骤。

● 单击特征工具栏中的"圆顶🔘"，左侧弹出如图 3-74 所示的对话框。

● 在"要圆顶的面🔲"中选择图中的面 1。

● 在"距离 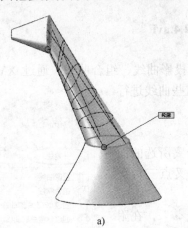"中输入 4。
● 其他参数保持默认，最后单击"确定 ✔"完成圆顶特征。

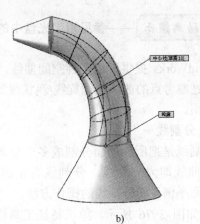

图 3-73　中心线

a) 没有运用中心线　b) 运用了中心线

圆顶的操作比较简单，下面对它的参数设置进行详细介绍。

（1）要圆顶的面

选择一个平面或者曲面生成圆顶特征。

（2）距离

输入一个数值，作为圆顶扩展的距离，如图 3-75 所示。

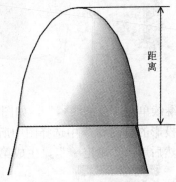

图 3-74　圆顶　　　　　　　　　　　　　　图 3-75　圆顶的距离

当用户单击"反向 "时，可以生成凹陷的圆顶。当输入的距离为 0 的时候，生成的圆顶会和相邻的曲面相切。

（3）约束点或草图

通过选择一包含有点的草图来约束草图的形状以控制圆顶。

（4）方向

从绘图区域选择一个不垂直于面的方向向量，从而以该方向向量的方向拉伸圆顶。

（5）椭圆圆顶

勾选该选项时，生成截面为椭圆的圆顶。

3.2.4 空间曲线

 动画演示——参见附带光盘中的 **AVI/ch3/3.2.4.avi**

SolidWorks 提供了很多种空间曲线，如分割线、投影曲线、组合曲线、通过 XYZ 的曲线、通过参考点的曲线和螺旋线/涡状线等，下面对这些曲线进行详细介绍。

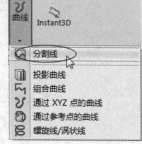

1. 分割线

分割线是把所选的面分割成多个分离的面，而分离所选的面的空间曲线即为分割线。分割线有轮廓、投影和交叉点三种类型，下面举例说明分割线的操作方法。

- 如图 3-76 所示，单击特征工具栏中的"曲线 🗲"，在附加菜单栏中单击"分割线 🖾"，左侧弹出分割线对话框。

图 3-76 "曲线"附加菜单栏

- 如图 3-77 所示，在"分割类型"中选择"轮廓"，在"拔模方向 🗲"中选择"基准面 1"，在"要分割的面 🗐"中选择图中所示的面，然后单击"确定 ✔"，生成第一条空间曲线。

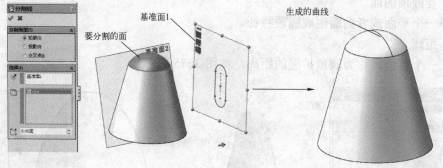

图 3-77 轮廓

- 继续单击"分割线 🖾"，如图 3-78 所示，在"分割类型"中选择"投影"，在"要投影的草图 🖉"中选择图中所示的草图，在"要分割的面 🗐"中选择图中的曲面，然后单击"确定 ✔"，生成第二条空间曲线。

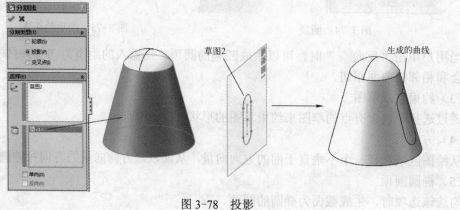

图 3-78 投影

● 继续单击"分割线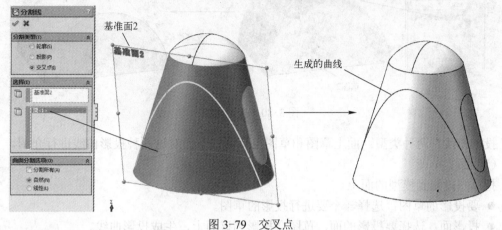"，如图 3-79 所示，在"分割类型"中选择"交叉"，在"分割实体/面/基准面"中选择"基准面 2"，在"要分割的面"中选择图中所示的曲面，最后单击"确定"，生成第三条空间曲线。

图 3-79 交叉点

分割线的操作较为简单，下面按照分割线类型的顺序对其参数进行详细介绍。

（1）轮廓

用一个基准面对零件进行投影，产生一条交线，该交线就是分割线。该类型的分割线应该设置如下的参数：

● "拔模方向"：选择一个对零件进行投影的基准面。
● "要分割的面"：选择要被分割的面，可以同时选择多个面，但是需要注意的是，这里要被分割的面不能是平面，只能是曲面。
● 角度：指定基准面向零件投影的方向，输入的值为 0 时，投影方向垂直于基准面。

（2）投影

把草图轮廓投影到要分割的面上，从而形成分割线。

● "要投影的草图"：选择要进行投影的草图。
● "要分割的面"：选择要进行分割的面。

（3）交叉点

选择两个互相交叉的曲面、面、基准面或样条曲线，而这两个交叉的实体所交叉的曲线就是分割线。

● "分割实体/面/基准面"：选择用来分割曲面的实体。
● "要分割的面"：选择要分割的面。

2．投影曲线

投影曲线是把草图投影到某一面上形成空间曲线，下面举例说明其操作步骤。

● 单击"曲线"附加菜单的"投影曲线"，左侧弹出如图 3-80 所示的对话框。
● 在"投影类型"中选择"面上草图"。
● 在"要投影的草图"中选择图中所示的草图 2。
● 在"投影面"中选择图中所示的曲面。
● 勾选"反转投影"，最后单击"确定"完成投影曲线。

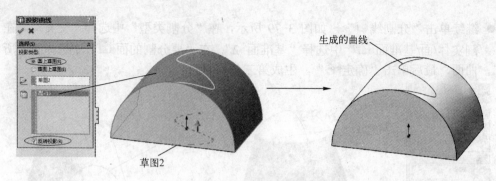

图 3-80　投影曲线

投影曲线有两种类型：面上草图和草图上草图，下面对这两种投影曲线进行介绍。

（1）面上草图

把草图投影到模型的面上。

- 要投影的草图：选择一个要进行投影的草图。
- 投影面：选择要投影的面，草图会投影到该面上，生成投影曲线。
- 反转投影：在有必要的情况下，勾选该选项时，可以反转投影的方向。

（2）草图上草图

选择两个草图，从两个草图的交点开始，生成一条投影曲线。

- "要投影的一些草图 "：选择两个草图，从而生成投影曲线。如图 3-81 所示，在 "要投影的一些草图 "中选择"草图 1"和"草图 2"，则可以生成一条投影曲线。

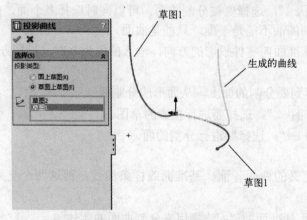

图 3-81　草图上草图

3．组合曲线

组合曲线就是把多条空间曲线组合起来，形成一条曲线。下面举例说明其操作步骤。

- 单击"曲线"附加菜单中的"组合曲线 "，左侧弹出如图 3-82 所示的对话框。
- 在"要连接的实体"中选择图中所示的所有实体。
- 最后单击"确定 "，完成组合曲线。

组合曲线的操作很简单，只需要在"要连接的实体"中选择所有要连接起来的曲线即可。但是必须注意的是，进行组合的曲线必须是首尾相连的，也就是说，组合曲线必须是连续的。

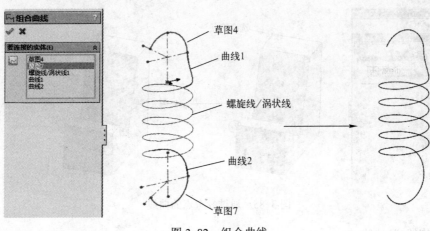

图 3-82　组合曲线

4. 通过 XYZ 的曲线

通过 XYZ 的曲线是 SolidWorks 根据用户指定的一些点的坐标，生成通过这些点的光滑曲线，下面举例介绍其操作步骤。

- 单击"曲线"附加菜单的"通过 XYZ 的曲线 ⚘"，弹出如图 3-83 所示的对话框。
- 在对话框中输入 4 个点的坐标值，然后单击"确定"按钮生成曲线，如图 3-84 所示。

图 3-83　输入点的坐标值

图 3-84　生成的曲线

通过 XYZ 的曲线有两种方法，第一种是直接在对话框中输入一些点的坐标，从而生成曲线；第二种方法是单击图 3-83 中的"浏览"按钮，然后从计算机的硬盘中选择*.txt 或者 *.sldcrv 格式的外部文件，这些文件中应该包含有一些点的坐标值，SolidWorks 会从外部文件中读取点的坐标，以生成曲线。

5. 通过参考点的曲线

通过参考点的曲线和通过 XYZ 的曲线相似，先在模型上选择一些顶点，然后生成一条通过这些点的光滑曲线，下面以一个例子说明其操作步骤。

- 单击"曲线"附加菜单中的"通过参考点的曲线 ⬚"，左侧弹出如图 3-85 所示的对话框。
- 在"通过点"中选择图中所示的三个点，最后单击"确定 ✔"完成曲线。

通过参考点的操作比较简单，只需要在"通过点"中选择一些模型上的顶点即可生成曲线，在这里不做过多的介绍。

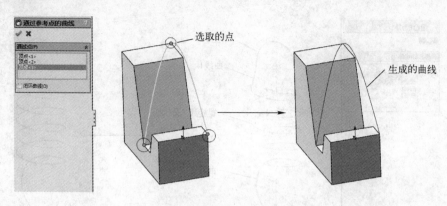

图 3-85　通过参考点的曲线

6．螺旋线/涡状线

螺旋线是建模中经常使用到的空间的曲线，螺旋线一般可以用于生成螺纹、弹簧或者蜗杆等零件，而涡状线可以生成涡卷弹簧，下面以一个例子介绍其操作步骤。

● 先选择一个含有圆的草图，然后单击"曲线"附加菜单的"螺旋线/涡状线 ⬘"，左侧弹出如图 3-86 所示的对话框。

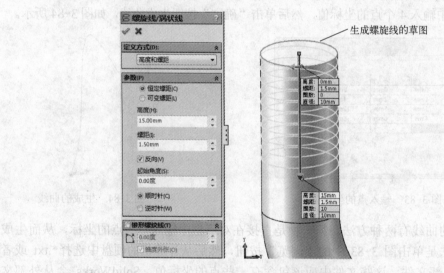

图 3-86　生成螺旋线

● 单击"定义方式"，在下拉菜单中选择"高度和螺距"。

● 在"参数"选项下，在"高度"中输入 15，在"螺距"中输入 1.5。

● 勾选"反向"，在"起始角度"中输入 0°。

● 其他参数保持默认即可，最后单击"确定 ✔"，生成螺旋线。

从上面的操作中可以看到，生成螺旋线时，首先要选择一个包含圆的草图，然后指定螺旋线的定义方式，最后再输入相应的参数即可生成螺旋线。下面对螺旋线的参数进行详细讲解。

（1）定义方式

该选项用于定义生成螺旋线的方式。如图 3-87 所示，选择不同的定义方式时，在"参数"选项中具体设置的参数也是不同的。

图 3-87　螺旋线的定义方式

- 螺距和圈数：设置螺旋线的螺距和圈数。分别在"螺距"和"圈数"中输入螺旋线的螺距和圈数。螺旋线的高度等于螺距乘以圈数。
- 高度和圈数：设置螺旋线的高度和圈数。分别在"高度"和"圈数"中输入螺旋线的高度和圈数。螺旋线的螺距等于高度除以圈数。
- 高度和螺距：设置螺旋线的高度和螺距。输入在"高度"和"螺距"中指定螺旋线的高度和螺距。螺旋线的圈数等于高度除以螺距。
- 涡状线：只需设置螺距、圈数、起始角度和旋转方向即可。

（2）起始角度

该选项用于设定螺旋线初始旋转的角度。选择"顺时针"或者"逆时针"时可以设置螺旋线的旋转方向。

（3）锥形螺旋线

勾选该选项时，可以激活锥形螺旋线选项，在"角度 📐"中输入角度值，可以生成相应角度的锥形螺旋线。如图 3-88 所示，激活锥形螺旋线后，在"角度 📐"中输入 15°，可以生成锥形螺旋线。

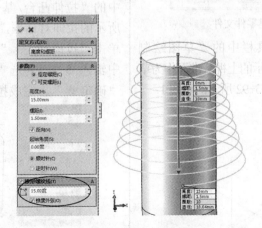

图 3-88　锥形螺旋线

3.3 实例·知识点——箱体

本节以图 3-89 中的箱体作为例子，主要介绍异型孔、线性阵列特征、圆周阵列特征和筋特征。

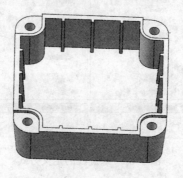

图 3-89 箱体

——参见附带光盘中的"**End/ch3/3.3.sldprt**"文件。

——参见附带光盘中的 **AVI/ch3/3.3.avi**

（1）单击菜单栏中的"新建文件□"，弹出如图 3-90 所示的对话框，新建一个零件文件。

图 3-90 新建零件文件

（2）单击草图工具栏中的"草图绘制
□"，选择如图 3-91 所示的上视基准面作为草图 1 的基准面，绘制如图 3-92 所示的草图 1。

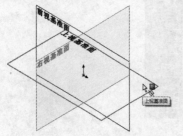

图 3-91 选择草图 1 的基准面

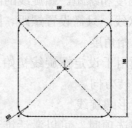

图 3-92 草图 1

（3）选择草图 1，然后单击特征工具栏中的"拉伸凸台/基体□"，弹出如图 3-93 所示的拉伸对话框，在"深度"中输入 30，单击"拔模开关□"，然后在"拔模角度"中输入 5°，勾选"向外拔模"，最后单击"确定✓"，完成拉伸凸台。

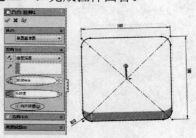

图 3-93 拉伸凸台 1

（4）单击草图工具栏中的"草图绘制
┗"，选择如图 3-94 所示的面作为草图 2
的基准面，绘制如图 3-95 所示的草图 2。

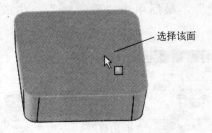

图 3-94　草图 2 的基准面

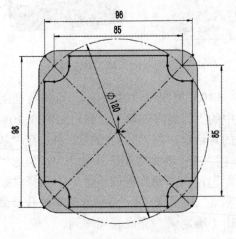

图 3-95　草图 2

（5）选择草图 2，单击特征工具栏中的
"拉伸切除▣"，弹出如图 3-96 所示的对
话框，在"深度"中输入 28，然后单击"确
定✔"，完成拉伸切除。

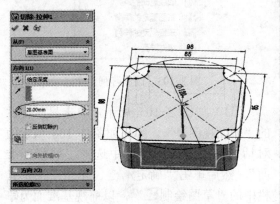

图 3-96　拉伸切除 1

（6）单击草图工具栏中的"草图绘制
┗"，选择如图 3-97 所示的面作为草图基
准面，绘制如图 3-98 所示的草图 3。

图 3-97　草图 3 的基准面

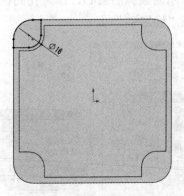

图 3-98　草图 3

（7）选择草图 3，单击特征工具栏中的
"拉伸切除▣"，弹出如图 3-99 所示的对
话框，在"深度"中输入 2，然后单击"确
定✔"，完成拉伸切除。

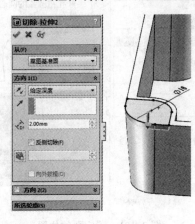

图 3-99　拉伸切除 2

（8）单击特征工具栏中的"异型孔向导"，弹出如图 3-100 所示的对话框，在"孔类型"面板中选择图中所示的孔，在"标准"下拉菜单栏中选择"GB"，在"类型"下拉菜单中选择"螺纹钻孔"；在"孔规格"面板的"大小"下拉菜单栏中选择"M8"；在"终止条件"面板的下拉菜单栏中选择"给定深度"，然后在"深度"中输入 15。设置好孔的参数后，单击"位置"选项卡，单击如图 3-101 所示的"3D 草图"，然后移动鼠标到模型上，单击图中所示的圆弧的圆心，作为孔的位置，最后单击"确定"。

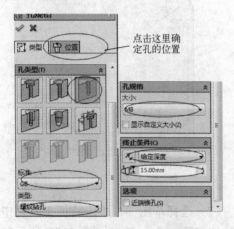

图 3-100　异型孔对话框

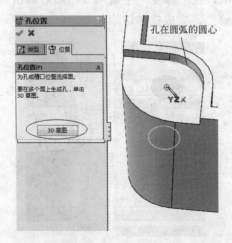

图 3-101　确定孔的位置

（9）单击特征工具栏中的"基准轴"，弹出如图 3-102 所示的对话框，选择前视基准面和右视基准面，然后单击"两平面"，最后单击"确定"，生成基准轴。

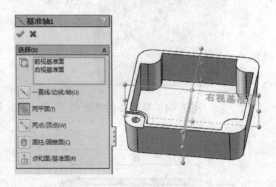

图 3-102　插入基准轴

（10）如图 3-103 所示，单击特征工具栏中的"圆周阵列"，弹出如图 3-104 所示的对话框，在"阵列轴"中选择"基准轴 1"，在"阵列数"中输入 4，勾选"等间距"，在"要阵列的特征"中选择"拉伸切除 2"和步骤（8）中插入的螺纹孔，最后单击"确定"完成圆周阵列。

图 3-103　圆周阵列命令

（11）如图 3-105 所示，单击显示特性的"剖面视图"，弹出如图 3-106 所示的对话，在"参考剖面"中选择"前视基准面"，然后单击"确定"。单击草图工具栏中的"草图绘制"，以前视基准面为草图基准面，绘制如图 3-107 所示的草图 5。

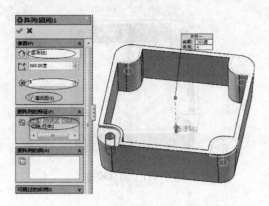

图 3-104　圆周阵列 1

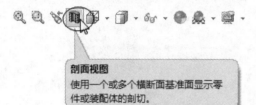

图 3-105　剖面视图命令

图 3-106　剖面视图

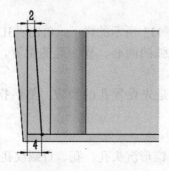

图 3-107　草图 5

（12）单击特征工具栏中的"筋 "，弹出如图 3-108 所示的对话框，在"筋厚度"中输入 2，其他参数保持默认，然后单击"确定 "生成筋特征。

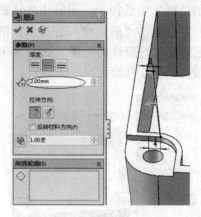

图 3-108　筋特征

（13）单击特征工具栏中的"线性阵列 "，弹出如图 3-109 所示的对话框，在"方向 1"的"阵列方向"中选择图中所示的"边线<1>"，然后在"距离"中输入 20，在"阵列数"中输入 2。在"方向 2"的"阵列方向"中选择图中所示的"边线<2>"，在"距离"中输入 20，在"阵列数"中输入 2，在"要阵列的特征 "中选择上一步骤中生成的筋，最后单击"确定 "，完成线性阵列。

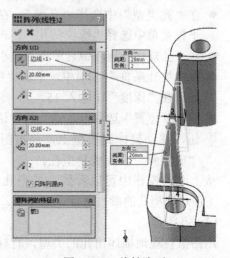

图 3-109　线性阵列

（14）单击特征工具栏中的"圆周阵列
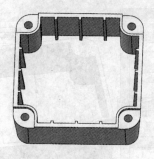" 弹出如图 3-110 所示的对话框，在
"阵列轴 "中选择"基准轴 1"，在"阵列
数 "中输入 4，勾选"等间距"，在"要
阵列的特征"中选择上一步骤中生成的线性
阵列，最后单击"确定 "完成圆周阵列。
此时已经建立好箱体的模型，如图 3-111 所
示，最后保存文件即可。

图 3-111　箱体模型

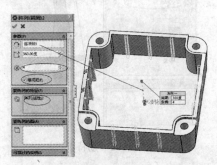

图 3-110　圆周阵列 2

3.3.1　异型孔

 动画演示 ——参见附带光盘中的 **AVI/ch3/3.3.1.avi**

异型孔是使用向导式操作，引导用户快速生成标准的孔。异型孔集成了很多的标准，
例如 ANSI、JIS、GB 等，可以满足不同国家或地区的用户生成当地标准的孔。下面通过实
例介绍异型孔的操作步骤。

● 单击特征工具栏中的"异型孔向导 "，弹出如图 3-112 所示的对话框。
● 在"孔类型"中选择"孔 "，在"标准"下拉菜单栏中选择"GB"，在"类型"
下拉菜单中选择"螺纹钻孔"。
● 在"孔规格"选项中，单击"大小"，在下拉菜单栏中选择"M8"。
● 在"终止条件"选项中，单击"终止条件"，在下拉菜单栏中选择"给定深度"，
然后在"深度"中输入 15。
● 单击"位置"选项卡，则孔的对话框变为图 3-113 所示的样子，单击"3D 草图"按
钮，移动鼠标到模型上，单击图中所示的圆弧的圆心，作为孔的位置，最后单击
"确定 "，完成异型孔。

从上面的操作中可以看到，异型孔的操作步骤是先设置孔的参数，然后指定孔的位
置，下面对异型孔的参数进行详细介绍。

（1）孔类型

用图像直观地描述出孔的类型，有柱形沉头孔、锥形沉头孔、孔、直螺纹孔等 9 种类
型的孔。

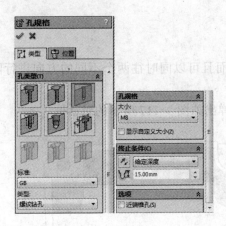

图 3-112 异型孔向导

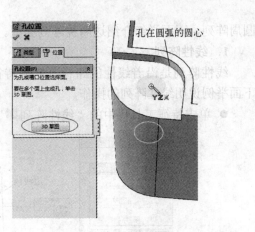

图 3-113 孔的位置

可在"标准"下拉菜单中选择孔的标准，如图 3-114 所示。SolidWorks 集成了众多的标准，例如 ANSI、BSI、GB 等，一般情况下我们选择 GB（国标）作为孔的标准。

在"类型"下拉菜单中可以指定钻孔大小、螺纹钻孔、暗销直孔或螺钉间隙，在这里选择不同的选项时，下面的"孔规格"选项的设置参数也有所不同，如图 3-115 所示。

（2）终止条件

设置钻孔的深度，根据孔的类型的不同，终止条件的选项也有所不同，但是其意义和拉伸的终止条件一样，读者可以参考本章中关于拉伸特征的介绍。

图 3-114 孔的标准

（3）位置

单击异型孔的对话框的"位置"，则对话框变为如图 3-116 所示的样子，单击"3D 草图"，然后在模型上绘制一个点，即可确定孔的位置。

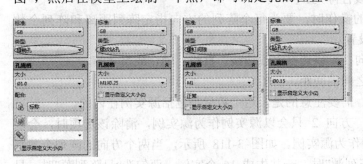

图 3-115 设置孔的类型

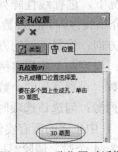

图 3-116 孔位置对话框

3.3.2 阵列

——参见附带光盘中的 **AVI/ch3/3.3.2.avi**

阵列是比较常用的建模方法，它是以一定的规律复制源特征。阵列主要有线性阵列和

圆周阵列，下面详细介绍这两种阵列类型。

1. 线性阵列

线性阵列是沿着线性的路径复制源特征，而且可以同时往两个不同的方向进行阵列。下面举例说明线性阵列的操作。

- 单击特征工具栏中的"线性阵列 ▦"，弹出如图 3-117 所示的对话框。

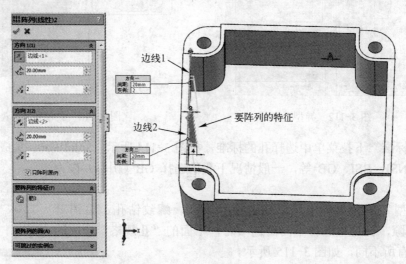

图 3-117　线性阵列

- 在"方向 1"的"阵列方向"中选择图中所示的"边线<1>"，然后在"距离 ⟨⟩"中输入 20，在"阵列数 ⁂"中输入 2。
- 又在"方向 2"的"阵列方向"中选择图中所示的"边线<2>"，在"距离 ⟨⟩"中输入 20，在"阵列数 ⁂"中输入 2。
- 在"要阵列的特征 ⟨⟩"中选择图中所示的筋特征。
- 最后单击"确定 ✔"完成线性阵列。

一般情况下，进行线性阵列的操作时，要为每个阵列的方向指定阵列距离和阵列个数即可。下面介绍线性阵列的参数设置。

- 阵列方向：设置阵列的方向，可以选择直线边线、直线、轴、或尺寸等。
- 距离：设定两个阵列实例之间的间距。
- 阵列数：设置阵列的个数，需要注意的是，这个数量是包括源实例在内的。
- 只阵列源：勾选该选项时，方向 2 只会以源实例作为源实例，清除该选项时，会以方向 1 中生成的所有实例作为源实例。如图 3-118 所示，当两个方向的阵列个数都设置为 4 个时，清除"只阵列源"时，一共生成 16 个实例，而勾选"只阵列源"时，只生成 7 个实例。

2. 圆周阵列

圆周阵列是绕着轴对源实例进行复制，下面举例说明其操作步骤。

- 单击特征工具栏中的"圆周阵列 ✿"，左侧出现如图 3-119 所示的对话框。
- 在"阵列轴 ↺"中选择基准轴 1。
- 在"阵列数 ✿"中输入 4，勾选"等间距"。

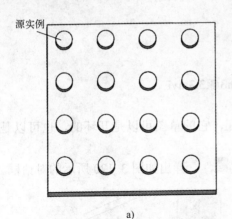 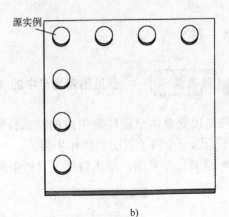

源实例

源实例

a)   b)

图 3-118 只阵列源

a) 清除"只阵列源"   b) 勾选"只阵列源"

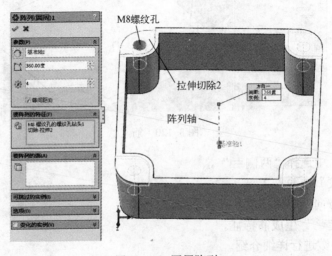

图 3-119 圆周阵列

● 在"要阵列的特征"中选择图中所示的特征。

● 最后单击"确定✅"完成圆周阵列。

与线性阵列类似，圆周阵列的操作步骤是先选择阵列轴，然后指定阵列角度和阵列个数即可。下面对圆周阵列的参数进行介绍。

（1）阵列轴

该选项用于选择一个实体作为阵列的轴，可以选择直线边线、草图直线、圆柱面等实体。

（2）角度

该选项用于指定阵列实例之间的角度。勾选"等间距"时，角度自动设置为 360°。

（3）阵列数

该选项用于指定阵列的个数。

（4）要阵列的特征

该选项用于选择模型中的特征来生成阵列。

3.3.3　筋

——参见附带光盘中的 **AVI/ch3/3.3.3.avi**

筋是以简单的草图轮廓生成的特殊拉伸特征，它的草图可以是开环的，也可以是闭环的。下面以一个例子说明其操作步骤。

● 选择一个草图，单击特征工具栏中的"筋 🖾"，弹出如图 3-120 所示的对话框。

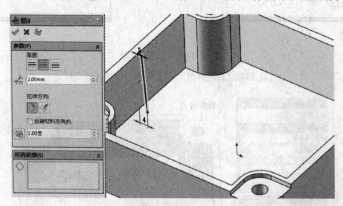

图 3-120　筋

● 在"厚度"中选择"两侧▤"。
● 在"筋厚度"中输入 2。
● 在"拉伸方向"中选择"平行于草图 🖾"。
● 单击"确定 ✔"生成筋特征。

下面对筋的参数进行详细介绍。

（1）厚度

厚度用于设置添加筋厚度的方向。

● 第一边▤：只添加材料到草图的一边。
● 两侧▤：同时在草图两边添加材料。
● 第二边▤：添加材料到草图的另一边。

（2）筋厚度

该项用于指定筋的厚度。

（3）拉伸方向

该项用于设置往平行或垂直于草图基准面的方向拉伸实体。

当勾选"反转材料方向"时，可以使拉伸的方向和默认的方向相反。

3.4　要点·应用

本节以三个较为基础的实例，主要复习前面几个小节中所介绍的知识点，以帮助读者加强对这些知识点的掌握。

3.4.1 应用 1——门把手

本实例以图 3-121 所示的门把手为例，主要介绍拉伸凸台、圆角、异型孔、线性阵列、基准面、放样和镜像的操作。

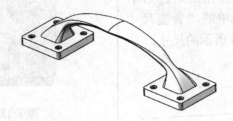

图 3-121 门把手

本实例主要是由几个特征的镜像特征构成的，因此建模的思路是：首先建立拉伸凸台，然后添加圆角和异型孔，接着生成异型孔的线性阵列，最后进行放样和镜像操作。

 结果文件——参见附带光盘中的 "End/ch3/3.4.1.sldprt" 文件。

 动画演示——参见附带光盘中的 AVI/ch3/3.4.1.avi

（1）单击菜单栏中的"新建文件 □"，弹出如图 3-122 所示的对话框，新建一个零件文件。

图 3-122 新建零件文件

（2）单击草图工具栏中的"草图绘制 ピ"，以上视基准面为草图基准面，绘制如图 3-123 所示的草图 1。

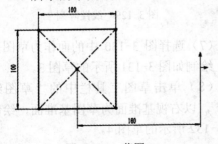

图 3-123 草图 1

（3）选择草图 1，单击特征工具栏中的"拉伸凸台/基体 ⊡"，选择终止条件为"给定深度"，在"深度 √D1"中输入 15，其他参数保持默认，如图 3-124 所示。最后单击"确定 ✓"，完成拉伸凸台 1。

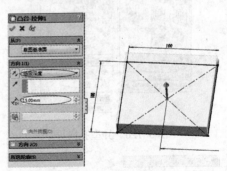

图 3-124 拉伸凸台 1

（4）单击特征工具栏中的"圆角 ⚪"，在"圆角类型"中选择"恒定圆角"，选择图 3-125 中的 4 条边线作为圆角化的边线，然后在"半径 √"中输入 5，最后单击"确定 ✓"完成圆角。

（5）单击特征工具栏中的"异型孔向导 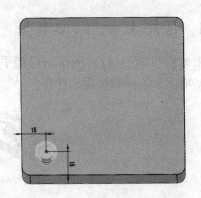 "，弹出如图 3-126 所示的对话框，按照图中的数值设置孔的规格，然后单击"位置"，转到图 3-127 所示的对话框，单击"3D 草图"，移动鼠标到圆角的附近后单击，接着单击草图工具栏中的"智能尺寸 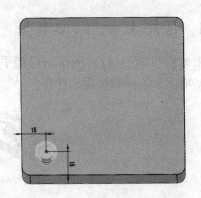 "，为孔标注如图 3-128 所示的尺寸。

图 3-128　标注孔的尺寸

（6）单击特征工具栏中的"线性阵列 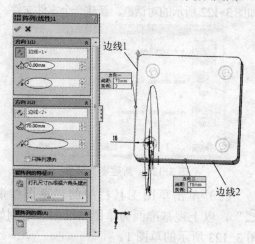 "，弹出图 3-129 所示对话框，在"方向1"的"阵列方向"中选择图 3-129 所示的"边线<1>"，然后在"距离"中输入 70，在"阵列数"中输入 2。在"方向 2"的"阵列方向"中选择图中所示的"边线<2>"，在"距离"中输入 70，在"阵列数"中输入 2，在"要阵列的特征 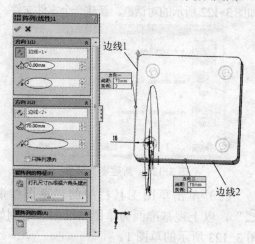 "中选择上一步骤中生成的孔。最后单击"确定 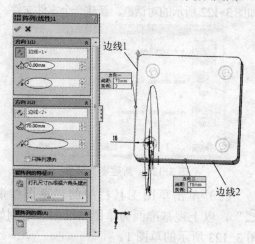 "完成圆角。

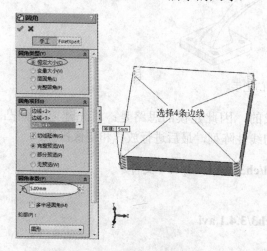

图 3-125　圆角

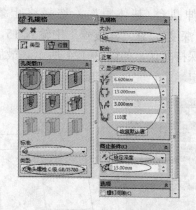

图 3-126　异型孔向导

图 3-127　确定孔的位置

图 3-129　线性阵列

（7）选择图 3-130 中的面作为草图基准面，绘制如图 3-131 所示的草图 3。

（8）单击草图工具栏中的"草图绘制 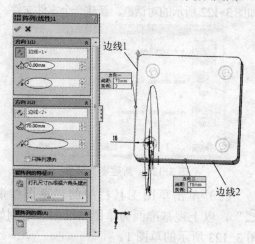 "，以右视基准面为草图基准面，绘制如图 3-132 所示的草图 4。

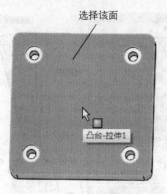

选择该面

图 3-130　草图 3 的基准面

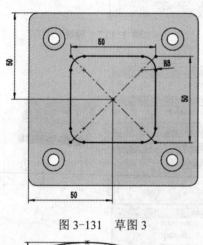

图 3-131　草图 3

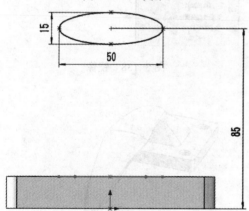

图 3-132　草图 4

（9）单击特征工具栏中的"基准面[图标]"，弹出如图 3-133 所示的对话框，在第一参考中选择图中所示的"边线<1>"，再选

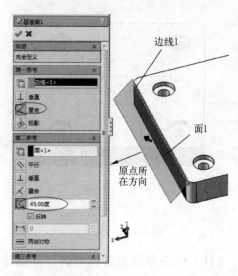

边线1

面1

原点所在方向

图 3-133　基准面

择"重合"约束。在第二参考中选择图中所示的"面<1>"，再选择"角度"约束，并输入 45°，这里需要注意的是，第二参考中选择的面 1 是现有模型中离原点的距离最近的面。最后单击"确定 ✔"完成基准面，生成的基准面如图 3-134 所示。

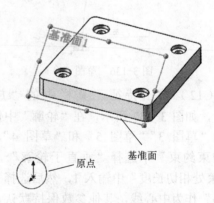

基准面1

基准面

原点

图 3-134　生成的基准面

（10）单击草图工具栏中的"草图绘制[图标]"，以上一步骤中生成的基准面为草图基准面，绘制如图 3-135 所示的草图 5。

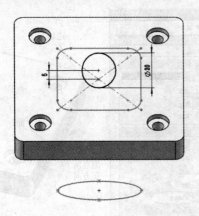

图 3-135　草图 5

（11）单击草图工具栏中的"草图绘制
🖉"，以前视基准面为草图基准面，用草图工
具栏的样条曲线绘制图 3-136 所示的草图 6。

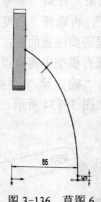

图 3-136　草图 6

（12）单击特征工具栏中的"放样
🔔"，如图 3-137 所示，在"轮廓"中依次
选择"草图 3""草图 5"和"草图 4"，在
"结束约束"中选择"垂直于轮廓"，在
"结束处相切长度"中输入 1，然后选择"草
图 6"作为中心线，其他参数保持默认，最
后单击"确定✔"，完成放样。

（13）单击特征工具栏中的"镜像
🪞"，如图 3-138 所示，选择右视基准面作
为镜像面，在"要镜像的实体"中选择"放
样 1"，最后单击"确定✔"，完成镜像。此
时已经建立好门把手的模型，如图 3-139 所
示。最后保存文件即可。

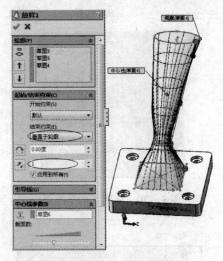

图 3-137　放样

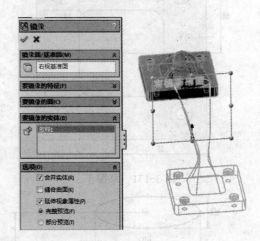

图 3-138　镜像

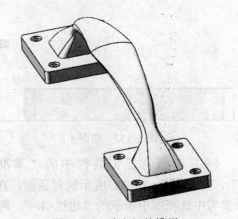

图 3-139　建立好的模型

3.4.2　应用 2——外壳

本例以图 3-140 中的外壳为例，主要介绍拉伸凸台、圆角、抽壳、异型孔向导、筋、线性阵列和镜像的操作。

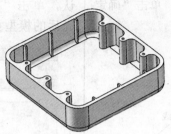

图 3-140　外壳

本例中的结构是箱体结构，因此建模的思路是：先拉伸出一个基体，为底部添加圆角，接着进行抽壳操作，然后进行异型孔和筋的建模，最后生成异型孔和筋的线性阵列和镜像。

结果文件——参见附带光盘中的"End/ch3/3.4.2.sldprt"文件。

动画演示——参见附带光盘中的 AVI/ch3/3.4.2.avi

（1）单击菜单栏中的"新建文件□"，弹出如图 3-141 所示的对话框，单击"零件"，新建一个零件文件。

图 3-141　新建零件文件

（2）单击草图工具栏中的"草图绘制□"，以上视基准面为草图基准面，绘制如图 3-142 所示的草图 1。

（3）选择草图 1，单击特征工具栏中的"拉伸凸台/基体□"，弹出图 3-143 所示的对话框，在"终止条件"中选择"给定深度"，在"深度"中输入 40.00mm，单击

"确定✓"，完成拉伸凸台 1。

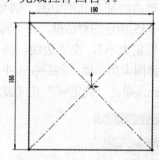

图 3-142　草图 1

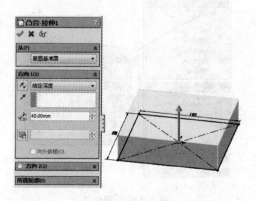

图 3-143　拉伸凸台 1

（4）单击特征工具栏中的"圆角 🔘"，弹出图 3-144 所示的对话框，在"圆角类型"中选择"恒定大小"，在"边线、面、特征和环"中选择图中所示的 4 条边线，然后在"半径中"输入 20.00mm，单击"确定 ✔"完成圆角 1。

（6）单击特征工具栏中的"抽壳 🔲"，弹出如图 3-146 所示的对话框，在"厚度"中输入 5.00mm，然后在"移除的面"中选择图中所示的面，其他参数保持默认，单击"确定 ✔"完成抽壳 1。完成抽壳后的模型如图 3-147 所示。

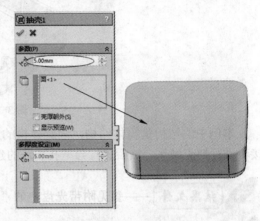

图 3-146　抽壳 1

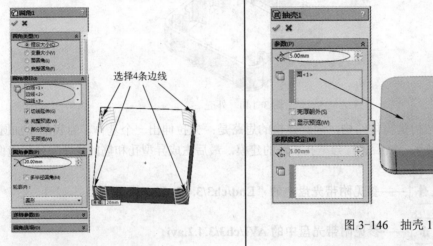

图 3-144　圆角 1

（5）单击特征工具栏中的"圆角 🔘"，弹出如图 3-145 所示的对话框，在"圆角类型"中选择"恒定大小"，在"边线、面、特征和环"中选择图中所示面，然后在"半径中"输入 10.00mm，单击"确定 ✔"完成圆角 2。

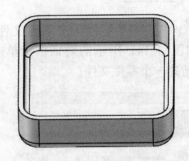

图 3-147　完成抽壳后的模型

（7）选择图 3-148 所示的面为草图基准面，再单击草图工具栏中的"草图绘制 ⛯"，绘制如图 3-149 所示的草图 2。

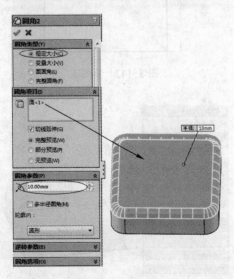

图 3-145　圆角 2

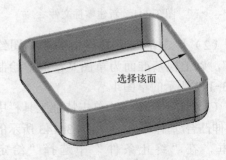

图 3-148　草图 2 的基准面

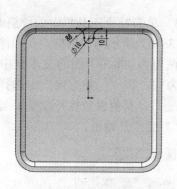

图 3-149　草图 2

（8）选择草图 2，单击特征工具栏中的"拉伸凸台/基体🗔"，弹出图 3-150 所示的对话框，在"终止条件"中选择"成形到下一面"，单击"确定✓"完成拉伸凸台 2。

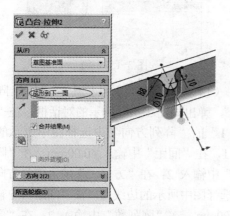

图 3-150　拉伸凸台 2

（9）单击特征工具栏中的"异型孔向导🗔"，弹出图 3-151 所示的对话框，在"孔

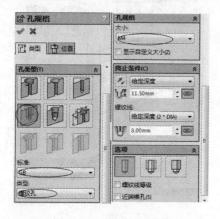

图 3-151　孔规格设置

类型"中选择"直螺纹孔"，在"标准"中选择"GB"，在"类型"中选择"螺纹孔"，在"大小"中选择"M4"，其他参数保持默认，然后单击"位置"，切换到图 3-152 所示的孔位置对话框，单击"3D 草图"，定义孔的位置，使孔在圆弧的圆心上，如图 3-153 所示。

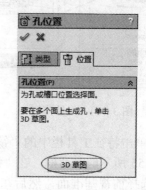

图 3-152　孔位置对话框

孔中心在圆弧的圆心

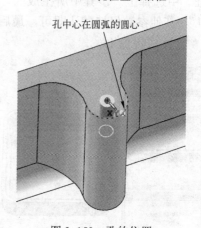

图 3-153　孔的位置

（10）单击特征工具栏中的"线性阵列🗔"，弹出图 3-154 所示的对话框，在"方向 1"的"阵列方向"中选择图中所示的边线 1，在"间距"中输入 40，在"阵列数"中输入 2；在"方向 2"的"阵列方向"中选择图中所示的"边线<2>"，在"间距"中输入 40，在"阵列数"中输入 2；在"要阵列的特征"中选择"拉伸凸台 2"和上一步骤中生成的 M4 螺纹孔，最后单击"确定✓"，完成线性阵列 1。

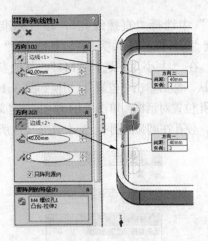

图 3-154　线性阵列 1

（11）单击特征工具栏中的"镜像 "，弹出图 3-155 所示的对话框，在"镜像面/基准面"中选择前视基准面，然后在"要阵列的特征"中选择上一步骤中所生成的"线性阵列 1"，其他参数保持默认即可，最后单击"确定 "完成镜像 1。

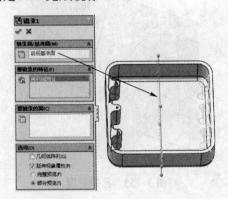

图 3-155　镜像 1

（12）单击草图工具栏中的"草图绘制 "，以前视基准面为草图基准面，绘制如图 3-156 所示的草图 4。

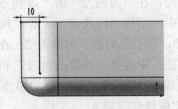

图 3-156　草图 4

（13）单击特征工具栏中的"筋 "，弹出如图 3-157 所示的对话框，在"厚度"中选择"两侧"，并在下面的文本框中输入筋的厚度为 2，在"拉伸方向"中选择"平行于草图 "，其他参数保持默认，最后单击"确定 "完成筋特征。

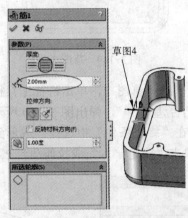

图 3-157　筋

（14）单击特征工具栏中的"线性阵列 "，弹出如图 3-158 所示的对话框，在"方向 1"的"阵列方向"中选择图中所示的边线 1，在"间距"中输入 40.00mm，在"阵列数"中输入 2；在"方向 2"的"阵列方向"中选择图中所示的边线 2，在"间距"中输入 40.00mm，在"阵列数"中输入 2；在"要阵列的特征"中选择上一步骤中生成的筋特征，最后单击"确定 "，完成线性阵列 1。

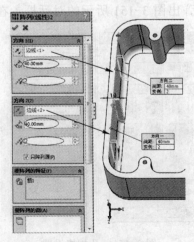

图 3-158　线性阵列 2

（15）单击特征工具栏中的"镜像"，弹出如图 3-159 所示的对话框，在"镜像面/基准面"中选择右视基准面，然后在"要阵列的特征"中选择上一步骤中所生成的"线性阵列 2"，其他参数保持默认即可，最后单击"确定✔"，完成镜像特征。此时模型已经建立好，最后的模型如图 3-160 所示。

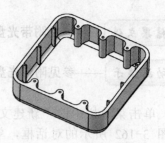

图 3-160　最后的模型

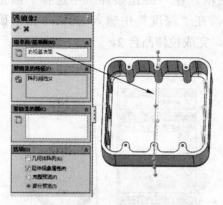

图 3-159　镜像 2

3.5　能力·提高

本小节以三个难度较高的实例为例，结合一些建模的技巧，让读者在学习了本小节之后建模水平有所提高。

3.5.1　案例 1——机架

本案例以图 3-161 所示的机架为例，主要介绍利用简单的特征来搭建较为复杂的模型的方法。

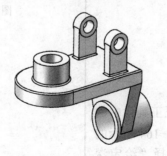

图 3-161　机架

本案例的模型中含有较多的特征，形状比较复杂，但是仔细观察后，可以看到，它是有一些较为简单的特征例如拉伸、筋、圆角等组成，因此，建模的思路是：利用一些简单的特征，像搭建积木一样建立模型，从而可以快速地完成模型的建立。

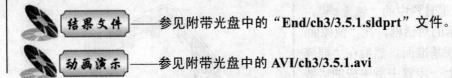

结果文件——参见附带光盘中的"End/ch3/3.5.1.sldprt"文件。

动画演示——参见附带光盘中的 AVI/ch3/3.5.1.avi

（1）单击菜单栏中的"新建文件🗋"，弹出如图 3-162 所示的对话框，单击"零件"，新建一个零件文件。

图 3-162　新建零件文件

（2）单击草图工具栏中的"草图绘制🖉"，以上视基准面为草图基准面，绘制如图 3-163 所示的草图 1。

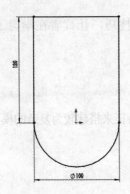

图 3-163　草图 1

（3）选择草图 1，单击特征工具栏中的"拉伸凸台/基体🗐"，弹出如图 3-164 所示的对话框，在"终止条件"中选择"给定深度"，在"深度"中输入 20，单击"确定✔"，完成拉伸凸台 1。

（4）单击草图工具栏中的"草图绘制🖉"，选择图 3-165 中所示的面为草图基准面，绘制如图 3-166 所示的草图 2。

（5）选择草图 2，单击特征工具栏中的"拉伸凸台/基体🗐"，弹出如图 3-167 所示的对话框，在"终止条件"中选择"给定深度"，在"深度"中输入 30，单击"确定✔"，完成拉伸凸台 2。

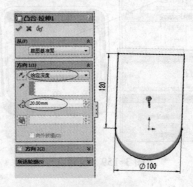

图 3-164　拉伸凸台 1

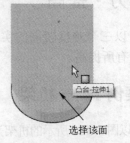

选择该面
图 3-165　草图 2 的基准面

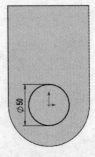

图 3-166　草图 2

（6）单击草图工具栏中的"草图绘制🖉"，选择图 3-168 中所示的面为草图基准面，绘制如图 3-169 所示的草图 3。

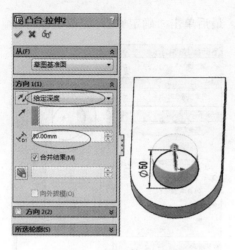

图 3-167　拉伸凸台 2

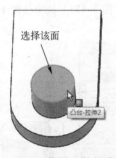

选择该面

图 3-168　草图 3 的基准面

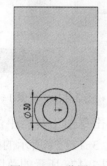

图 3-169　草图 3

（7）选择草图 3，单击特征工具栏中的"拉伸切除 ⚙"，弹出如图 3-170 所示的对话框，在"终止条件"中选择"给定深度"，最后单击"确定 ✔"，完成拉伸切除 1。

（8）单击特征工具栏中的"基准面 ⬧"，弹出如图 3-171 所示的对话框，在"第一参考"中选择图中所示的面，然后单击"距离 ⬒"，再输入距离值为 15，勾选"反向"，

最后单击"确定 ✔"，插入基准面 1。

图 3-170　拉伸切除 1

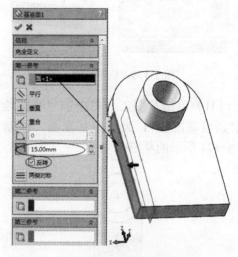

图 3-171　插入基准面

（9）单击草图工具栏中的"草图绘制 ⬚"，以上一步骤中插入的"基准面 1"为草图基准面，绘制如图 3-172 所示的草图 4。

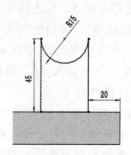

图 3-172　草图 4

（10）选择草图 4，单击特征工具栏中的"拉伸凸台/基体🗔"，弹出如图 3-173 所示的对话框，在"终止条件"中选择"两侧对称"，在"深度"中输入 12，最后单击"确定✔"，完成拉伸凸台 3。

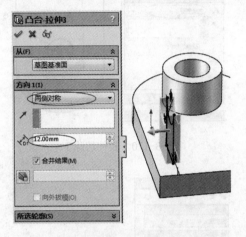

图 3-173　拉伸凸台 3

（11）单击草图工具栏中的"草图绘制🖉"，以基准面 1 为草图基准面，绘制如图 3-174 所示的草图 5。

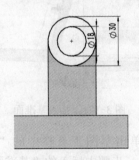

图 3-174　草图 5

（12）选择草图 5，单击特征工具栏中的"拉伸凸台/基体🗔"，弹出如图 3-175 所示的对话框，在"终止条件"中选择"两侧对称"，在"深度"中输入 15，最后单击"确定✔"完成拉伸凸台 4。

（13）单击特征工具栏中的"镜像🔳"，弹出如图 3-176 所示的对话框，在"镜像面/基准面"中选择右视基准面，在"要镜像的特征"中选择"拉伸凸台 3"和"拉伸凸台

4"，最后单击"确定✔"，完成镜像特征。

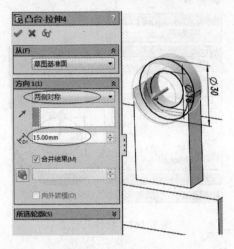

图 3-175　拉伸凸台 4

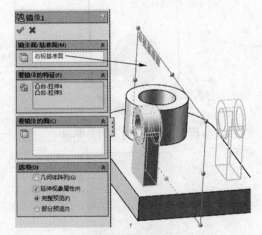

图 3-176　镜像 1

（14）单击草图工具栏中的"草图绘制🖉"，选择图 3-177 中所示的面为草图基准面，绘制如图 3-178 所示的草图 6。

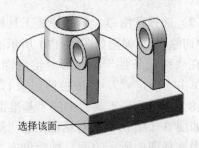

选择该面

图 3-177　草图 6 的基准面

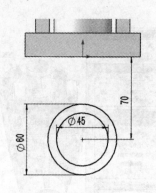

图 3-178　草图 6

（15）选择草图 6，单击特征工具栏中的
"拉伸凸台/基体 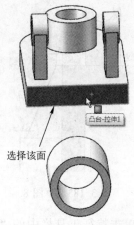"，弹出如图 3-179 所示的
对话框，在方向 1 的"终止条件"中选择
"给定深度"，在"深度"中输入 35。在方向
2 的"终止条件"中选择"给定深度"，在
"深度"中输入 25，最后单击"确定 ✔"，完
成拉伸凸台 5。

图 3-180　草图 7 的基准面

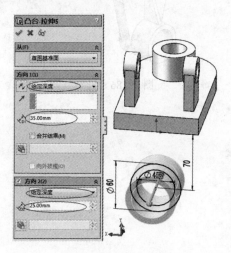

图 3-179　拉伸凸台 5

图 3-181　草图 7

（16）单击草图工具栏中的"草图绘制
💾"，选择图 3-180 中所示的面为草图基准
面，绘制如图 3-181 所示的草图 7。

（17）选择草图 7，单击特征工具栏中的
"拉伸凸台/基体 💾"，弹出如图 3-182 所示的
对话框，在"终止条件"中选择"给定深
度"，在"深度"中输入 15，最后单击"确
定 ✔"完成拉伸凸台 6。

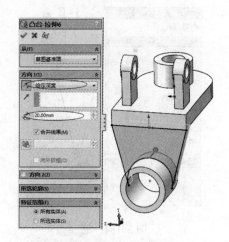

图 3-182　拉伸凸台 6

（18）单击草图工具栏中的"草图绘制
💾"，以右视基准面为草图基准面，绘制如
图 3-183 所示的草图 8。

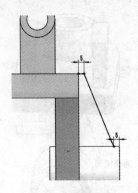

图 3-183　草图 8

（19）单击特征工具栏中的"筋 "，弹出如图 3-184 所示的对话框，在"厚度"中选择"两侧"，并在下面的文本框中输入筋的厚度为 6，在"拉伸方向"中选择"平行于草图 "，其他参数保持默认，最后单击"确定 ✓"，完成筋特征。

（20）单击特征工具栏中的"圆角 "，弹出如图 3-185 所示的对话框，在"圆角类型"中选择"恒定大小"，在"边线、面、特征和环"中选择图中所示的面，然后在"半径中"输入 2，单击"确定 ✓"完成圆角 2。此时已经建立好模型，如图 3-186 所示。

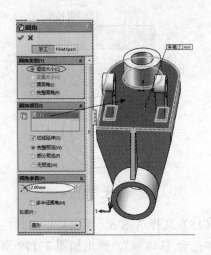

图 3-185　圆角

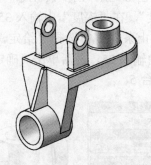

图 3-186　机架

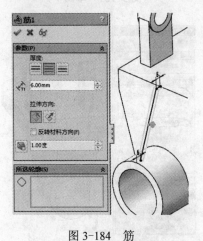

图 3-184　筋

3.5.2　案例 2——洗发水瓶子

本案例以图 3-187 所示的洗发水瓶子为例，主要介绍建立含有复杂曲面的模型的方法。仔细观察可以发现，该模型分为瓶身和瓶盖两个部分，建模的思路是：先用扫描特征建立瓶身的模型，然后再用拉伸和扫描建立瓶盖的模型，最后对模型进行圆角化处理和抽壳。

图 3-187 洗发水瓶子

（1）单击菜单栏中的"新建文件📄"，弹出如图 3-188 所示的对话框，单击"零件"，新建一个零件文件。

图 3-188 新建零件文件

（2）单击草图工具栏中的"草图绘制📝"，以上视基准面为草图基准面，绘制如图 3-189 所示的草图 1，绘制好草图 1 后，删除它所有的尺寸，只留下草图实体，如图 3-190 所示。

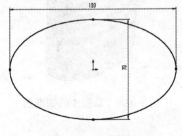

图 3-189 草图 1

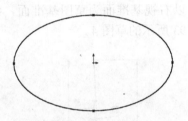

图 3-190 删除草图 1 的尺寸

（3）单击草图工具栏中的"草图绘制📝"，以前视基准面为草图基准面，绘制如图 3-191 所示的草图 2。

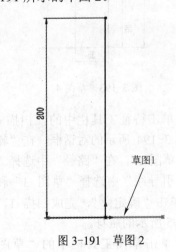

图 3-191 草图 2

（4）单击草图工具栏中的"草图绘制📝"，以前视基准面为草图基准面，绘制如图 3-192 所示的草图 3。

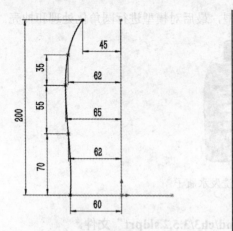

图 3-192　草图 3

（5）单击草图工具栏中的"草图绘制
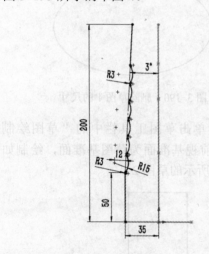"，以右视基准面为草图基准面，绘制如
图 3-193 所示的草图 4。

图 3-193　草图 4

（6）单击特征工具栏中的"扫描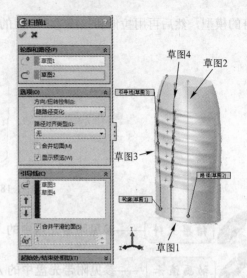"，
弹出如图 3-194 所示的对话框，在"轮廓"
中选择"草图 1"，在"路径"中选择"草图
2"，在"引导线"中选择"草图 3"和"草
图 4"，单击"确定 ✓"，完成扫描 1，生成
如图 3-195 所示的瓶身。

（7）单击草图工具栏中的"草图绘制
"，以图 3-196 中所示的面为草图基准
面，绘制如图 3-197 所示的草图 5。

图 3-194　扫描 1

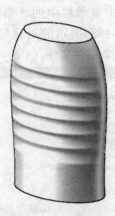

图 3-195　瓶身

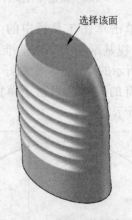

图 3-196　草图 5 的基准面

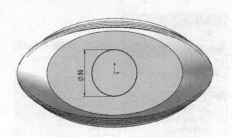

图 3-197　草图 5

（8）选择草图 5，单击特征工具栏中的"拉伸凸台/基体"，弹出如图 3-198 所示的对话框，在"终止条件"中选择"给定深度"，在"深度"中输入 35，最后单击"确定"完成。

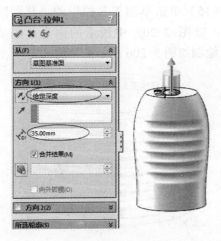

图 3-198　拉伸凸台 1

（9）单击特征工具栏中的"倒角"，弹出如图 3-199 所示的对话框，在"边线、面和顶点"中选择图中所示的边线，选择倒角的定义方式为"角度距离"，然后在"距离"中输入 1，在"角度"中输入 45°，最后单击"确定"，完成倒角。

（10）单击特征工具栏中的"基准面"，弹出如图 3-200 所示的对话框，在"第一参考"中选择图中所示的面，单击"距离"，并输入距离值为 2，最后单击"确定"，插入基准面 1。

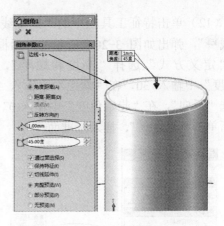

图 3-199　倒角

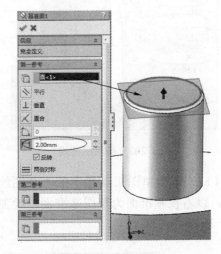

图 3-200　插入基准面 1

（11）单击草图工具栏中的"草图绘制"，以上一步骤中插入的"基准面 1"为草图基准面，绘制如图 3-201 所示的草图 6。

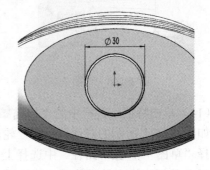

图 3-201　草图 6

（12）单击特征工具栏中的"螺旋线/涡状线 🛞"，弹出如图 3-202 所示的对话框，在"定义方式"选择"高度和螺距"，在"高度"中输入 30，在"螺距"中输入 3，勾选"反向"，在"起始角度"中输入 0°，最后单击"确定 ✔"，插入基准面。

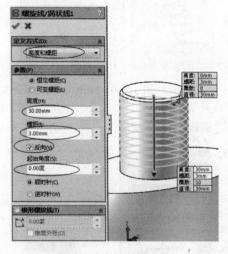

图 3-202　插入螺旋线

（13）单击草图工具栏中的"草图绘制 🖉"，以右视基准面为草图基准面，绘制如图 3-203 所示的草图 7。

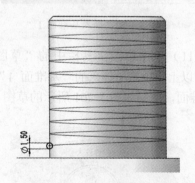

图 3-203　草图 7

（14）单击特征工具栏中的"扫描 🌀"，弹出如图 3-204 所示的对话框，在"轮廓"中选择"草图 7"，在"路径"中选择上一步骤中插入的螺旋线，最后单击"确定 ✔"完成扫描 2。

图 3-204　扫描 2

（15）单击草图工具栏中的"草图绘制 🖉"，以图 3-205 中所示的面为草图基准面，绘制如图 3-206 所示的草图 8。

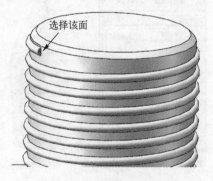

图 3-205　草图 8 的基准面

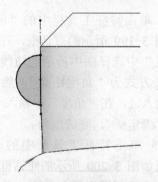

图 3-206　草图 8

（16）选择草图 8，单击特征工具栏中的"旋转 🌹"，弹出如图 3-207 所示的对话框，在"旋转轴"中选择图中所示的中心线，在"旋转类型"中选择给定深度。在

"角度"中输入 360°，最后单击"确定✅"
完成旋转 1。

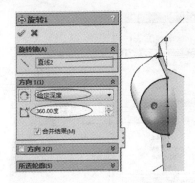

图 3-207　旋转 1

（17）单击草图工具栏中的"草图绘制
✏"，以图 3-208 中所示的面为草图基准
面，绘制如图 3-209 所示的草图 9。

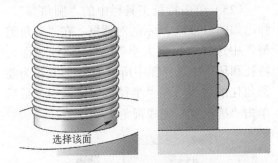

选择该面

图 3-208　草图 9 的基准面　　图 3-208　草图 9

（18）选择草图 9，单击特征工具栏中
的"旋转👃"，弹出如图 3-210 所示的对话
框，在"旋转轴"中选择图中所示的中心
线，在"旋转类型"中选择"给定深度"。
在"角度"中输入 360°，最后单击"确定
✅"，完成旋转 1。

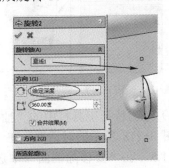

图 3-210　旋转 2

（19）单击特征工具栏中的"基准面
❊"，弹出如图 3-211 所示的对话框，在"第
一参考"中选择图中所示的面，单击"距离
🖽"，并输入距离值为 50，最后单击"确定
✅"，插入基准面 2。

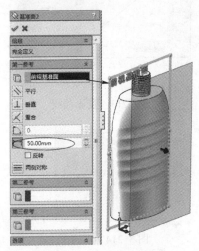

图 3-211　插入基准面 2

（20）单击草图工具栏中的"草图绘制
✏"，以上一步骤中插入的"基准面 2"为
草图基准面，绘制如图 3-212 所示的草
图 10。

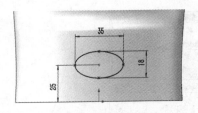

图 3-212　草图 10

（21）单击特征工具栏中的"投影曲线
🗔"，弹出如图 3-213 所示的对话框，在
"投影类型"中选择"面上草图"，在"要投
影的草图"中选择"草图 10"，在"投影
面"中选择图中所示的面，最后单击"确定
✅"，完成投影曲线。

（22）单击草图工具栏中的"草图绘制
✏"，以右视基准面为草图基准面，绘制如
图 3-214 所示的草图 11。

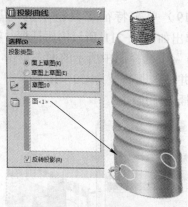

图 3-213 投影曲线

图 3-214 草图 11

（23）单击特征工具栏中的"扫描"，弹出如图 3-215 所示的对话框，在"轮廓"中选择"草图 11"，在"路径"中选择步骤（21）中插入的投影曲线，最后单击"确定"，完成扫描 3。

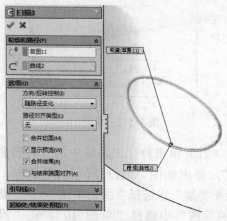

图 3-315 扫描 3

（24）单击特征工具栏中的"圆角"，弹出如图 3-216 所示的对话框，在"圆角类型"中选择"恒定大小"，在"边线、面、特征和环"中选择图中所示的"边线 1"和

"边线 2"作为要圆角化的边线，在"半径"中输入 2，最后单击"确定"完成圆角 1。

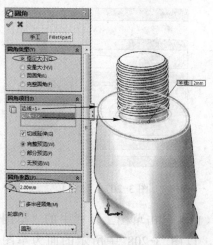

图 3-216 圆角 1

（25）单击特征工具栏中的"圆角"，弹出如图 3-217 所示的对话框，在"圆角类型"中选择"恒定大小"，在"边线、面、特征和环"中选择图中所示的边线 1 作为要圆角化的边线，在"半径"中输入 4，最后单击"确定"完成圆角 2。

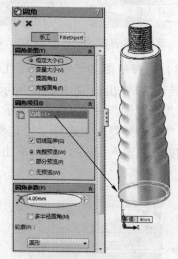

图 3-217 圆角 2

（26）单击特征工具栏中的"抽壳"，弹出如图 3-218 所示的对话框，在"厚度"中输入 1.5，在"要移除的面"中选择图中所示的面，最后单击"确定"完成抽壳。

此时模型已经建立好，如图 3-219 所示。

图 3-218　抽壳

图 3-219　洗发水瓶子

3.6　习题·巩固

本节给出两个实例作为习题，读者可以参照随书光盘中的模型仔细练习。

3.6.1　习题 1

结果文件——参见附带光盘中的"End/ch3/3.6.1.sldprt"文件。

如图 3-220 所示，习题 1 的模型主要由镜像实体组成，其中还包括异型孔、圆周阵列等特征。请读者自行参照随书光盘中的模型进行练习。

3.6.2　习题 2

结果文件——参见附带光盘中的"End/ch3/3.6.2.sldprt"文件。

如图 3-221 所示，习题 2 的模型主要是由一个斜凸台和线性阵列孔组成的，请读者自行参照随书光盘中的模型进行练习。

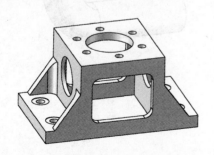

图 3-220　习题 1

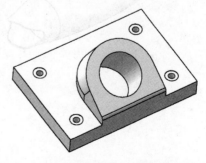

图 3-221　习题 2

第 4 章　曲 面 造 型

　　曲面造型常用于一些机械零件、家用电器等包含有复杂曲面的产品的设计。相对于零件的特征建模工具，曲面工具能够提供更加强大的曲面造型功能，从而使设计出来的产品具有更高质量的曲面和美观性。

　　本讲主要内容

- ➥ 拉伸曲面
- ➥ 旋转曲面
- ➥ 扫描曲面
- ➥ 放样曲面
- ➥ 填充曲面
- ➥ 边界曲面
- ➥ 直纹曲面
- ➥ 等距曲面
- ➥ 缝合曲面
- ➥ 剪裁曲面
- ➥ 加厚

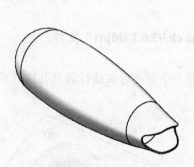

4.1 实例·知识点——电吹风筒体

本节以图 4-1 所示的电吹风筒体为例子，主要介绍拉伸曲面、旋转曲面、扫描曲面、放样曲面、曲面剪裁、删除面、曲面缝合、加厚等操作。

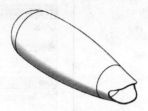

图 4-1 电吹风筒体

结果文件——参见附带光盘中的"**End/ch4/4.1.sldprt**"文件。

动画演示——参见附带光盘中的 **AVI/ch4/4.1.avi**

（1）新建一个零件文件，以右视基准面为草图基准面，绘制一个如图 4-2 所示的草图 1，绘制完草图后，删除草图上所有的尺寸。再以前视基准面为草图基准面，绘制如图 4-3 所示的草图 2。继续以前视基准面为草图基准面，绘制如图 4-4 所示的草图 3。绘制的 3 个草图的相对位置如图 4-5 所示。

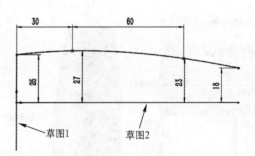

图 4-4 草图 3

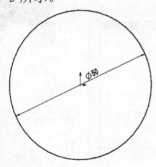

图 4-2 草图 1

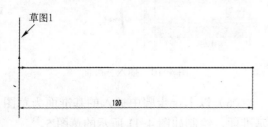

图 4-3 草图 2

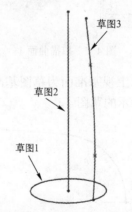

图 4-5 3 个草图的相对位置

（2）把鼠标移动到常用工具栏，单击右键，在弹出的菜单中选择"曲面"，则可以把曲面工具栏添加到常用工具栏中，如图 4-6 所示。单击曲面工具栏中的"扫描曲面 ⊂"，弹出如图 4-7 所示的对话框，在"轮

廓 ◯" 中选择 "草图 1",在 "路径 ◯" 中
选择 "草图 2",在 "引导线 ✓" 中选择 "草
图 3",单击 "确定 ✓" 完成扫描曲面。

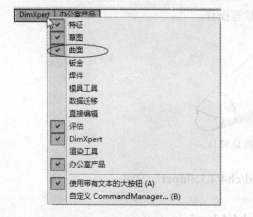

图 4-6 添加曲面工具栏

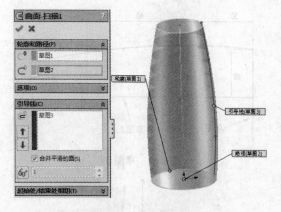

图 4-7 扫描曲面 1

（3）以上视基准面为草图基准面，绘制
如图 4-8 所示的草图 4。

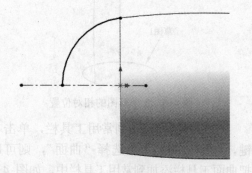

图 4-8 草图 4

（4）单击曲面工具栏中的 "旋转曲面

🔥",弹出如图 4-9 所示的对话框，在 "旋
转轴 ✏" 中选择图中所示的直线作为旋转
轴，其他参数保持默认，单击 "确定 ✓",
完成旋转曲面。

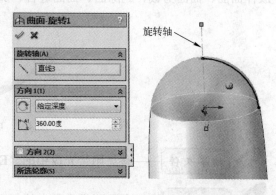

图 4-9 旋转曲面

（5）单击曲面工具栏中的 "基准面 ◈",
弹出如图 4-10 所示的对话框，在 "第一参
考" 中选择 "右视基准面",单击 "距离
⊟",并输入 150,最后单击 "确定 ✓" 插入
基准面。

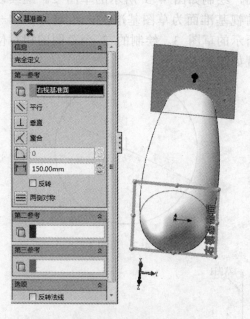

图 4-10 插入基准面

（6）以上一步骤中插入的基准面为草图
基准面，绘制如图 4-11 所示的草图 5。

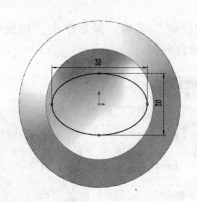

图 4-11　草图 5

（7）单击曲面工具栏中的"放样曲面 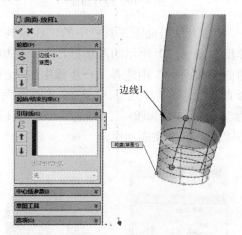"，弹出如图 4-12 所示的对话框，在"轮廓 "中选择图中所示的"边线<1>"和"草图 5"，其他参数保持默认，最后单击"确定 "，完成放样曲面。

图 4-12　放样曲面

（8）以前视基准面为草图基准面，绘制如图 4-13 所示的草图 6。

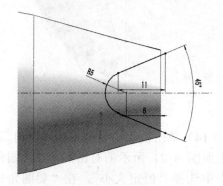

图 4-13　草图 6

（9）选择上一步骤中绘制的草图 6，单击曲面工具栏的"拉伸曲面 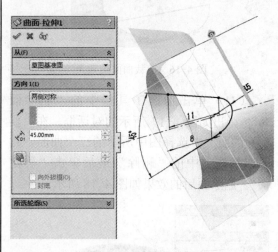"，弹出如图 4-14 所示的对话框，选择终止条件为"两侧对称"，在"深度 "中输入 45，最后单击"确定 "，完成拉伸曲面。

图 4-14　拉伸曲面

（10）单击曲面工具栏中的"剪裁曲面 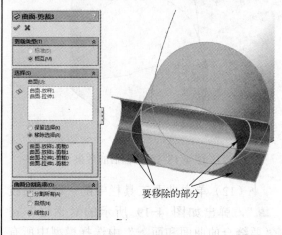"，弹出如图 4-15 所示的对话框，在"剪裁类型"中选择"相互"，在"曲面"中选择"放样曲面 1"和"拉伸曲面 1"，然后选择它下面的"移除选择"选项，接着在"要移除的面"中选择图中所示的曲面，最后单击"确定 "，完成剪裁曲面。剪裁曲面的效果如图 4-16 所示。

图 4-15　剪裁曲面

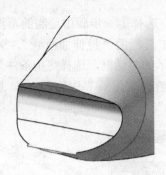

图 4-16 剪裁曲面的效果

（11）单击曲面工具栏中的"删除面
⊗"，弹出如图 4-17 所示的对话框，在"要
删除的面"中选择图中所示的三个曲面，然
后选择选项中的"删除"最后单击"确定
✔"。删除面后的效果如图 4-18 所示。

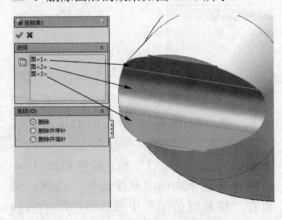

图 4-17 删除面

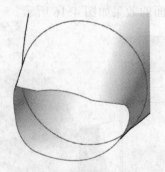

图 4-18 删除面后的效果

（12）单击曲面工具栏中的"缝合曲线
💠"，弹出如图 4-19 所示的对话框，在
"要缝合的曲面和面💠"中选择模型中所有
的曲面，然后清除"尝试形成实体"和

"缝隙控制"选项，最后单击"确定✔"，
完成缝合曲面。

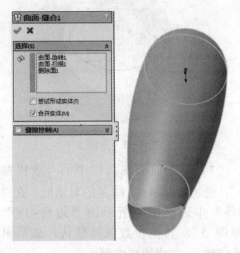

图 4-19 缝合曲面

（13）单击曲面工具栏中的"加厚💠"，
弹出如图 4-20 所示的对话框，在"要加厚
的曲面和面💠"中选择上一步骤中生成的缝
合曲面，在"厚度"中选择"加厚两侧
💠"，然后在"厚度💠"中输入 0.5，最后单
击"确定✔"完成加厚。

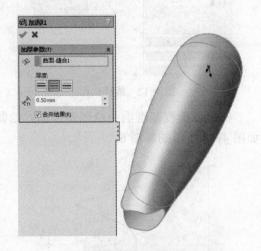

图 4-20 加厚

（14）单击曲面工具栏中的"圆角💠"，
弹出如图 4-21 所示的对话框，在"圆角类
型"中选择"恒定大小"，在"要圆角化的

实体□"中选择图中所示的 4 条边线，然后在"半径"中输入 10.00mm，最后单击"确定✔"完成圆角。此时已经建立好模型，最后的模型如图 4-22 所示。

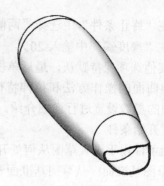

图 4-22　电吹风筒体

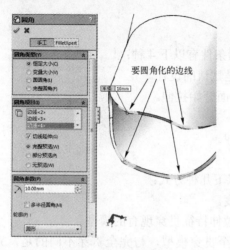

图 4-21　圆角

4.1.1　拉伸曲面

 动画演示——参见附带光盘中的 AVI/ch4/4.1.1.avi

拉伸曲面和拉伸凸台特征类似，都是使草图沿着一定的方向拉伸，从而形成实体，只不过是拉伸曲面所拉伸出来的曲面是没有厚度的，而拉伸特征生成的实体必须是有厚度的。下面以一个例子说明拉伸曲面的操作。

- 选择一个草图，然后单击曲面工具栏中的"拉伸曲面"，左侧弹出如图 4-23 所示的对话框。

图 4-23　拉伸曲面

- 在"终止条件"中选择"两侧对称"。
- 在"深度 🔨"中输入20。
- 其他选项保持默认，最后单击"确定 ✔"，完成拉伸曲面。

拉伸曲面的操作方法和拉伸特征的操作基本一样，而参数的设置也大同小异，下面对拉伸曲面的参数设置进行详细介绍。

（1）开始条件

开始条件用于设置草图从何处开始拉伸。开始条件有以下4种：

- 草图基准面：从草图基准面开始拉伸，这是默认的设置。
- 曲面/面/基准面：从一个指定的平面或者曲面开始拉伸。
- 顶点：从选择的顶点开始拉伸。
- 偏移：从和草图基准面等距的平面开始拉伸。

（2）终止条件

终止条件用于选择拉伸特征结束的方式，有以下几种方式：

- 给定深度：输入一个数值，作为拉伸的高度。
- 完全贯穿：从草图基准面开始拉伸，直到拉伸特征贯穿现有的模型。
- 完全贯穿两者：同时往两个方向拉伸，直至贯穿模型，与完全贯穿不同的是，完全贯穿两者是向两个相反的方向同时拉伸的。
- 成形到顶点：选择一个顶点，则拉伸到该顶点为止。
- 成形到一面：选择一个面（平面或者曲面都可以），则拉伸到该面为止。
- 两侧对称：输入一个数值，作为拉伸的高度，而生成的拉伸特征相对于草图基准面对称。

（3）拔模

拔模用于使拉伸特征生成类似棱锥的几何体。

单击"拔模开关 ▨"后，可激活该选项，并在该图标右边的文本框中输入拔模角度的值。

4.1.2 旋转曲面

 **动画演示**——参见附带光盘中的 **AVI/ch4/4.1.2.avi**

旋转曲面是草图沿着旋转轴旋转指定的度数而形成曲面。和拉伸曲面类似，进行旋转曲面操作之前，必须先绘制一个草图。下面以一个例子说明旋转曲面的操作步骤。

- 先选择一个已经绘制好的草图，再单击曲面工具栏中的"旋转曲面 ⚙"，弹出如图4-24所示的对话框。
- 在"旋转轴 ＼"中选择图中所示的直线作为旋转轴。
- 在"角度 ⬡"中输入210°。
- 其他参数保持默认，单击"确定 ✔"完成旋转曲面。

和旋转特征类似，旋转曲面需要选择一条旋转轴及指定旋转方式即可生成一个曲面，下面对旋转曲面的参数设置进行详细介绍。

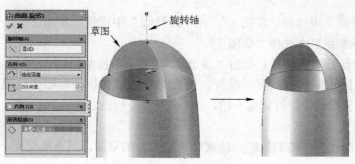

图 4-24　旋转曲面

（1）旋转轴

旋转轴用于指定一条直线或者中心线，作为草图围绕着旋转的轴。

旋转轴可以是直线、中心线或者模型上的边线，如果草图中包含有一条中心线，则 SolidWorks 会默认中心线为旋转轴。

（2）旋转类型

旋转类型用于完成旋转的方式，有以下几种类型：

- 给定深度：草图单方向旋转，如需反向旋转，则单击"　　"即可，同时还要输入旋转的角度，默认为 360°。
- 成形到一顶点：选择一个点，则草图旋转到该点为止。
- 成形到一面：选择一个面，则草图旋转到该面为止。
- 到离指定面指定的距离：草图会旋转到选定的面的等距面为止。
- 两侧对称：草图双向旋转，需要输入旋转角度。

4.1.3　扫描曲面

　——参见附带光盘中的 AVI/ch4/4.1.3.avi

扫描曲面是轮廓沿着指定的路径进行扫略而形成的曲面。下面以一个例子说明其操作步骤：

- 单击曲面工具栏中的"扫描曲面　"，弹出如图 4-25 所示的对话框。

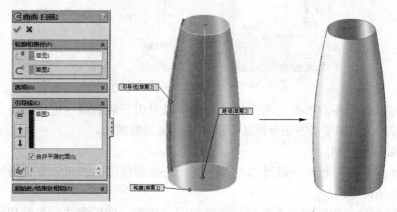

图 4-25　扫描曲面

- 在"轮廓 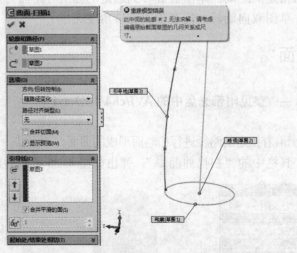"中选择"草图 1"，在"路径 "中选择"草图 2"。
- 在"引导线 "中选择"草图 3"。
- 其他参数保持默认，最后单击"确定 "，完成扫描曲面。

扫描曲面有比较多的参数可以设置，恰当的参数设置往往能够生成很高级的曲面，下面对扫描曲面的参数设置进行详细介绍。

（1）轮廓

选择一个草图作为扫描的轮廓，轮廓必须是闭合的草图，且不能交叉。

（2）路径

选择一个闭合或者开环的草图作为扫描路径，路径的起点必须在轮廓的草图基准面上，否则不能生成扫描特征。

（3）引导线

选择一个草图作为引导线，引导线可以在扫描时对路径进行引导。

引导线对于生成一些复杂的扫描特别有用，可以使扫描特征生成更加高级的曲面。这里需要注意的是，一般情况下引导线都是一条曲线，此时如果轮廓的草图已经完全定义，则无法生成扫描曲面。以本节的实例为例，如果绘制完草图 1 后，没有删除其所有的尺寸，在进行扫描曲面操作时会出现如图 4-26 所示的情况，此时无法生成扫描曲面。这是因为，引导线的作用就是引导轮廓尺寸的变化，如果草图 1 已经完全定义，扫描的所有截面应当是不变（即形状和尺寸都不变）的，而引导线是使截面的尺寸变化的，这样就互相矛盾了，所以无法生成扫描曲面。

图 4-26　无法生成扫描曲面的提示

引导线可以有多条，单击"↑"和"↓"可以对引导线的顺序进行调整。在生成复杂的曲面的时候，一般需要多条引导线才能够生成高质量的曲面。

（4）方向/扭转控制

控制轮廓在扫描时相对于路径的方向，也就是控制轮廓的法向矢量和路径切向矢量的角度，有以下几种方式：

- 随路径变化：轮廓相对于路径始终保持同一角度，即轮廓法向矢量和路径切向矢量的夹角不变。

- 保持法向不变：轮廓始终与轮廓的草图基准面平行。
- 随路径和第一引导线变化：中间截面的扭转由路径到第一条引导线的向量决定，而且该向量与水平方向之间的夹角保持不变。
- 随第一条和第二条引导线变化：中间截面的扭转由第一条到第二条引导线的向量决定，而且该向量与水平方向之间的夹角保持不变。
- 沿路径扭转：轮廓按照给定的角度，在扫描的同时沿路径扭转截面。
- 以法向不变沿路径扭曲：通过将轮廓在沿路径扭曲时保持与开始截面平行而沿路径扭曲截面。

（5）起始处/结束处相切

定义起始和结束处的相切类型，有以下两种：

- 无：不运用相切。
- 路径相切：垂直于开始点路径而生成扫描。

4.1.4　放样曲面

 ——参见附带光盘中的 **AVI/ch4/4.1.4.avi**

放样曲面是通过在几个轮廓之间的过渡生成复杂的曲面。下面以一个例子说明放样的操作。

- 单击曲面工具栏中的"放样曲面 "，弹出如图 4-27 所示的对话框。

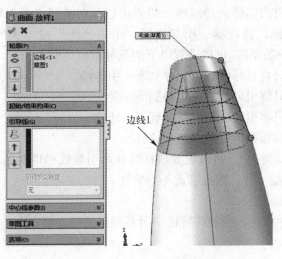

图 4-27　曲面放样

- 在"轮廓 "中选择图中所示的"边线<1>"和"草图 5"。
- 其他参数保持默认，最后单击"确定 "完成放样曲面。

下面对放样特征的参数设置进行详细介绍。

（1）轮廓

选择至少两个轮廓，作为放样的轮廓。

放样的轮廓可以是草图、面或者边线。选择轮廓的顺序对放样的结果有很大的影响，因此 SolidWorks 提供了改变轮廓顺序的按钮，即选择轮廓后，单击"⬆"或"⬇"可以调整轮廓的顺序。与放样特征不同的是，放样曲面的草图无需闭合，如图 4-28 所示，可以用几个开环的草图生成放样曲面。

（2）起始/结束约束

对开始和结束的轮廓进行约束，以控制它们的相切。有以下几种约束方式。

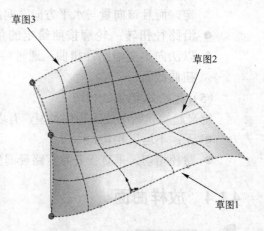

图 4-28　开环草图放样

- 默认：当轮廓有三个或以上时，拟合出一个相切于开始和结束轮廓的抛物线，这样生成的曲线更加具有预测性、更自然。

- 无：不运用相切约束。

- 方向向量：选择一个实体，设置拔模角度和相切的长度作为所选实体和方向向量的约束。

- 与面相切：当要将放样附加到现有几何体时，选择该约束条件可以使相邻面在所选开始或结束轮廓处相切。

- 与面的曲率：当要将放样附加到现有几何体时，在所选开始或结束轮廓处应用平滑、具有美感的曲率连续放样。

（3）引导线

与扫描类似，引导线可以更好地控制生成放样的特征。

引导线可以是草图的实体、边线等，用户可以同时选择多条引导线，以更好地控制生成的放样特征。类似地，选择某一引导线后，单击"⬆"或"⬇"可以调整引导线的顺序。单击"引导线感应类型"，可以设置以下的几种感应类型。

- 到下一引线：只将引导线感应延伸到下一引导线。

- 到下一尖角：只将引导线感应延伸到下一尖角。

- 到下一边线：只将引导线感应延伸到下一边线。

- 全局：将引导线影响力延伸到整个放样。

单击"引导线相切类型"，可以设置放样特征和引导线相遇的地方的相切类型，其类型和轮廓的起始/结束类型一样，因此在此不再赘述。

（4）中心线

使用中心线来引导放样，则放样特征中所有截面的中心都在中心线上。

4.1.5　缝合曲面

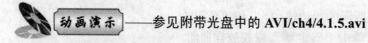——参见附带光盘中的 AVI/ch4/4.1.5.avi

缝合曲面是把两个或者更多的曲面和平面组合成一个面。下面举例说明缝合曲面的操作步骤：

- 单击曲面工具栏中的"缝合曲线🗒"，弹出如图 4-29 所示的对话框。

- 在"要缝合的曲面和面◈"中选择模型中所有的曲面。

● 勾选"缝隙控制",在"缝合公差"中输入 0.1。

● 其余参数保持默认,最后单击"确定 ✅",完成缝合曲面。

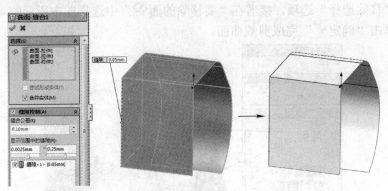

图 4-29　缝合曲面

从上面的操作步骤中可以看到,缝合曲面不但可以把所选的曲面和平面组合成一个面,而且可以对两个面之间的微小缝隙进行修补,下面对缝合曲面的参数进行详细介绍。

● 要缝合的曲面和面:选择要进行缝合的面。要缝合的面可以是曲面、平面以及其组合。需要注意的是,所选的几个面必须有相邻的边线,也就是说,两个完全没有公共边线的面是不能够缝合的。

● 合并实体:将几个面合并为一起。

● 尝试形成实体:闭合的曲面生成一实体模型。

● 缝隙控制:勾选该选项时,激活缝隙控制。

在"缝隙公差"中输入一个数值,当两个面之间的缝隙小于这个值的时候,则会被缝合起来。如图 4-30 所示,当缝隙小于缝隙公差时,进行缝合曲面操作后,间隙会被自动闭合。

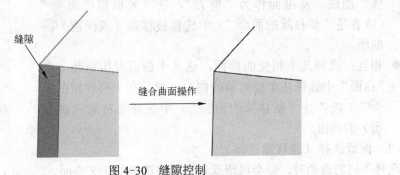

缝隙

缝合曲面操作

图 4-30　缝隙控制

4.1.6　曲面剪裁

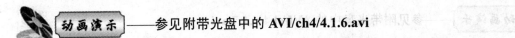

动画演示——参见附带光盘中的 **AVI/ch4/4.1.6.avi**

曲面剪裁是使用曲面、基准面、或草图作为剪裁工具来剪裁与之相交的曲面,甚至也可以将曲面和其它曲面作为相互的剪裁工具。下面以一个例子介绍其操作步骤。

● 单击曲面工具栏中的"剪裁曲面 ✐",弹出如图 4-31 所示的对话框。

- 在"剪裁类型"中选择"相互"。
- 在"曲面"中选择图中所示的两个曲面。
- 选择"移除选择"选项，接着在"要移除的面 📄"中选择图中所示的 4 个曲面。
- 最后单击"确定 ✅"完成剪裁曲面。

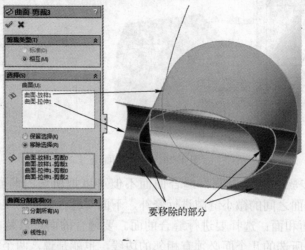

要移除的部分

图 4-31 剪裁曲面

剪裁曲面可以设置的参数如下：

（1）剪裁类型

选择标准或者相互两种剪裁类型。

- 标准：使用曲面、草图实体、曲线、基准面来剪裁曲面。即在图 4-32 所示中的"剪裁工具"中选择曲面、草图实体、曲线、基准面作为"剪刀"，在"要保留的面 📄"（或者是"要移除的面 📄"）中选择被移除（或保留）的曲面。

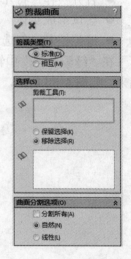

- 相互：选择几个相交的曲面，这几个曲面互相剪裁。在"曲面"中选择几个要剪裁的曲面，然后在"要保留的面 📄"（或者是"要移除的面 📄"）中选择被移除（或保留）的曲面。

（2）保留选择（或移除选择）

选择不同的选项时，则会保留或者移除被选择的交叉曲面。

图 4-32 剪裁曲面对话框

4.1.7 删除面

 动画演示——参见附带光盘中的 **AVI/ch4/4.1.7.avi**

删除面是把模型中不需要的曲面删掉。下面以一个例子说明其操作过程。

- 单击曲面工具栏的"删除面 ❌"，弹出如图 4-33 所示的对话框。
- 在"要删除的面"中选择图中所示的三个曲面。

- 选择选项中的"删除"。
- 最后单击"确定✔"。

删除面的操作比较简单，而它可设置的参数也较少，下面对其参数进行介绍。

（1）要删除的面

选择一个或者多个面作为要删除的面。

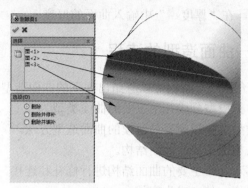

图 4-33　删除面

（2）选项

设置删除面后对面修补的方式。

- 删除面：把面删除掉，但是不进行任何修补。
- 删除并修补：删除面后，相邻的面互相延伸，从而形成完整的曲面。
- 删除并填充：系统将删除这些面，并用一个面来替换。

4.1.8　加厚

动画演示——参见附带光盘中的 AVI/ch4/4.1.8.avi

加厚是通过加厚使曲面变成实体。实际上，生成曲面时，曲面是没有厚度的，而进行加厚操作后，曲面就变成实体了。对于一些含有复杂曲面的实体，一般情况下用特征工具就很难建立起模型，但是如果先用曲面工具建模，再通过加厚，使之成为实体，则建模的难度就大大下降了。下面以一个例子说明其操作步骤。

- 单击曲面工具栏中的"加厚💷"，弹出如图 4-34 所示的对话框。
- 在"要加厚的曲面和面💷"中选择图中的曲面。
- 在"厚度"中选择"加厚两侧▤"，然后在"厚度📏"中输入 0.5。
- 最后单击"确定✔"完成加厚。

下面对加厚的参数设置进行详细介绍。

（1）要加厚的曲面

选择一个曲面进行加厚操作。

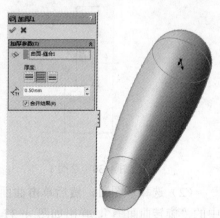

图 4-34　加厚

（2）厚度

可以选择三种加厚的方式。

● 加厚侧边 1：只在曲面的一边加厚。

● 加厚两侧：同时在曲面两边加厚。

● 加厚侧边 2：只在曲面的另外一边加厚。

指定了加厚的方式后，在"厚度 🖘"中输入曲面的厚度。

4.1.9　思路小结——曲面造型的流程

从上面对曲面知识的介绍中，我们可以总结出如下的曲面造型的流程。

● 分析模型的结构，把模型分成几个主要的曲面类型。

● 根据模型的曲面类型选择较为容易建模的曲面造型方法。

● 利用曲面造型工具构造主要的曲面结构。

● 使用曲面编辑工具对几个主要的曲面结构进行修补和连接。

● 对曲面进行加厚操作，使之成为实体。

● 利用圆角等工具对生成的实体做最后的修饰。

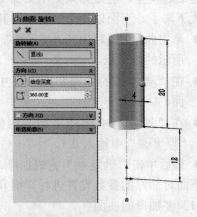

4.2　实例·知识点——弯管

本节以图 4-35 所示的弯管为例，主要介绍填充曲面、边界曲面和
直纹曲面等操作。

图 4-35　弯管

 结果文件 ——参见附带光盘中的"End/ch4/4.2.sldprt"文件。

 动画演示 ——参见附带光盘中的 AVI/ch4/4.2.avi

（1）新建一个零件文件，以前视基准面为
草图基准面，绘制如图 4-36 所示的草图 1。

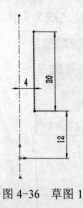

图 4-36　草图 1

（2）选择草图 1，然后单击曲面工具栏
中的"旋转曲面 👆"，弹出如图 4-37 所示的

对话框，在"旋转轴"中选择草图 1 中绘制
的中心线，其他参数保持默认，最后单击
"确定 ✔"，完成旋转 1。

图 4-37　旋转曲面 1

（3）以前视基准面为草图基准面，绘制如图 4-38 所示的草图 2。

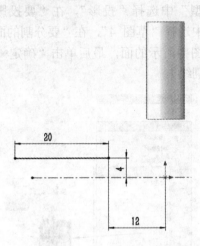

图 4-38　草图 2

（4）选择草图 2，然后单击曲面工具栏中的"旋转曲面"，弹出如图 4-39 所示的对话框，在"旋转轴"中选择草图 2 中绘制的中心线，其他参数保持默认，最后单击"确定"，完成旋转 2。

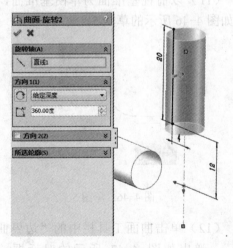

图 4-39　旋转曲面 2

（5）单击曲面工具栏中的"直纹曲面"，弹出如图 4-40 所示的对话框，在"类型"中选择"相切于曲面"，在"距离/方向"中输入 4，在"边线"中选择图中所示的边线，最后单击"确定"，完成直纹曲面 1。

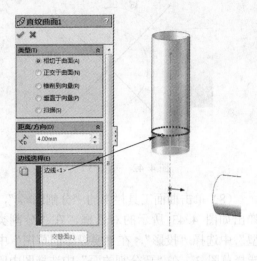

图 4-40　直纹曲面 1

（6）再次单击曲面工具栏中的"直纹曲面"，弹出如图 4-41 所示的对话框，在"类型"中选择"相切于曲面"，在"距离/方向"中输入 4，在"边线"中选择图中所示的边线，最后单击"确定"，完成直纹曲面 2。

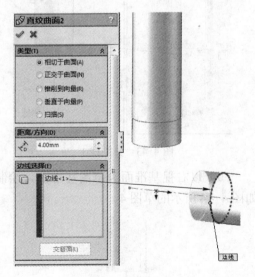

图 4-41　直纹曲面 2

（7）以上视基准面为草图基准面，绘制如图 4-42 所示的草图 3。

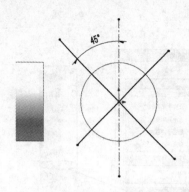

图 4-42　草图 3

（8）单击曲面工具栏中的"分割线▨"，弹出如图 4-43 所示的对话框，在"分割类型"中选择"投影"，在"要投影的草图"中选择草图 3，在"要分割的面"中选择图中所示的面，最后单击"确定✔"，完成分割线 1。

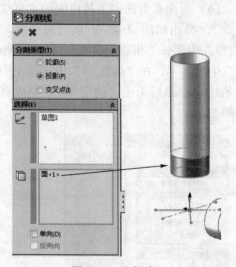

图 4-43　分割线 1

（9）以右视基准面为草图基准面，绘制如图 4-44 所示的草图 4。

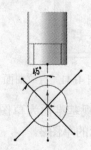

图 4-44　草图 4

（10）单击曲面工具栏中的"分割线▨"，弹出如图 4-45 所示的对话框，在"分割类型"中选择"投影"，在"要投影的草图"中选择"草图 4"，在"要分割的面"中选择图中所示的面，最后单击"确定✔"完成分割线 1。

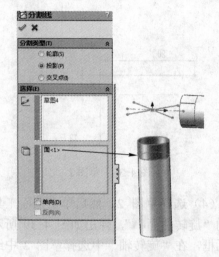

图 4-45　分割线 2

（11）以前视基准面为草图基准面，绘制如图 4-46 所示的草图 5。

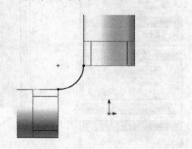

图 4-46　草图 5

（12）单击曲面工具栏中的"边界曲面◈"，弹出如图 4-47 所示的对话框，在"方向 1"的"曲线"中选择图中所示的两条曲线，然后单击它下面的选项，在下拉菜单栏中选择"曲面相切"，又在"方向 2"中选择草图 5，其他参数保持默认，最后单击"确定✔"完成边界曲面 1。生成的边界曲面如图 4-48 所示。

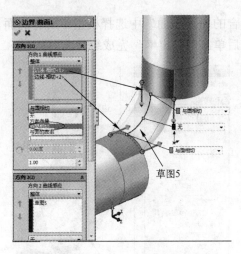

图 4-47　边界曲面 1

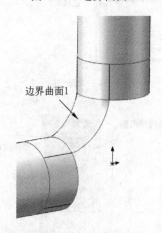

图 4-48　生成的边界曲面 1

（13）以前视基准面为草图基准面，绘制如图 4-49 所示的草图 6。

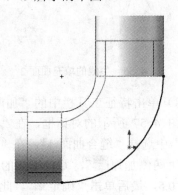

图 4-49　草图 6

（14）单击曲面工具栏中的"边界曲面

"，弹出如图 4-50 所示的对话框，在"方向 1"的"曲线"中选择图中所示的两条曲线，然后单击它下面的选项，在下拉菜单栏中选择"曲面相切"，在"方向 2"中选择"草图 6"，其他参数保持默认，最后单击"确定 ✅"完成边界曲面 1。生成的边界曲面 2 如图 4-51 所示。

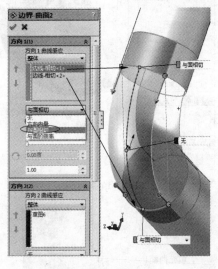

图 4-50　边界曲面 2

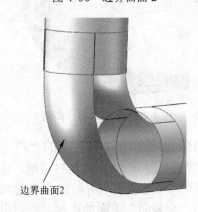

图 4-51　生成的边界曲面 2

（15）单击曲面工具栏中的"填充曲面 "，弹出如图 4-52 所示的对话框，在"修补边界 "中选择图中所示的 4 条边线，然后单击"交替面"下面的选项，在弹出的对话框中选择"接触"，勾选"运用到所有边线"，其他参数保持默认，最后单击"确定

" 完成填充曲面 1。生成的填充曲面 1 如图 4-53 所示。

缝合的曲面和面"中选择模型中所有的面，然后单击"确定 ✅"完成缝合曲面。

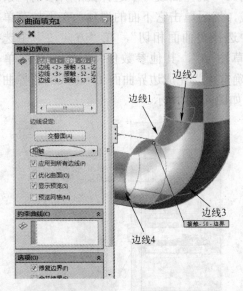

图 4-52　填充曲面 1

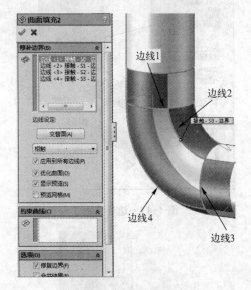

图 4-54　填充曲面 2

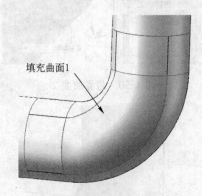

图 4-53　生成的填充曲面 1

（16）单击曲面工具栏中的"填充曲面 📦"，弹出如图 4-54 所示的对话框，在"修补边界 🖋"中选择图中所示的 4 条边线，然后单击"交替面"下面的选项，在弹出的对话框中选择"接触"，勾选"运用到所有边线"，其他参数保持默认，最后单击"确定 ✅"完成填充曲面 2。生成的填充曲面 2 和填充曲面 1 相对于前视基准面对称，如图 4-55 所示。

（17）单击曲面工具栏中的"缝合曲线 ☷"，弹出如图 4-56 所示的对话框，在"要

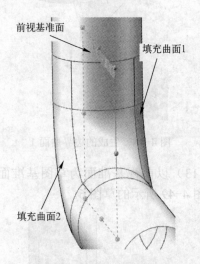

图 4-55　生成的填充曲面 2

（18）单击特征工具栏中的"加厚 📦"，弹出如图 4-57 所示的对话框，在"要加厚的曲面"中选择"缝合曲面 1"，在"厚度"中选择"两侧加厚 🗏"，并在下面的文本框中输入 0.5，最后单击"确定 ✅"。此时已经建立好弯管的模型，如图 4-58 所示。

图 4-56　缝合曲面

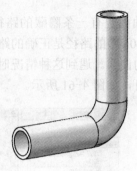

图 4-58　弯管

图 4-57　加厚

4.2.1　边界曲面

 动画演示——参见附带光盘中的 AVI/ch4/4.2.1.avi

边界曲面是用于生成在两个方向上（曲面所有边）相切或曲率连续的曲面。一般来说，使用边界曲面生成的曲面比放样曲面有着更高的曲面质量，因此它也比较适合用于生成高质量曲率连续曲面。下面举例介绍其操作步骤。

● 单击曲面工具栏中的"边界曲面"，弹出如图 4-59 所示的对话框。
● 在"方向 1"的"曲线"中选择图中所示的边线 1 和边线 2，然后单击它下面的选项，在下拉菜单栏中选择"曲面相切"。
● 在"方向 2"中选择图中所示的草图 5。
● 其他参数保持默认，最后单击"确定"完成边界曲面 1。

边界曲面的功能非常强大，因此其可设置的参数也比较多，下面对其参数设置进行详细介绍。

（1）曲线

该选项用于选择用于生成边界曲面的线，可以是模型边线、草图等。和放样曲面类似，边界曲面也有一条隐藏的路径，而这条路径经过每条曲线上所选的点，如图 4-60 所示，图 4-60a 中的路径是正确的路径，因此可以生成平滑的曲面，图 4-60b 中错误的路径会生成交叉的曲面。遇到这种情况时，可以在绘图区域单击右键，在弹出的菜单中选择"反转接头"即可，如图 4-61 所示。

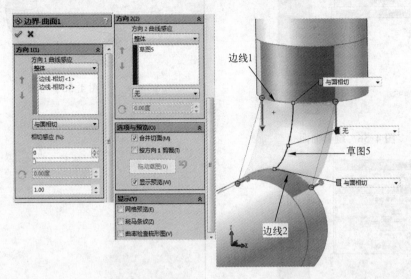

图 4-59　边界曲面

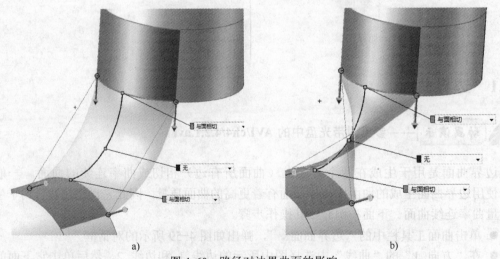

图 4-60　路径对边界曲面的影响

a) 正确的路径　b) 错误的路径

（2）曲线感应

曲线感应用于设置曲线对边界曲面的影响方式。曲线感应和放样中的引导线感应式基本相同的，它有以下几种方式：

● 整体：曲线感应延伸到整个边界特征。

● 到下一曲线：只将曲线影响延伸到下一曲线。

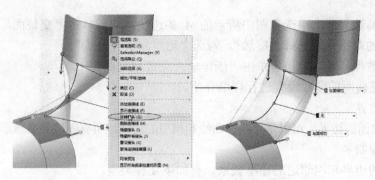

图 4-61 反转接头

● 到下一尖角：只将曲线影响延伸到下一尖角。

● 线性：将曲线的感应均匀地延伸到整个边界特征上。

（3）相切类型

该选项用于设置与相邻面之间的相切方式，有以下几种类型：

● 默认：当轮廓有三个或以上时，拟合出一个相切于开始和结束轮廓的抛物线，这样
  生成的曲线更加具有预测性、更自然。

● 无：不运用相切约束。

● 方向向量：选择一个实体，设置拔模角度和相切的长度作为所选实体和方向向量的约束。

● 与面相切：当要将放样附加到现有几何体时，选择该约束条件可以使相邻面在所选
  开始或结束轮廓处相切。

● 与面的曲率：当要将放样附加到现有几何体时，在所选开始或结束轮廓处应用平
  滑、具有美感的曲率连续放样。

4.2.2 填充曲面

——参见附带光盘中的 AVI/ch4/4.2.2.avi

填充曲面是根据所选的闭合曲线，对曲面进行修补。有的时候，输入其他 CAD 软件的
三维模型到 SolidWorks 时，可能会导致一些面丢失，此时用填充曲面来对丢失的面进行修
补，不失为一种好的方法。下面以一个例子说明填充曲面的操作步骤：

● 单击曲面工具栏中的"填充曲面 "，弹出如图 4-62 所示的对话框。

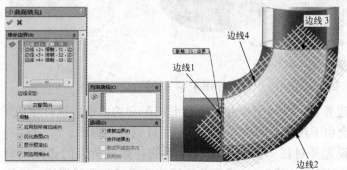

图 4-62 填充曲面

- 在"修补边界 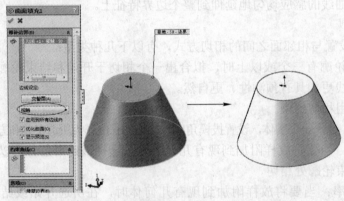"中选择图中所示的 4 条边线，然后单击"交替面"下面的选项，在弹出的对话框中选择"接触"，勾选"运用到所有边线"。
- 其他参数保持默认，最后单击"确定 ✔"完成填充曲面 1。

下面对填充曲面的参数设置进行详细介绍。

（1）修补边界

选择填充曲面的边界，可以是草图、曲线和模型的边线，所有的边界必须形成闭合的链。

（2）曲率控制

设置所选的边界和相邻边的曲率关系。有如下几种类型：

- 接触：使生成的曲面在边界上和相邻边接触。一般情况下，选择"接触"时，生成的填充曲面和相邻面不相切，如图 4-63 所示。

图 4-63　接触

- 相切：生成的曲面在边界处和相邻面相切，如图 4-64 所示。

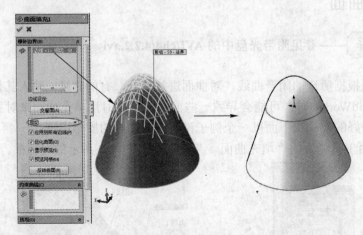

图 4-64　相切

- 曲率：在边界上生成与所选曲面的曲率相配套的曲面。这样生成的曲面更加光滑，但是可能会由于约束曲面的存在而不能生成这样的曲面。

曲率控制的设置是对每一条边界依次设置的，如果所有的边线的曲率控制类型都一样，则勾选"应用到所有边线"，这样每条边线的曲率控制类型都是一样的。

如果所选的边界为 2 条或者 4 条，勾选"优化曲面"时，可以对曲面应用与放样曲面相类似的简化曲面修补。优化的曲面修补的潜在优势包括重建时间加快以及当与模型中的其它特征一起使用时的增强稳定性。

（3）约束曲线

对填充曲面进行约束，生成的曲面经过约束曲线。

如图 4-65 所示，当填充曲面存在约束曲线时，所生成的填充曲面会经过约束曲线，这样可以生成一些有约束条件的曲面，能够更好地反映设计意图。

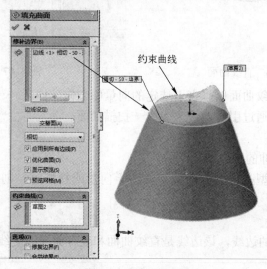

图 4-65　约束曲线

4.2.3　直纹曲面

——参见附带光盘中的 AVI/ch4/4.2.3.avi

直纹曲面是由一条直线织成的曲面，下面举例说明其操作步骤。

● 单击曲面工具栏的"直纹曲面 　"，弹出如图 4-66 所示的对话框。
● 在"类型"中选择"正交于曲面"，并在"距离/方向"中输入 10。
● 在"边线"中选择图中所示的边线。
● 最后单击"确定 　"。

下面对直纹曲面的参数设置进行介绍。

（1）类型

该选项用于设置直纹曲面的类型，有以下几种类型：

● 相切于曲面：直纹曲面和相邻的曲面相切，如图 4-67 所示。
● 正交于曲面：直纹曲面和相邻的曲面正交。
● 锥削到向量：直纹曲面按照选定的向量的方向延伸。如图 4-68 所示，指定方向向量为上视基准面，并输入角度 30°，则直纹曲面以和上视基准面的法线夹角为 30° 的向量的方向延伸。

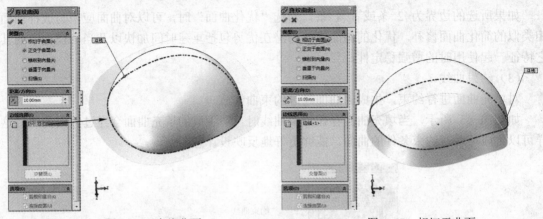

图 4-66　直纹曲面　　　　　　　　　　　　　图 4-67　相切于曲面

● 垂直于向量：直纹曲面以垂直于选定的向量的方向延伸。

● 扫描：直纹曲面通过引导曲线来生成一扫描曲面。

（2）距离/方向

输入直纹曲面的延伸的距离值。

如果直纹曲面的类型是锥削到向量、垂直于向量或扫描时，则要在这里选择边线、面或基准面作为参考向量。

（3）边线选择

选择生成直纹曲面的边线，该边线是直纹曲面和现有曲面的交线。

4.2.4　等距曲面

动画演示——参见附带光盘中的 AVI/ch4/4.2.4.avi

等距曲面是生成和现有曲面等距的曲面，下面举例说明其操作步骤。

● 单击曲面工具栏中的"等距曲面 "，弹出如图 4-69 所示的对话框。

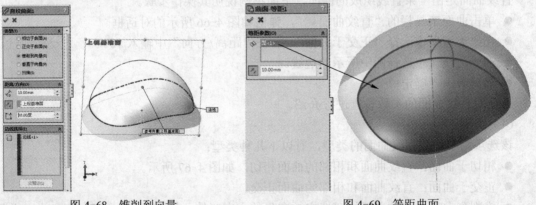

图 4-68　锥削到向量　　　　　　　　　　　　图 4-69　等距曲面

● 在"要等距的曲面和面"中选择图中所示的曲面。

● 在"距离"中输入 10。

● 最后单击"确定 ✅"。

等距曲面的操作比较简单，下面对其参数设置进行介绍。

● 要等距的曲面和面：选择要进行等距的曲面或者面，可以同时选择多个曲面和面。

● 距离：输入等距曲面的距离。

4.2.5　平面区域

 动画演示——参见附带光盘中的 **AVI/ch4/4.2.5.avi**

平面区域是从一组边线、草图中生成一个平面，下面以一个例子说明其操作步骤：

● 单击曲面工具栏的"平面区域 ▭"，弹出如图 4-70 所示的对话框。

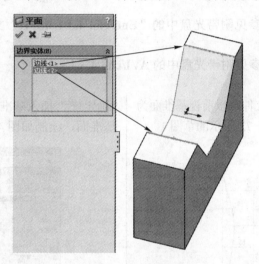

图 4-70　平面区域

● 在"边界实体"中选择图中所示的两条边线。

● 最后单击"确定 ✅"。

平面区域的操作比较简单，只需要在"边界实体"中选择要生成的平面的边界即可。这里需要注意的是，选择的边线必须共面，这样才能生成平面。

4.3　要点·应用

本节介绍三个简单实例的操作，例子中贯穿上面所讲述的知识点，从而使读者加深对这些知识的理解。

4.3.1　应用 1——座椅

本实例的模型是如图 4-71 所示的座椅。通过观察该模型，可以得到以下的建模思路：首先用边界曲面建立座椅的主体部分，然后利用拉伸曲面和剪裁曲面对座椅的边角进行修剪；最后对座椅进行加厚和添加圆角特征。

图 4-71 座椅

——参见附带光盘中的 "End/ch4/4.3.1.sldprt" 文件。

——参见附带光盘中的 AVI/ch4/4.3.1.avi

（1）新建一个零件文件，以前视基准面为草图基准面，绘制如图 4-72 所示的草图 1。

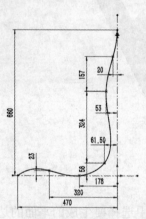

图 4-72 草图 1

（2）单击曲面工具栏中的"基准面"，弹出如图 4-73 所示的对话框，在"第一参考"中选择前视基准面，单击"距离"，输入距离值为 160，然后单击"确定"插入基准面 1。以基准面 1 为草图基准面，绘制如图 4-74 所示的草图 2。

（3）单击曲面工具栏中的"基准面"，弹出如图 4-75 所示的对话框，在"第一参考"中选择前视基准面，单击"距离"，输入距离值为 160，勾选"反向"，然后单击

"确定"插入基准面 2。以基准面 2 为草图基准面，绘制如图 4-76 所示的草图 3。

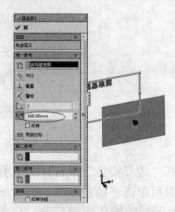

图 4-73 插入基准面 1

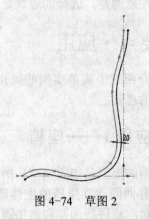

图 4-74 草图 2

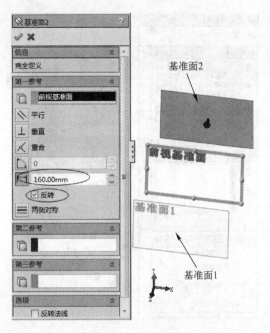

图 4-75　插入基准面 2

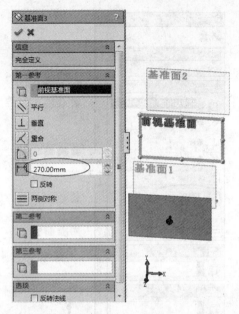

图 4-77　插入基准面 3

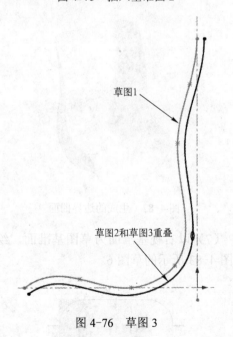

图 4-76　草图 3

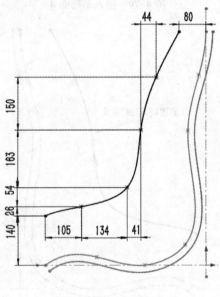

图 4-78　草图 4

（4）单击曲面工具栏中的"基准面 "，弹出如图 4-77 所示的对话框，在"第一参考"中选择前视基准面，单击"距离"，输入距离值 270，然后单击"确定"插入基准面 3。以基准面 3 为草图基准面，绘制如图 4-78 所示的草图 4。

（5）单击曲面工具栏中的"基准面 "，弹出如图 4-79 所示的对话框，在"第一参考"中选择"前视基准面"，单击"距离"，输入距离值为 270，勾选"反向"，然后单击"确定"插入基准面 4。以基准面 4 为草图基准面，绘制如图 4-80 所示的草图 5。

图 4-79　插入基准面 4

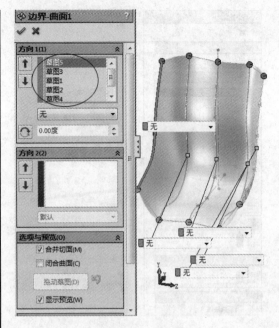

图 4-81　边界曲面 1

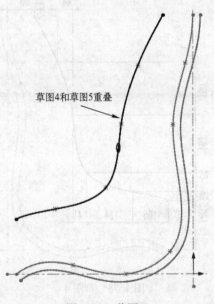

图 4-80　草图 5

（6）单击曲面工具栏中的"边界曲面
"，弹出如图 4-81 所示的对话框，在
"方向 1"的"曲线"中依次选择"草图 5"
"草图 3""草图 1""草图 2"和"草图
4"，然后单击"确定 "完成边界曲面 1。
生成的曲面如图 4-82 所示。

图 4-82　生成的边界曲面

（7）以右视基准面为草图基准面，绘制
如图 4-83 所示的草图 6。

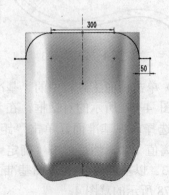

图 4-83　草图 6

（8）选择草图 6，单击曲面工具栏中的"拉伸曲面 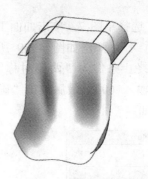"，弹出如图 4-84 所示的对话框，选择终止条件为"两侧对称"，在"深度 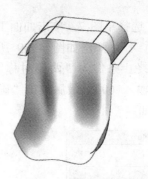"中输入 400，最后单击"确定 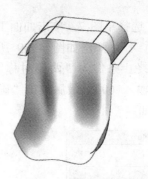"完成拉伸曲面。

图 4-84 拉伸曲面 1

（9）单击曲面工具栏中的"剪裁曲面 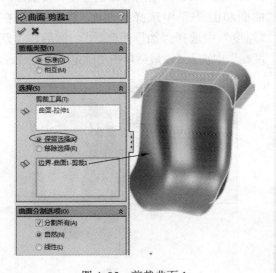"，弹出如图 4-85 所示的对话框，在"剪裁类型"中选择"标准"，在"剪裁工具"中选择"曲面-拉伸 1"，单击"保留选择"，然后在"保留的部分"中选择边界曲面 1，最后单击"确定 "，此时模型如图 4-86 所示。

图 4-85 剪裁曲面 1

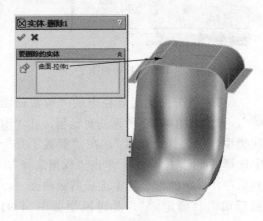

图 4-86 剪裁曲面后的模型

（10）单击菜单栏中的"插入"→"特征"→"删除实体 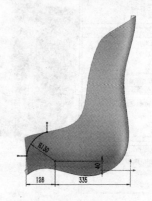"，弹出如图 4-87 所示的对话框，在"要删除的实体"中选择"曲面-拉伸 1"，然后单击"确定 "删除拉伸曲面 1。

图 4-87 删除拉伸曲面 1

（11）以前视基准面为草图基准面，绘制如图 4-88 所示的草图 7。

图 4-88 草图 7

（12）选择草图 7，单击曲面工具栏中的"拉伸曲面 "，弹出如图 4-89 所示的对话框，选择终止条件为"两侧对称"，在"深度 "中输入 600，最后单击"确定 "完成拉伸曲面。

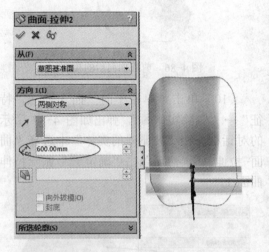

图 4-89　拉伸曲面 2

（13）单击曲面工具栏中的"剪裁曲面 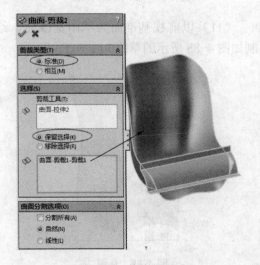"，弹出如图 4-90 所示的对话框，在"剪裁类型"中选择"标准"，在"剪裁工具"中选择"曲面-拉伸 2"，单击"保留选择"，然后在"保留的部分"中选择剪裁曲面 1，最后单击"确定 "，此时模型如图 4-91 所示。

图 4-90　剪裁曲面 2

图 4-91　剪裁曲面 2 后的模型

（14）单击菜单栏中的"插入"→"特征"→"删除实体 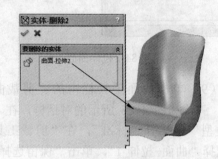"，弹出如图 4-92 所示的对话框，在"要删除的实体"中选择"曲面-拉伸 2"，然后单击"确定 "删除拉伸曲面 2。

图 4-92　删除实体

（15）单击曲面工具栏中的"加厚 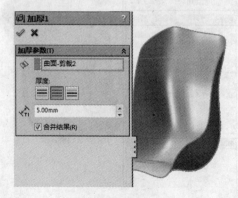"，弹出如图 4-93 所示的对话框，在"要加厚的曲面和面 "中选择"曲面-剪裁 2"，在"厚度"中选择"加厚两侧 "，然后在"厚度 "中输入 5，最后单击"确定 "完成。

图 4-93　加厚

（16）单击特征工具栏中的"圆角🔘"，弹出如图 4-94 所示的对话框，在"圆角类型"中选择"恒定大小"，在"要圆角化的实体🔘"中选择座椅边上的四个面，然后在"半径"中输入 3，最后单击"确定✔"完成圆角。此时已经建立好模型，最后的模型如图 4-95 所示。

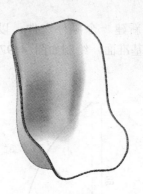

图 4-95　座椅

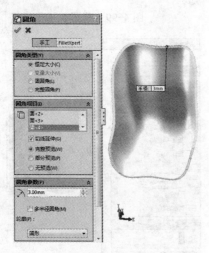

图 4-94　圆角

4.3.2　应用 2——鼓风机喷嘴

本实例的模型是图 4-96 所示的鼓风机喷嘴。该模型主要由旋转曲面和放样曲面组成，因此建模的思路为：先用旋转曲面和放样曲面建立主体部分，然后用剪裁曲面工具剪裁掉部分曲面，最后再添加圆角和加厚。

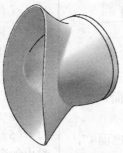

图 4-96　鼓风机喷嘴

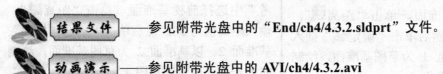

结果文件——参见附带光盘中的"End/ch4/4.3.2.sldprt"文件。

动画演示——参见附带光盘中的 AVI/ch4/4.3.2.avi

（1）新建一个零件文件，以前视基准面为草图基准面，绘制如图 4-97 所示的草图 1。

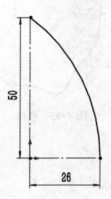

图 4-97　草图 1

（2）单击曲面工具栏中的"旋转曲面🔔"，弹出如图 4-98 所示的对话框，在"旋转轴🖉"中选择图中所示的直线作为旋转轴，其他参数保持默认，单击"确定✅"完成旋转曲面。

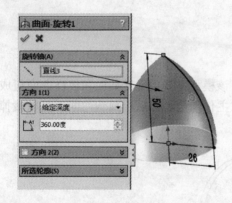

图 4-98　旋转曲面

（3）以上视基准面为草图基准面，绘制如图 4-99 所示的草图 2。

（4）单击曲面工具栏中的"基准面🖉"，弹出如图 4-100 所示的对话框，在"第一参考"中选择前视基准面，单击"距离🖮"，输入距离值为 5，然后单击"确定✅"插入基准面 1。以基准面 1 为草图基准面，绘制如图 4-101 所示的草图 3。

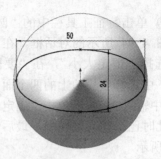

图 4-99　草图 2

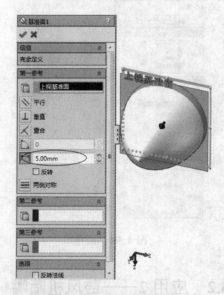

图 4-100　插入基准面 1

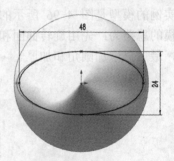

图 4-101　草图 3

（5）单击曲面工具栏中的"基准面🖉"，弹出如图 4-102 所示的对话框，在"第一参考"中选择前视基准面，单击"距离🖮"，输入距离值为 50，然后单击"确定✅"插入基准面 2。以基准面 2 为草图基准面，绘制如图 4-103 所示的草图 4。

廓中依次选择"草图 2""草图 3"和"草图 4",其余参数保持默认,然后单击"确定✅",生成放样曲面,生成的放样曲面如图 4-105 所示。

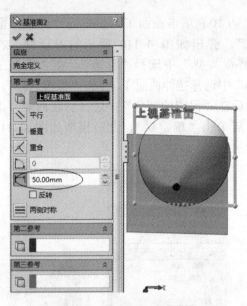

图 4-102 插入基准面 2

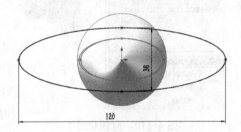

图 4-103 草图 4

（6）单击曲面工具栏中的"放样曲面 ⬚",弹出如图 4-104 所示的对话框,在轮

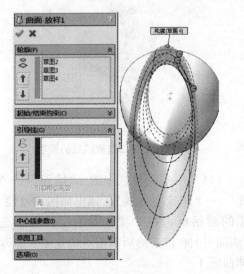

图 4-104 放样曲面 1

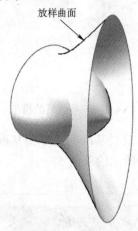

图 4-105 生成的放样曲面

（7）单击曲面工具栏中的"剪裁曲面 ⬚",弹出如图 4-106 所示的对话框,在"剪裁类型"中选择"相互",在"曲面"中选择"旋转曲面 1"和"放样曲面 1",单击"移除选择",然后在"移除的部分"中选择图中所示的两部分曲面,最后单击"确定✅"。剪裁后的模型如图 4-107 所示。

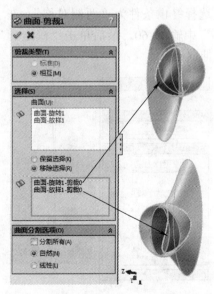

图 4-106 剪裁曲面 1

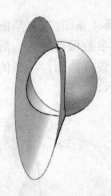

图 4-107　剪裁后的模型

（8）以前视基准面为草图基准面，绘制如图 4-108 所示的草图 5。

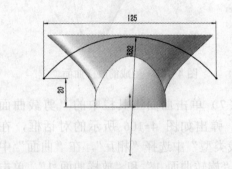

图 4-108　草图 5

（9）选择草图 5，单击曲面工具栏中的"拉伸曲面"，弹出如图 4-109 所示的对话框，选择终止条件为"两侧对称"，在"深度"中输入 60，最后单击"确定✔"完成拉伸曲面。

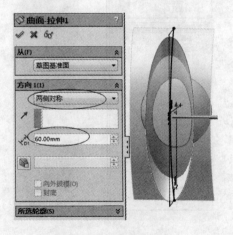

图 4-109　拉伸曲面 1

（10）单击曲面工具栏中的"剪裁曲面"，弹出如图 4-110 所示的对话框，在"剪裁类型"中选择"标准"，在"剪裁工具"中选择拉伸曲面 1，单击"保留选择"，然后在"保留的部分"中选择剪裁曲面 1，最后单击"确定✔"，此时模型如图 4-111 所示。

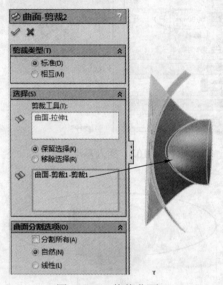

图 4-110　剪裁曲面 2

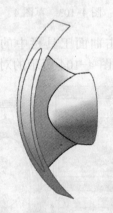

图 4-111　第二次剪裁后的模型

（11）单击菜单栏中的"插入"→"特征"→"删除实体⊠"，弹出如图 4-112 所示的对话框，在"要删除的实体"中选择"曲面-拉伸 1"，然后单击"确定✔"删除拉伸曲面 1。

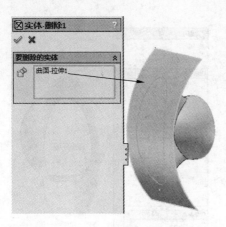

图 4-112　删除实体

（12）单击曲面工具栏中的"圆角 🔲"，弹出如图 4-113 所示的对话框，在"圆角类型"中选择"恒定大小"，在"要圆角化的实体 🔲"中选择图中所示的边线，然后在"半径"中输入 3，最后单击"确定 ✔"完成圆角。

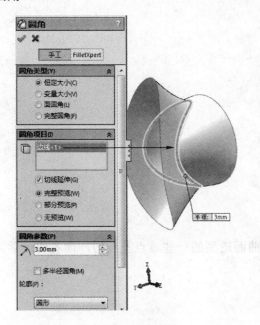

图 4-113　添加圆角

（13）单击曲面工具栏中的"直纹曲面 🔖"，弹出如图 4-114 所示的对话框，在"类型"中选择"相切于曲面"，在"距离/方向"中输入 4，在"边线选择"中选择图中

所示的边线 1，然后单击"确定 ✔"生成直纹曲面。

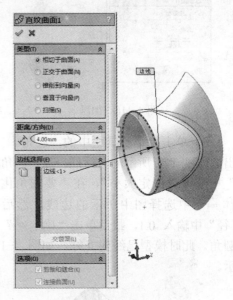

图 4-114　直纹曲面 1

（14）单击曲面工具栏中的"缝合曲线 🔖"，弹出如图 4-115 所示的对话框，在"要缝合的曲面和面"中选择模型中所有的面，然后单击"确定 ✔"。

图 4-115　缝合曲面

（15）单击曲面工具栏中的"加厚 🔖"，弹出如图 4-116 所示的对话框，在"要加厚的曲面和面 🔖"中选择"曲面-缝合 1"，在"厚度"中选择"加厚两侧 ▤"，然后在"厚度 🔖"中输入 0.5，最后单击"确定 ✔"完成。

图 4-116　加厚

（16）单击特征工具栏中的"圆角 🔲 "，弹出如图 4-117 所示的对话框，在"圆角类型"中选择"恒定大小"，在"要圆角化的实体 🔲 "中选择图中所示的边线，然后在"半径"中输入 0.1，最后单击"确定 ✅ "完成圆角。此时模型已经建立好，如图 4-118 所示。

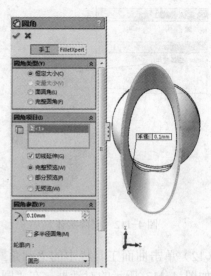

图 4-117　添加圆角特征

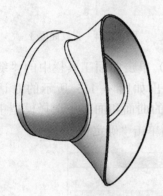

图 4-118　鼓风机喷嘴

4.4　能力·提高

本节给出三个难度较高的实例，主要讲解曲面造型的一些难点及技巧，读者通过学习这些例子后，可以进一步提高曲面造型的能力。

4.4.1　案例 1——空气机外罩

本实例以图 4-119 所示的空气机外罩为例子，介绍曲面造型中的一些技巧。通过观察该模型可以发现，它主要由扫描曲面、放样曲面和拉伸曲面组成，因此建模的思路是：先用扫描曲面、放样曲面和拉伸曲面把空气机外罩的主体建立起来，然后再通过直纹曲面、圆角等操作对其进行修饰。

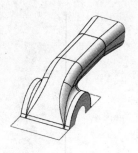

图 4-119 空气机外罩

——参见附带光盘中的 **"End/ch4/4.4.1.sldprt"** 文件。

——参见附带光盘中的 AVI**/ch4/4.4.1.avi**

（1）新建一个零件文件，以上视基准面为草图基准面，绘制如图 4-120 所示的草图 1，再以前视基准面为草图基准面，绘制如图 4-121 所示的草图 2。

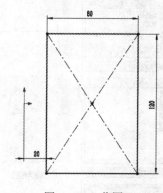

图 4-120 草图 1

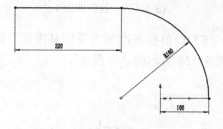

图 4-121 草图 2

（2）单击曲面工具栏中的"扫描曲面 🗲"，弹出如图 4-122 所示的对话框，在"轮廓"中选择"草图 1"，在"路径"中选择"草图 2"，单击"确定 ✅"生成扫描曲面 1。

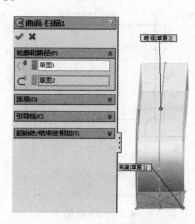

图 4-122 扫描曲面 1

（3）单击曲面工具栏中的"基准面 🗒"，弹出如图 4-123 所示的对话框，在"第一参考"中选择"右视基准面"，单击"距离 🗐"，输入距离值为 460，勾选"反向"，然后单击"确定 ✅"插入基准面 1。以基准面 1 为草图基准面，绘制如图 4-124 所示的草图 3。

（4）单击曲面工具栏中的"基准面 🗒"，弹出如图 4-125 所示的对话框，在"第一参考"中选择"右视基准面"，单击"距离 🗐"，输入距离值为 160，然后单击"确定 ✅"插入基准面 2。以基准面 2 为草图基准面，绘制如图 4-126 所示的草图 4。

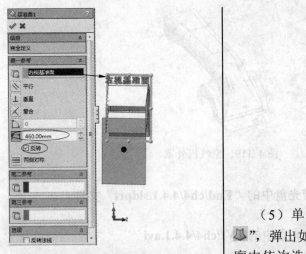

图 4-123　插入基准面 1

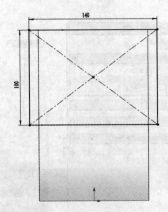

图 4-124　草图 3

图 4-125　插入基准面 2

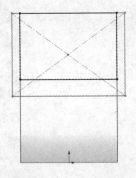

图 4-126　草图 4

（5）单击曲面工具栏中的"放样曲面 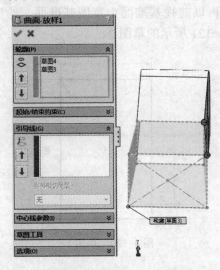"，弹出如图 4-127 所示的对话框，在轮廓中依次选择"草图 3"和"草图 4"，其余参数保持默认，然后单击"确定 ✅"生成放样曲面。

图 4-127　放样曲面 1

（6）以前视基准面为草图基准面，绘制如图 4-128 所示的"草图 5"。

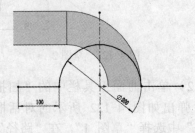

图 4-128　草图 5

（7）选择草图 5，单击曲面工具栏中的
"拉伸曲面🔲"，弹出如图 4-129 所示的对话
框，在"终止条件"中选择"两侧对称"，
在"深度"中输入 200，然后单击"确定
✅"。

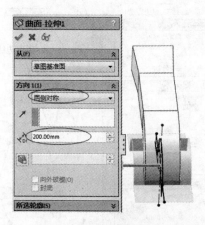

图 4-129　拉伸曲面 1

（8）单击曲面工具栏中的"剪裁曲面
🔲"，弹出如图 4-130 所示的对话框，在
"剪裁类型"中选择"相互"，在"曲面"中
选择"曲面-扫描 1"和"曲面-拉伸 1"，单
击"保留选择"，然后在"保留的部分"中
选择图中所示的两部分曲面，最后单击"确
定✅"。剪裁后的模型如图 4-131 所示。

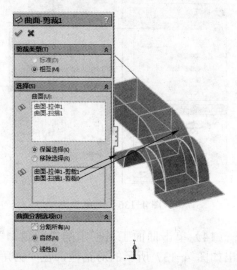

图 4-130　剪裁曲面

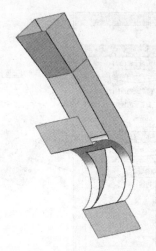

图 4-131　剪裁曲面后的模型

（9）单击曲面工具栏中的"直纹曲面
🔲"，弹出如图 4-132 所示的对话框，在
"类型"中选择"正交于曲面"，在"距离/方
向"中输入 30，在"边线选择"中选择图中
所示的边线，然后单击"确定✅"。

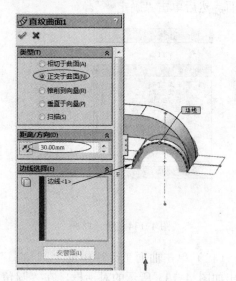

图 4-132　直纹曲面 1

（10）单击曲面工具栏中的"直纹曲面
🔲"，弹出如图 4-133 所示的对话框，在
"类型"中选择"正交于曲面"，在"距离/方
向"中输入 50，在"边线选择"中选择图中
所示的边线，然后单击"确定✅"，生成直
纹曲面 2。

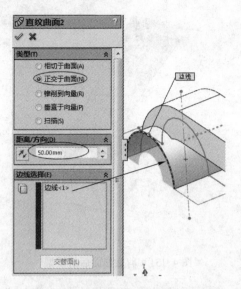

图 4-133　直纹曲面 2

（11）单击曲面工具栏中的"缝合曲线
[图标]"，弹出如图 4-134 所示的对话框，在
"要缝合的曲面和面"中选择模型中所有的
曲面，然后单击"确定[图标]"。

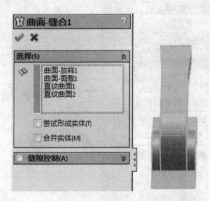

图 4-134　缝合曲面

（12）单击曲面工具栏中的"圆角[图标]"，
弹出如图 4-135 所示的对话框，在"圆角类
型"中选择"恒定大小"，在"要圆角化的
实体[图标]"中选择图中所示的 4 条边线，然后
在"半径"中输入 30，最后单击"确定[图标]"
完成圆角。

（13）单击曲面工具栏中的"圆角[图标]"，
弹出如图 4-136 所示的对话框，在"圆角类
型"中选择"恒定大小"，在"要圆角化的

实体[图标]"中选择图中所示的边线，然后在
"半径"中输入 30，最后单击"确定[图标]"完
成圆角。

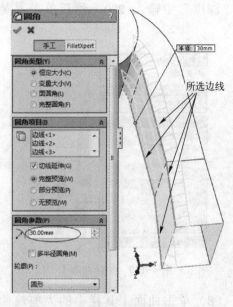

图 4-135　圆角 1

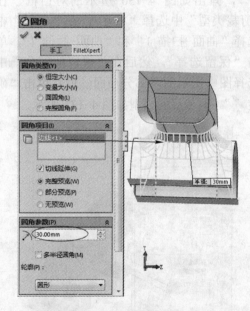

图 4-136　圆角 2

（14）单击曲面工具栏中的"圆角[图标]"，
弹出如图 4-137 所示的对话框，在"圆角类
型"中选择"变量大小"，在"要圆角化的
实体[图标]"中选择图中所示的边线，然后指定

图中所示的两个点的圆角半径为 20，最后单击"确定✓"完成圆角。

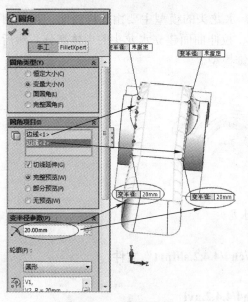

图 4-137　变化圆角

（15）单击曲面工具栏中的"圆角🔲"，弹出如图 4-138 所示的对话框，在"圆角类型"中选择"恒定大小"，在"要圆角化的实体🔲"中选择图中所示的边线，然后在"半径"中输入 100，最后单击"确定✓"完成圆角。

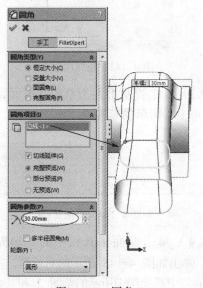

图 4-138　圆角 3

（16）单击曲面工具栏中的"圆角🔲"，弹出如图 4-139 所示的对话框，在"圆角类型"中选择"恒定大小"，在"要圆角化的实体🔲"中选择图中所示的两条边线，然后在"半径"中输入 10，最后单击"确定✓"完成圆角。此时模型已经完成，如图 4-140 所示。

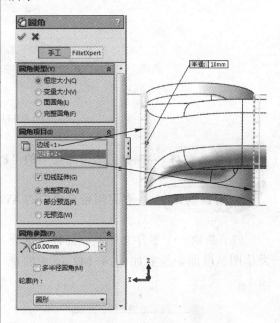

图 4-139　圆角 4

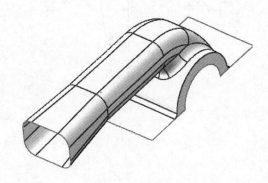

图 4-140　最后的模型

4.4.2 案例2——水龙头

本实例的模型是如图 4-141 所示的水龙头。水龙头的模型主要由放样曲面、拉伸曲面和旋转曲面组成。建模的思路是：先用放样曲面、拉伸曲面建立水龙头的主体部分，然后利用旋转曲面对模型进行修补，最后再用圆角等修饰模型。

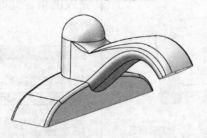

图 4-141　水龙头

——参见附带光盘中的"End/ch4/4.4.2.sldprt"文件。

——参见附带光盘中的 AVI/ch4/4.4.2.avi

（1）新建一个零件文件，以前视基准面为草图基准面，绘制如图 4-142 所示的草图 1。

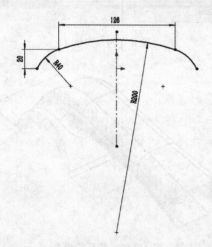

图 4-142　草图 1

（2）选择草图 1，单击曲面工具栏中的"拉伸曲面 "，弹出如图 4-143 所示的对话框，在"终止条件"中选择"两侧对称"，在"深度"中输入 42，然后单击"确定 "。

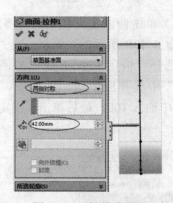

图 4-143　拉伸曲面 1

（3）以上视基准面为草图基准面，绘制如图 4-144 所示的草图 2。

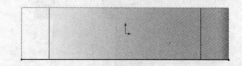

图 4-144　草图 2

（4）单击曲面工具栏中的"填充曲面 "，弹出如图 4-145 所示的对话框，在"修补边界"中选择图中所示的草图 2 和其余三条边线，然后单击"确定 "，生成填充曲面 1。

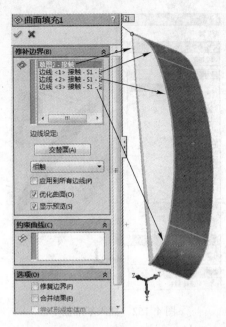

图 4-145　填充曲面 1

（5）以上视基准面为草图基准面，绘制如图 4-146 所示的草图 3。

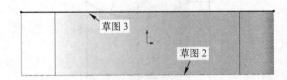

图 4-146　草图 3

（6）单击曲面工具栏中的"填充曲面"，弹出如图 4-147 所示的对话框，在"修补边界"中选择图中所示的草图 3 和其余三条边线，然后单击"确定✅"，生成填充曲面 2。

（7）以上视基准面为草图基准面，绘制如图 4-148 所示的草图 4。

（8）选择草图 4，单击曲面工具栏中的"拉伸曲面"，弹出如图 4-149 所示的对话框，在"终止条件"中选择"给定深度"，在"深度"中输入 65，然后单击"确定✅"。

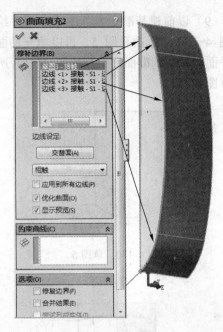

图 4-147　填充曲面 2

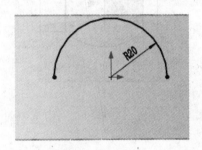

图 4-148　草图 4

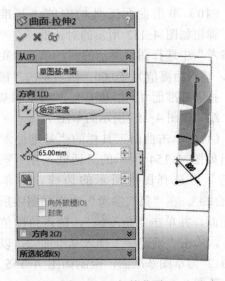

图 4-149　拉伸曲面 2

（9）以前视基准面为草图基准面，绘制如图 4-150 所示的草图 5。再以填充曲面 1 的平面为草图基准面，绘制如图 4-151 所示的草图 6。

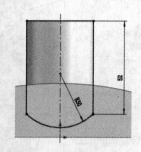

图 4-150　草图 5

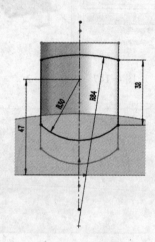

图 4-151　草图 6

（10）单击曲面工具栏中的"基准面"，弹出如图 4-152 所示的对话框，在"第一参考"中选择图中所示的面，单击"距离"，输入距离值为 50.00，然后单击"确定"插入基准面 1。以基准面 1 为草图基准面，绘制如图 4-153 所示的草图 7。

（11）单击曲面工具栏的"基准面"，弹出如图 4-154 所示的对话框，在"第一参考"中选择图中所示的边线，并单击"重合"。在"第二参考"中选择图中所示的平面，并单击"角度"，输入角度值为 60°，单击"确定"插入基准面 2，以基准面 2 为草图基准面，绘制如图 4-155 所示的草图 8。

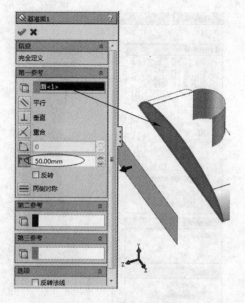

图 4-152　插入基准面 1

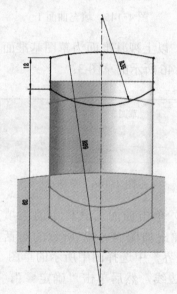

图 4-153　草图 7

（12）单击曲面工具栏中的"基准面"，弹出如图 4-156 所示的对话框，在"第一参考"中选择右视基准面，并单击"平行"。在"第二参考"中选择图中所示的直线，并单击"重合"，单击"确定"插入基准面 3，以基准面 3 为草图基准面，绘制如图 4-157 所示的草图 9。再以基准面 3 为草图基准面，绘制如图 4-158 所示的草图 10。

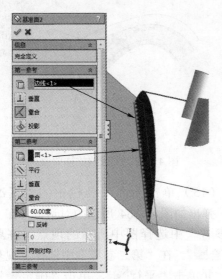

图 4-154　插入基准面 2

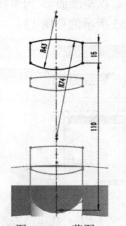

图 4-155　草图 8

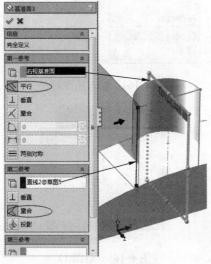

图 4-156　插入基准面 3

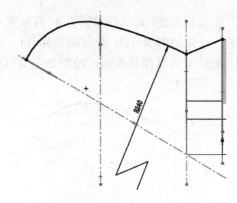

图 4-157　草图 9

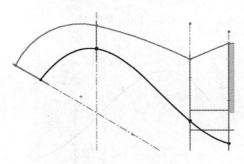

图 4-158　草图 10

（13）单击曲面工具栏中的"基准面
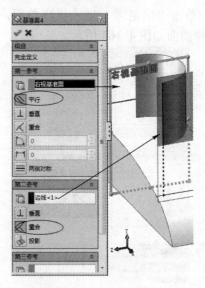"，弹出如图 4-159 所示的对话框，在
"第一参考"中选择右视基准面，并单击
"平行"。在"第二参考"中选择图中所
示的直线，并单击"重合"，单击"确定

图 4-159　插入基准面 4

" 插入基准面 4，以基准面 4 为草图基准面，绘制如图 4-160 所示的草图 11。再以基准面 4 为草图基准面，绘制如图 4-161 所示的草图 12。

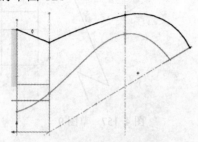

图 4-160　草图 11

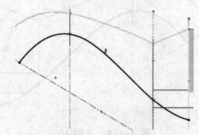

图 4-161　草图 12

（14）单击曲面工具栏中的"放样曲面"，弹出如图 4-162 所示的对话框，在"轮廓"中依次选择"草图 5""草图 6""草图 7"和"草图 8"，在"引导线"中选择"草图 9""草图 10""草图 11"和"草图 12"，单击"确定"生成放样曲面，生成的放样曲面如图 4-163 所示。

图 4-162　放样曲面 1

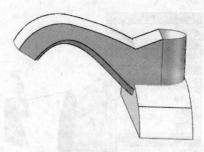

图 4-163　生成的放样曲面

（15）单击曲面工具栏中的"基准面"，弹出如图 4-164 所示的对话框，在"第一参考"中选择图中所示的顶点，并单击"重合"。在"第二参考"中选择上视基准面，并单击"平行"，单击"确定"插入基准面 5。以基准面 5 为草图基准面，绘制如图 4-165 所示的草图 13。

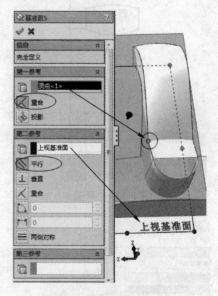

图 4-164　插入基准面 5

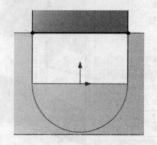

图 4-165　草图 13

（16）单击曲面工具栏中的"分割线
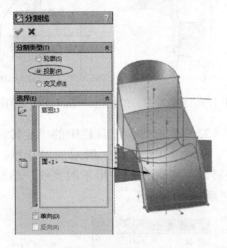"，弹出如图 4-166 所示的对话框，在"分
割类型"中选择"投影"，在"分割草图"中
选择"草图 13"，在"要分割的面"中选择图
中所示的曲面，然后单击"确定 ✔"。

制如图 4-169 所示的草图 14。

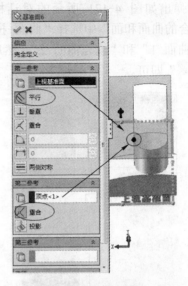

图 4-168 插入基准面 6

图 4-166 分割线

（17）单击曲面工具栏中的"删除面
"，弹出如图 4-167 所示的对话框，在
"要删除的面"中选择图中所示的面，然后
单击"确定 ✔"即可。

图 4-169 草图 14

（19）单击曲面工具栏中的"放样曲面
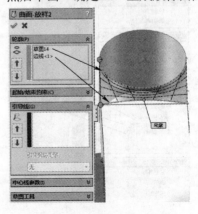"，弹出如图 4-170 所示的对话框，在
"轮廓"中依次选择"草图 14"和图中所示的
边线，然后单击"确定 ✔"生成放样曲面 2。

图 4-167 删除面

（18）单击曲面工具栏中的"基准面
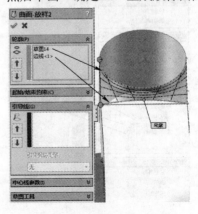"，弹出如图 4-168 所示的对话框，在"第
一参考"中选择上视基准面，并单击"平行
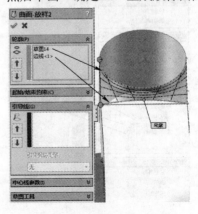"。在"第二参考"中选择图中所示的顶
点，并单击"重合 ✗"，单击"确定 ✔"插
入基准面 6。以基准面 6 为草图基准面，绘

图 4-170 放样曲面 2

（20）单击曲面工具栏中的"缝合曲线
👕"，弹出如图 4-171 所示的对话框，在
"要缝合的曲面和面"中选择"曲面-拉伸 1"
"填充曲面 1"和"填充曲面 2"，然后单击
"确定✅"即可。

图 4-171　缝合曲面 1

（21）单击曲面工具栏中的"剪裁曲面
⧉"，弹出如图 4-172 所示的对话框，在"剪
裁类型"中选择"相互"，在"曲面"中选择
"删除面 1""曲面-拉伸 2"和"曲面-缝合
1"，单击"移除选择"，然后在"移除的部
分"中选择图中所示的 3 个曲面，最后单击
"确定✅"。剪裁曲面后的模型如图 4-173
所示。

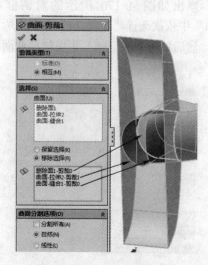

图 4-172　剪裁曲面

（22）以前视基准面为草图基准面，绘
制如图 4-174 所示的草图 15。

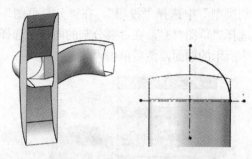

图 4-173　剪裁曲面后的模型　　图 4-174　草图 15

（23）单击曲面工具栏中的"旋转曲面
🝆"，弹出如图 4-175 所示的对话框，在
"旋转轴"中选择图中所示的直线，然后单
击"确定✅"即可。

图 4-175　旋转曲面

（24）单击曲面工具栏中的"缝合曲线
👕"，弹出如图 4-176 所示的对话框，在
"要缝合的曲面和面"中选择模型中所有的
面，然后单击"确定✅"。

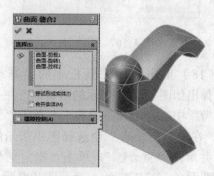

图 4-176　缝合曲面 2

（25）单击曲面工具栏中的"圆角🖱"，弹出如图 4-177 所示的对话框，在"圆角类型"中选择"恒定大小"，在"要圆角化的实体🖱"中选择图中所示的 4 条边线，然后在"半径"中输入 3，最后单击"确定✔"完成圆角。

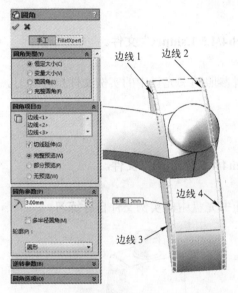

图 4-177　圆角 1

（26）单击曲面工具栏中的"圆角🖱"，弹出如图 4-178 所示的对话框，在"圆角类

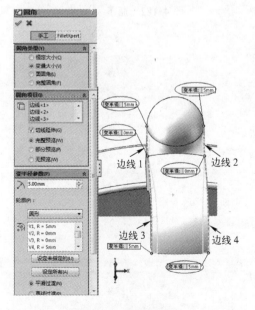

图 4-178　变化圆角 1

型"中选择"变量大小"，在"要圆角化的实体🖱"中选择图中所示的 4 条边线，指定图中所示的 6 个节点的半径值，最后单击"确定✔"。

（27）单击曲面工具栏中的"圆角🖱"，弹出如图 4-179 所示的对话框，在"圆角类型"中选择"恒定大小"，在"要圆角化的实体🖱"中选择图中所示的两条边线，然后在"半径"中输入 10，最后单击"确定✔"完成圆角。此时模型已经完成，如图 4-180 所示。

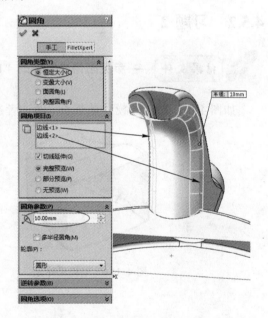

图 4-179　圆角 2

图 4-180　水龙头

4.5 习题·巩固

本节给出两个实例，作为读者的课后练习，使读者进一步巩固本章中所学习到的知识点。

4.5.1 习题 1

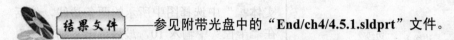 结果文件——参见附带光盘中的"**End/ch4/4.5.1.sldprt**"文件。

如图 4-181 所示的模型是电视机外壳，请读者参照随书光盘中的实例文件自行练习。

4.5.2 习题 2

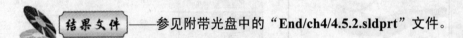 结果文件——参见附带光盘中的"**End/ch4/4.5.2.sldprt**"文件。

如图 4-182 所示的模型是瓶子，请读者参照随书光盘中的实例文件自行练习。

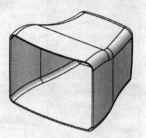

图 4-181 电视机外壳

图 4-182 瓶子

第 5 章　装配体设计

装配设计是把若干个零件以配合的方式组合在一起，从而使零件成为具有特定功能的系统。SolidWorks 的装配是一种虚拟装配，组成装配体的零部件仅被装配体引用，并不复制到装配体中，因此装配体的组成零部件与装配体之间仍保持着关联关系，当零部件发生更改时，装配体也随之变化。

　本讲主要内容

➤ 插入零部件
➤ 移动和旋转零部件
➤ Toolbox 的应用
➤ 标准配合
➤ 高级配合
➤ 机械配合
➤ 阵列
➤ 干涉检查
➤ 爆炸视图

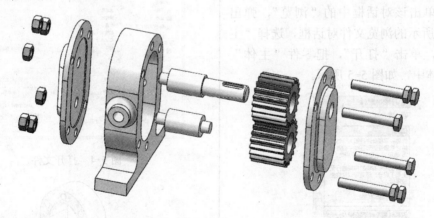

5.1 实例·知识点——齿轮泵的装配

本节先以图 5-1 所示的齿轮泵为例，主要介绍插入零部件、零部件的旋转和移动、零部件的复制、配合、镜像和阵列零部件、干涉检查等操作。

齿轮泵的爆炸视图如图 5-2 所示，从左到右的零件依次为螺母、后盖、主体、轴（包括固定轴和驱动轴）、齿轮、前盖、螺栓。

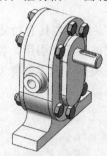

图 5-1　齿轮泵

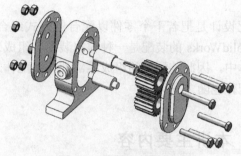

图 5-2　齿轮泵的爆炸视图

——参见附带光盘中的"Start/ch5/5.1"文件夹。

——参见附带光盘中的"End/ch5/5.1"文件夹。

——参见附带光盘中的 AVI/ch5/5.1.avi

（1）单击菜单栏中的"新建 🗋"，新建一个装配体零件，左侧出现如图 5-3 所示的对话框，单击该对话框中的"浏览"，弹出如图 5-4 所示的浏览文件对话框，选择"主体.sldprt"，单击"打开"，把零件"主体"插入装配体中，如图 5-5 所示。

图 5-4　打开文件

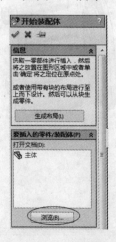

图 5-3　开始装配体

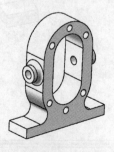

图 5-5　插入主体

（2）单击装配体工具栏中的"插入零部件🖥"，左侧弹出如图 5-6 所示的对话框，单击"浏览"按钮，从随书光盘中插入零件"后盖"到装配体中，如图 5-7 所示。再单击装配体工具栏中的"旋转零部件🖥"，此时鼠标光标变为"🔄"，移动鼠标到后盖上，然后按住鼠标，左右移动鼠标，使后盖旋转到合适的位置，如图 5-8 所示。

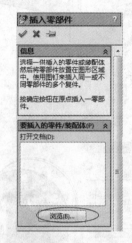

图 5-6　插入零部件对话框

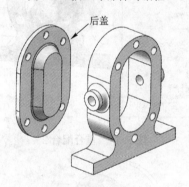

图 5-7　插入后盖

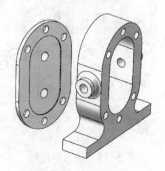

图 5-8　旋转零部件

（3）单击装配体工具栏中的"配合🖇"，弹出如图 5-9 所示的对话框，在"要配合的实体🖥"中选择图中所示的两个圆柱面，在"标准配合"中选择"同轴心◎"，然后单击"确定✔"添加同心配合 1。再在"要配合的实体🖥"中选择如图 5-10 中所示的两个圆柱面，在"标准配合"中选择"同轴心◎"，单击"确定✔"添加同心配合 2。最后在"要配合的实体🖥"中选择如图 5-11 中所示的两个平面，在"标准配合"中选择"重合🗙"，单击"确定✔"添加重合配合 1。

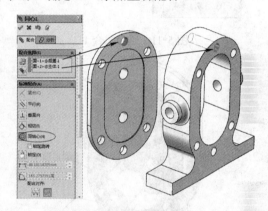

图 5-9　添加同心配合 1

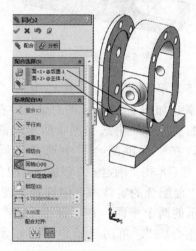

图 5-10　同心配合 2

（4）单击装配体工具栏中的"插入零部件🖥"，插入零件"固定轴"，并单击"旋转零部件🖥"，调整零件的姿态到合适位置，如图 5-12 所示。

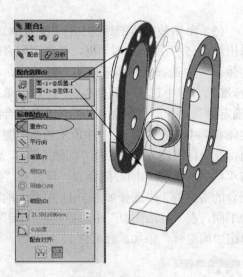

图 5-11　重合配合 1

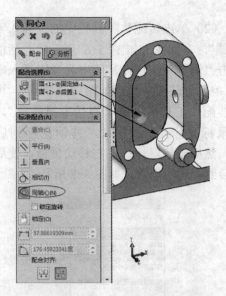

图 5-13　同心配合 3

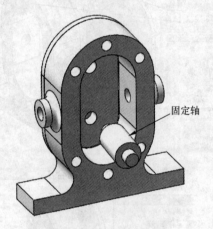

图 5-12　插入固定轴

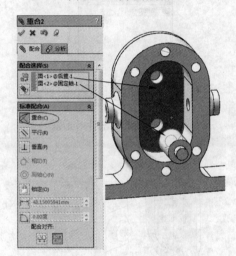

图 5-14　重合配合 2

（5）单击装配体工具栏中的"配合
🖉"，弹出如图 5-13 所示的对话框，在"要
配合的实体🖳"中选择图中所示的两个圆
柱面，在"标准配合"中选择"同轴心
◎"，然后单击"确定✔"添加同心配合 3。
再在"要配合的实体🖳"中选择如图 5-14
中所示的两个平面，在"标准配合"中选
择"重合🔪"，单击"确定✔"添加重合
配合 2。

（6）单击装配体工具栏中的"插入零部
件🔗"，插入零件"驱动轴"，并单击"旋转
零部件🔄"，调整零件的姿态到合适位置，
如图 5-15 所示。

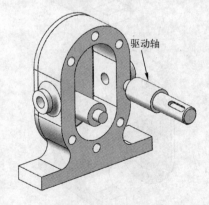

图 5-15　插入驱动轴

（7）单击装配体工具栏中的"配合 🖋"，弹出如图 5-16 所示的对话框，在"要配合的实体🖳"中选择图中所示的两个圆柱面，在"标准配合"中选择"同轴心◎"，然后单击"确定✔"添加同心配合 4。再在"要配合的实体🖳"中选择如图 5-17 所示的两个平面，在"标准配合"中选择"重合◥"，单击"确定✔"添加重合配合 3。

入"，插入 Toolbox。此时依次单击"Toolbox"→"GB"→"动力传动"→"齿轮"，打开如图 5-19 所示的齿轮库。移动鼠标到齿轮库的"正齿轮"上，单击右键，在右键菜单中选择"插入到装配体"，此时左侧弹出如图 5-20 所示的对话框，按照图中的参数对齿轮进行设置，然后单击"确定✔"插入齿轮。插入的齿轮如图 5-21 所示。

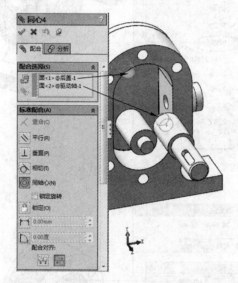

图 5-16 同心配合 4

图 5-18 插入 Toolbox

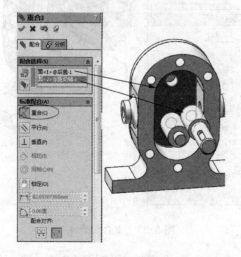

图 5-17 重合配合 3

（8）单击绘图区域右边的"设计库🗐"，展开如图 5-18 所示的界面，单击该界面最上方的"Toolbox"，然后单击下面的"现在插

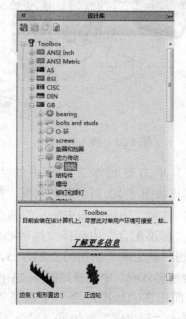

图 5-19 齿轮库

图 5-20　插入齿轮

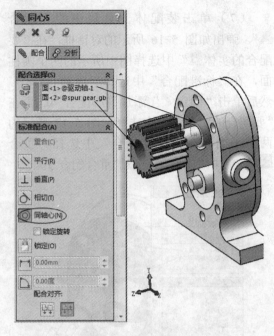

图 5-22　同心配合 5

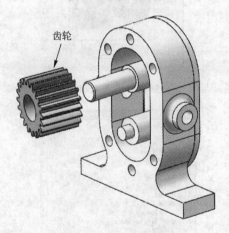

图 5-21　插入的齿轮

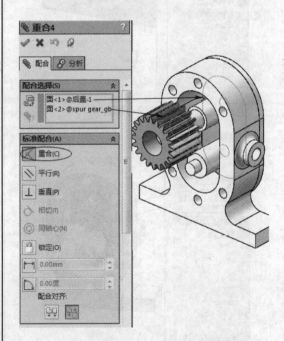

图 5-23　重合配合 4

（9）单击装配体工具栏中的"配合 ⬛"，弹出如图 5-22 所示的对话框，在"要配合的实体 ⬛"中选择图中所示的两个圆柱面，在"标准配合"中选择"同轴心 ◎"，然后单击"确定 ✔"添加同心配合 5。再在"要配合的实体 ⬛"中选择如图 5-23 所示的两个平面，在"标准配合"中选择"重合 ◩"，单击"确定 ✔"添加重合配合 4。

（10）选择齿轮，按住〈Ctrl〉键，然后拖动鼠标到合适的位置，松开鼠标键，然后再松开〈Ctrl〉键，复制一个齿轮出来，如图 5-24 所示。

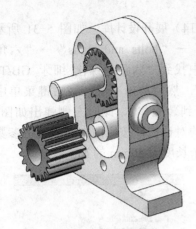

图 5-24　复制齿轮

（11）单击装配体工具栏中的"配合
⚙"，弹出如图 5-25 所示的对话框，在"要
配合的实体🖳"中选择图中所示的两个圆柱
面，在"标准配合"中选择"同轴心◎"，
然后单击"确定✔"添加同心配合 6。再在
"要配合的实体🖳"中选择如图 5-26 所示的
两个平面，在"标准配合"中选择"重合
📐"，单击"确定✔"添加重合配合 5。

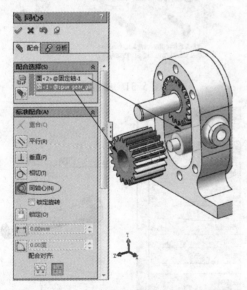

图 5-25　同心配合 6

（12）单击装配体工具栏中的"插入零
部件🖳"，插入零件"前盖"，并单击"旋转
零部件🔄"，调整前盖的姿态到合适位置，
如图 5-27 所示。

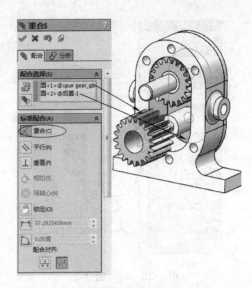

图 5-26　重合配合 5

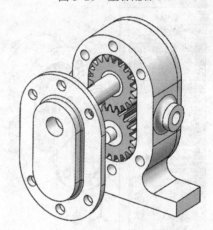

图 5-27　插入前盖

（13）单击装配体工具栏中的"配合
⚙"，弹出如图 5-28 所示的对话框，在"要
配合的实体🖳"中选择图中所示的两个圆
柱面，在"标准配合"中选择"同轴心
◎"，然后单击"确定✔"，添加同心配合
7。再在"要配合的实体🖳"中选择如图 5-29
所示的两个圆柱面，在"标准配合"中选
择"同轴心◎"，单击"确定✔"添加同心
配合 8。最后在"要配合的实体🖳"中选择
如图 5-30 中所示的两个平面，在"标准配
合"中选择"重合📐"，单击"确定✔"添
加重合配合 6。

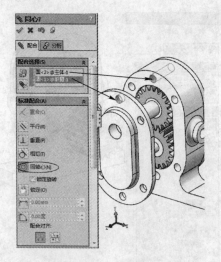

图 5-28 同心配合 7

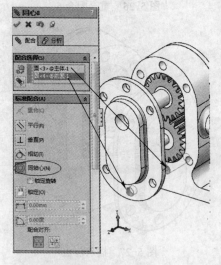

图 5-29 同心配合 8

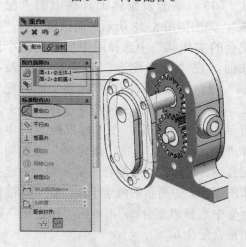

图 5-30 重合配合 6

（14）展开设计库，如图 5-31 所示，在"GB"→"bolts and studs"→"六角头螺栓"中找到"六角头螺栓 细牙 GB/T5785-2000"，然后单击右键，在右键菜单中单击"插入到装配体"，此时左侧弹出如图 5-32 所示的对话框，按照图中所设置的参数，插入一个长度为 50mm 的 M8 螺栓。

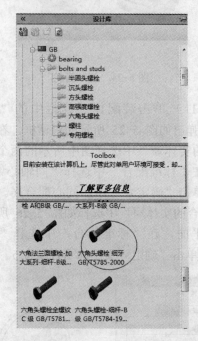

图 5-31 螺栓库

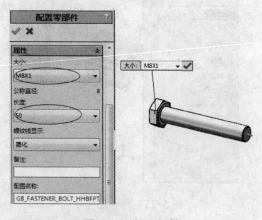

图 5-32 插入螺栓

（15）单击装配体工具栏中的"配合 ⬚"，弹出如图 5-33 所示的对话框，在"要配合的实体 ⬚"中选择图中所示的两个圆柱面，在"标准配合"中选择"同轴心 ◎"，然后单击"确定 ✔"添加同心配合 9，再在"要配合的实体 ⬚"中选择如图 5-34 中所示的两个平面，在"标准配合"中选择"重合 ⬚"，单击"确定 ✔"，添加重合配合 7。

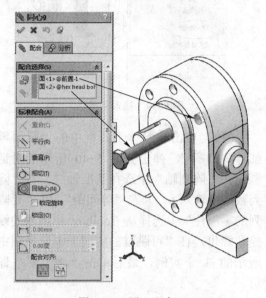

图 5-33　同心配合 9

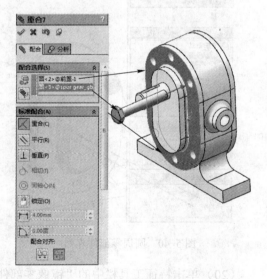

图 5-34　重合配合 7

（16）展开设计库，如图 5-35 所示，在"GB"→"螺母"→"六角螺母"中找到"1 型六角螺母 细牙 GB/T6171-2000"，然后单击右键，在右键菜单中选择"插入到装

配体"，此时左侧弹出如图 5-36 所示的对话框，按照图中所设置的参数，插入一个 M8 螺母。

图 5-35　螺母库

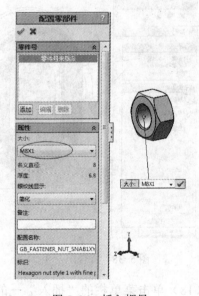

图 5-36　插入螺母

（17）单击装配体工具栏中的"配合 ⬚"，弹出如图 5-37 所示的对话框，在"要配合的实体 ⬚"中选择图中所示的两个圆柱

面，在"标准配合"中选择"同轴心 ◎"，单击"确定 ✓"，添加同心配合 10，再在"要配合的实体 ⬛"中选择如中图 5-38 所示的两个平面，在"标准配合"中选择"重合 ◪"，单击"确定 ✓"，添加重合配合 8。

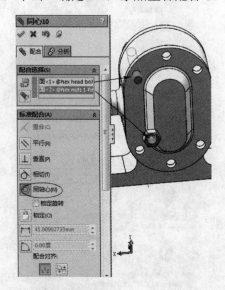

图 5-37　同心配合 10

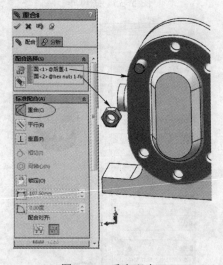

图 5-38　重合配合 8

（18）单击菜单栏的"插入"→的"基准轴 ＼"，弹出如图 5-39 所示的对话框，在"参考实体"中选择图中所示的圆柱面，然后单击"圆柱/圆锥面"，最后单击"确定 ✓"，插入基准轴。

图 5-39　插入基准轴

（19）单击装配体工具栏中的"圆周零部件阵列 ◈"，弹出如图 5-40 所示的对话框，在"阵列轴"中选择基准轴 1，在"阵列数"中输入 6，勾选"等间距"，在"要阵列的零部件"中选择从 Toolbox 中插入的螺栓和螺母，在"可跳过的实例"中选择图中所示的 3 个实例，最后单击"确定 ✓"即可。

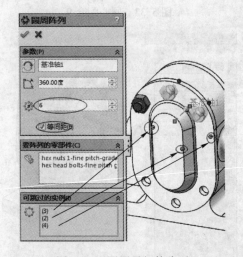

图 5-40　圆周零部件阵列

（20）单击特征工具栏中的"镜像零部件 ⬚"，弹出如图 5-41 所示的对话框，在"镜像基准面"中选择零件"主体"的上视基准面，在"要镜像的零部件"中选择上一步骤的圆周阵列零部件，最后单击"确定 ✓"即可。此时齿轮泵已经装配完成，如图 5-42 所示。

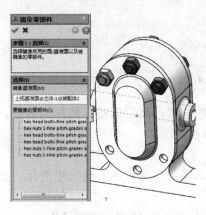

图 5-41　镜像零部件

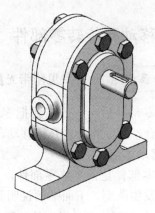

图 5-42　齿轮

5.1.1　插入零部件

 动画演示——参见附带光盘中的 **AVI/ch5/5.1.1.avi**

　　装配体是由若干个零部件组成的，因此，新建一个装配体文件后的第一个步骤就是插入零部件。插入零部件的操作步骤如下。

- 单击装配体工具栏中的"插入零部件 "，此时左侧弹出如图 5-43 所示的对话框。
- 单击"浏览"按钮，弹出如图 5-44 所示的浏览文件的对话框，在该对话框中找到要插入的零部件，然后单击"打开"，即可插入零件到装配体中。

图 5-43　插入零部件对话框

图 5-44　打开文件

　　上述的操作步骤是最为常用的插入零部件的方法，另外还有其他的操作方法，例如，可以直接拖动零件文件到装配体文件的窗口中。在 Toolbox 中拖动零部件到绘图区域然后释放，也可以插入零部件。

5.1.2 移动和旋转零部件

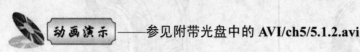

动画演示——参见附带光盘中的 AVI/ch5/5.1.2.avi

插入零部件后，一般需要把零部件移动到合适的位置，然后调整零部件的姿态，以方便添加配合。下面将分别介绍移动、旋转零部件的操作方法。

1．移动零部件

移动零部件是指平移零部件，在平移的过程中，零部件的姿态不会发生变化，而是它的位置会发生改变。下面举例说明其操作步骤。

● 单击装配体工具栏中的"移动零部件 🔁"，弹出如图 5-45 所示的对话框。

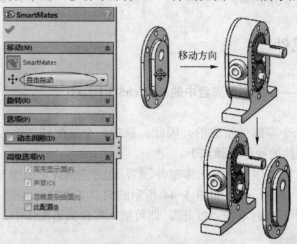

图 5-45 移动零部件

● 单击"移动 ✛"，在下拉菜单中选择"自由拖动"。
● 移动鼠标到前盖上，然后以图中所示的方向拖动前盖，使之平移到合适的位置。
● 最后单击"确定 ✓"完成移动。

移动零部件时，单击"移动 ✛"，在下拉菜单中列出了以下 5 种移动零部件的方式。

● 自由移动：可以往任意的方向平移零部件。
● 沿装配体 XYZ：只能往 X、Y、Z 三个坐标轴的方向平移零部件。
● 沿实体：选择一个实体，然后沿着实体所定义的方向平移零部件。如果选择的是直线，则可以沿着该直线的方向移动；如果选择的是平面，则只能在该平面上移动零部件。
● 由 Delta XYZ：分别输入在 X、Y、Z 方向上移动的位移值。
● 到 XYZ 位置：分别输入一个点的坐标，则零部件移动到该点上。

2．旋转零部件

旋转零部件是使零部件绕着某一轴旋转，而它的中心点位置不发生平移。下面举例说明其操作步骤。

● 单击装配体工具栏中的"旋转零部件 🔄"，弹出如图 5-46 所示的对话框。
● 单击"旋转 🔄"，在下拉菜单中选择"自由旋转"。
● 把鼠标移动到驱动轴上，旋转驱动轴，使其旋转到合适的姿态。

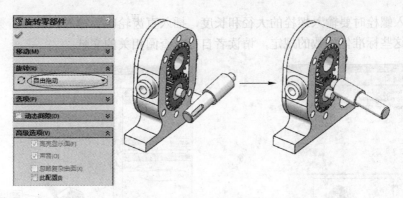

图 5-46　旋转零部件

● 最后单击"确定✔"完成旋转。

与移动零部件类似，单击"旋转↻"，在下拉菜单中列出了以下 3 种不同的旋转方式。

● 自由旋转：可以使零部件围绕任意的轴旋转。

● 对于实体：选择一条直线作为零部件旋转的轴。

● 由 Delta XYZ：分别输入零部件在 X、Y、Z 三个方向上旋转的角度。

3．三重轴

移动和旋转零部件时，除了使用移动和旋转工具外，还可以使用三重轴。三重轴集合了零部件在 X、Y、Z 方向的移动和旋转。选择零部件，单击右键，在右键菜单中单击"三重轴"，则会弹出如图 5-47 所示的三重轴。三重轴中有三个相互垂直的圆和三个相互垂直的箭头。鼠标拖动圆时，会使零部件绕着圆的中心轴旋转，拖动箭头时，会使零部件沿着箭头的方向移动。

5.1.3　使用 Toolbox

图 5-47　三重轴

 **动画演示**——参见附带光盘中的 **AVI/ch5/5.1.3.avi**

Toolbox 是 SolidWorks 的标准零件库，它包含了很多种国家标准的标准件，例如齿轮、螺栓、螺母等。装配体中如果包含有标准的零件，则可以直接从 Toolbox 插入，而不必手动建立这些标准件的模型。Toolbox 的工作原理是：用户输入标准件的参数，然后 SolidWorks 根据输入的参数自动生成零件。由于 Toolbox 是 SolidWorks 中的一个插件，一般情况下启动 SolidWorks 后不会自动启动 Toolbox，因此使用 Toolbox 之前必须先加载该插件：如图 5-48 所示，先在设计库中单击"Toolbox"，然后单击"现在插入"，即可插入 Toolbox。下面以一个例子说明插入 Toolbox 零件的方法。

● 在 Toolbox 的"GB"→"bolts and studs"→"六角头螺栓"中找到"六角头螺栓细牙 GB/T 5785-2000"，然后单击右键，在右键菜单中选择"插入到装配体"，此时左侧弹出如图 5-49 所示的对话框。

● 在"大小"中选择"M8×1"，在"长度"中选择"50"。

● 单击"确定✔"插入螺栓。

插入 Toolbox 中不同的零件时，要输入的参数也不同，但是这些参数都是标准化的参数。例如插入螺栓时要输入螺栓的大径和长度，插入直齿轮时要输入模数、齿数、面宽和内径等。关于这些标准化参数的规定，请读者自行去查阅相关的文献。

图 5-48　插入 Toolbox

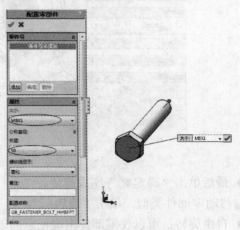

图 5-49　插入螺栓

5.1.4　配合

配合是定义零部件之间的相对位置，配合的过程同时也是定义零部件之间相对位置的过程。装配体中的零部件是通过配合来组合在一起。两个零部件之间可以添加多个配合，但是和草图的约束类似，如果两个零部件的配合过多而导致冲突，也会出现"过定义"的状态。

SolidWorks 配合有三大类：标准配合、高级配合和机械配合，如表 5-1 所示。

表 5-1　配合的类型

	图　标	配　合	说　明
标准配合	⟋	重合	使点、线、面之间的重合
	⟍	平行	使线、面之间保持平行的关系
	⊥	垂直	使线、面之间保持相互垂直关系
	⟋	相切	使两个面保持相切关系
	◎	同轴心	圆、圆弧、轴的轴心重合
	🔒	锁定	使零部件保持其相对位置
	⊢⊣	距离	点、线、面等保持一定的距离
	∠	角度	点、线、面等相互成指定的角度
高级配合	▣	对称	使两个相同的实体相对于基准面或平面对称
	⫴	宽度	将选择的薄片的中心和宽度的中心重合
	∿	路径配合	通过选择零部件上的点约束到选择的路径
	⤢	线性/线性耦合	在两个零部件的平移建立几何关系
	⊢⊣	距离限制	定义两个实体的距离范围
	⟆	角度限制	定义两个实体的角度范围

（续）

图 标	配 合	说 明
	凸轮	将圆柱、基准面或点与曲面相切，从而使两个零件的运动具有凸轮的运动特点
	槽口	使零部件的运动限制在槽里面
	铰链	强迫两零件生成铰链结构
	齿轮	使两个零件按一定的速比旋转，从而具有齿轮的传动效果
	齿条小齿轮	使两个零件的运动具有齿轮齿条的运动特点
	螺旋	使一个零件旋转运动的同时，另外一个零件做直线运动
	万向节	使两个零件的运动具有万向节的特点

机械配合（左侧合并单元格）

1．标准配合

动画演示——参见附带光盘中的 AVI/ch5/5.1.4.1.avi

标准配合中包含了最基本的配合，例如同心、重合、平行、距离、角度、相切、锁定等配合。

（1）重合配合

重合配合是使两个零件的面或者边线重合。下面以一个例子来说明其操作步骤。

● 单击装配体工具栏中的"配合"，弹出如图 5-50 所示的对话框。

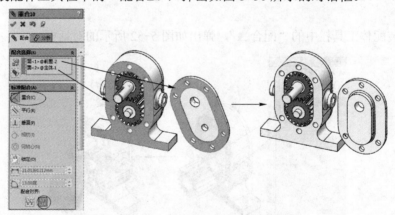

图 5-50　重合配合

● 在"要配合的实体"中选择前盖和主体的端面。
● 在"标准配合"单击"重合"。
● 单击"配合对齐"中的"反向对齐"。
● 单击"确定"完成配合。

添加重合配合时，首先要选择要配合的实体，然后单击"重合"，在必要的情况下还需要设置配合对齐。配合对齐包括同向对齐和反向对齐，同向对齐是零部件的实体都在重合面的同一侧，而反向对齐是零部件的实体分别在重合面的两侧。

（2）平行配合

平行配合是使两个零部件的平面或者直线之间保持平行的关系。现在以实例说明其操作步骤：

● 单击装配体工具栏中的"配合 ⚙"，弹出如图 5-51 所示的对话框。

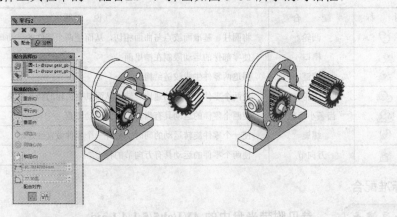

图 5-51　平行配合

● 在"要配合的实体"中选择两个齿轮的端面。
● 在"标准配合"中单击"平行 ⚙"。
● 单击"确定 ✔"完成配合。

（3）垂直配合

垂直配合是使所选的两个零部件的实体之间保持垂直的关系。下面以一个例子说明其操作步骤：

● 单击装配体工具栏中的"配合 ⚙"，弹出如图 5-52 所示的对话框。

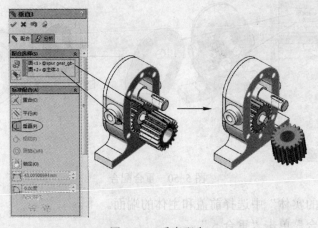

图 5-52　垂直配合

● 在"要配合的实体"中选择主体和齿轮的端面。
● 在"标准配合"单击"垂直 ⊥"。
● 单击"确定 ✔"完成配合。

（4）相切配合

相切配合是使两个零部件的实体保持相切的关系，它既可以是曲面之间保持相切关系，也可以是曲面和平面之间保持相切关系。下面以一个例子来说明添加相切配合的操作步骤：

● 单击装配体工具栏中的"配合 ⚙"，弹出如图 5-53 所示的对话框。

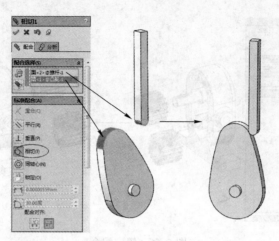

图 5-53　相切配合

- 在"要配合的实体"中选择图中所示的凸轮和推杆的面。
- 在"标准配合"中单击"相切 ⬭"。
- 单击"确定 ✔"完成配合。

（5）同心配合

同心配合是使两个零部件的中心轴线重合。下面举例说明其操作步骤：

- 单击装配体工具栏中的"配合 ⬛"，弹出如图 5-54 所示的对话框。

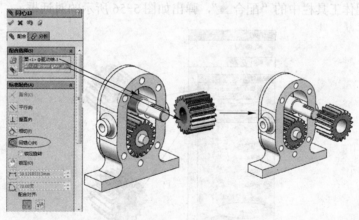

图 5-54　同心配合

- 在"要配合的实体"中选择驱动轴的和齿轮的圆柱面。
- 在"标准配合"中单击"同轴心 ◎"。
- 单击"确定 ✔"完成配合。

在添加同心配合后，两个零件之间还可以有旋转运动，如果要约束旋转运动，可以勾选"锁定旋转"，此时两个零件就只能有轴向的相对运动。

（6）锁定配合

锁定配合是使两个零部件之间的相对位置固定，但是这种固定是相对的，在没有添加其他约束的情况下，它们还可以相对其他的零部件运动。下面举例说明其操作步骤。

- 单击装配体工具栏中的"配合 ⬛"，弹出如图 5-55 所示的对话框。

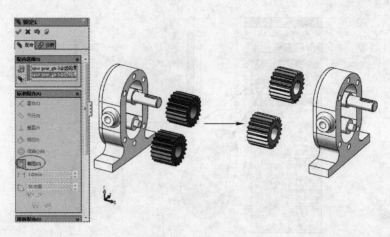

图 5-55　锁定配合

- 在"要配合的实体"中选择图中的两个齿轮。
- 在"标准配合"单击"锁定🔒"。
- 单击"确定✔"完成配合。

（7）距离配合

距离配合是使两个零部件的实体保持固定的距离。和平行配合不同的是，距离配合不但使两个实体保持平行的关系，而且使它们之间的距离固定。下面举例说明其操作步骤。

- 单击装配体工具栏中的"配合🔗"，弹出如图 5-56 所示的对话框。

图 5-56　距离配合

- 在"要配合的实体"中选择图中所示的两个齿轮的圆柱面。
- 在"标准配合"中单击"距离🔲"，并输入距离值 90。
- 单击"确定✔"完成配合。

（8）角度配合

角度配合是使两个零部件的实体保持一定的角度。下面举例说明其操作步骤。

- 单击装配体工具栏中的"配合🔗"，弹出如图 5-57 所示的对话框。

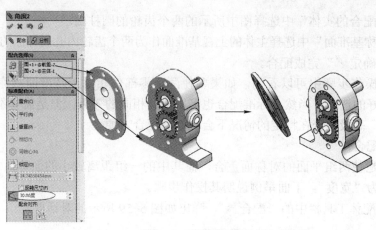

图 5-57 角度配合

- 在"要配合的实体"中选择图中所示的前盖和主体的两个平面。
- 在"标准配合"单击"角度□",并输入角度值 30°。
- 单击"确定✔"完成配合。

2. 高级配合

 动画演示——参见附带光盘中的 **AVI/ch5/5.1.4.2.avi**

高级配合包括对称、宽度、线性/线性耦合等配合。虽然高级配合并不常用,但是在特定的情况下,它可以带来比标准配合更加方便的配合方式。

(1)对称配合

对称配合是使两个零部件所选的实体相对于基准面或者平面对称。要添加对称配合时,必须要选取一个面作为对称面。下面举例说明对称配合的操作步骤。

- 单击装配体工具栏中的"配合◎",弹出如图 5-58 所示的对话框。

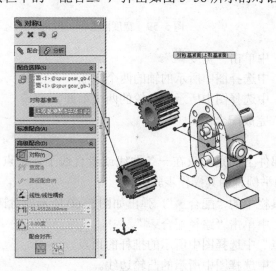

图 5-58 对称配合

- 在"高级配合"中单击"对称□"。

● 在"要配合的实体"中选择图中所示的两个齿轮的圆柱面。
● 在"对称基准面"中选择主体的上视基准面作为两个齿轮内孔圆柱面的对称配合面。
● 单击"确定✅"完成配合。

从上面的操作步骤中可以看到，如果要使两个零部件相对于基准面对称时，使用对称配合无疑是最好的选择，当然，标准配合也可以达到相同的效果，但是需要添加多个标准配合才行，因此，高级配合在特定的情况下会比标准配合方便。

（2）宽度配合

宽度配合是使两组平面的对称面重合，而其中的一组距离较小的面称为"薄片"，另外的一组面称之为"宽度"。下面举例说明其操作步骤。

● 单击装配体工具栏中的"配合📎"，弹出如图 5-59 所示的对话框。

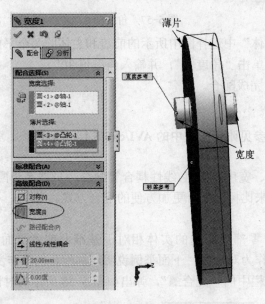

图 5-59　宽度配合

● 在"高级配合"中单击"宽度💾"。
● 在"宽度选择"中选择图中所示的轴的两个端面。
● 在"薄片选择"中选择图中所示的凸轮的两个端面。
● 单击"确定✅"完成配合。

（3）路径配合

路径配合是把零部件上的点约束在一条曲线或者直线上，该点只能以这条曲线或者直线作为运动路径。下面举例说明其操作步骤。

● 单击装配体工具栏中的"配合📎"，弹出如图 5-60 所示的对话框。
● 在"高级配合"中单击"路径配合〰"。
● 在"零部件顶点"中选择图中所示的推杆的顶点。
● 在"路径选择"中选择图中所示的凸轮边线。
● 单击"确定✅"完成配合。

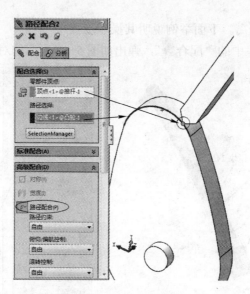

图 5-60　路径配合

在路径配合中，还可以对路径约束进行设置。主要设置以下几个参数。

● 路径约束：把零部件的顶点约束在路径的某个位置，有"自由""沿路径的距离"和"沿路径的百分比"三种约束方式。"自由"是允许的顶点在路径的任何位置；"沿路径的距离"是使顶点位于指定距离的位置；"沿路径的百分比"是将顶点约束在用户指定的沿路径百分比的距离处。

● "俯仰/偏航控制"是设置零部件的姿态，有"自由"和"随路径变化"两种方式。"自由"是允许零部件绕着顶点自由旋转；"随路径变化"是使零部件的姿态保持和路径对齐。

● "滚转控制"是控制零部件的滚转，有"自由"和"上向量"两种。"自由"是允许零部件的滚转而不受约束；"上向量"是约束零部件的一个轴以与选取的向量对齐。

（4）线性/线性耦合配合

线性/线性耦合配合是使两个零部件以一定的关系进行线性平移，也就是说，两个添加了线性/线性耦合配合的零件可以以固定的速比进行线性移动。下面以一个例子说明其操作步骤：

● 单击装配体工具栏中的"配合"，弹出如图 5-61 所示的对话框。

● 在"高级配合"中单击"线性/线性耦合"。

● 在第一个"要配合的实体"中选择图中所示的滑块 1 的面，在"配合实体 1 的参考零部件"中选择导轨。

● 在第二个"要配合的实体"中选择图中所示的滑块 2 的面，在"配合实体 2 的参考零部件"中选择导轨。

● 在"比率"中输入 2:1。

● 单击"确定"完成配合。

完成配合后，移动滑块 1，则滑块 2 也会随之运动，而它们移动的速度比例正好是 2:1。

（5）距离限制配合

距离限制配合是使两个零部件之间的距离限制在指定的范围。添加该配合时，必须分别指定最大距离和最小距离。下面举例说明其操作步骤：

- 单击装配体工具栏中的"配合 🔧"，弹出如图 5-62 所示的对话框。

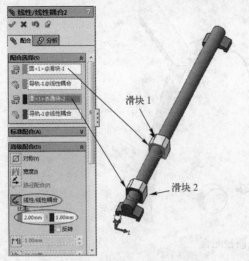

滑块 1

滑块 2

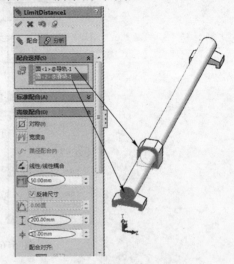

图 5-61　线性/线性耦合　　　　　　　　　　图 5-62　距离限制配合

- 在"高级配合"中单击"距离限制 🖳"。
- 在"要配合的实体 🔲"中选择图中所示两个面。
- 在"距离"中输入 50，在"最大值 ⊥"中输入 200，在"最小值 ⊤"中输入 10。
- 单击"确定 ✔"完成配合。

添加距离限制配合后，两个零部件之间的原始距离为 50，而它们之间的相互运动只能限制在 10～200mm 之间。

（6）角度限制配合

和距离限制类似，角度限制也是使两个零件的实体限制在一定的范围内。下面举例说明其操作步骤。

- 单击装配体工具栏中的"配合 🔧"，弹出如图 5-63 所示的对话框。

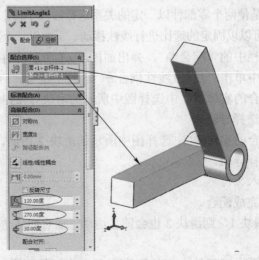

图 5-63　角度限制

- 在"高级配合"中单击"角度限制△"。
- 在"要配合的实体🔲"中选择图中所示两个面。
- 在"角度"中输入 120°，在"最大值工"中输入 270°，在"最小值╤"中输入 30°。
- 单击"确定✅"完成配合。

3. 机械配合

 动画演示——参见附带光盘中的 **AVI/ch5/5.1.4.3.avi**

机械配合是为两个零部件添加特殊的配合，使其运动具有常见的机械结构的运动特点，例如齿轮传动、凸轮运动等特点。机械配合包括凸轮、槽口、齿轮、齿轮齿条、铰链、螺旋、万向节等配合。

（1）凸轮配合

凸轮是机械结构中常用的机构之一，凸轮配合实际上是为两个零部件的实体添加相切配合。下面举例说明其操作步骤。

- 单击装配体工具栏中的"配合🖊"，弹出如图 5-64 所示的对话框。
- 在"机械配合"中单击"凸轮⬭"。
- 在"要配合的实体🔲"中选择凸轮的 4 个外轮廓面。
- 在"凸轮推杆"中选择推杆的圆柱面。
- 单击"确定✅"完成配合。

完成凸轮配合后，绕着凸轮的旋转轴转动凸轮，则推杆也会做直线运动，在这个过程中，推杆和凸轮的配合面始终保持相切。

这里需要注意的是，由于凸轮的轮廓线一定是闭合的曲线，因此在"要配合的实体"中选择的几个面必须是闭合的，否则不能作为凸轮的轮廓面。

（2）槽口配合

槽口配合是使零部件的圆柱面约束与槽口中。使用该配合的时候，可以使螺栓、轴或者圆柱面和槽口配合。下面举例说明其操作步骤。

- 单击装配体工具栏中的"配合🖊"，弹出如图 5-65 所示的对话框。

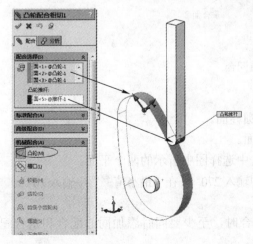

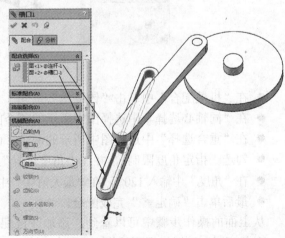

图 5-64　凸轮配合　　　　　　　　　　图 5-65　槽口配合

- 在"机械配合"中单击"槽口 ⊘"。
- 在"要配合的实体 ⧉"中选择图中所示的两个面。
- 单击"约束",在下拉菜单中选择"自由"。
- 单击"确定 ✔"完成配合。

完成槽口配合后,连杆和槽口配合的圆柱面只能够在槽口中运动。添加槽口配合时,还可以设置槽口的约束条件,单击"约束",在下拉菜单中列出以下几种约束条件。

- 自由:允许零部件在槽中自由移动。
- 在槽口中心:零部件被限制在槽口的中心位置。
- 沿槽口的距离:将零部件轴限制在距槽末端指定距离的位置。
- 沿槽口的百分比:将零部件轴约束在按槽长度百分比指定的距离处。

(3)铰链配合

铰链配合是将两个零部件之间的旋转运动限制在一定的角度范围内。它实际上相当于同时添加同心配合、重合配合和角度限制配合。下面举例说明其操作步骤。

- 单击装配体工具栏中的"配合 ⬡",弹出如图 5-66 所示的对话框。

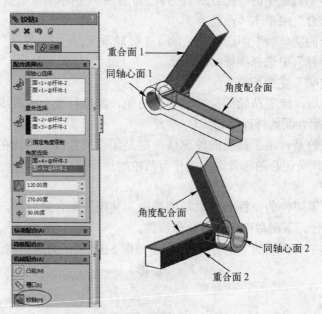

图 5-66　铰链配合

- 在"机械配合"中单击"铰链 ⬡"。
- 在"同轴心选择"中选择图中所示的两个圆柱面。
- 在"重合选择"中选择图中所示的两个平面。
- 勾选"指定角度限制",并在"角度选择"中选择图中所示的两个平面。
- 在"角度"中输入 120°,在"最大值 ⊺"中输入 270°,在"最小值 ⊻"中输入 20°。
- 最后单击"确定 ✔"完成配合。

从上面的操作步骤中可以看到,添加铰链配合时,至少要同时添加同心配合和重合配合,而角度限制可以根据需要指定即可。

（4）齿轮配合

齿轮配合是强迫两个零部件以一定的角速度比率，围绕着各自的旋转轴旋转。添加了齿轮配合的两个零部件的运动特点和齿轮的传动特点相同。下面以实例来说明齿轮配合的操作步骤。

● 单击装配体工具栏中的"配合 📎"，弹出如图 5-67 所示的对话框。

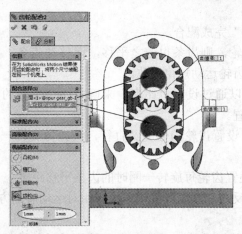

图 5-67　齿轮配合

● 在"机械配合"中单击"齿轮 ⚙"。
● 在"要配合的实体 🔲"中选择图中所示的两个齿轮内孔的圆柱面。
● 在"比率"中输入 1:1。
● 最后单击"确定 ✔"完成配合。

这里需要注意的是，进行齿轮配合时，选择配合的实体只是两个齿轮旋转轴，而旋转轴一般是没有齿轮传动比的信息的，因此还需要在"比率"中指定两个齿轮的传动比。

（5）齿条小齿轮配合

齿条小齿轮配合和齿轮类似，也是模拟齿轮传动的一种机械配合。下面举例说明其操作步骤。

● 单击装配体工具栏中的"配合 📎"，弹出如图 5-68 所示的对话框。

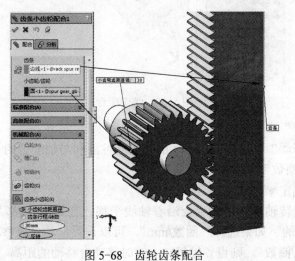

图 5-68　齿轮齿条配合

- 在"机械配合"中单击"齿条小齿轮 🔁"。
- 在"齿条"中选择图中所示的齿条的边线。
- 在"小齿轮/齿轮"中选择图中所示的齿轮的面。
- 选择"小齿轮齿距直径",并输入齿轮的分度圆直径 30。
- 勾选"反向"。
- 最后单击"确定 ✔"完成配合。

完成配合后,旋转齿轮,则齿条也随之平移,而移动齿条,则齿轮会随之旋转。这样的运动规律和实际的齿条齿轮运动规律一致。

进行齿轮配合时,可以通过设置"比率"来确定两个齿轮的角速度比率,而在齿条小齿轮配合中也有类似的设置。

- 小齿轮齿距直径:设置齿轮的分度圆直径,齿轮每旋转一圈,齿轮平移的距离为分度圆的圆周长。
- 齿条行程/转数:设置齿轮每旋转一圈时的齿条平移距离。

此外,还可以通过"反向"来设置齿轮和齿条相对运动时的方向。

(6)螺旋配合

螺旋配合是模拟丝杆的运动特征,即一个零件绕着轴线旋转时,与之配合的零件沿着轴线的方向进行平移。下面举例说明其操作。

- 单击装配体工具栏的"配合 🔗",弹出如图 5-69 所示的对话框。

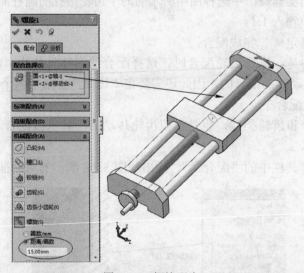

图 5-69　螺旋配合

- 在"机械配合"中单击"螺旋 🔁"。
- 在"配合选择 🔁"中选择图中所示的轴的圆柱面和与轴配合的移动台的面。
- 选择"距离/圈数",并输入 15。
- 最后单击"确定 ✔"完成配合。

完成配合后,旋转轴,则移动台会沿着轴线平移。在这里,移动台移动的速度和轴的旋转速度比率是恒定的。如果选择"圈数/mm",可以设置移动台每移动 1mm 时轴转过的圈数;如果选择"距离/圈数",则设置轴每转一圈时移动台移动的距离。

（7）万向节配合

万向节配合是模拟万向节传动的特点，即两个零件绕着各自的轴做角速度比率为 1:1 的旋转运动。下面举例说明其操作步骤。

● 单击装配体工具栏中的"配合 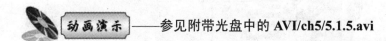"，弹出如图 5-70 所示的对话框。

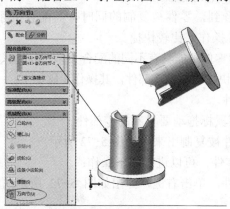

图 5-70　万向节配合

● 在"机械配合"中单击"万向节 "。
● 在"配合选择 "中选择图中所示的两个万向节的面。
● 最后单击"确定 "完成配合。

5.1.5　零部件的复制和删除

动画演示——参见附带光盘中的 **AVI/ch5/5.1.5.avi**

一个装配体中通常会有若干个相同的零件，甚至这些相同的零件还具有相同的配合，那么在插入一个零部件并完成配合后，就可以直接在装配体中复制该零部件及其配合关系，而不必重复插入零部件和配合的步骤。SolidWorks 提供了"随配合复制"的功能来完成该操作，下面介绍其操作步骤。

● 单击装配体工具栏中的"随配合复制 "，弹出如图 5-71 所示的对话框。

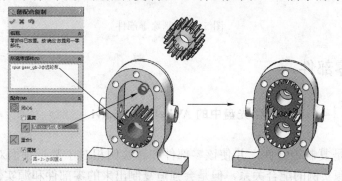

图 5-71　随配合复制

● 在"所选零部件"中选择图中所示的齿轮。

● "配合"中列出被复制的齿轮所具有的配合关系，在"同心 6"下面的"要配合到的新实体"中选择图中所示的面。

● 勾选"重合 5"下面的"重复"。

● 最后单击"确定✔"完成配合。

从上面的操作中可以看到，零件被复制的同时，其配合关系也被复制，这样的操作省掉了插入零件、添加配合等操作，比较快捷。

当然，有的时候相同的零件可能具有不同的配合关系，我们只需要快速地复制一个零部件到装配体中，此时可以利用快捷键复制零部件，其操作步骤如下：

● 选择要复制的零部件。

● 按住〈Ctrl〉键，用鼠标拖动要复制的零部件。

● 松开鼠标，则零部件被复制出来，如图 5-72 所示。

如果要删除装配体的零件，可以进行如下操作：

● 选择要删除的零部件，单击右键，弹出如图 5-73 所示的菜单。

● 单击"删除"，即可删除零部件。

图 5-72　复制零部件

● 或者选择要删除的零部件，按〈Delete〉键，也可以删除零部件。

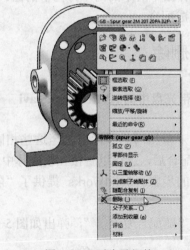

图 5-73　删除零部件

5.1.6　镜像零部件

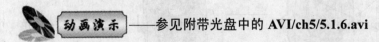

动画演示 ——参见附带光盘中的 AVI/ch5/5.1.6.avi

镜像零部件是复制零部件，并使该零部件和源实例相对于某一平面对称放置。镜像零部件并不会复制源实例的配合关系，但是会强迫复制出来的零部件和源实例相对于一个平面保持对称的关系。下面举例说明其操作步骤。

● 单击装配体工具栏中的"镜像零部件"，弹出如图 5-74 所示的对话框。

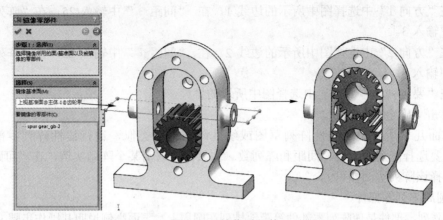

图 5-74　镜像零部件

- 在"镜像基准面"中选择图中所示的基准面。
- 在"要镜像的零部件"中选择齿轮。
- 单击"确定✔"完成镜像零部件。

5.1.7　阵列零部件

动画演示——参见附带光盘中的 **AVI/ch5/5.1.7.avi**

阵列零部件包括线性阵列零部件和圆周阵列零部件，也是一种复制零部件的方法。

1．线性阵列零部件

线性阵列零部件是使若干个相同的零部件沿着直线等距排列。下面举例说明其操作方法。

- 单击装配体工具栏中的"线性阵列零部件🔳"，弹出如图 5-75 所示的对话框。

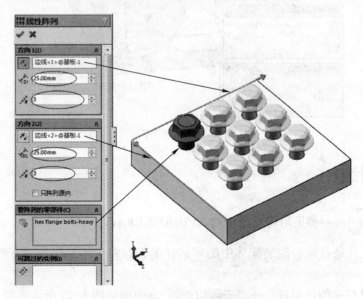

图 5-75　线性阵列零部件

- 在"方向 1"中选择图中所示的边线 1。在 "间距 ↙᷎"中输入 25，在"阵列数 ᨐ#"中输入 3。
- 在"方向 2"中选择图中所示的边线 2。在 "间距 ↙᷎"中输入 25，在"阵列数 ᨐ#"中输入 3。
- 在"要阵列的零部件"中选择图中所示的螺栓。
- 单击"确定 ✔"完成。

和前面几章所介绍的线性阵列草图或线性阵列特征类似，进行线性阵列零部件操作时，必须要选择阵列的方向、间距和阵列数。如果需要取消某个阵列实例，在"可跳过的实例"中选择该阵列实例即可。

2．圆周阵列零部件

圆周阵列零部件是使阵列零部件等距地排列在圆周上。下面举例说明其操作步骤。

- 单击装配体工具栏中的"圆周阵列零部件 ᨐ"，弹出如图 5-76 所示的对话框。
- 在"旋转轴"中选择图中所示的基准轴 1。
- 在"阵列数 ᨐ"中输入 6，并勾选"等间距"。
- 在"要阵列的零部件"中选择图中所示的螺栓。
- 在"可跳过的实例'中选择图中所示的三个实例。
- 单击"确定 ✔"，完成圆周阵列零部件。

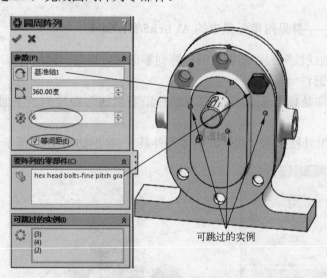

图 5-76　圆周阵列零部件

5.1.8　干涉检查

 **动画演示**——参见附带光盘中的 **AVI/ch5/5.1.8.avi**

干涉检查工具是自动检测装配体中的零部件是否存在干涉的情况。下面举例说明干涉检查的操作步骤。

- 单击菜单栏中的"工具"→"干涉检查 ᨐ"，弹出如图 5-77 所示的对话框。

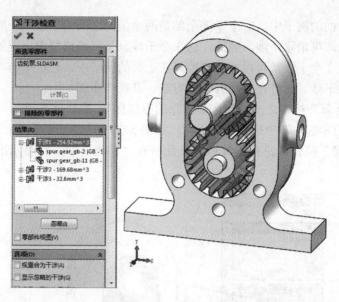

图 5-77　干涉检查

- 在"所选零部件"中自动选择了整个装配体，单击"计算"按钮，进行干涉检查。
- 经过 SolidWorks 的自动检测后，在"结果"中列出出现干涉的零部件。
- 单击"结果"中的"干涉 1"，则在装配体中会自动把干涉的两个零部件显示为透明，而它们干涉的部分显示为红色。
- 保持干涉 1 为选中状态，单击"忽略"按钮，则可以忽略掉干涉 1，此时在"结果"中不会出现干涉 1，如图 5-78 所示。

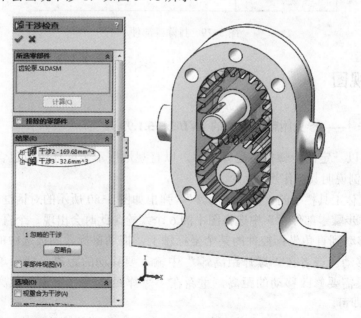

图 5-78　忽略干涉

- 查看完零部件的干涉后，单击"确定 ✔"关闭干涉检查工具。

实际上，在上面的例子中，3 个干涉全部是两个齿轮之间的干涉，一般情况下，通过旋转其中的一个齿轮即可消除干涉。因此，这 3 个干涉只是三维模型中出现的干涉，实际情况中并不会出现，这 3 个干涉都可以被忽略掉。在上面的例子中，通过单击"忽略"按钮可以忽略掉齿轮之间的干涉。此外还有另外一种方法，其操作步骤如下：

- 在单击"计算"按钮之前，勾选"排除的零部件"，激活该选项。
- 在"排除的零部件"中选择两个齿轮，如图 5-79 所示。
- 单击"计算"按钮，进行干涉检查，此时在"结果"中不在显示出两个齿轮的所有干涉情况。

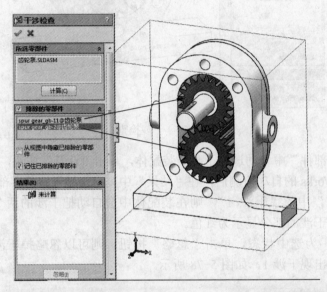

图 5-79　排除零部件

5.1.9　爆炸视图

　——参见附带光盘中的 **AVI/ch5/5.1.9.avi**

爆炸视图是以一定的步骤把装配体拆解，以直观地展示装配体中所包含的零件及其相对位置。下面举例说明其操作步骤。

- 单击装配体工具栏中的"爆炸视图 "，弹出如图 5-80 所示的对话框。
- 在"爆炸步骤零部件 "中选择图中的 6 个螺栓，此时会出现一个直角坐标控件。
- 把鼠标移动到直角坐标控件的某个坐标轴上，拖动鼠标，则被选中的所有零件会向该方向移动。或者在"爆炸距离 "中输入要移动的距离，然后单击"应用"即可。如果需要修改移动的距离，重新在"爆炸距离 "中输入距离值后，再单击"应用"即可。
- 移动完第一批零件后，单击"完成"，再选择第二批要移动的零件，重复上述步骤，就可以对第二批零件进行爆炸操作。

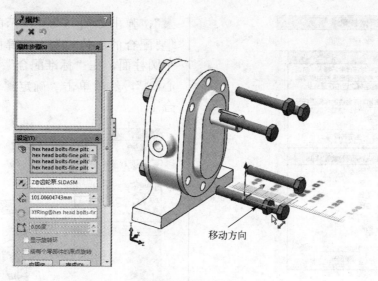

图 5-80　爆炸视图

5.1.10　思路小结——装配体设计的流程

通过本节中对装配体设计的知识点的介绍，我们可以总结出如下的装配设计的操作流程：

- 插入要装配的零部件。
- 移动零部件到合适的位置，并调整它到姿态，以便于装配。
- 为零部件添加配合，约束其自由度。
- 如果装配体中含有镜像或者阵列零部件，进行镜像或者阵列操作。
- 所有的零部件都配合好后，进行干涉检查。
- 对装配体进行爆炸视图操作。

5.2　要点·应用——内燃机的装配

本节给出一个较为简单的例子，使读者能够更好地掌握装配设计的知识点。

本实例以图 5-81 所示的内燃机的模型为例，介绍如何建立起内燃机模型的装配体。

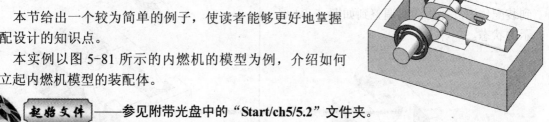

图 5-81　内燃机模型

 ——参见附带光盘中的 "Start/ch5/5.2" 文件夹。

 ——参见附带光盘中的 "End/ch5/5.2" 文件夹。

 ——参见附带光盘中的 AVI/ch5/5.2.avi

（1）单击菜单栏中的"新建"，新建一个装配体零件，左侧出现如图 5-82 所示的对话框，单击该对话框中的"浏览"按钮，插入底座到装配体中，如图 5-83 所示。

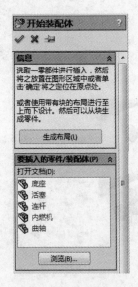

图 5-82　插入零部件

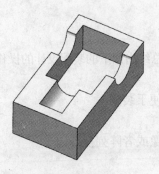

图 5-83　底座

（2）单击装配体工具栏中的"插入零部件"，从随书光盘中插入零件"活塞"到装配体中，并将活塞调整到如图 5-84 所示的状态。

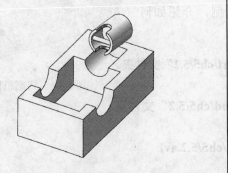

图 5-84　插入活塞

（3）单击装配体工具栏中的"配合

"，弹出如图 5-85 所示的对话框，在"要配合的实体"中选择图中所示的两个圆柱面，在"标准配合"中选择"同轴心"，然后单击"确定"添加同心配合 1。

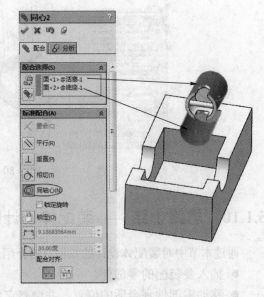

图 5-85　同心配合 1

（4）单击装配体工具栏中的"插入零部件"，从随书光盘中插入零件"连杆"到装配体中，并将连杆调整到合适姿态，如图 5-86 所示。

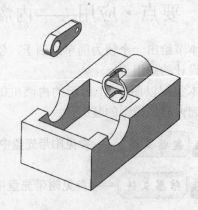

图 5-86　插入连杆

（5）单击装配体工具栏中的"配合"，弹出如图 5-87 所示的对话框，在"要配合的实体"中选择图中所示的两个圆柱面，在"标准配合"中选择"同轴心◎"，然后单击"确定✔"，添加同心配合 2。

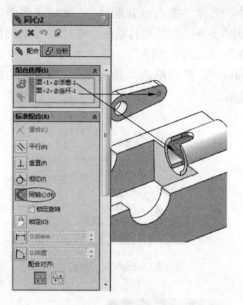

图 5-87　同心配合 2

（6）单击装配体工具栏的"插入零部件👜"，从随书光盘中插入零件"曲轴"到装配体中，并将曲轴调整到合适姿态，如图 5-88 所示。

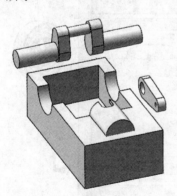

图 5-88　插入曲轴

（7）单击装配体工具栏中的"配合🖇"，弹出如图 5-89 所示的对话框，在"要配合的实体🖳"中选择图中所示的两个圆柱面，在"标准配合"中选择"同轴心◎"，然后单击"确定✔"，添加同心配合 3。再在"要配合的实体🖳"中选择图 5-90

所示的两个圆柱面，单击"标准配合"中的"同轴心◎"，然后单击"确定✔"，添加同心配合 4。

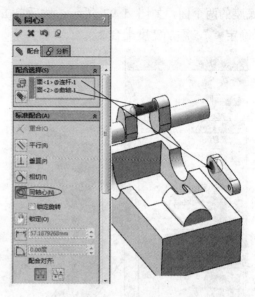

图 5-89　同心配合 3

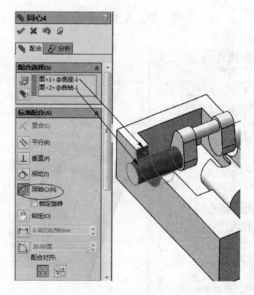

图 5-90　同心配合 4

（8）单击装配体工具栏中的"配合🖇"，弹出如图 5-91 所示的对话框，单击高级配合中的"宽度▯"，然后在"宽度选择"中选择连杆的两个面，在"薄片选择"中选择曲轴的两个面，然后单击"确定✔",添加宽度配合 1。再单击高级配合中的"宽度〓",然后在"宽度选择"中选择曲轴的两个端面,在"薄片选择"中选择底座的两个面,如图 5-92 所示,然后单击"确定✔",添加宽度配合 2。

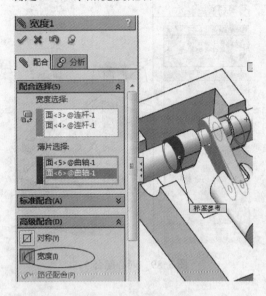

图 5-91　宽度配合 1

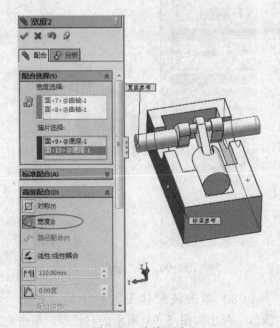

图 5-92　宽度配合 2

（9）插入 Toolbox,依次单击"GB"→

"bearing"→"滚动轴承"→"深沟球轴承",单击右键,弹出如图 5-93 所示的菜单,选择"插入到装配体",此时左侧弹出如图 5-94 所示的对话框,在"尺寸系列代号"中选择"10",在"大小"中选择"6002",然后单击"确定✔",插入深沟球轴承。

图 5-93　插入深沟球轴承

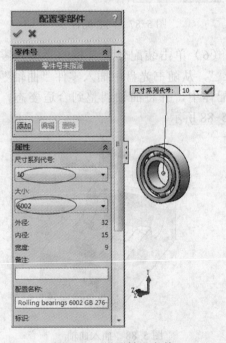

图 5-94　设置轴承参数

（10）单击装配体工具栏中的"配合〓",弹出如图 5-95 所示的对话框,在"要配合的实体〓"中选择图中所示的两个圆柱面,在"标准配合"中选择"同轴心◎",然后单击"确定✔",添加同心配合

5。再在"要配合的实体 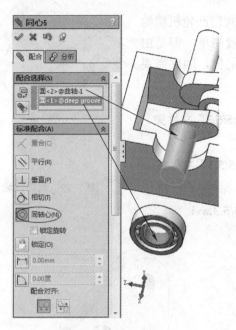"中选择图 5-96 中所示的两个平面,在"标准配合"中选择"重合 ✓",然后单击"确定 ✓"添加重合配合 1。

图 5-95　同心配合 5

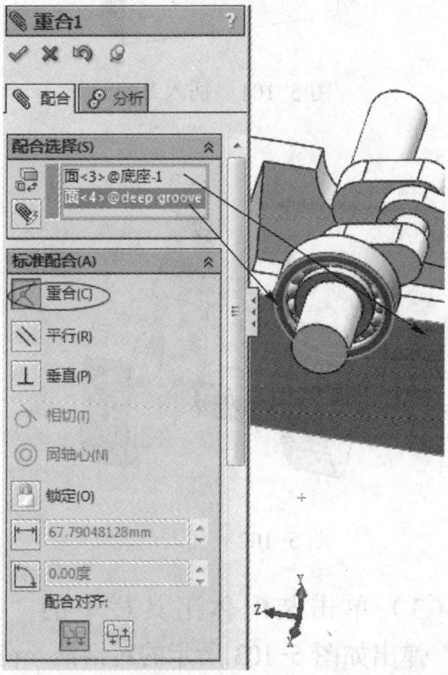

图 5-96　重合配合 1

（11）单击装配体工具栏的"镜像零部件 ▥",左侧弹出如图 5-97 所示的对话框,在"镜像基准面"中选择底座的右视基准面,在"要镜像的零部件"中选择深沟球轴承,然后单击"确定 ✓"完成。此时已经完成装配体的设计,如图 5-98 所示。

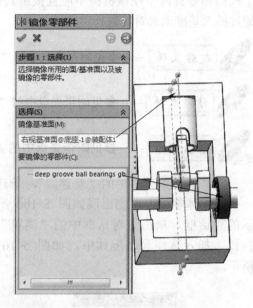

图 5-97　镜像零部件

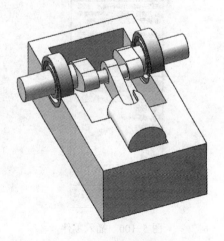

图 5-98　内燃机模型

5.3 能力·提高——阀门凸轮的装配

本节给出两个难度较高的例子，使读者完成这两个实例后，
装配设计能力得到提高。

本实例以图 5-99 所示的阀门凸轮为例，介绍阀门凸轮机构的
装配。阀门凸轮机构的零件较少，而且结构也比较简单，但是由
于阀门和导杆两个在该机构不能直接由其他零件定位，因此需要
通过插入基准面来对其进行定位。

——参见附带光盘中的"**Start/ch5/5.3**"文件夹。

——参见附带光盘中的"**End/ch5/5.3**"文件夹。

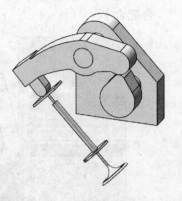

图 5-99　阀门凸轮

——参见附带光盘中的 **AVI/ch5/5.3.avi**

（1）单击菜单栏中的"新建 🗋"，新建
一个装配体零件，左侧出现如图 5-100 所
示的对话框，单击该对话框中的"浏览"
按钮，插入基座到装配体中，如图 5-101
所示。

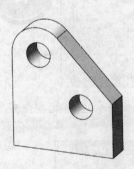

图 5-101　插入基座

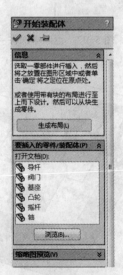

图 5-100　插入零件

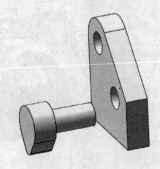

图 5-102　插入凸轮

（2）单击装配体工具栏中的"插入零
部件 🔧"，从随书光盘中插入零件"凸轮"
到装配体中，并将凸轮调整到如图 5-102
所示的姿态。

（3）单击装配体工具栏中的"配合
🔧"，弹出如图 5-103 所示的对话框，在"要
配合的实体 🔧"中选择图中所示的两个圆柱
面，在"标准配合"中选择"同轴心 ◎"，然

后单击"确定✔"添加同心配合 1。再在"要配合的实体🖱"中选择图 5-104 中所示的两个平面,在"标准配合"中选择"重合🔲",然后单击"确定✔"添加重合配合 1。

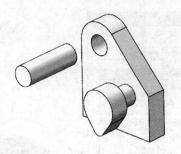

图 5-105　插入轴

（5）单击装配体工具栏中的"配合🖉",弹出如图 5-106 所示的对话框,在"要配合的实体🖱"中选择图中所示的两个圆柱面,在"标准配合"中选择"同轴心◎",然后单击"确定✔",添加同心配合 2。再在"要配合的实体🖱"中选择图 5-107 中所示的两个平面,在"标准配合"中选择"重合🔲",然后单击"确定✔",添加重合配合 2。

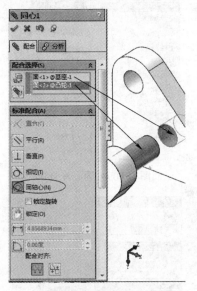

图 5-103　同心配合 1

图 5-104　重合配合 1

（4）单击装配体工具栏中的"插入零部件🖱",从随书光盘中插入零件"轴"到装配体中,并将轴调整到如图 5-105 所示的姿态。

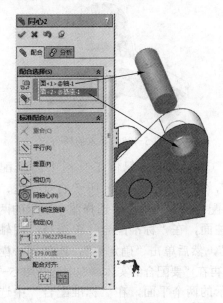

图 5-106　同心配合 2

（6）单击装配体工具栏中的"插入零部件🖱",从随书光盘中插入零件"摇杆"到装配体中,并将摇杆调整到如图 5-108 所示的姿态。

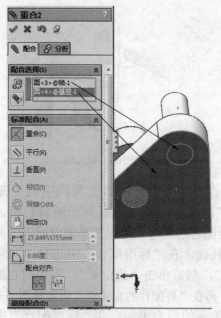

图 5-107　重合配合 2

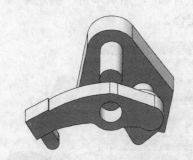

图 5-108　插入摇杆

（7）单击装配体工具栏中的"配合
🔗"，弹出如图 5-109 所示的对话框，在
"要配合的实体🔲"中选择图中所示的两个
圆柱面，在"标准配合"中选择"同轴心
◎"，然后单击"确定✔"，添加同心配合
3。再在"要配合的实体🔲"中选择图 5-110
所示的两个平面，在"标准配合"中选择
"重合◣"，然后单击"确定✔"，添加重合
配合 3。最后单击"机械配合"中的"凸
轮"，在"要配合的实体🔲"中选择凸轮的
4 个闭合的曲面轮廓，在"凸轮推杆"中选
择图 5-111 所示的摇杆的面，然后单击"确
定✔"，弹出如图 5-112 所示的对话框，单
击"确定"即可。

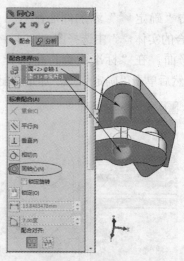

图 5-109　同心配合 3

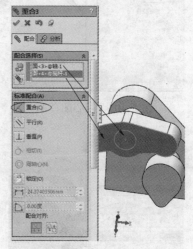

图 5-110　重合配合 3

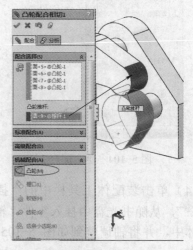

图 5-111　凸轮配合

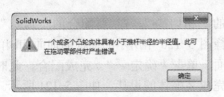

图 5-112　警告对话框

（8）单击装配体工具栏中的"插入零部件"，从随书光盘中插入零件"导杆"到装配体中，并将导杆调整到如图 5-113 所示的姿态。

图 5-113　插入导杆

（9）单击装配体工具栏中的"配合"，弹出如图 5-114 所示的对话框，在"要配合的实体"中选择导杆的前视基准面和图中所示的基座的面，在"标准配合"中选择"距离"，并输入距离值为 42，然后单击"确定"，添加距离配合 1。

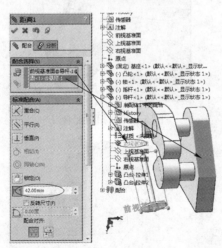

图 5-114　距离配合 1

（10）单击菜单栏中的"插入"→"参考几何体"→"基准面"，左侧弹出如图 5-115

所示的对话框，在"第一参考"中选择图中所示的面，并单击"垂直"，在"第二参考"中选择图中所示的边线，并单击"重合"，然后单击"确定"插入基准面。

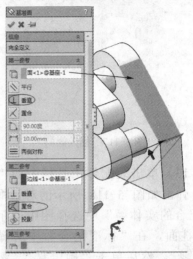

图 5-115　插入基准面

（11）单击装配体工具栏中的"配合"，弹出如图 5-116 所示的对话框，在"要配合的实体"中基准面 1 和图中所示的导杆的面，在"标准配合"中选择"距离"，并输入距离值为 6，然后单击"确定"，添加距离配合 2。

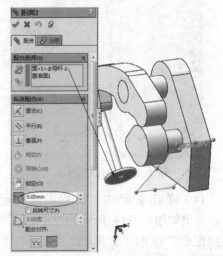

图 5-116　距离配合 2

（12）单击装配体工具栏中的"插入零部件"，从随书光盘中插入零件"阀门"

到装配体中，并将阀门调整到如图 5-117 所示的姿态。

图 5-117　插入阀门

（13）单击装配体工具栏中的"配合 🖉"，弹出如图 5-118 所示的对话框，在"要配合的实体 🖧"中选择图中所示的两个圆柱面，在"标准配合"中选择"同轴心 ◎"，然后单击"确定 ✔"，添加同心配合 4。

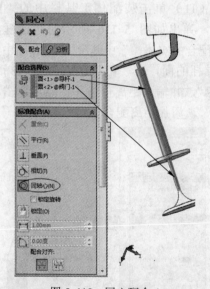

图 5-118　同心配合 4

（14）单击装配体工具栏中的"配合 🖉"，弹出如图 5-119 所示的对话框，单击"高级配合"中的"宽度 ▥"，然后在"宽度选择"中选择阀门的两个面，在"薄片选择"中选择摇杆的两个面，单击"确定 ✔"，完成宽度配合。再单击"标准配合"

中的"相切 ◙"，在"要配合的实体 🖧"中选择图 5-120 中所示的摇杆的曲面和阀门的平面，单击"确定 ✔"，完成配合。此时已经完成装配体的设计，如图 5-121 所示。

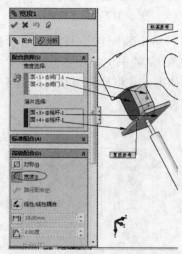

图 5-119　宽度配合

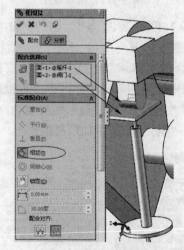

图 5-120　相切配合

图 5-121　完成的装配体

5.4 习题·巩固

本节给出两个习题，作为课后习题，请读者参考随书光盘中的装配体文件自行练习。

5.4.1 习题 1——冲压机构

如图 5-122 所示的装配模型是冲压机构，请读者自行练习。

起始文件——参见附带光盘中的"Start/ch5/5.4.1"文件夹。

结果文件——参见附带光盘中的"End/ch5/5.4.1"文件夹。

5.4.2 习题 2——行程开关

如图 5-123 所示的装配体模型是行程开关的模型，请读者自行参考随书光盘的文件进行练习。

起始文件——参见附带光盘中的"Start/ch5/5.4.2"文件夹。

结果文件——参见附带光盘中的"End/ch5/5.4.2"文件夹。

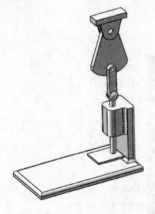

图 5-122 冲压机构

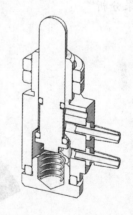

图 5-123 行程开关

第 6 章　有限元分析

SolidWorks Simulation 是 Solidworks 的有限元分析模块，它可以直接利用 SolidWorks 的零件以及装配体零件进行有限元分析。SolidWorks Simulation 虽不及其他商用有限元分析软件 ANSYS、ABAQUS 等功能全面，但是它操作简单，而且可以和 SolidWorks 的零件、装配体无缝连接，因此也占有一席之地。

 ## 本讲主要内容

❱ 定义材料
❱ 添加接触
❱ 添加接头
❱ 添加外部荷载
❱ 划分网格
❱ 结果分析

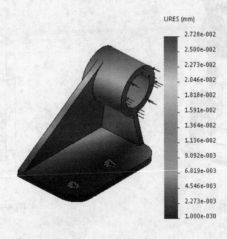

6.1　实例·知识点——机座静应力分析

本节以图 6-1 所示的机座为例，分析其工作时所受到的静应力。如图 6-1 所示，机座的两个螺栓孔被施加固定约束，而它的轴承孔端面受到压力的作用，下面对机座工作时的静应力进行分析。

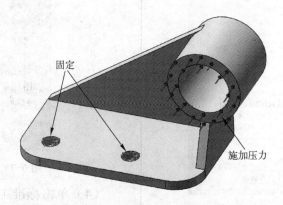

固定

施加压力

图 6-1　机座静应力分析

起始文件——参见附带光盘中的"Start/ch6/6.1.sldprt"文件。

结果文件——参见附带光盘中的"End/ch6/6.1"文件夹。

动画演示——参见附带光盘中的 AVI/ch6/6.1.avi

（1）在随书光盘中打开"实例知识点 1（初始）"，打开如图 6-2 所示的机座模型。

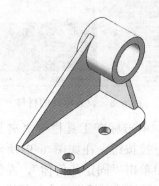

图 6-2　机座

（2）如图 6-3 所示，单击常用工具栏中的"选项▤"右边的下拉按钮，在附近菜单栏中单击"插件"，弹出如图 6-4 所示的对话框，在该对话框中，勾选"SolidWorks Simulation"左右两边的复选框，然后单击"确定"，插入 SolidWorks Simulation 插件。此时在菜单栏和标准工具栏中会同时出现该 Simulation 的菜单。如图 6-5 所示。

图 6-3　"选项"附加菜单栏

（3）如图 6-6 所示，单击标准工具栏中"算例顾问"下面的下拉按钮，在附加菜单中单击"新算例🔍"，此时弹出如图 6-7 所示的对话框，在该对话框中单击"静应力分析"，然后单击"确定✔"新建一个静应力分析算例。

图 6-4 插入 Simulation 模块

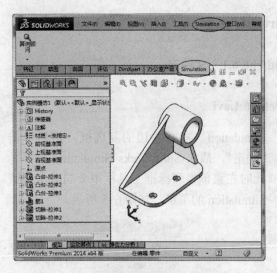

图 6-5 Simulation 的菜单

图 6-6 算例顾问附加菜单

图 6-7 新建算例

（4）单击标准工具栏中的"运用材料 🧱"，弹出如图 6-8 所示的对话框，在该对话框的左侧列出了常用材料，选择"钢"中的"合金钢"，然后单击"应用"按钮，设置机座的材料为合金钢。最后单击"关闭"按钮关闭对话框。

图 6-8 设置零件的材料

（5）单击标准工具栏中"夹具顾问"下面的下拉按钮，在如图 6-9 所示的附加菜单栏中单击"固定几何体"，左侧弹出如图 6-10 所示的对话框，在"标准（固定几何体）"中单击"固定几何体 🗷"，然后在"夹具的面 🗍"中选择图中所示的两个圆柱面，其余的参数保持默认的值即可。最后单击"确定 ✅"，为机座添加固定的约束。

图 6-9 夹具顾问附加菜单

（6）单击标准工具栏中"外部载荷顾
问"下面的下拉按钮，在如图 6-11 所示的
附加菜单栏中单击"压力 **ᵾ**"，左侧弹出如
图 6-12 所示的对话框，在"压强的面 □"
中选择图中所示的端面，然后单击"单位
圓"，在下拉菜单栏中选择压力的单位为
"N/mm^2(MPa)"，并在"压强值"中输入
0.05，单击"确定 ✔"为机座添加载荷。

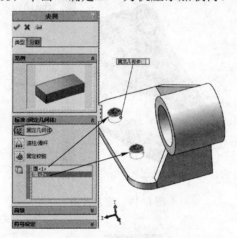

图 6-10 固定几何体

图 6-11 外部载荷顾问

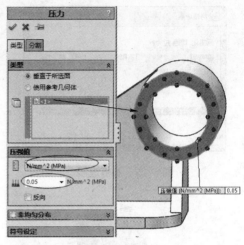

图 6-12 添加载荷

（7）单击标准工具栏中"运行"下面
的下拉按钮，在如图 6-13 所示的附加菜单
栏中单击"生成网络"，左侧弹出如图 6-14
所示的网格对话框，无需对网格进行任何
设置，直接单击"确定 ✔"进行网格划
分，此时会弹出如图 6-15 所示的网格进展
对话框，生成网格后，该对话框自动关
闭，此时模型生成如图 6-16 所示的网格。

图 6-13 运行附加菜单栏

图 6-14 网格对话框

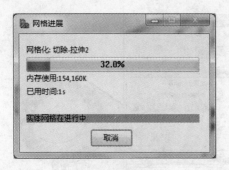

图 6-15　网格进展

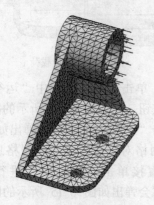

图 6-16　生成网格

（8）接下来对模型进行分析，单击标准工具栏中的"运行🖹"，则会弹出如图 6-17 所示的对话框，系统对模型进行分析，分析完成后，会自动关闭该对话框，而在左侧的"结果"文件夹中出现分析的结果，如图 6-18 所示。

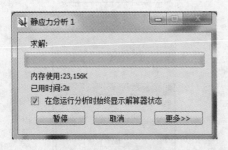

图 6-17　运行对话框

（9）双击"结果"中的"应力 1（-vonMises-）"，则在绘图区域中出现如图 6-19 所示的应力云图，又分别双击"位移 1"和"应变 1"，可以分别查看机座在工作时的

位移云图和应变云图，如图 6-20 和图 6-21 所示。

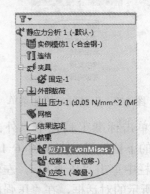

图 6-18　分析结果

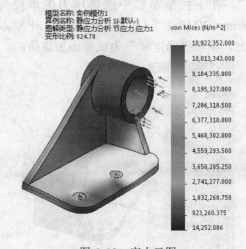

图 6-19　应力云图

图 6-20　位移云图

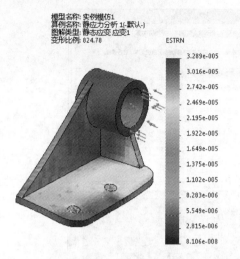

图 6-21 应变云图

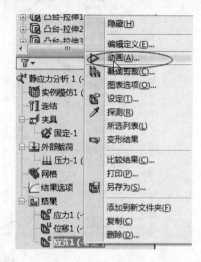

图 6-22 右键菜单

择"动画",则可以以动画的方式查看机座在载荷的作用下的变形。此时已经完成分析,保持文件即可。

（10）保持绘图区域中显示应变云图,移动鼠标到"结果"下的"应变 1",单击鼠标右键,弹出如图 6-22 所示的菜单,选

6.1.1 定义材料

——参见附带光盘中的 AVI/ch6/6.1.1.avi

进行有限元分析前,必须先设置要分析的零件的材料。设置零件材料的操作步骤如下:

● 把鼠标移动到要进行定义材料的零件上,单击右键,弹出如图 6-23 所示的菜单。

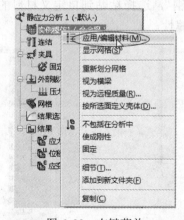

图 6-23 右键菜单

● 选择右键菜单中的"应用/编辑材料"命令,则弹出如图 6-24 所示的对话框。
● 图 6-24 的对话框左侧列出现有的一些常用材料,选择一种材料,则在右侧出现材料的属性。

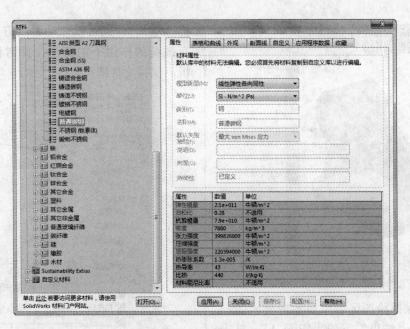

图 6-24　材料对话框

- 选择一种材料后，单击"应用"，则为零件的材料属性定义为该材料的属性，最后单击"关闭"，即可关闭材料对话框。

SolidWorks 在材料库中提供了非常多的材料，因此，一般情况下，使用材料库中的材料对零件的材料属性进行定义即可满足要求。不过，材料库中的材料属性是无法改变的，如需要改变材料库中某一材料的属性，只能先将其复制到自定义库中再修改，下面举例说明其操作。

- 选择材料中的"普通碳钢"，单击右键，在弹出的菜单中选择"复制"，复制该材料，如图 6-25 所示。
- 选择"塑料"，单击右键，在弹出的菜单中选择"粘贴"，如图 6-26 所示，则在"塑料"下面出现"普通碳钢"，选择粘贴到自定义材料的"普通碳钢"，则可以在右边的材料属性中修改它的属性。

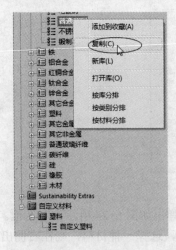

图 6-25　复制材料

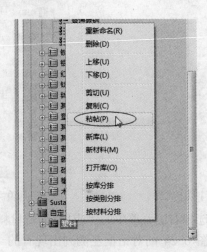

图 6-26　粘贴材料

6.1.2 添加约束

 动画演示——参见附带光盘中的 **AVI/ch6/6.1.2.avi**

添加约束是使用 SolidWorks 中提供的夹具工具为要分析的模型添加约束条件。夹具分为两种：标准夹具和高级夹具。下面举例说明为模型添加夹具的操作步骤。

- 单击标准工具栏中的"固定几何体"，左侧弹出如图 6-27 所示的对话框。
- 在"标准（固定几何体）"中单击"固定几何体 ⊯"。
- 然后在"夹具的面 ▢"中选择图中所示的两个圆柱面。
- 最后单击"确定 ✔"，为模型添加固定的约束。

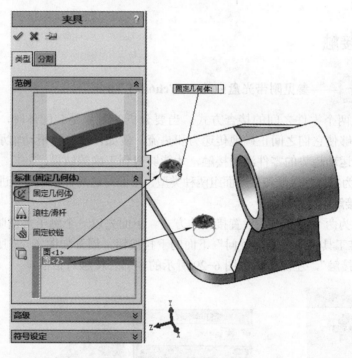

图 6-27　夹具

下面对夹具的类型进行详细介绍：

- 固定几何体：消除所选的几何体的 6 个自由度（3 个平移和 3 个旋转），可以为面、线和点添加固定几何体约束。
- 滚柱/滑杆：约束平面只能在平行于所选的基准面的方向运动，而不能在垂直于基准面的方向运动，消除了 3 个自由度（1 个平移和 2 个旋转），只能为平面添加该约束。
- 固定铰链：约束圆柱面只能绕着自己的旋转轴转动，只可以为圆柱面添加该约束。
- 对称：为两个对称的几何体施加相同的约束，所选的两个几何体必须是对称的。该约束可以为一些对称的模型的分析带来很大的方便。运用对称约束后，只需要对模型的一半进行分析就能得到相同的结果，这样可以大大地节省分析时间和计算机资源。

- 圆周对称：为两个具有相同面积和形状的剖切面定义圆形对称。圆周对称只能运用于静力学分析，对于一些回转体结构，例如齿轮、带轮等，可以使用圆周对称来约束模型，以取得较快的分析速度。
- 使用参考体：使被约束的几何体只能沿着参考体的某些方向运动。参考体可以是基准面、模型的面、基准轴和模型边线。
- 在平面上：当要被约束的面是平面时，可以使被约束的平面只能在该面的某些方向运动。
- 在圆柱面上：当要被约束的面是圆柱面时，应用该约束可以使圆柱面在径向、轴向和圆周方向平移。
- 在球面上：当要被约束的面是球面时，应用该约束可以使球面在径向、经度和纬度方向平移。

6.1.3 添加接触

 ——参见附带光盘中的 AVI/ch6/6.1.3.avi

接触是定义两个零件之间的接合方式。当要分析的对象是装配体时，必须为两个零件添加接触，才能够使它们之间正确地传递力和热流。例如，要分析滑动轴承的摩擦力时，需要为两个有相互运动趋势的零件添加接触，才能够得到正确的结果。

接触可以分为零部件接触和接触面组两种类型，下面对这两种接触类型进行详细介绍。

1. 零部件接触

接触面组是为两个零件之间设置接触的方式。下面先以一个例子来说明其操作步骤：

- 单击标准工具栏中"连接顾问"下面的下拉按钮，展开如图 6-28 所示的菜单，选择"零部件接触"，左侧弹出如图 6-29 所示的零部件接触对话框。

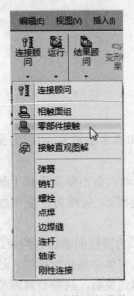

图 6-28 连接顾问菜单

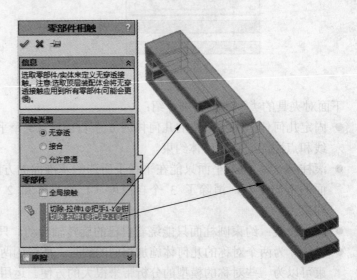

图 6-29 零部件接触

- 在"接触类型"中选择"无穿透"。
- 在"零部件"中选择图中所示的把手 1 和把手 2。
- 单击"确定 ✅"完成零部件接触。

进行零部件接触的操作时，最重要的是设置零部件的接触类型，因为它对分析的结果有很大的影响。下面对零部件接触的设置进行详细介绍。

（1）接触类型

接触类型有三种：无穿透、接合和允许贯通。

- 无穿透：两个接触面可以互相分离，但是不能够穿透对方，如图 6-30a 所示。此时可以指定摩擦系数。
- 接合：两个接触面合并在一起不能分离，此时把两个零件当做一个焊接在一起的零件，如图 6-30b 所示。需要注意的是，两个接合在一起的零件虽然可以看做一个零件，但是可以为这两个零件设定不同的材料属性，这也是和单个零件不同的地方。
- 允许贯通：当两个零件在结构上没有相互连接时，可以允许两个零件互相进入对方，如图 6-30c 所示。

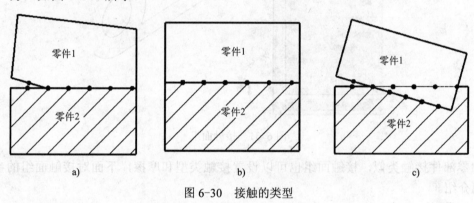

图 6-30　接触的类型

a）无穿透　b）接合　c）允许贯通

（2）接触的零部件

选择要设置为接触的零部件。

（3）全局接触

勾选该选项时，自动选取顶层的装配体（即选取了该装配体文件中所有的零件），则装配体中所有的零件之间都设置了相同的接触类型。

（4）摩擦

勾选该选项时，可以设置零件之间的摩擦系数。

2．接触面组

接触面组是设置不同零件中两个面的接触类型，接触面组也可以称为局部接触。两个零件之间可能有多对相互接触的面，零部件接触是为两个零件中所有相互接触的面设置接触类型，而接触面组是为两个零件的相互接触的某一对面设置接触类型。下面先以一个例子说明其操作步骤：

- 单击标准工具栏中"连接顾问"下面的下拉按钮，在附加菜单中选择"接触面组 🖥"，弹出如图 6-31 所示的对话框。

● 单击"类型"，在下拉菜单中选择"无穿透"。
● 在"组 1 的面、边线和顶点 □"中选择图中所示的面 1。
● 在"组 2 的面 □"中选择图中所示的面 2。
● 单击"确定 ✓"完成。

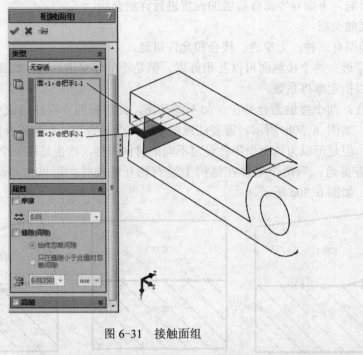

图 6-31　接触面组

和零部件接触类似，接触面组也可以设置接触类型和摩擦，下面对接触面组的参数进行详细介绍。

（1）类型

设定接触的类型，有无穿透、接合、允许贯通、冷缩配合和虚拟壁等 5 种类型，其中无穿透、接合、允许贯通的含义和零部件接触的一样，因此在此不作介绍，下面介绍冷缩配合和虚拟壁两种接触方式。

● 冷缩配合：在所选的两个面之间创建冷缩配合条件，两个零部件必须有一定的干涉。
● 虚拟壁：提供一种滑移支持，可以指定摩擦系数和壁面弹性。

（2）面组

包括面组 1 和面组 2，分别在面组 1 和面组 2 中选定要接触的实体。

（3）摩擦

可以设置摩擦系数。

有的时候，可能需要对两个零件同时设置零部件接触和接触面组，如果设置零部件接触和接触面组的接触类型不同时，是否会引起冲突呢？实际上，接触是有优先级的。为了方便说明，我们把勾选"全局接触"时的零部件接触称为"顶层装配体接触"，而把清除了"全局接触"时的零部件接触称为"其他零部件接触"，再把接触面组称为"局部接触"，那么，它们之间的优先级为：局部接触＞其他零部件接触＞顶层装配体接触。

6.1.4 添加接头

 动画演示——参见附带光盘中的 AVI/ch6/6.1.4.avi

接头是 SolidWorks 用来代替一些真实部件的模型。进行某些分析的时候，一些部件例如螺栓、销、弹簧等并非我们分析的对象，但是它们的存在却对分析结果有影响，此时就可以使用接头来代替这些部件。SolidWorks 的接头并非实体模型，只是一种数学模型。利用接头来代替实体模型，可以简化分析过程，节约建立实体模型的时间。

1. 弹簧

首先以一个例子说明添加弹簧接头的操作步骤：
- 单击"连接顾问"附加菜单的"弹簧"，弹出如图 6-32 所示的对话框。
- 在"压缩与延伸"中选择"仅压缩 🔳"，再单击"平坦平行面"。
- 在"零部件 1 的平面 🔲"中选择图中所示的面 1，在"零部件 2 的平面 🔲"中选择图中所示的面 2。
- 在"法向刚度 🔳"中输入 1000，在"预载 🔳"中输入 20。
- 最后单击"确定 ✅"完成。

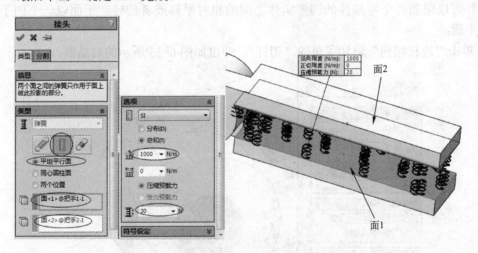

图 6-32　弹簧

从上面的操作中可以看到，添加弹簧的操作步骤是：先选择弹簧的类型和定义方式，再选择放置弹簧的两个零件的实体，接着设置弹簧的刚度和预载。下面对弹簧的参数做详细介绍。

（1）压缩和延伸

定义弹簧的类型，有以下三种类型。
- 压缩和延伸：弹簧即可以被压缩，也可以被拉伸。
- 仅压缩：弹簧只能被压缩，不能被拉伸。
- 仅延伸：弹簧只能被拉伸，不能被压缩。

（2）弹簧的放置方式

有以下三种放置方式。

- 平坦平行面：弹簧安放于两个平面之间，选择该选项后，需要分别在两个零部件中选择两个平行的面作为弹簧的安装面。
- 圆心圆柱面：弹簧和圆柱面同轴安放，选择该选项后，需要分别在两个零部件中选择一个圆柱面或者圆形边线。
- 两个位置：弹簧安放在两个零部件的顶点之间，选择该选项后，需要分别在两个零部件中选择两个顶点作为弹簧的两个端点。

（3）刚度的分布方式

有以下两种分布方式。

- 分布：弹簧刚度均匀地分布在所选的面上，需要输入每单位面积的刚度值。
- 总数：直接输入弹簧的刚度。

（4）刚度

包括法向刚度和切向刚度，可以分别指定两个方向的刚度。

（5）预载

可以指定压缩预载力或者张力预载力。弹簧的类型为仅压缩时，只能指定压缩预载力；弹簧的类型为仅延伸时，只能指定张力预载力。

2．销

销钉可以限制两个零部件的圆形实体之间的相对平移或者旋转。下面以一个例子说明其操作步骤：

- 单击"连接顾问"附加菜单的"销钉"，弹出如图 6-33 所示的对话框。

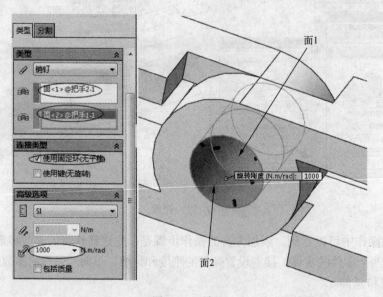

图 6-33 销钉

- 在"零部件 1 的圆柱面"中选择图中所示的面 1。
- 在"零部件 2 的圆柱面"中选择图中所示的面 2。
- 在"连接类型"中选择"使用固定环（无平移）"。
- 在"旋转刚度"中输入 1000。

● 最后单击"确定 ✔"完成。

下面对销钉的参数设置进行详细介绍。

（1）零部件的圆柱面

分别在两个零部件中选择两个同轴的圆柱面，作为安放销钉的位置。

（2）连接类型

设置限制两个零部件之间相对运动的方式，有以下两种方式。

● 使用固定环：限制两个选定的圆柱面之间的平移。

● 使用键：限制两个选定的圆柱面之间的旋转。

（3）轴向刚度

圆柱面轴向中的刚度，只能在选定了"使用键"时设置。

（4）旋转刚度

圆周方向的刚度，只能在选定了"使用固定环"时设置。

3．螺栓

首先举例说明添加螺栓接头的操作。

● 单击"连接顾问"附加菜单的"螺栓"，弹出如图 6-34 所示的对话框。

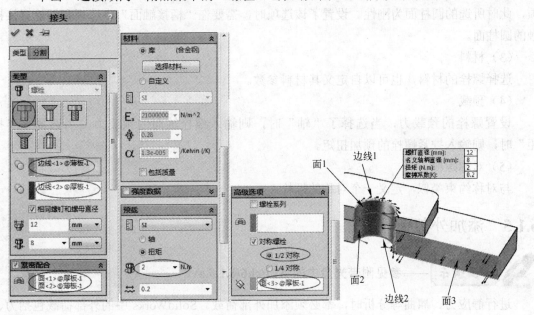

图 6-34　螺栓

● 在"类型"中选择"带螺母的标准或柱形沉头孔 ▼"。

● 在"螺栓螺钉孔的圆形边线 ◎"中选择图中所示的边线 1。

● 在"螺栓螺母孔的圆形边线 ◎"中选择边线 2。

● 勾选"紧密配合"，在"柄接触面"中选择面 1 和面 2。

● 在"扭矩 ▼"中输入 2。

● 在"高级选项"中，勾选"对称螺栓"，然后选择"1/2 对称"，在"基准面"中选择面 3。

● 最后单击"确定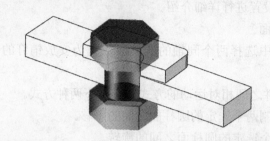"完成，添加的螺栓接头如图 6-35 所示。

图 6-35　添加的螺栓

接下来对螺栓接头的参数设置进行介绍。

（1）类型

选择要添加的螺栓的类型，并指定其安放位置。

（2）紧密配合

当螺栓的大径等于与其中至少一个零部件相关联的圆柱面的直径时，可以设置该选项，此时所选的圆柱面为刚性。设置了该选项时，需要在"柄接触面"中选择和螺栓直接接触的圆柱面。

（3）材料

选择螺栓的材料，也可以自定义其材料参数。

（4）预载

设置螺栓的预载力，当选择了"轴"时，则输入螺栓轴向的预载力；当选择了"扭矩"时，则输入拧紧螺栓的预加扭矩。

（5）对称螺栓

与对称约束类似，定义一个对称的螺栓。

6.1.5　添加外部荷载

 动画演示——参见附带光盘中的 AVI/ch6/6.1.5.avi

进行静应力、屈曲等分析时，都必须添加外部荷载。SolidWorks 中的外部荷载包括力、力矩、离心力、引力等。

1．力

力是有限元分析中很常用的外部荷载，它可以在零部件上施加集中力或者分布的力，下面举例说明其操作步骤。

● 单击"外部荷载顾问"的附加菜单的"力↓"，弹出如图 6-36 所示的对话框。

● 单击"力↓"，在"力的面、边线、顶点、参考点□"中选择图中所示的边线 1。

● 单击"选定的方向"，在"方向的面、边线、基准面□"中选择图中所示的边线 2。

● 在"力"选项中输入 100，勾选"反向"，使力的方向和默认方向相反。

● 最后单击"确定✔"完成。

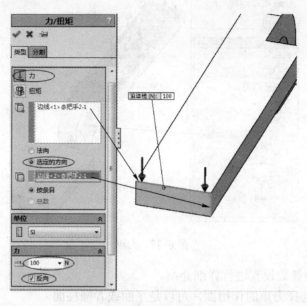

图 6-36 添加力

从上面的操作步骤中可以看到，添加力的步骤是：先选择受力点，再定义力的方向，最后输入力的大小。下面对力的参数设置进行详细介绍。

（1）力的面、边线、顶点、参考点

选择一个面、边线、顶点或者参考点作为力的作用力点。

当力的作用力点是一个面或者边线时，力均匀分布在该面或者边线上，当作用力点是一个点时，则是一个集中力。

（2）力的方向

力的方向可以定义为法向或者选定的方向。

● 法向：如果力的作用点是面时，则它的方向是该面的法向；如果是一条边线时，则是平行于该线的方向。

● 选定的方向：选择该选项时，在"方向的面、边线、基准面"中选择一个面、边线或者基准面作为力的方向即可。

（3）力的大小

在"力"选项的文本框中输入力的大小即可。如果勾选"反向"，则力的方向和默认方向相反。

2．力矩

力矩的定义方式和力类似，下面举例说明其操作步骤。

● 单击"外部荷载顾问"的附加菜单的"力矩🔧"，弹出如图 6-37 所示的对话框。

● 单击"扭矩🔧"，在"力矩的面🔲"中选择图中所示的面 1。

● 在"方向的轴、圆柱面🔲"中选择图中所示的面 2。

● 在"力矩值🔧"中输入 10。

● 最后单击"确定✔"完成。

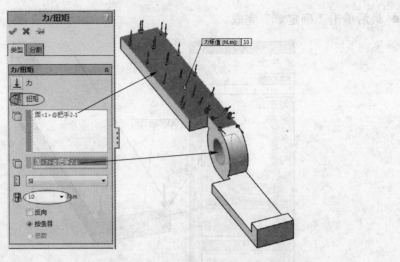

图 6-37　力矩

接下来对力矩的参数设置进行详细介绍。

● 力矩的面：选择力矩的作用面，可以是平面或者圆柱面。
● 方向的轴、圆柱面：选择力矩的方向，可以是一根轴或者圆柱面。
● 力矩值：输入力矩的值。

3. 压力

压力的定义方式和力的定义方式也很类似，下面举例说明其操作步骤。

● 单击"外部荷载顾问"的附加菜单的"压力⊥⊥"，弹出如图 6-38 所示的对话框。

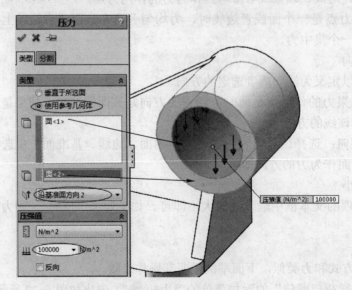

图 6-38　压力

● 在"类型"中选择"使用参考几何体"。
● 在"压强的面▢"中选择图中所示的圆柱面。
● 在"方向的面、边线、基准面、基准轴▢"中选择图中所示的平面，并单击它下面的"方向 ⬊",在下拉菜单中选择"沿基准面方向 2"。

- 在"压强值 ⬛"中输入 100000。
- 最后单击"确定 ✅"完成。

下面对压力的参数设置进行详细介绍。

（1）压强的面

该选项用于选择要施加压力的面，可以是平面或者曲面。

（2）类型

该选项用于设置压力的定义方式，有以下两种方式。

- 垂直于所选面：压力的方向沿着所选面的法向。
- 使用参考几何体：压力的方向由所选的几何体来定义。在"方向的面、边线、基准面、基准轴"中选择一个面或者线，然后在下面的"方向"中选择压力的方向。

（3）压强值

该选项用于输入压强的值。

4. 引力

当研究对象的重力对结果的影响不可忽略时，通常要定义引力，下面举例说明其操作步骤。

- 单击"外部荷载顾问"的附加菜单中的"引力 ⬛"，弹出如图 6-39 所示的对话框。
- 在"方向 ▢"中选择上视基准面。
- 单击"运用地球引力 ⬛"，勾选"反向"。
- 最后单击"确定 ✅"完成。

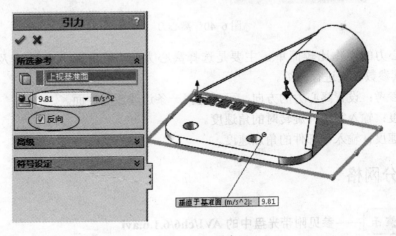

图 6-39　引力

定义引力的操作方法比较简单，下面对它的参数设置进行介绍。

（1）方向

定义引力的方向，可以选择一条边线、平面或者基准面。

（2）重力加速度

输入重力加速度的值，如果单击"运用地球引力 ⬛"，则该值为 9.81m/s^2。

5. 离心力

当要分析的对象做旋转运动时，通常会受到离心力的作用，如果离心力较大，已经影响到结果的分析时，就需要添加离心力。例如，分析砂轮在工作时的应力时，由于它的转速很高，受到的离心力很大，因此必须为之添加离心力。下面以一个例子说明定义离心力的操作步骤。

● 单击"外部荷载顾问"的附加菜单中的"离心力 🏵"，弹出如图6-40所示的对话框。
● 在"所选参考"中选择图中所示的圆柱面。
● 在"角速度 🏵"中输入10。
● 在"角加速度 🏵"中输入5。
● 最后单击"确定 ✅"完成。

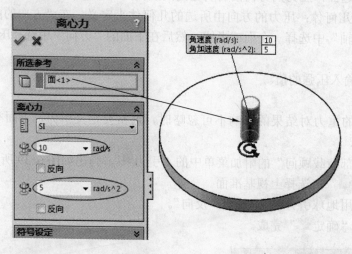

图 6-40 离心力

定义离心力的操作比较简单，主要是选择离心力的方向和输入角速度及角加速度即可。下面对其参数设置进行介绍。

● 所选参考：设置离心力的方向，可以选择一条边线或圆柱面。
● 角速度：输入零部件旋转时的角速度。
● 角加速度：输入零部件的角加速度。

6.1.6 划分网格

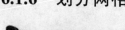 动画演示——参见附带光盘中的 AVI/ch6/6.1.6.avi

划分网格是进行分析前的最后一个步骤，它是有限元分析中的核心部分。网格质量的好坏有时会直接决定结果的正确与否。SolidWorks 划分网格的方法可以分为自动划分网格和网格控制这两种。

1. 自动划分网格

自动划分网格是不使用网格控制，从而使整个模型具有相同类型的网格。下面先以一个例子说明其操作步骤。

● 单击 Simulation 标准工具栏中的"生成网格 🏵"，弹出如图6-41所示的对话框。

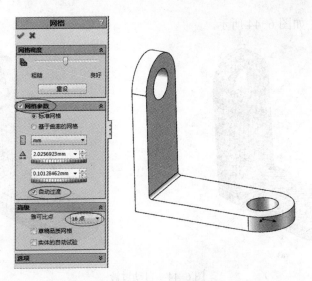

图 6-41　划分网格

- 勾选"网格参数"选项，然后勾选"自动过渡"。
- 展开"高级"选项，单击"雅可比点"，在下拉菜单中选择"16 点"。
- 最后单击"确定 ✔"，弹出如图 6-42 所示的网格进展对话框，该对话框显示了划分网格的状态，自动划分完网格后，该对话框自动关闭，模型划分网格后如图 6-43 所示。

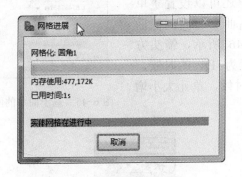

图 6-42　网格进展对话框

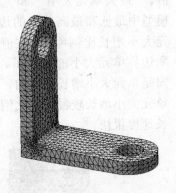

图 6-43　划分好网格的模型

下面对网格划分的参数设置进行详细介绍。

（1）网格密度

该项用于设置网格单元的大小。

拖动滑块，可以更改网格的大小。"粗糙"是将全局单元大小设定为默认大小的两倍；而"精细"是将全局单元大小设定为默认大小的一半。

（2）网格参数

该项用于设置整体单元的大小和公差，有下面两种设置方法。

- 标准大小：需要在"整体大小 ▲"中指定全局平均单元的大小和公差，该公差默认为 5%。当勾选"自动过渡"选项时，SolidWorks 会自动对细小特征、孔、圆角等自动应用网格控制，即在这些细节处的网格单元大小会自动变小，从而得到更加精确的分析结果，如图 6-44 所示。

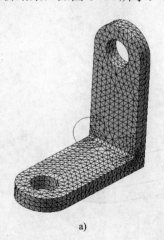
a)

b)

图 6-44　自动过渡

a) 应用了"自动过渡"　　b) 没有应用"自动过渡"

- 基于曲率的大小：选择该选项后，网格参数变为如图 6-45 所示的界面，需要分别在"最大单元大小 △"和"最小单元大小 ＊＊"中输入网格单元的最大值和最小值。"最大单元大小"和"最小单元大小"分别用于模型中最低和最高曲率的边界。用户还可以设置"单元大小增长比例 ▲▲▲"，该值表示从高曲率边界到低曲率边界单元大小的增长率。如图 6-46 所示，箭头方向是单元大小增长的方向，比例设置为 1.1 的时候，单元大小增长较慢，而比例为 2 的时候，单元大小增长速度很快。

图 6-45　基于曲率的网格

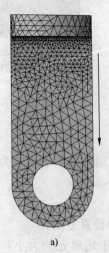
a)

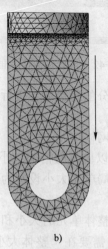
b)

图 6-46　单元大小增长比例

a) 比例为 1.1　b) 比例为 2

（3）雅可比点

该项用于设定在检查四面单元的变形级别时要使用的积分点数。

（4）草稿品质网格

勾选该选项时，网格单元的类型为"草稿品质网格"，否则是"高品质网格"。

实际上，SolidWorks 中的网格单元类型分为实体网格和壳体网格，实体网格中所谓的"草稿品质网格"就是线性四面体单元，每个单元有 4 个节点（位于 4 个顶点处）；而"高品质网格"则是抛物线四面实体单元，每个单元有 10 个节点（位于 4 个顶点和 6 条边线的中点处）。壳体网格中的"草稿品质网格"是指线性下拉按钮壳体单元，它有 3 个节点（位于 3 个顶点处）；而"高品质网格"则是抛物线下拉按钮壳体单元，它有 6 个节点（位于 3 个顶点和 3 条边线的中点处）。高品质网格由于能够更加精确地描述边界，因此往往能获得更高精度的结果，当然，它占用的计算机资源也较多。

2．网格控制

网格控制是使同一个模型中的不同区域可以具有不同大小的网格。对于一些同时具有实体和壳体特征或者细小特征的模型来说，使用网格控制生成的网格可以更加精确地描述模型。下面举例说明其操作步骤。

- 如图 6-47 所示，把鼠标移动到左侧的"网格"，单击右键，在弹出的菜单中选择"应用网格控制"，然后左侧弹出如图 6-48 所示的对话框。

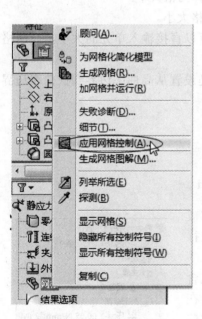

图 6-47　网格控制命令

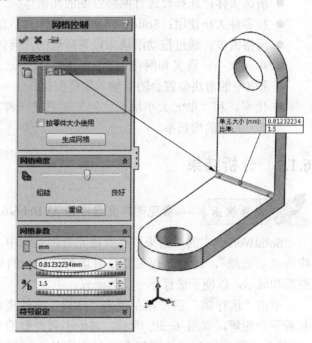

图 6-48　网格控制

- 在"网格控制的面、边线、顶点、参考点、零部件 🔲"中选择图中所示的圆角。
- 在"单元大小 ⬛"中输入 8.1232234。
- 单击"确定 ✔"完成网格控制。
- 单击 Simulation 标准工具栏中的"生成网格 🔳"，无需进行设置，按照默认的参数自动划分网格，最后生成的网格如图 6-49 所示。

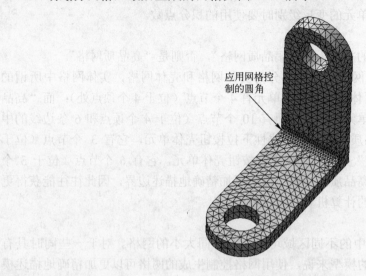

应用网格控制的圆角

图 6-49　应用网格控制的网格

下面对网格控制的参数设置进行详细介绍。

● 所选实体：选择要进行网格控制的几何体。

● 按零件大小使用：SolidWorks 根据零件大小自动选择网格大小。

● 网格密度：通过拖动滑块来设置所选的几何体的网格大小。

● 单元大小：意义和网格密度的一样，只不过这里可以直接输入单元的大小，而网格
密度中的滑块位置会随着输入数值变化。

● 比率：和"单元大小增长比例"的意义一样，也是设置从高曲率边界到低曲率边界
单元大小的增长率。

6.1.7　分析结果

——参见附带光盘中的 **AVI/ch6/6.1.7.avi**

SolidWorks 中的"结果"在有限元分析过程中，通常被
称为"后处理"，这个过程主要是对运行分析后的结果进行
整理和展示，以便于进行下一步的研究。

单击"运行 ▣"后，在左侧的"结果"文件夹中会包含
有若干个图解，如图 6-50 所示。对于不同类型的分析，在
"结果"文件夹中列出的图解个数和内容是不同的，而这些
都可以在 SolidWorks 中设置。在运行分析之前，单击菜单栏
中的 Simulation→"选项"，会弹出如图 6-51 所示的对话
框，单击该对话框的"默认选项"，在左侧的"默认图解"
中列出了不同分析类型的图解个数及内容，而在右侧显示图
解的结果类型和结果分量。

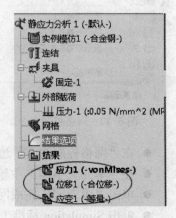

图 6-50　结果文件夹

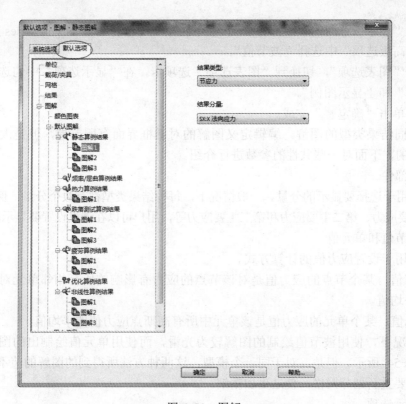

图 6-51 图解

在运行分析之后，同样可以对图解进行设置。下面以一个应力图解的例子说明其操作步骤。

● 如图 6-52 所示，移动鼠标到结果文件夹的第一个图解上，单击右键，在弹出的菜单中选择"编辑定义"，就会弹出如图 6-53 所示的对话框。

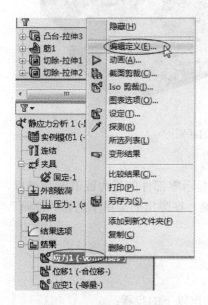

图 6-52 编辑定义图解

图 6-53 图解

- 单击"显示"下面的"零部件 ⬜",在下拉菜单中选择"VON:von Mises 应力"。
- 在"高级选项"中选择"波节值"。
- 单击"图表选项",切换到"图表选项"选项卡,在"显示选项"中勾选"显示图解细节"和"显示图例"。
- 最后单击"确定 ✔"完成。

对于不同结果类型的图解,编辑定义图解的对话框界面有所差异,但是大部分的选项设置是相同的,下面对一些共性的参数进行介绍。

(1)零部件

该选项用于选择要显示的分量。一般情况下,每种结果类型都有数个分量,例如应力图解就有第一主要应力、第二主要应力和第三主要应力等,用户可以在这里设置要显示的 分量。

(2)波节值和单元值

该选项用于设置应力值的计算方式。

- 波节值:某个节点的应力值是对该节点的应力有影响的所有相邻单元对它的应力值的平均值。
- 单元值:某个单元的应力值是该单元中所有高斯点应力值的平均值。

一般情况下,使用波节值绘制的图解较为光滑,而使用单元值绘制出的图解就比较粗糙,如图 6-54 所示。但是,对于同一个模型,这两种方法所得到的图解的值不应该差异太大,否则就要重新划分网格,使之更加精细。

(3)显示选项

该选项用于设置要在图解中显示的内容,可以设置显示最大、最小注解、图解细节和显示图例等内容。

a)   b)

图 6-54   波节值和单元值的区别

a) 波节应力   b) 单元应力

此外,为了更好地展示图解,还可以利用动画来显示零部件的受力或者变形过程,操作方法是:移动鼠标到结果文件夹的图解上,单击右键,在弹出的菜单中选择"动画",即可以动画的方式循环播放零部件的受力或者变形过程。

6.1.8   思路小结——有限元分析的步骤

通过上文对有限元分析知识的介绍,我们可以总结出以下的步骤:

- 利用 SolidWorks 建立要进行分析的零部件或者装配体的三维模型。
- 选择要进行分析的类型。
- 定义零部件的材料属性。
- 添加约束。
- 添加接头。
- 施加荷载。
- 划分网格。
- 运行分析和结果分析。

6.2 要点·应用

本小节以三个较为简单的例子，对 6.1 节所介绍的知识进行回顾和运用，以加深读者的印象。

6.2.1 应用 1——飞轮的应力分析

本实例以图 6-55 所示的飞轮为例子，分析飞轮在以 400rad/s 的角速度旋转时的静应力。

飞轮是一个回转体，为了节省计算机资源和加快分析速度，只要取飞轮的 1/4 部分进行分析即可。如图 6-56 所示，把飞轮分割成 1/4 回转体，然后在两个截面施加圆形对称约束。又由于飞轮在工作时轴向和径向不会发生平移，因此还需要为飞轮内孔的圆柱面添加约束，使之只能绕着旋转轴运动。最后，因为飞轮在工作时高速旋转，还需要为飞轮添加离心力。

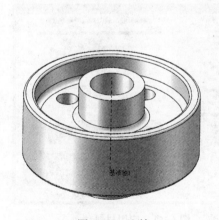

图 6-55 飞轮

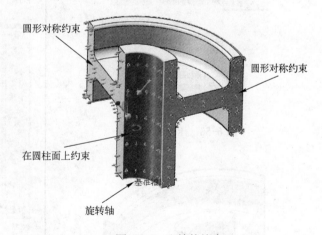

图 6-56 飞轮的约束

起始文件——参见附带光盘中的"Start/ch6/6.2.1.sldprt"文件。

结果文件——参见附带光盘中的"End/ch6/6.2.1"文件夹。

动画演示——参见附带光盘中的 AVI/ch6/6.2.1.avi

（1）在随书光盘中打开文件"飞轮.sldprt"，如图 6-57 所示。把鼠标移动到设计特征树的"阵列（圆周）1"上，单击右键，在弹出的菜单中选择"压缩"，压缩圆周阵列特征，如图 6-58 所示。压缩特征后的模型如图 6-59 所示。

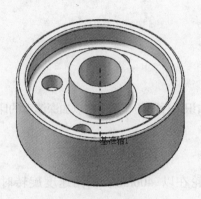

图 6-57　飞轮

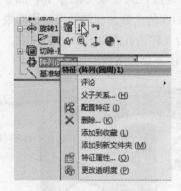

图 6-58　压缩特征

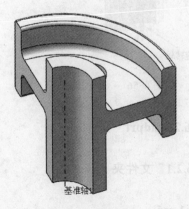

图 6-59　1/4 飞轮

（2）单击 Simulation 标准工具栏中的"新算例"，左侧弹出如图 6-60 所示的对话框，在"类型"中单击"静应力分析"，最后单击"确定"新建一个算例。

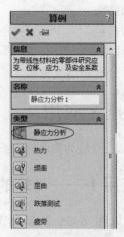

图 6-60　新建算例

（3）单击"应用材料"，弹出如图 6-61 所示的对话框，在材料库中选择"合金钢"，然后单击"应用"，最后单击"关闭"，关闭对话框。

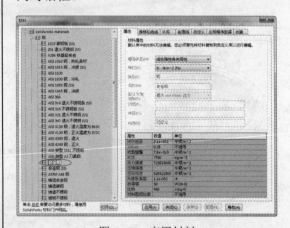

图 6-61　应用材料

（4）单击"夹具顾问"附加菜单的"固定几何体"，弹出如图 6-62 所示的对话框，在"高级"中选择"圆周对称"，在"选择面"中分别选择图中所示的"面1"和"面 2"，在"轴"中选择"基准轴1"，最后单击"确定"，为飞轮添加圆周对称约束。

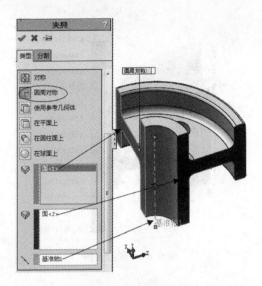

图 6-62　圆周对称

（5）单击"夹具顾问"附加菜单的"固定几何体"，弹出如图 6-63 所示的对话框，在"高级"中选择"在圆柱面上"，在"夹具的圆柱面🍩"中选择图中所示的圆柱面，在"平移"选项中，分别单击"径向🔘"和"轴向🔳"，并在径向和轴向的平移位移中输入 0，最后单击"确定✅"，为飞轮添加约束。

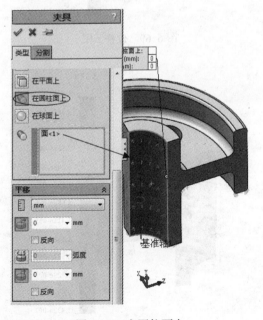

图 6-63　在圆柱面上

（6）在"外部荷载顾问"附加菜单中单击"离心力🔧"，弹出如图 6-64 所示的对话框，在"方向的轴、边线、圆柱面🔲"中选择图中所示的圆柱面，在"角速度🔧"中输入 400，最后单击"确定✅"，为飞轮添加离心力。

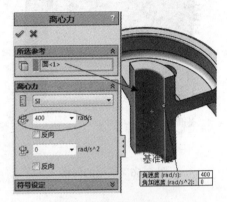

图 6-64　添加离心力

（7）单击 Simulation 标准工具栏中的"生成网格🔳"，弹出如图 6-65 所示的对话框，在"网格参数"中选择"基于曲率的网格"，在"单元大小增长比例▲▲▲"中输入 1.5，其余参数保持默认即可，最后单击"确定✅"划分网格，划分好网格的模型如图 6-66 所示。

图 6-65　划分网格

图 6-66　模型的网格

（8）单击 Simulation 标准工具栏中的"运行🖰"，弹出如图 6-67 所示的运行分析对话框，分析完成后，该对话框自动关闭。

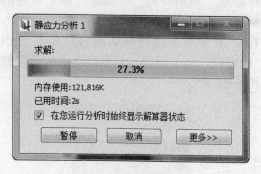

图 6-67　运行分析

（9）单击"结果"文件夹的"应力 1"，绘图区域显示如图 6-68 所示的应力云图；再单击"结果"文件夹的"位移 1"，可以得到如图 6-69 所示的位移云图；最后单击"结果"文件夹的"应变 1"，得到如图 6-70 所示的应变云图。此时对飞轮的静应力分析已经结束，保存文件即可。

图 6-68　应力云图

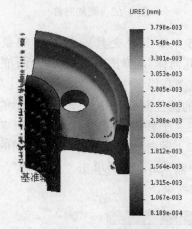

图 6-69　位移云图

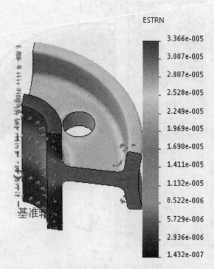

图 6-70　应变云图

6.2.2　应用 2——叶轮的频率分析

本实例以图 6-71 所示的叶轮为例子，分析叶轮的频率。SolidWorks 中的频率分析就是模态分析。为了节省计算机资源，我们只取叶轮的 1/3 模型进行分析，因此需要对叶轮施加圆周对称约束和固定约束，如图 6-72 所示。

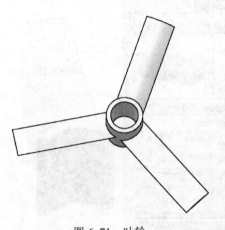

图 6-71　叶轮

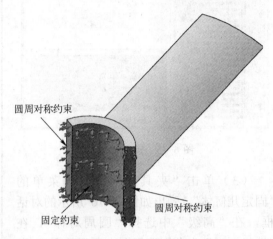

图 6-72　叶轮的约束

——参见附带光盘中的"**Start/ch6/6.2.2.sldprt**"文件。

——参见附带光盘中的"**End/ch6/6.2.2**"文件夹。

——参见附带光盘中的 **AVI/ch6/6.2.2.avi**

（1）在随书光盘中打开叶轮的模型，如图 6-73 所示。然后单击 Simulation 标准工具栏中的"新算例 🔍"，左侧弹出如图 6-74 所示的对话框，在"类型"中单击"频率"，最后单击"确定 ✔"新建一个频率算例。

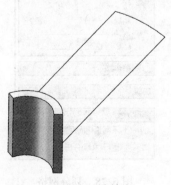

图 6-73　叶轮

图 6-74　新建频率算例

（2）单击"应用材料 ▤"，弹出如图 6-75 所示的对话框，在材料库中选择"合金钢"，然后单击"应用",最后单击"关闭",关闭对话框。

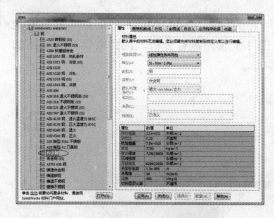

图 6-75　定义材料

（3）单击"夹具顾问"附加菜单的"固定几何体",弹出如图 6-76 所示的对话框,在"高级"中选择"圆周对称",在"选择面💚"中分别选择图中所示的面 1 和面 2,在"轴"中选择基准轴 1,最后单击"确定✔"。

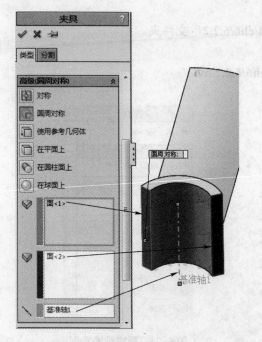

图 6-76　添加圆周对称约束

（4）单击"夹具顾问"附加菜单的

"固定几何体",弹出如图 6-77 所示的对话框,在"标准"中选择"固定几何体",在"夹具的面、边线、顶点🔲"中选择图中所示的圆柱面,最后单击"确定✔"即可。

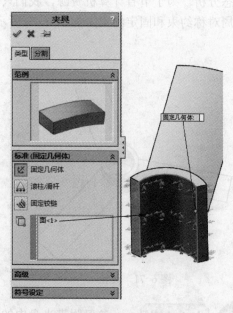

图 6-77　添加固定约束

（5）单击 Simulation 标准工具栏中的"生成网格🕸",弹出如图 6-78 所示的对话框,这里无需设置,按照默认参数划分网格即可,单击"确定✔"划分网格,划分好网格的模型如图 6-79 所示。

图 6-78　划分网格

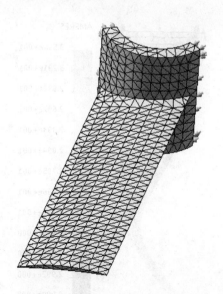

图 6-79 叶轮的网格

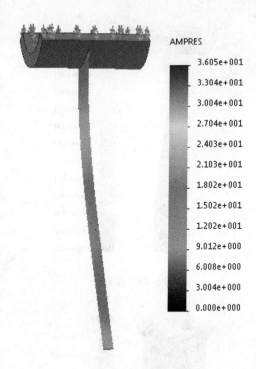

图 6-81 振幅 1

（6）单击 Simulation 标准工具栏中的"运行 "，运行分析，运行分析后，在"结果"文件夹中列出前五阶的振幅，如图 6-80 所示。分别单击该文件夹的"振幅 1"到"振幅 5"，可以看到叶轮的前五阶模态，分别如图 6-81～图 6-85 所示。再把鼠标移动到"结果"上，单击右键，在弹出的快捷菜单中选择"列举共振频率"，则可以看到前五阶的共振的频率，如图 6-86 所示。此时已经完成分析，保持文件即可。

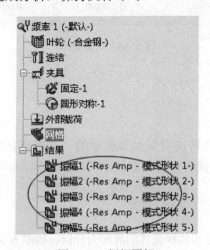

图 6-80 振幅图解

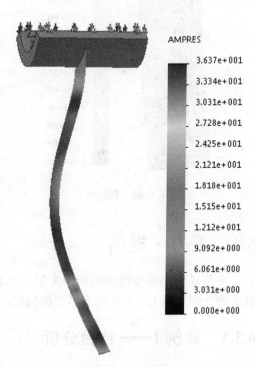

图 6-82 振幅 2

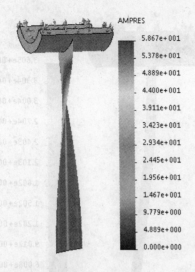

图 6-83　振幅 3

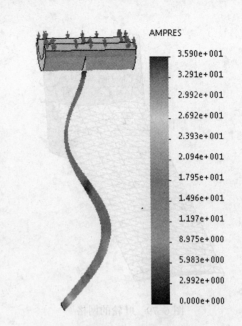

图 6-85　振幅 5

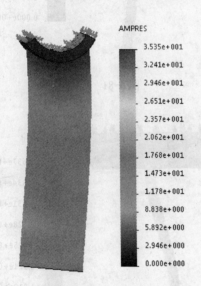

图 6-84　振幅 4

图 6-86　共振频率

6.3　能力·提高

本节以三个难度较高的例子为例，主要讲解如何解决有限元分析中的一些难点，并结合实例介绍一些上一节中没有涉及的知识点，以加强读者对这些知识点的理解。

6.3.1　案例 1——挂台分析

本案例以图 6-87 所示的挂台为例子，主要介绍混合实体和壳体的静应力分析。如图 6-88 所示，挂台的实体部分的四个孔被固定约束，壳体和实体之间用连杆接头连接，壳体受到压力荷载的作用。本实例中将介绍如何对混合实体和壳体进行静应力分析。

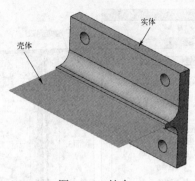

图 6-87　挂台

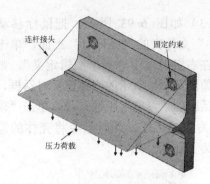

图 6-88　挂台的有限元分析模型

（1）在随书光盘中打开挂台的模型，如图 6-89 所示。然后单击 Simulation 标准工具栏中的"新算例🔍"，左侧弹出如图 6-90 所示的对话框，在"类型"中单击"静应力分析"，最后单击"确定✔"新建一个 算例。

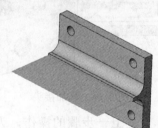

图 6-89　挂台

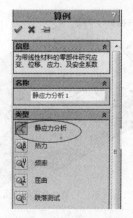

图 6-90　新建静应力算例

（2）如图 6-91 所示，把鼠标移动到"零件"文件夹上面，单击右键，在右键菜单中选择"应用材料到所有"，弹出如图 6-92 所示的对话框，在该对话框左侧材料库的铝合金中选择"1060 合金"，然后单击"应用"，再单击"关闭"，关闭对话框。此时已经同时为挂台的实体部分和壳体部分定义了材料属性。

图 6-91　应用材料命令

图 6-92　应用材料

（3）如图 6-93 所示，把鼠标移动到"零件"文件夹的"壳体 1"上面，单击右键，在右键菜单中选择"编辑定义"，则会弹出如图 6-94 所示的壳体定义对话框，在该对话框的"厚度"中输入 2，单击"确定 ✔"关闭对话框。此时已经将壳体的厚度定义为2mm。

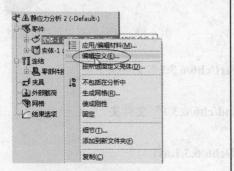

图 6-93　右键菜单

图 6-94　定义壳体厚度

（4）单击"夹具顾问"附加菜单中的"固定几何体"，弹出如图 6-95 所示的对话框，在"标准"中选择"固定几何体"，在"夹具的面、边线、顶点 📱"中选择图中所示的"面 1"～"面 4"，最后单击"确定 ✔"即可。

（5）单击"连接顾问"附加菜单中的"连杆"，弹出如图 6-96 所示的对话框，分别在"第一位置的顶点 📱"和"第二位置的顶点 📱"中选择图中所示的"顶点 1"和"顶点 2"，然后单击"确定 ✔"添加连杆接头。

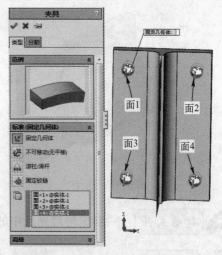

图 6-95　固定几何体

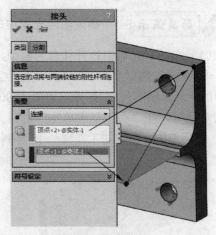

图 6-96　添加接头

（6）重复上一步骤的操作，为挂台添加第二个连杆接头，如图 6-97 所示。

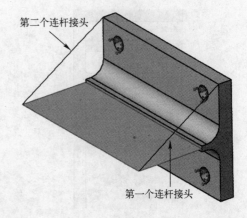

图 6-97　添加第二个接头

（7）单击"外部荷载顾问"附加菜单中的"压力 ⊥⊥⊥"，弹出如图 6-98 所示的对话框，在"压强的面 ⬜"中选择图中所示的"面 1"，在"压强值"中输入 10000，然后单击"确定 ✓"即可。

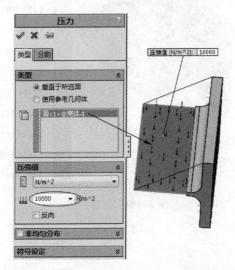

图 6-98　添加压力荷载

（8）单击"连接顾问"附加菜单中的"零部件接触"，弹出如图 6-99 所示的对话框，在"接触类型"中选择"接合"，在"零部件"选项中勾选"全局接触"，然后单击"确定 ✓"即可。

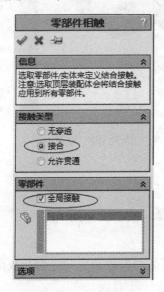

图 6-99　零部件接触

（9）单击 Simulation 标准工具栏中的"生成网格 🅱"，弹出如图 6-100 所示的对话框，这里无需设置，按照默认参数划分网格即可，单击"确定 ✓"划分网格，划分好网格的模型如图 6-101 所示。

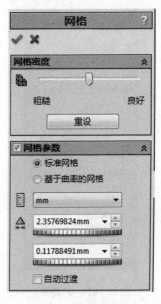

图 6-100　划分网格

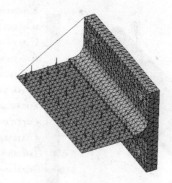

图 6-101　模型的网格

（10）单击 Simulation 标准工具栏中的"运行 🅱"，运行分析。把鼠标移动到"结果"文件夹的"应力 1"上，单击右键，在右键菜单中选择"编辑定义"，则弹出如图 6-102 所示的对话框，单击该对话框中的"零部件"，在下拉菜单中选择"VON:von Mises 应力"，然后单击"确定 ✓"，此时应力图解中会显示 von Mises 应力分量,如图 6-103 所示。再分别单击"结果"文件夹中的"位移 1"和"应变 1",可以分别查看位移云图和应变云图,如图 6-104 和图 6-105 所示。此时分析已经结束,保存文件即可。

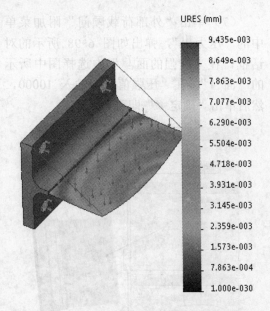

图 6-104　位移云图

图 6-102　定义图解

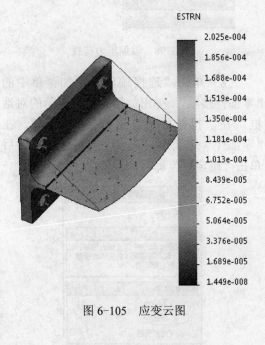

图 6-105　应变云图

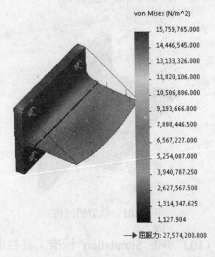

图 6-103　应力云图

6.3.2　案例 2——音叉的频率分析

本实例以图 6-106 所示的音叉为例,对音叉在不受外部荷载和受到外部荷载两种情况下进行频率分析。

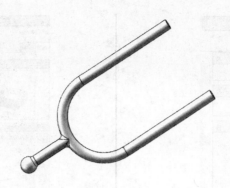

图 6-106　音叉

当人握住音叉的把柄时，音叉把柄的末端可以视为受到固定约束，如图 6-107 所示。当音叉没受到外力的作用时，利用频率分析可以得到它的前五阶共振频率和模态；接着对音叉施加较大的拉力，如图 6-108 所示，再利用频率分析来研究外力对音叉的共振频率的影响。

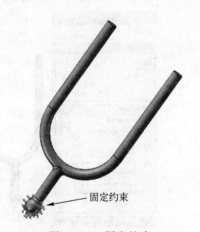

图 6-107　固定约束

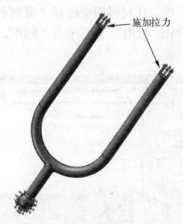

图 6-108　施加拉力

 ——参见附带光盘中的 "Start/ch6/6.3.2.sldprt" 文件。

 ——参见附带光盘中的 "End/ch6/6.3.2" 文件夹。

——参见附带光盘中的 AVI/ch6/6.3.2.avi

（1）在随书光盘中打开音叉的模型，如图 6-109 所示。然后单击 Simulation 标准工具栏中的 "新算例"，左侧弹出如图 6-110 所示的对话框，在 "类型" 中单击 "频率"，最后单击 "确定" 新建一个算例。

图 6-109　音叉

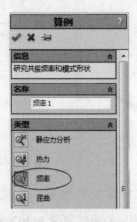

图 6-110　新建频率算例

（2）单击"应用材料▤"，弹出如图 6-111 所示的对话框，在材料库中选择"锻制不锈钢"，然后单击"应用"，最后单击"关闭"，关闭对话框。

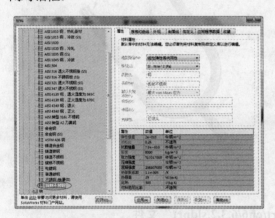

图 6-111　应用材料

（3）单击"夹具顾问"附加菜单中的"固定几何体"，弹出如图 6-112 所示的对话框，在"标准"中选择"固定几何体"，在"夹具的面、边线、顶点▣"中选择图中所示的面 1，最后单击"确定✔"，为音叉添加固定约束。

（4）单击 Simulation 标准工具栏中的"生成网格▣"，弹出如图 6-113 所示的对话框，这里无需设置，按照默认参数划分网格即可，单击"确定✔"划分网格，划分好网格的模型如图 6-114 所示。

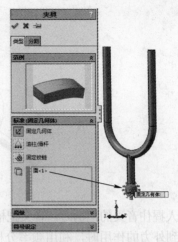

图 6-112　固定几何体

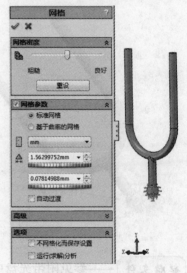

图 6-113　划分网格

图 6-114　模型的网格

（5）单击 Simulation 标准工具栏中的"运行"，运行分析。运行分析后，在"结果"文件夹中列出前五阶的振幅，如图 6-115 所示。分别单击该文件夹的"振幅 1"～"振幅 5"，可以看到音叉的前五阶模态，分别如图 6-116～图 6-120 所示。再把鼠标移动至"结果"上，单击右键，在弹出的快捷菜单中选择"列举共振频率"，则可以看到前五阶的共振的频率，如图 6-121 所示。

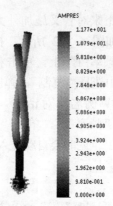

图 6-118　振幅 3

图 6-115　结果文件夹

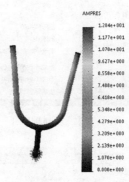

图 6-119　振幅 4

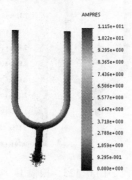

图 6-116　振幅 1

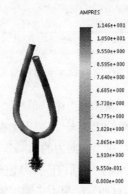

图 6-120　振幅 5

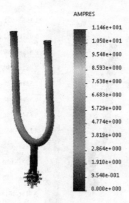

图 6-117　振幅 2

模式号	频率(rad/秒)	频率(赫兹)	周期(秒)
1	1905.9	303.33	0.0032967
2	1945.2	309.59	0.0032301
3	2934.1	466.97	0.0021415
4	3556.5	566.03	0.0017667
5	10284	1636.7	0.00061098

图 6-121　列举共振频率

（6）接下来对音叉施加外力，然后分析它的频率。如图 6-122 所示，把鼠标移动到右下角的"频率 1"上，单击右键，在弹出的右键菜单中选择"复制"，弹出如图 6-123 所示的定义算例名称对话框，在"算例名称"中输入"频率 2"，单击"确定"，新建算例"频率 2"，同时会自动进入频率 2 中。

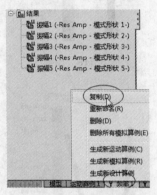

图 6-122　复制频率 1

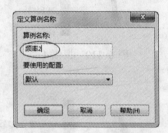

图 6-123　命名新算例

（7）在"频率 2"中，单击"外部荷载顾问"附加菜单的"力"，弹出如图 6-124 所示的对话框，在"法向力的面"中选择图中所示的两个面，然后在"力值"中输入500，勾选"反向"，单击"确定"，为音叉添加一个拉力。

（8）单击 Simulation 标准工具栏中的"运行"，运行分析。运行分析后，分别单击该文件夹中的"振幅 1"到"振幅5"，可以看到音叉的前五阶模态，分别如图 6-125～图 6-129 所示。再把鼠标移动到"结果"上，单击右键，在弹出的快捷菜单中选择"列举共振频率"，则可以看到前五阶的共振的频率，如图 6-130 所示。

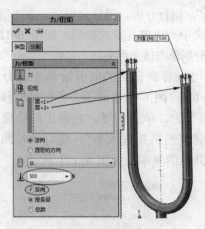

图 6-124　添加拉力

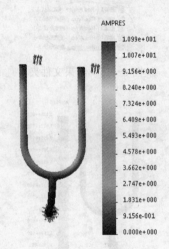

图 6-125　振幅 1

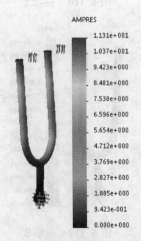

图 6-126　振幅 2

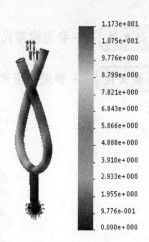

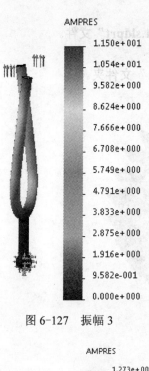

图 6-129 振幅 5

图 6-127 振幅 3

图 6-130 列举共振频率

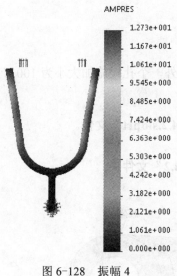

图 6-128 振幅 4

（9）对比频率 1 和频率 2 中的结果可以发现：音叉在受到外力的情况下，其模态（即振幅 1 到振幅 5）并无发生明显变化，但是共振频率却变大了。这个结果并不难理解，因为外力会导致音叉的刚度发生变化，因此会影响其共振频率。此时频率分析已经完成，保存文件即可。

6.4 习题·巩固

本节给出两个实例，供读者自行练习和探讨，以加深读者对有限元分析的理解。

6.4.1 练习 1——齿轮的频率分析

如图 6-131 所示，齿轮的键槽位置受到固定约束，材料是 1060 铝合金，对该齿轮进行频率分析。

起始文件 —— 参见附带光盘中的 "Start/ch6/6.4.1.sldprt" 文件。

 结果文件 —— 参见附带光盘中的 "End/ch6/6.4.1" 文件夹。

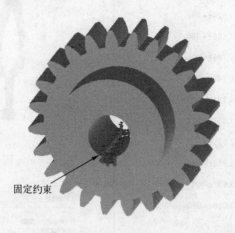

固定约束

图 6-131   齿轮

6.4.2   练习 2——连杆的静应力分析

如图 6-132 所示，连杆的一个孔受到固定约束，另外一个孔被施加大小为 100 N 的力，材料是合金钢，对连杆做静应力分析。

 起始文件 —— 参见附带光盘中的 "Start/ch6/6.4.2.sldprt" 文件。

 结果文件 —— 参见附带光盘中的 "End/ch6/6.4.2" 文件夹。

固定约束   载荷

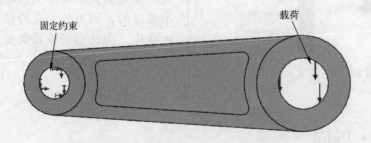

图 6-132   连杆

第 7 章 动画和运动仿真

SolidWorks 提供了功能强大的动画和运动仿真模块，用户能够以动画的形式展示机械结构的运动，甚至能够模拟出机械结构的运动特点。

 本讲主要内容

❏ 动画的基本知识和设置
❏ 旋转动画
❏ 爆炸视图动画
❏ 视觉属性动画
❏ 基于相机撬的动画
❏ 马达驱动的动画
❏ 力
❏ 引力
❏ 弹簧
❏ 接触
❏ 阻尼
❏ 仿真结果分析
❏ 基于路径的运动

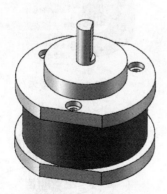

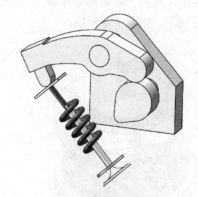

7.1 实例·知识点——行星轮减速器的动画制作

本节先以如图 7-1 所示的行星轮减速器为例，介绍动画的制作过程，然后再以此例引出动画制作的知识点。

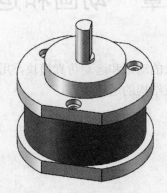

图 7-1 行星轮减速器

——参见附带光盘中的"Start/ch7/7.1"文件夹。

——参见附带光盘中的"End/ch7/7.1"文件夹。

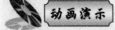——参见附带光盘中的 AVI/ch7/7.1.avi

（1）打开随书光盘中的"行星轮减速器.sldasm"，如图 7-2 所示。为了方便观察动画，需要隐藏齿圈和后端盖，因此同时选择齿圈和后端盖，单击右键，弹出如图 7-3 所示的右键菜单，选择"隐藏零部件 "，隐藏掉齿圈和后端盖，如图 7-4 所示。

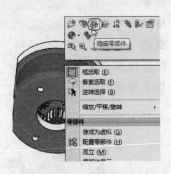

图 7-3 隐藏零件

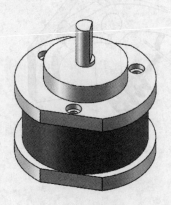

图 7-2 打开模型

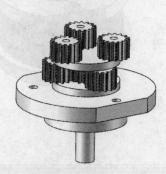

图 7-4 隐藏零件后的模型

（2）单击左下角的"运动算例 1"，切换界面到运动算例界面，如图 7-5 所示。

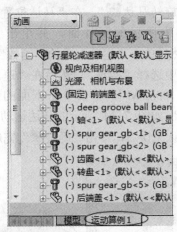

图 7-5　切换到运动算例

（3）单击"马达⚙"，左侧弹出如图 7-6 所示的对话框，在"马达类型"中选择"旋转马达↻"，在"马达位置▯"中选择图中所示的圆柱面，单击"运动"中的"函数"，在下拉菜单中选择"等速"，然后在"速度⏱"中输入 100RPM，然后单击下面的函数图像，弹出如图 7-7 所示的马达运动函数图像，确认无误后，单击"确定✓"完成。

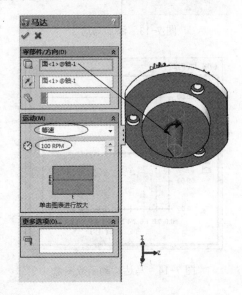

图 7-6　插入马达

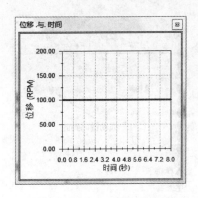

图 7-7　马达运动的函数图象

（4）如图 7-8 所示，拖动"旋转马达 1"右边的菱形键码到 1 秒的位置，作为旋转马达 1 运动的起始时间。

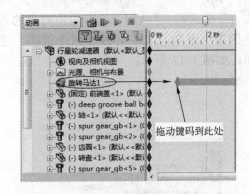

图 7-8　设置键码

（5）移动鼠标到"旋转马达 1"右边的黄色横条上，单击右键，弹出如图 7-9 所示的右键菜单，选择"放置键码"，放置一个键码，然后拖动它到 4 秒的位置，如图 7-10 所示，该键码所在的时间是马达 2 的终止运行时间。

图 7-9　放置键码

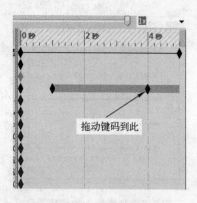

图 7-10　拖动键码

（6）选择上一步骤中新放置的键码，单击右键，弹出如图 7-11 所示的右键菜单，单击"关闭"，则在此处开始停止"马达 1"的运动，"马达 1"右边所对应的黄色横条也限制在 1～4 秒（两个键码）之间，如图 7-12 所示。

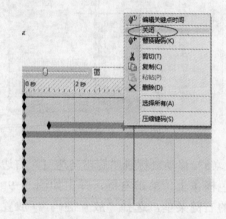

图 7-11　设置马达 1 的终止时间

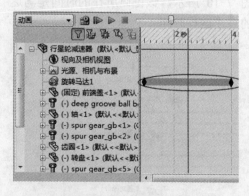

图 7-12　马达 1 的运行时间

（7）再次单击"马达"，左侧弹出如图 7-13 所示的对话框，在"马达类型"中选择"旋转马达"，在"马达位置"中选择图中所示的圆柱面，并单击"反向"，然后单击"运动"中的"函数"，在下拉菜单中选择"等速"，然后在"速度"输入"100RPM"，然后单击下面的函数图像，弹出如图 7-14 所示的马达运动函数图像，确认无误后，单击"确定"完成。

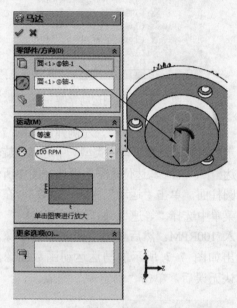

图 7-13　添加马达 2

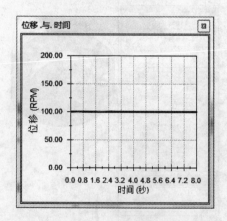

图 7-14　马达运动函数图像

（8）如图 7-15 所示，拖动"行星轮减速器"右边的键码到 8 秒处，作为动画的运行时间。

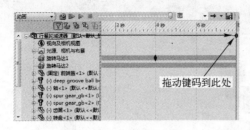

图 7-15　设置全局键码

（9）如图 7-16 所示，拖动旋转"马达2"右边的键码到 5 秒的位置，作为旋转马达 2 运动的起始时间。

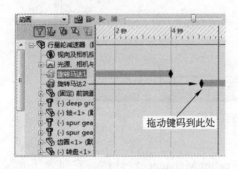

图 7-16　设置马达 2 的起始时间

（10）移动鼠标到"旋转马达 2"右边的黄色横条上，放置一个键码，然后拖动它到 8 秒的位置，如图 7-17 所示，该键码所在的时间是马达 2 的终止运行时间。

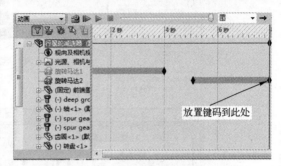

图 7-17　设置马达 2 的终止时间

（11）单击"计算 🔲"，则自动生成行星轮减速器的动画。行星轮减速器在 0～1 秒间无运动，在 1～4 秒间顺时针转动，4～5 秒间暂停运动，而在 5～8 秒间又做逆时针的运动。此时已经完成行星轮减速器的动画制作，保存文件即可。

7.1.1　动画的基本知识和设置

制作动画时，可以从零件文件或者装配体文件中切换到动画的界面，其操作方法如下：

- 如图 7-18 所示，单击软件界面左下角的"运动算例"，则软件界面从模型界面转到动画和仿真界面。
- 单击图 7-18 左上角的下拉菜单栏，选择"动画"，即可开始动画制作。

从模型转到动画和仿真后，软件的界面如图 7-19 所示，该界面主要由 MotionManager 设计树、MotionManager 工具栏和时间栏组成，这三个部分所包含的内容如下：

- MotionManager 设计树：包含了三维模型所有的零部件、配合、从 MotionManager 工具栏添加的所有马达、弹簧、力、阻尼、接触、引力等运动工具。

图 7-18　进入动画界面

- MotionManager 工具栏：包含动画的播放和控制、马达、弹簧、力、阻尼、接触、引力等工具。
- 时间栏：包含了时间线和键码，用于控制运动的起始和终止时间。

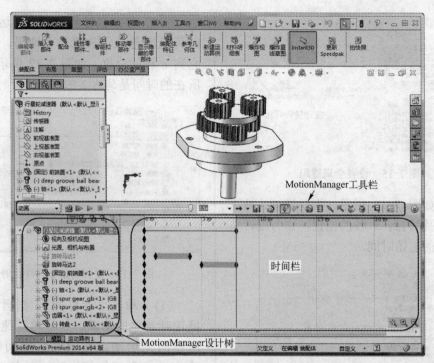

图 7-19　动画和仿真界面

1. MotionManager 设计树的基本知识

MotionManager 设计树类似于模型界面中的 FeatureManager 设计树，它包含了光源相机、运动工具、零部件和配合，如图 7-20 所示。MotionManager 设计树中的零部件、配合和 FeatureManager 设计树中的一致，只有运动工具是从 MotionManager 工具栏添加过来的。在模型界面中所添加的配合约束也被动画和仿真界面直接引用，而在动画和仿真界面中是不能够直接修改配合的，只能转到模型界面中修改。

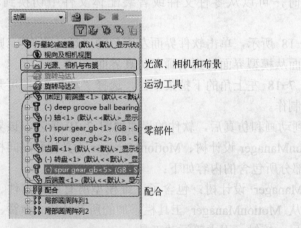

图 7-20　MotionManager 设计树的组成

为了使模型的动画能够正常地运行，必须先在模型界面中通过配合正确地约束好模型的自由度。配合中的机械配合可以模拟零件的实际运动情况，因此尽量使用机械配合来约束零件，使之在动画和仿真界面中可以被直接引用。

2．MotionManager 工具栏

MotionManager 工具栏主要用于设置算例类型、添加运动工具、播放和控制动画等。在开始制作动画之前，首先要设置算例的类型，具体方法如下：

- 单击 MotionManager 工具栏左边的下拉菜单栏，如图 7-21 所示。

图 7-21　设置算例类型

- 在下拉菜单中选择算例类型。

算例有三种类型：动画、基本运动和 Motion 分析，不同算例类型可以使用的运动工具是不同的，其区别如下：

- 动画：以动画的形式展示机构的运动，只能够使用运动工具中的马达。
- 基本运动：比动画更加精确地模拟机构的运动，可以使用运动工具中的马达、弹簧、接触和引力。
- Motion 分析：最逼真地模拟机构的运动，可以使用运动工具中的所有工具，并能够通过图解来分析运动的特点。

3．时间栏

所有的 SolidWorks 动画事件都是基于时间的，因此时间在动画制作中非常重要。每个动画时间的开始都是由放置于时间轴上面的键码来触发的，因此键码可以看做是运动的开关。

如图 7-22 所示，时间栏包括时间线、键码和时间栏。时间线是零部件、配合或者运动工具在时间栏上面所对应的横条，代表了运动的持续时间段。每个零部件、配合或者运动工具在右边都有相应的时间线，最上面的黑色时间线是顶级装配体的时间线，它代表着整个动画的时间长短。时间线可以是持续的横条，也可以是断续的横条。如果是持续的横条，表示该零部件、配合或者运动工具一直在运动，如果是断续的横条，则表示该零部件、配合或者运动工具只在时间线所代表的时间段内运动。

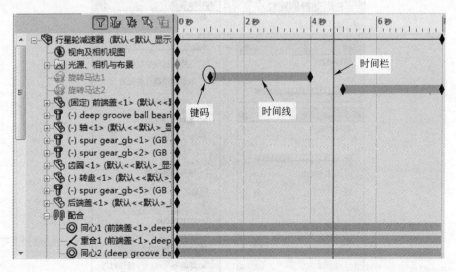

图 7-22　时间栏

时间线的两端是键码，键码的形状是菱形的。键码用于触发运动时间，当时间栏到达键码的位置时，会触发某种事件。放置键码的操作步骤是：

- 移动鼠标到要放置键码的位置，单击右键，弹出如图 7-23 所示的右键菜单。
- 选择"放置键码"，即可放置键码。

放置键码后，可以用鼠标拖动键码来移动它的位置，用于和特定的时间点对应，也可以进行如下操作，以修改键码时间，具体方法如下：

- 选择键码，单击右键，在右键菜单中选择"编辑关键点时间"，此时弹出如图 7-24 所示的对话框。
- 在对话框中输入时间值即可。

图 7-23　放置键码

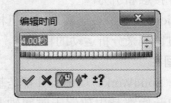

图 7-24　编辑键码时间

时间栏是一条灰色的竖直线，它代表着动画当前的时间。在播放动画的过程中，拖动时间栏到某一位置时，动画也随之变化到当前时间所对应的状态。

4．动画设置

在运行动画之前，做一些基本的设置。单击 MotionManager 工具栏中的"运动算例属性"，左侧弹出如图 7-25 所示的对话框，在该对话框中，各个参数的意义如下：

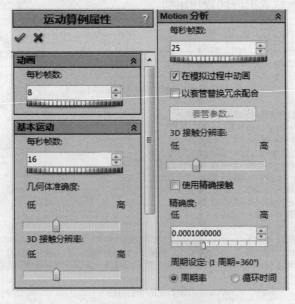

图 7-25　运动算例属性

- 每秒帧数：每秒帧数乘以动画长度将指定要捕捉的帧总数。每秒帧数值不影响到播放速度。
- 几何体准确度：基本运动从曲线几何体制作网格。精度越高，网格将越接近实际几何体，碰撞模拟更准确，但需要更多计算时间。
- 3D 接触分辨率：控制几何体网格内所允许的贯通量。
- 在模拟过程中动画：清除该选项时可加速计算时间，并在计算模拟过程中不显示运动。
- 使用精确接触：勾选该选项时，SolidWorks 使用代表实体的方程式计算接触。清除选择该选项时，SolidWorks 使用多边形几何体估算接触。精确接触所计算的接触在分析方面正确，但计算可比大致解算时间要长。
- 精度：高数值可增加所需的计算时间。

7.1.2　旋转动画

动画演示——参见附带光盘中的 **AVI/ch7/7.1.2.avi**

旋转动画是使模型绕着一个坐标轴进行旋转运动，它用于多方位展示零件的结构。下面举例说明其操作步骤。

- 单击"动画向导"，此时弹出如图 7-26 所示的对话框。
- 选择"旋转模型"，并单击"下一步"按钮，弹出如图 7-27 所示的对话框。

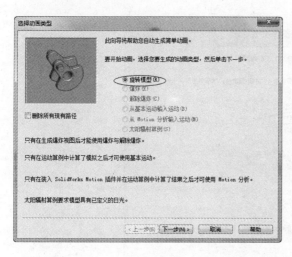

图 7-26　选择动画类型

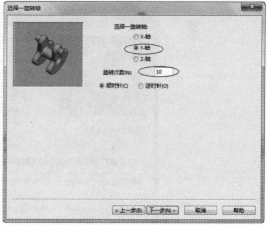

图 7-27　选择旋转轴

- 选择"Y-轴"，然后在"旋转次数"按钮中输入 10，再单击"下一步"按钮，弹出如图 7-28 所示的对话框。
- 在"时间长度"中输入 10，在"开始时间"中输入 0，再单击"完成"按钮。
- 单击"播放"，则模型会绕着 Y 轴旋转，如图 7-29 所示。

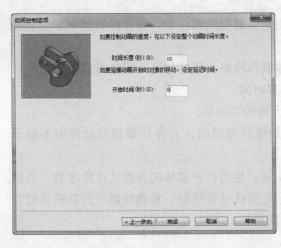

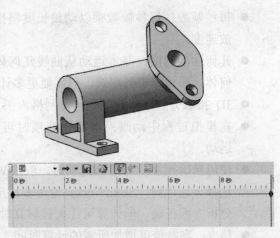

图 7-28　动画控制　　　　　　　　　　图 7-29　旋转动画

7.1.3　爆炸视图动画

动画演示——参见附带光盘中的 AVI/ch7/7.1.3.avi

爆炸视图动画是指将爆炸或者解除爆炸的步骤以动画的形式展现出来。下面举例介绍爆炸视图动画的操作。

- 首先在模型界面生成爆炸视图，然后转到动画和仿真界面，单击"动画向导 🔯"，此时弹出如图 7-30 所示的对话框。

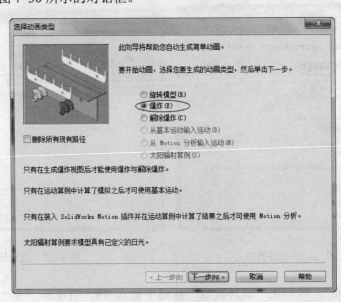

图 7-30　选择动画类型

- 选择"爆炸"，然后单击"下一步"按钮，弹出如图 7-31 所示的对话框。
- 在"时间长度"中输入 8，在"开始时间"中输入 0，再单击"完成"按钮。

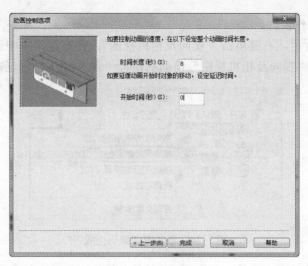

图 7-31　动画控制

● 单击"播放 ▶"，此时会以动画形式播放爆炸步骤，如图 7-32 所示。

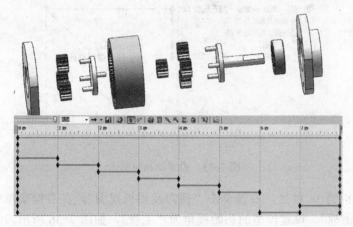

图 7-32　爆炸视图动画

实际上，生成爆炸视图的同时，SolidWorks 已经自动生成了爆炸视图动画，在模型界面也可以播放爆炸视图动画，其操作步骤如下：

● 如图 7-33 所示，单击"ConfigurationManager 🔗"，转到配置设计树界面。
● 右键单击配置设计树下的"动画爆炸"，则会播放爆炸视图动画。

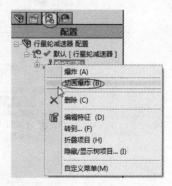

图 7-33　动画爆炸

7.1.4　视觉属性动画

 动画演示——参见附带光盘中的 AVI/ch7/7.1.4.avi

视觉属性动画是指以动画的形式缓慢地从模型的一个姿态切换到另外一个姿态，下面

以一个例子说明其操作步骤。

- 如图 7-34 所示，右键单击"视向及相机视图"，在右键菜单中选择"禁用观阅键码生成"，此时"视向及相机视图"前面的图标"⑧"消失，激活观阅键码生成。

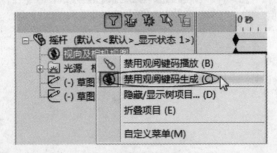

图 7-34　激活观阅键码生成

- 拖动摇杆的键码到 4 秒处，如图 7-35 所示，使动画的时间长度为 4 秒。

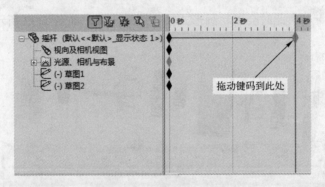

图 7-35　设置动画时间

- 拖动时间栏到 0 秒处，右键单击"视向及相机视图"，在右键菜单中选择"视图定向"→"上视"，设置模型的初始视角为"上视"，如图 7-36 所示。

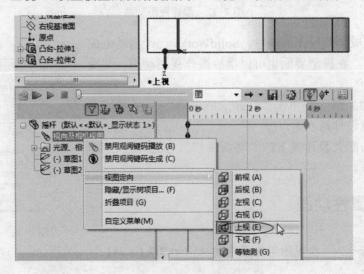

图 7-36　初始视角

● 拖动时间栏到 4 秒处，右键单击"视向及相机视图"，在右键菜单中选择"视图定向"→"等轴测"，设置模型的终止视角为"等轴测"，如图 7-37 所示。

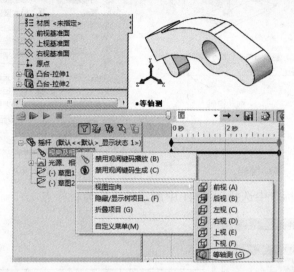

图 7-37　终止视角

● 单击"播放 ▶"，则模型会缓慢地从上视视角转动到等轴测视角。

7.1.5　基于相机撬的动画

 ——参见附带光盘中的 AVI/ch7/7.1.5.avi

基于相机撬的动画是假设相机的位置固定，而模型相对相机运动时，从相机视角观察模型的运动所得到的动画效果。下面举例说明其操作步骤。

● 首先在装配体中插入一个零件作为相机撬，通过配合约束该零件相对于模型的运动只有一个自由度，如图 7-38 所示。

相机撬

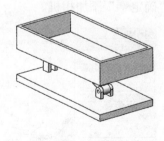

图 7-38　插入相机撬

● 拖动如图 7-39 所示的键码到 5 秒的位置，使动画的时间为 5 秒。
● 右键单击"光源、相机和布景"，弹出如图 7-40 所示的菜单，选择"添加相机"，则弹出如图 7-41 所示的对话框。

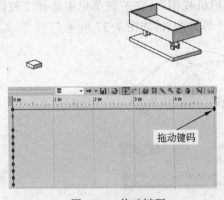

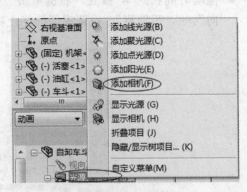

图 7-39　拖动键码　　　　　　　　　　　　　　图 7-40　右键菜单

● 在"选择的目标"中选择图 7-41 中所示的点作为目标点。

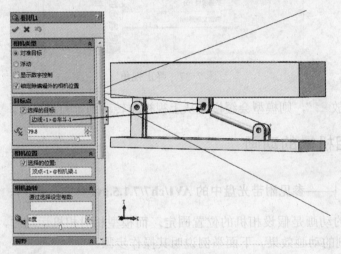

图 7-41　选择目标

● 在"相机位置"中选择图 7-42 中所示的相机撬的一个角点作为放置相机的位置，然后单击"确定 ✔"添加相机。

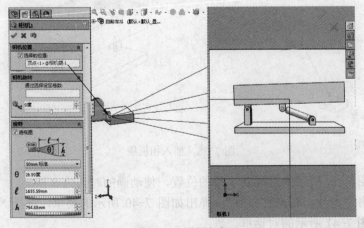

图 7-42　设置相机

● 拖动时间栏到 5 秒的位置，然后拖动相机撬到靠近模型的位置，如图 7-43 所示，此时的状态是动画的终止状态。

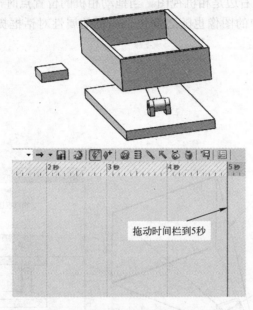

图 7-43　设置终止状态

● 如图 7-44 所示，右键单击"视向及相机视图"，在右键菜单中选择"禁用观阅键码播放"。
● 如图 7-45 所示，右键单击"光源、相机和布景"下的"相机 1"，在右键菜单中选择"相机视图"。
● 单击"播放 ▶"，播放动画。

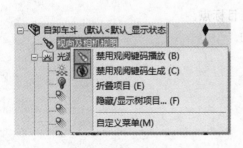

图 7-44　右键菜单

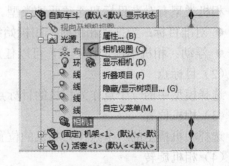

图 7-45　激活相机视图

从上面的操作步骤中我们可以总结出基于相机撬的动画的制作方法如下：
● 插入一个辅助零件用于放置相机。
● 插入相机，设置好目标点和相机的位置。
● 设置动画时间和终止状态。
● 禁用观阅键码播放和激活相机视图。
插入作为相机撬的辅助零件时，选择任意的零件都可以。插入相机撬后，要使用配合来约束它和模型之间运动的自由度，以便于改变相机撬的位置。

插入相机时，软件界面如图 7-46 所示，该界面左边是相机的属性对话框，中间部分是相机和模型的三维模型，右边是相机视图。当拖动相机的位置点时，相机相对于模型的位置发生改变，而相机视图中的图像也随之变化。相机的属性对话框提供了很多可以设置的参数，各个参数的意义如下：

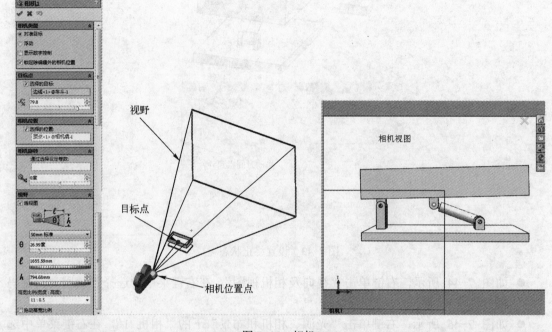

图 7-46　相机

（1）相机类型

相机类型有对准目标和浮动两种类型。

● 对准目标：当拖动相机时，相机始终对准目标点。

● 浮动：相机不锁定目标点，可以任意移动。

（2）目标点

选择模型中的一个点作为相机的目标点。

（3）相机位置

选择相机撬上的一个点作为相机的位置。

（4）相机旋转

设置相机的旋转，可以参考相机视图中的图像进行设置。

（5）视野

设置镜头的尺寸。

● 视觉角度 θ：设置镜头的角度。

● 视觉矩形的距离 l：设置镜头视觉矩形的距离。

● 视觉矩形的高度 h：设置镜头视觉矩形的高度。

7.1.6 马达驱动的动画

 动画演示——参见附带光盘中的 **AVI/ch7/7.1.6.avi**

马达驱动的动画可以在一定程度上模拟一些简单机构的运动。它的原理是为机构添加一个原动力，使之运动。下面举例说明添加马达的操作步骤。

- 单击"马达📀"，左侧弹出如图 7-47 所示的对话框。
- 在"马达类型"中选择"旋转马达"。
- 在"马达位置📐"中选择图中所示的圆柱面。
- 单击"运动"中的"函数"，在下拉菜单中选择"等速"，然后在"速度⏱"中输入 100RPM。
- 单击"确定✔"，添加马达。

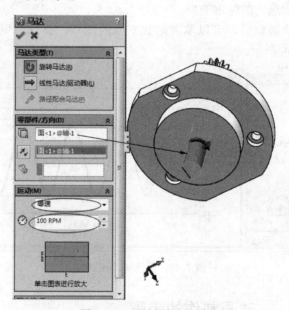

图 7-47　马达属性对话框

在马达属性对话框中，主要可以设置马达的类型、位置及其运动特点。各个参数的含义如下：

（1）马达类型

马达类型包括选择马达和直线马达。

（2）马达位置

马达位置用于设置马达的放置位置，一般可以选模型中的边线或者面。

（3）马达方向

马达方向用于设置马达的运动方向。一般情况下，马达的运动方向由 SolidWorks 根据马达位置自动选取。

（4）零部件

零部件用于选择要运动的参照零部件，默认为参照装配体坐标系。

（5）函数

函数是指马达的运动函数。一般有如下函数：

- 等速：即马达速度恒定。
- 距离：指定马达以设定的距离和时间帧运行。
- 振荡：指定振荡马达轮廓。
- 伺服马达：指定基于事件运动算例的伺服马达。
- 分段：从时间或循环角度的分段连续函数定义轮廓。
- 数据点：从插值数据组（如时间、循环角度或运动算例结果函数）定义轮廓。
- 表达式：定义轮廓为时间、循环角度、或运动算例结果的数学表达式。
- 从文件加载函数：允许用户从以 sldfcn 为后缀的文件中导入使用函数编制程序创建的函数。
- 删除函数：允许用户删除使用函数编制程序创建的函数。
- 编辑：允许编辑选定的轮廓类型。

设置了马达的运动函数后，可以单击函数下面的图标，会自动生成马达的运动参数和时间的函数，如图 7-48 所示。

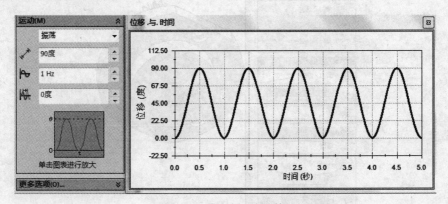

图 7-48　马达运动函数

7.1.7　思路小结——动画制作的步骤

从本节对动画制作知识点的介绍中，我们可以总结出动画制作的步骤如下：

- 进入动画和仿真界面。
- 拖动键码，设定动画的时间。
- 设定动画事件，例如制作爆炸视图动画、添加马达、添加相机等。
- 添加键码，并设定键码的时间。
- 播放动画，并保存文件。

7.2　实例·知识点——阀门凸轮的运动仿真

本节以图 7-49 所示的阀门凸轮机构为例，介绍基于 SolidWorks Motion 的运动仿真的操作方法，并以此引出 SolidWorks Motion 的知识点。

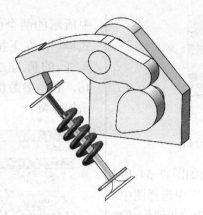

图 7-49 阀门凸轮机构

 ——参见附带光盘中的 "**Start/ch7/7.2**" 文件夹。

 ——参见附带光盘中的 "**End/ch7/7.2**" 文件夹。

 ——参见附带光盘中的 **AVI/ch7/7.2.avi**

（1）从随书光盘中打开 "阀门凸轮.sldasm"，如图 7-50 所示。新建一个运动算例。单击菜单栏中 "" 右边的下拉按钮，在如图 7-51 所示的附加菜单中选择 "插件"，弹出如图 7-52 所示的对话框，在该对话框中勾选 "SolidWorks Motion"，然后单击 "确定" 按钮关闭对话框。

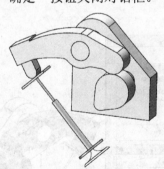

图 7-50 阀门凸轮

图 7-51 选项附加菜单

图 7-52 插件对话框

（2）单击 Motion Manager 左边的下拉菜单栏，弹出如图 7-53 所示的菜单，在该菜单中选择 "Motion 分析"，激活运动仿真工具。

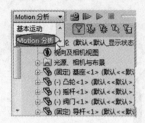

图 7-53 设置 motion 分析

（3）单击"马达"，弹出如图 7-54 所示的对话框，在"马达位置"中选择图中所示的面，然后设置马达函数为"等速"，输入转速为"2000RPM"，单击函数图表，弹出如图 7-55 所示的马达函数图表，确认无误后，单击"确定"添加马达。

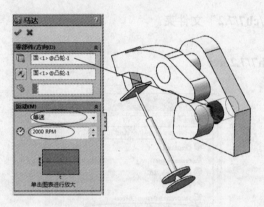

图 7-54 添加马达

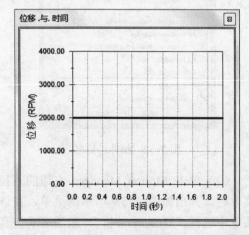

图 7-55 函数图表

（4）单击"弹簧"，弹出如图 7-56 所示的对话框，在"弹簧端点"中选择图

中所示的两个面，单击"弹簧力指数表达式 kx^e"，在下拉菜单中选择"1 线性"，输入 k 的值为 20，"自由长度"的值为 46，其他参数保持默认，单击"确定"，添加弹簧。

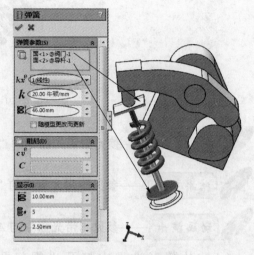

图 7-56 添加弹簧

（5）单击"接触"，弹出如图 7-57 所示的对话框，在"零部件"中选择图中所示的凸轮和摇杆，在"材料"选项卡中，单击"材料"，在下拉菜单中选择"Steel（Dry）"，然后单击"确定"，添加接触。

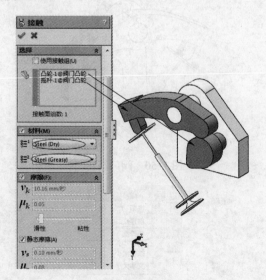

图 7-57 添加接触

（6）再次单击"接触"，弹出如图 7-58 所示的对话框，在"零部件"中选择图中所示的阀门和摇杆，在"材料"选项卡中，为材料 1 指定"Steel（Dry）"，为材料 2 指定"Steel（Greasy）"，然后单击"确定"添加接触。

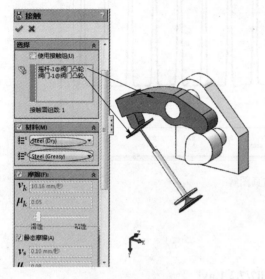

图 7-58 添加接触

（7）拖动键码，使仿真的时间为 2 秒，如图 7-59 所示。

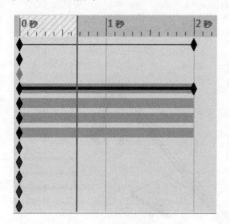

图 7-59 设置键码

（8）单击"运动算例属性"，弹出如图 7-60 所示的对话框，在"每秒帧数"中输入 500，然后单击"确定"关闭对话框。

图 7-60 设置运动属性

（9）单击"计算"，此时自动进行仿真，并以动画方式展示阀门凸轮机构的运动。单击"图解"，弹出如图 7-61 所示的对话框，在"结果"选项中，单击下拉菜单，选择分析的类别为"力"、分析的子类别为"反作用力"，分析的结果分量为"幅值"，然后在"特征"中选择图中所示的两个面，单击"确定"，生成如图 7-62 所示的图解。此时已经仿真完毕，保存文件即可。

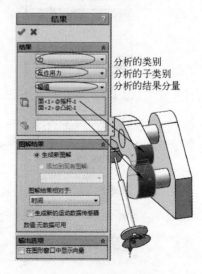

图 7-61 结果对话框

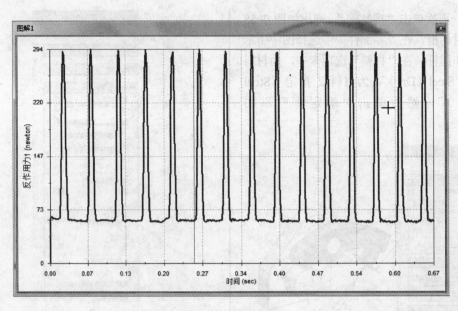

图 7-62　仿真图解

7.2.1　力

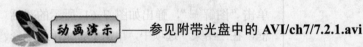

力是包括方向为直线的力或者力矩。它可以是单一的驱动力或者零件之间的相互作用力。下面举例说明添加力的操作步骤。

● 单击"力"左侧弹出如图 7-63 所示的对话框。

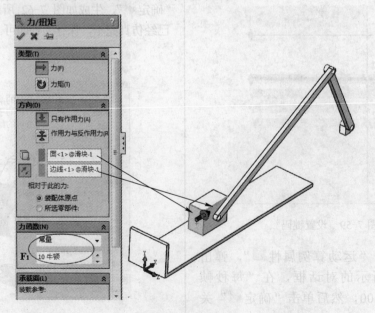

图 7-63　添加力

- 在"类型"中选择"力 $\rightarrow$ "。
- 选择"只有作用力 $\downarrow$ ",并在"作用零件和作用应用点 $\square$ "中选择图中所示的滑块的面作为力的受力面,在"力的方向"中选择滑块的边线作为力的方向。
- 单击"力函数",在下拉菜单中选择"常量",并输入力的大小为 10N。
- 单击"确定 $\checkmark$ "添加力。

添加力时,主要设置力的类型、方向和函数,下面对力的属性对话框中各个参数的意义进行详细介绍。

（1）类型

类型用于设置力的类型,有力和力矩两种类型。

- 力:作用力的方向是一条直线。
- 力矩:扭矩,使零件有旋转运动的趋势。

（2）力的相互作用

力的相互作用用于设置力的相互作用方式,有"只有作用力"和"作用力与反作用力"。

- 只有作用力:单作用力或力矩作用在模型的实体上,该力不是由模型的实体产生,而是由模型以外的虚拟动力产生。
- 作用力与反作用力:同时选择两个实体,一个实体受到作用力,而另外一个实体受到等大反向的反作用力,力的产生和受体都是模型中的实体。

（3）作用零件和作用应用点

该选项用于选择模型上的实体作为受力点。

（4）力的方向

该选项用于指定模型上的实体作为力的方向。指定该选项时,SolidWorks 自动根据受力实体来判断力的反向。

（5）力函数

力函数是设定作用力大小的函数,有以下几种函数。

- 常量:指定的力为常量。
- 步长:指定力的表达式为平滑阶梯函数。
- 谐波:指定力的表达式为谐波。
- 分段:从时间或循环角度的分段连续函数定义力。
- 数据点:从插值数据组(如时间、循环角度或运动算例结果函数)定义力。
- 表达式:定义力的表达式为时间、循环角度、或运动算例结果的数学表达式。
- 从文件加载函数:允许用户从.sldfcn 文件导入使用函数编制程序创建的函数。

7.2.2　引力

 动画演示——参见附带光盘中的 **AVI/ch7/7.2.2.avi**

当考虑机构中零件重力对运动的影响时,必须添加引力来模拟重力。添加引力后,机构中所有零件都会受到重力的影响,其方向沿着指定的方向。下面举例说明其操作步骤。

- 单击"引力 🔵"，左侧弹出如图 7-64 所示的对话框。
- 选择"Y"，使引力的方向沿着 Y 轴，此时会出现一个绿色的箭头，该箭头的方向是引力的方向。
- 单击"确定 ✔"添加引力。

添加引力时，只需要指定引力的方向和输入重力加速度的值即可。一般情况下，重力加速度的值使用默认值即可，而引力的方向，可以通过选择模型上的边线作为引力方向，也可以使用三个坐标轴作为引力方向。

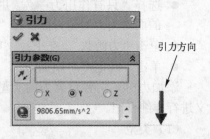

图 7-64　引力

7.2.3　弹簧

 动画演示——参见附带光盘中的 **AVI/ch7/7.2.3.avi**

弹簧的建模过程非常复杂，而弹簧在运动仿真中的作用却非常简单，因此，把弹簧简化成数学模型，直接添加到仿真的机构中，显然是好的选择。与力类似，弹簧也有线性弹簧和扭转弹簧，下面先举例说明其操作步骤。

- 单击"弹簧 ☰"，左侧弹出如图 7-65 所示的对话框。

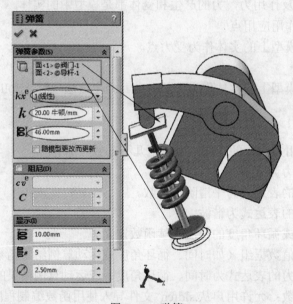

图 7-65　弹簧

- 在"弹簧端点 🔲"中选择图中所示的两个面作为弹簧的端点。
- 单击"弹簧力表达式指数 kx^e"，在下拉菜单中选择"1（线性）"，并在"弹簧常数"中输入 20。
- 在"自由长度 🔲"中输入 46。
- 单击"确定 ✔"添加弹簧。

从上面的操作步骤中可以看到，添加弹簧时，要指定弹簧的端点、弹簧力表达式和自由长度，必要的情况下还可以设置弹簧的阻尼。弹簧的参数意义如下：

- 弹簧类型：有线性弹簧和扭转弹簧两种。
- 弹簧力表达式指数：弹簧的力表达式是 $F=kx^e$，在这里需要指定 "e" 的值，一般常用的弹簧是线性弹簧，因此默认的指数为 1。
- 弹簧常数：即设置弹簧力表达式中 k 的值。
- 自由长度：输入一个值作为弹簧的自由长度。
- 阻尼：勾选 "阻尼" 时，可以设置弹簧的阻尼值，阻尼力的表达式为 $F=Cv^e$，因此要分别指定 C 和 e 的值。
- 显示：设置显示出的弹簧直径、圈数、丝径等外观参数，外观参数的设置对模拟效果无关，可以不做设置。

7.2.4 接触

 动画演示——参见附带光盘中的 AVI/ch7/7.2.4.avi

接触是使多个零件的外表面互相接触且不穿透，并可以在两个零件之间设定摩擦。下面举例来说明添加接触的步骤。

- 单击 "接触"，弹出如图 7-66 所示的对话框。

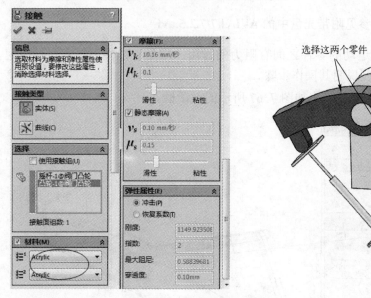

图 7-66 接触

- 在 "零部件" 中选择图中所示的凸轮和摇杆。
- 在 "材料" 选项卡中，单击 "材料"，在下拉菜单中选择 "Steel（Dry）"。
- 单击 "确定" 添加接触。

两个零件设定为接触后，可以指定其摩擦性质，各个参数的意义如下：

（1）接触类型

接触类型有实体和曲线接触两种。

● 实体：零件之间的接触是三维接触。
● 曲线：零件之间的接触是二维接触。

（2）零部件

该选项用于选择接触的零部件。如果勾选"使用接触组"，SolidWorks 会忽略组中各零件间的接触，只考虑两组之间每对零部件组合之间的接触，如果清除该选项，所有被选取的零部件之间都会有接触，没有被选到的零部件的接触会被忽略。

（3）材料

该选项用于设置相互接触的零件的材料。每种材料都有各自的属性，不同材料之间的组合，其摩擦系数也不同，如果勾选了"材料"后，则"摩擦"选项不可设置。

（4）摩擦

该选项用于设置零件间的摩擦属性。有以下的几种摩擦属性可供设置：

● 动态摩擦速度：设置动态摩擦成为恒定的速度，要输入一个值作为速度值。
● 动态摩擦系数：设置动态摩擦的摩擦系数。
● 静态摩擦速度：设置克服静态摩擦力使零件开始运动时的速度。
● 静态摩擦系数：设置静态摩擦系数。

7.2.5 阻尼

 动画演示——参见附带光盘中的 AVI/ch7/7.2.5.avi

阻尼是使两个相互运动的零件之间有阻力的作用。阻尼有线性阻尼和扭转阻尼，其作用和弹簧类似。下面举例说明其操作步骤。

● 单击"阻尼✎"，左侧弹出如图 7-67 所示的对话框。

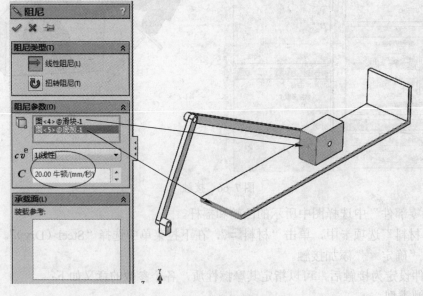

图 7-67　阻尼

- 在"阻尼端点 "选择图中所示的两个平面。
- 在"阻尼表达式指数 cv^e"中选择"1（线性）"。
- 在"阻尼常数 C"中输入 20。
- 单击"确定 ✔"添加阻尼。

添加阻尼的操作比较简单，只需要设置阻尼的类型和阻尼值。阻尼的参数意义如下：

- 阻尼类型：有线性阻尼和扭转阻尼两种。
- 阻尼端点：选择两个实体作为阻尼的端点。
- 阻尼表达式指数：阻尼力的表达式为 $L=Cv^e$，在这里设置 e 的大小。
- 阻尼常数：设置阻尼表达式中参数 C 的大小。

7.2.6 仿真结果分析

动画演示——参见附带光盘中的 **AVI/ch7/7.2.6.avi**

仿真完成后，为了分析某些零件的速度、加速度或者受力等，我们还需要绘制出这些参数的图像，然后做进一步的结果分析。SolidWorks 提供了便捷的生成仿真图解的工具，下面以一个例子说明其操作步骤。

- 单击工具栏中的"结果和图解 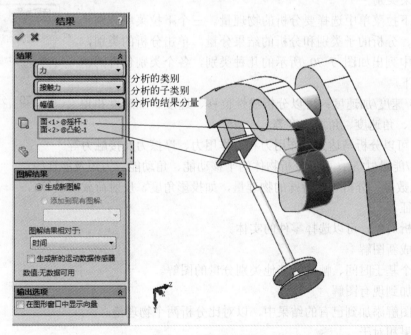"，左侧弹出如图 7-68 所示的对话框。

图 7-68 结果和图解

- 在"结果"选项中，单击下拉菜单，选择分析的类别为"力"、分析的子类别为"反作用力"，分析的结果分量为"幅值"。
- 在"特征 □"中选择图中所示的两个面。
- 单击"确定 ✔"，生成如图 7-69 所示的图解。

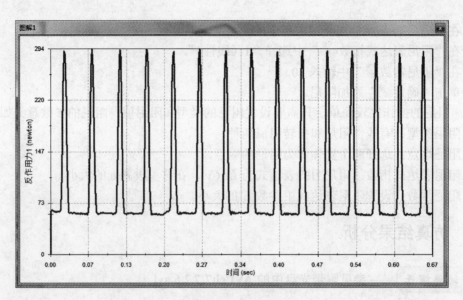

图 7-69　生成图解

　　生成图解的操作比较简单，只需要设定要分析的物理量和分析对象，就可以生成基于时间或者帧的图解。结果和图解属性对话框中的各个参数意义如下。

　　（1）结果类别

　　在三个下拉菜单中选择要分析的物理量。三个下拉菜单分别是分析的类别、分析的子类别和分析的结果分量。单击分析的类别，下拉菜单栏中列出如图 7-70 所示的几种类别，各个类别包含的物理量意义如下。

图 7-70　分析的类别

- 位移/速度/加速度：可以分析线性位移、速度、加速度和角位移、角速度、角加速度等。
- 力：可以分析马达力、作用力和反作用力、摩擦力及接触力等。
- 动能/能量/力量：可以分析物体的平移动能、角动能、力矩及能耗等。
- 其他数量：分析一些特殊的物理量，如投影角度、反射荷载质量等。

　　（2）特征

　　选择分析对象，可以选择零件的实体。

　　（3）生成新图解

　　生成一个基于时间、帧或者其他类别分量的图解。

　　（4）添加到现有图解

　　把新的图解添加到已有的结果中，以对比分析两个物理量。

　　（5）结果相对于

　　设定图解中横坐标的物理量，有如下物理量：

- 时间：生成的图解是时间的函数。
- 帧：生成的图解是帧的函数。
- 新结果，生成的图解是另外一个物理量的函数。如图 7-71 所示，生成摇杆的角速度相对于它自身角速度的图解，显然是线性关系。

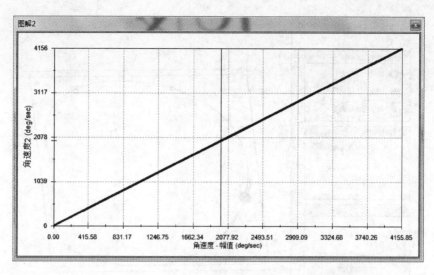

图 7-71　相对于新结果的图解

7.2.7　基于路径的运动

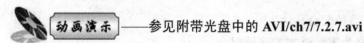——参见附带光盘中的 **AVI/ch7/7.2.7.avi**

基于路径的运动是使用路径马达来驱动零件沿着设定的路径进行运动，下面以实例说明其操作步骤。

● 如图 7-72 所示，为零件添加路径配合，使其顶点可以自由地在路径上运动。

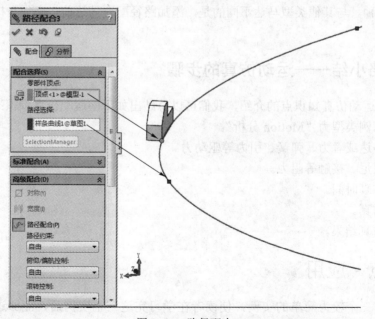

图 7-72　路径配合

● 进入运动和仿真界面，单击"马达🔲"，左侧弹出如图 7-73 所示的对话框。

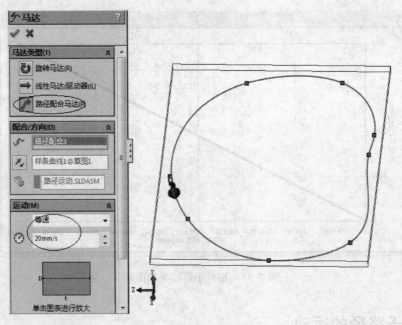

图 7-73　路径配合马达

- 在"马达类型"中选择"路径配合马达"。
- 在"路径配合 〰 "中选择为零件添加的路径配合。
- 选择马达的运动函数为"等速"，并输入速度值 20mm/s。
- 单击"计算 🖩 "，则零件会在路径配合马达的驱动下，沿着路径匀速运动。

基于路径的运动实际上是以路径配合马达来驱动零件的运动，而路径配合马达也属于马达类型的一种。与其他类型马达不同的是，添加路径配合马达前，必须在模型中添加一个路径配合。

7.2.8　思路小结——运动仿真的步骤

从本节对运动仿真知识点的介绍，我们可以总结出如下的运动仿真步骤：

- 选择算例类型为"Motion 分析"。
- 添加马达或者力、弹簧、引力等驱动力。
- 添加阻尼、接触等阻力。
- 设置仿真时间。
- 进行仿真。
- 分析仿真结果。

7.3　要点·应用

本节给出三个较为简单的实例，使读者在学习完这三个实例后，能够进一步掌握动画和仿真的知识点。

7.3.1 应用 1——泵体的外观展示

本实例以图 7-74 所示的泵体为例，制作一段动画来展示泵体的外观。如图 7-75 所示，初始时，相机离泵体的位置较远，展示的是泵体的正视图；然后镜头慢慢拉进，与此同时，泵体慢慢旋转到右视图；最后的状态是相机离泵体的位置很近，展示的是泵体的右　视图。

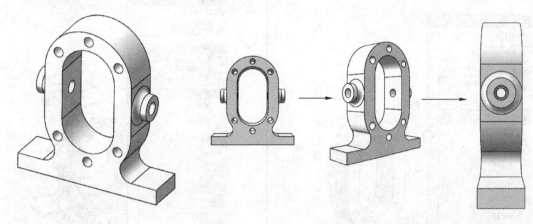

图 7-74 泵体　　　　　　　　　　　　　图 7-75 动画展示过程

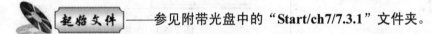——参见附带光盘中的"**Start/ch7/7.3.1**"文件夹。

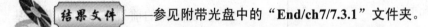——参见附带光盘中的"**End/ch7/7.3.1**"文件夹。

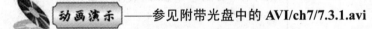——参见附带光盘中的 **AVI/ch7/7.3.1.avi**

（1）打开随书光盘中的"泵体外观展示.sldasm"，如图 7-76 所示。

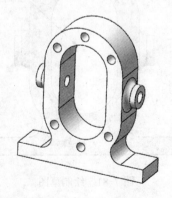

图 7-76 打开装配体

（2）插入"相机撬.sldprt"到装配体中，如图 7-77 所示。

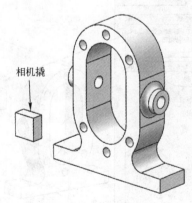

图 7-77 插入相机撬

（3）单击装配体工具栏中的"配合 ◢"，左侧弹出如图 7-78 所示的对话框，在"要配合的实体 品"中选择图中所示的相机撬的面和前视基准面，在"标准配合"中选择"平行"，然后单击"确定"添加平行配合；再在"要配合的实体"中选择图 7-79 中所示的相机撬的右视基准面和装配体的右视基准面，在"标准配合"中选择"重合"，然后单击"确定"添加重合配合。

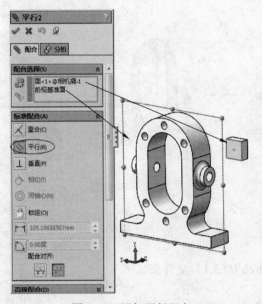

图 7-78　添加平行配合

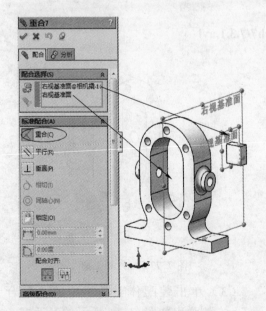

图 7-79　重合配合

（4）再单击装配体工具栏中的"配合

"，左侧弹出如图 7-80 所示的对话框，在"要配合的实体"中选择图中所示的相机撬的面和上视基准面，在"标准配合"中选择"距离"，输入距离值 60，然后单击"确定"添加距离配合。

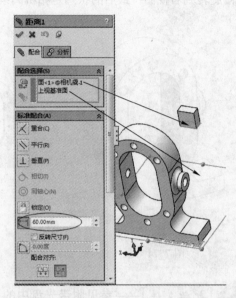

图 7-80　距离配合

（5）以装配体的前视基准面为草图基准面，绘制一个位于主体中心的点，如图 7-81 所示。

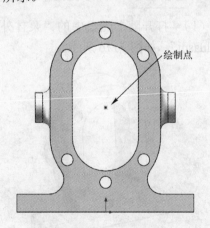

绘制点

图 7-81　绘制草图

（6）单击"运动算例 1"，使软件转到动画和仿真界面，并选择算例类型为"动画"，如图 7-82 所示。

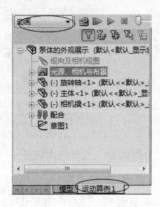

图 7-82　设置算例类型

（7）拖动时间栏到 0 秒位置，然后拖动相机撬的位置，使它和主体的距离较远，如图 7-83 所示，此时的状态为动画的初始状态。

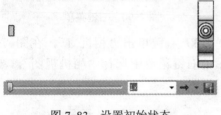

图 7-83　设置初始状态

（8）右键单击"光源、相机于布景"，弹出如图 7-84 所示的右键菜单，单击"添加相机 🐧"，弹出如图 7-85 所示的对话框，在"选择的目标"中选择草图 1 中的点作为目标点；然后在"选择的位置"中选择相机撬一个面上的中心点作为相机的位置，如图 7-86 所示，设置完后，单击"确定 ✔"添加相机。

图 7-84　右键菜单

图 7-85　设置目标点

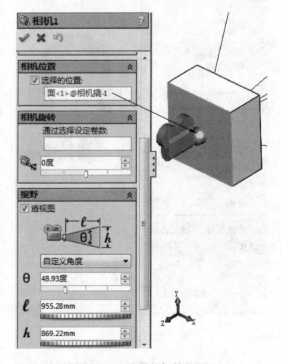

图 7-86　设置相机的位置

（9）拖动键码到 4 秒的位置，使动画的时间为 4 秒，然后拖动时间栏到 4 秒的位置，如图 7-87 所示。

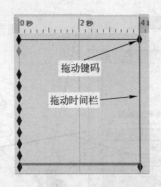

图 7-87 拖动键码和时间栏

（10）先选择主体，单击装配体工具栏中的"旋转零部件 "，左侧弹出如图 7-88 所示的对话框，单击"旋转 "，在下拉菜单中选择"由 Delta XYZ"，然后再输入 Y 轴的旋转角 90°，单击"确定 "，使主体旋转 90°。

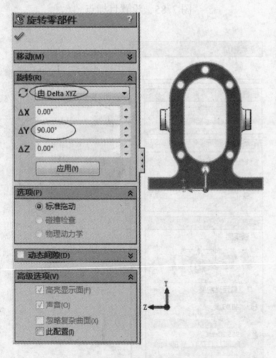

图 7-88 旋转主体

（11）如图 7-89 所示，拖动相机撬到离主体较近的位置，此时的状态是动画的终止状态。

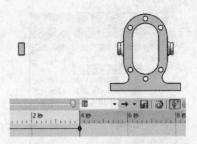

图 7-89 设置终止状态

（12）右键单击"视向及相机视图"，在右键菜单中选择"禁用观阅键码播放"，如图 7-90 所示。

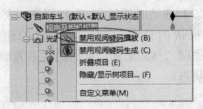

图 7-90 右键菜单

（13）右键单击"相机 1"，在图 7-91 所示的右键菜单中选择"相机视图"，激活相机视图。

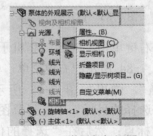

图 7-91 激活相机视图

（14）单击"计算 "，此时自动生成动画，如图 7-92 所示。

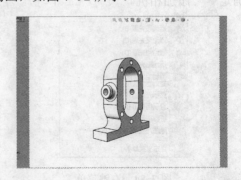

图 7-92 生成动画

7.3.2　应用 2——机械臂的动画展示

本实例以如图 7-93 所示的机械臂为例，介绍如何制作机械臂运动的动画。在本实例中，机械臂的运动过程如下：

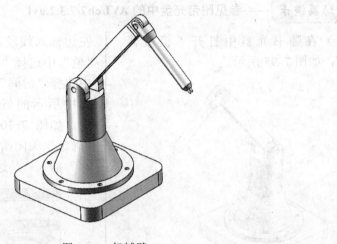

图 7-93　机械臂

● 转台旋转 90°，运动的时间长度为 2 秒。
● 暂停 0.5 秒。
● 上臂旋转 30°，运动的时间为 1.5 秒。
● 执行器在上臂开始运动后 0.5 秒开始运动，转动 15°，运动时间为 3 秒。

机械臂在开始运动时和运动结束的姿态如图 7-94 所示。在制作动画的过程中，我们需要添加 3 个马达，然后通过设置键码的触发马达的运动即可。

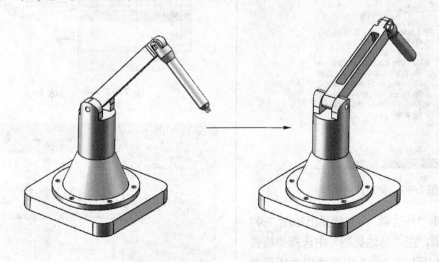

图 7-94　机械臂的运动

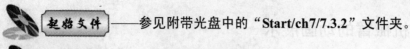

起始文件 ——参见附带光盘中的"**Start/ch7/7.3.2**"文件夹。

结果文件 ——参见附带光盘中的"**End/ch7/7.3.2**"文件夹。

动画演示 ——参见附带光盘中的 **AVI/ch7/7.3.2.avi**

（1）在随书光盘中打开"机械臂.sldasm"，如图 7-95 所示。

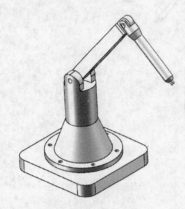

图 7-95　打开模型

（2）单击"运动算例 1"，使软件转到动画和仿真界面，并选择算例类型为"动画"，如图 7-96 所示。

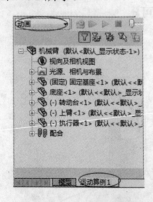

图 7-96　设置算例类型

（3）单击"马达 "，左侧弹出如图 7-97 所示的对话框，在"马达类型"中选择"旋转马达"，在"马达位置 "中选择图中所示的面，在"函数"中选择"线段"，则自动弹出如图 7-98 所示的函数编制程序，在程序的

左边输入线段函数；如图 7-99 所示，在"值"中选择"位移（度）"，在"自变量"中选择"时间"，然后在下面的表格中输入图中所示的值，最后查看右边的函数图表，如图 7-100 所示，确认无误后，单击"确定"关闭函数编制程序，再单击"确定 "插入"马达 1"。

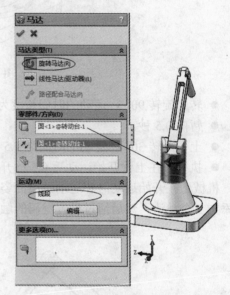

图 7-97　插入马达 1

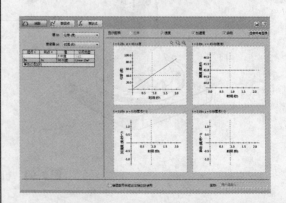

图 7-98　函数编制程序

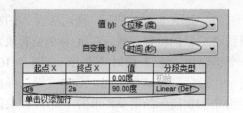

图 7-99　输入线段函数

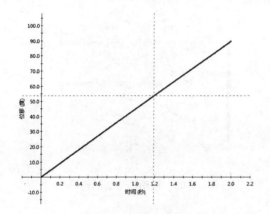

图 7-100　马达运动函数图表

（4）如图 7-101 所示，拖动全局键码到 6 秒的位置，使动画的时间为 6 秒。

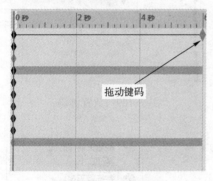

图 7-101　拖动键码

（5）移动鼠标到"旋转马达 1"的时间线上，单击右键，在如图 7-102 所示的右键菜单中选择"放置键码"，放置一个键码，然后把键码拖动到 2 秒的位置。选择这个键码，单击右键，弹出如图 7-103 所示的菜单，单击"关闭"，关闭马达。关闭马达后的时间栏如图 7-104 所示。

图 7-102　右键菜单

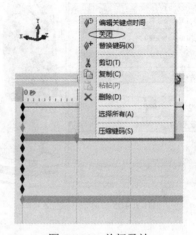

图 7-103　关闭马达

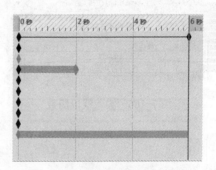

图 7-104　关闭马达后的时间栏

（6）单击"马达 🐷"，左侧弹出如图 7-105 所示的对话框，在"马达位置 🗔"中选择图中所示的面，在"马达类型"中选择"旋转马达"，在"函数"中选择"线段"，在"马达位置 🗔"中则选择上臂的面，在"想对此而移动的零部件"中选择转台，选中"反向 🗔"；在"函数"中选择"线段"，在弹出的函数编制程序中输入图 7-106 所示的值，输入线段函数后，查看右边的函数图表，如图 7-107 所示，确认无误后，单击"确定"关闭函数编制程序，再单击"确定 ✅"插入马达 2。

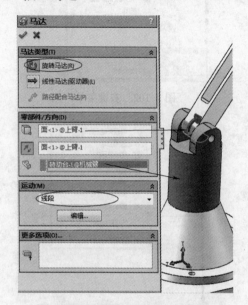

图 7-105　旋转马达 2

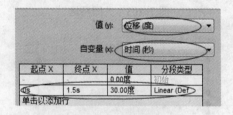

图 7-106　输入线段函数

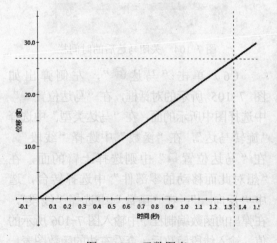

图 7-107　函数图表

（7）如图 7-108 所示，拖动马达 2 的键码到 2.5 秒的位置。然后在 4 秒的位置放置一个键码到马达 2 的时间线上，如图 7-109 所示；最后选择这个键码，单击右键，弹出如图 7-110 所示的菜单，单击"关闭"，关闭马达 2。关闭马达 2 后的时间栏如图 7-111 所示。

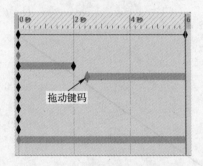

图 7-108　拖动马达 2 的键码

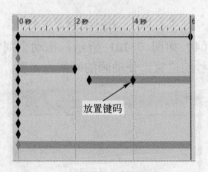

图 7-109　放置键码

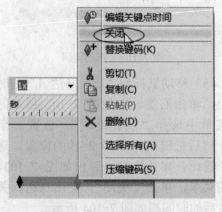

图 7-110　关闭马达 2

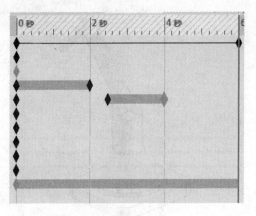

图 7-111　关闭马达 2 后的时间栏

（8）单击"马达 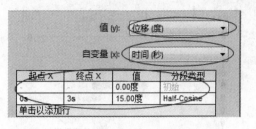"，左侧弹出如图 7-112 所示的对话框，在"马达位置"中选择图中所示的面，在"马达类型"中选择"旋转马达"，在"函数"中选择"线段"，在"马达位置"中则选择执行器的面，在"想对此而移动的零部件"中选择上臂,；在"函数"中选择"线段"，在弹出的函数编制程序中输入如图 7-113 所示的值，输入线段函数后，查看右边的函数图表，如图 7-114 所示，确认无误后，单击"确定"关闭函数编制程序，再单击"确定 ✔"插入马达 3。

图 7-113　输入线段函数

起点 X	终点 X	值	分段类型
		0.00度	初始
0s	3s	15.00度	Half-Cosine
单击以添加行			

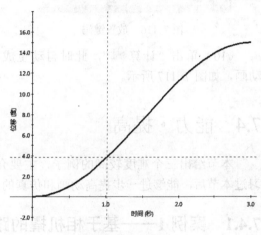

图 7-114　函数图表

（9）如图 7-115 所示，拖动马达 2 的键码到 3 秒的位置。然后在 6 秒的位置放置一个键码到马达 3 的时间线上，如图 7-116 所示；最后选择这个键码，单击右键，在弹出的右键菜单中选择"关闭"，关闭马达 3。

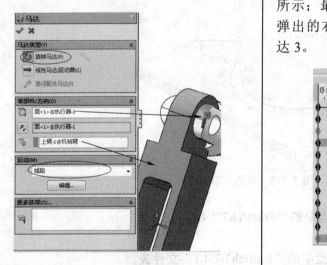

图 7-112　旋转马达 2

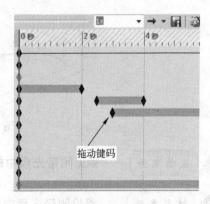

拖动键码

图 7-115　拖动键码

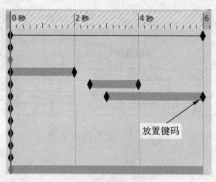

图 7-116　放置键码

（10）单击"计算 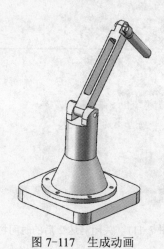"，此时自动生成
动画，如图 7-117 所示。

图 7-117　生成动画

7.4　能力·提高

本节给出三个难度较高的例子，主要介绍动画和仿真中的一些技巧和难点，使读者学习过本节后，能够进一步提高动画和仿真的能力。

7.4.1　案例 1——基于相机撬的路径运动仿真

本实例以图 7-118 所示的道路地形为例，介绍基于相机撬的路径运动仿真。相机撬在道路中运动；相机放置在相机撬上面，然后以相机的视图观察地形。进行运动仿真时，首先为相机撬添加路径配合，然后添加相机并将其放置在相机撬上面，接着添加路径配合马达，最后进行仿真即可。

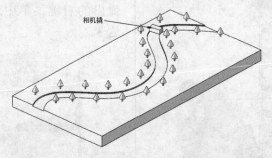

图 7-118　道路地形

起始文件——参见附带光盘中的"Start/ch7/7.4.1"文件夹。

结果文件——参见附带光盘中的"End/ch7/7.4.1"文件夹。

动画演示——参见附带光盘中的 AVI/ch7/7.4.1.avi

（1）在随书光盘中打开如图 7-119 所示的模型。

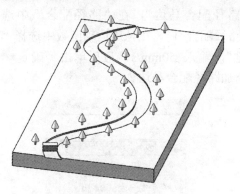

图 7-119　打开模型

（2）单击"配合"，弹出如图 7-120 所示的对话框，在"高级配合"中单击"路径配合　"，在"零部件顶点"中选择图中所示的顶点，在"路径选择"中选择图中所示的路径，然后单击"确定　"完成路径配合 1。

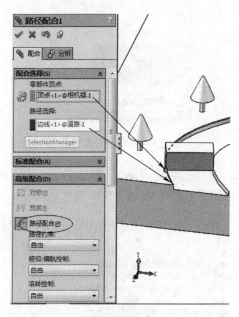

图 7-120　添加路径配合 1

（3）再次单击"配合"，弹出图 7-121 所示的对话框，在"高级配合"中单击"路径配合　"，在"零部件顶点"中选择图中所示的顶点，在"路径选择"中选择图中所示的路径，然后单击"确定　"完成路径配合 2。

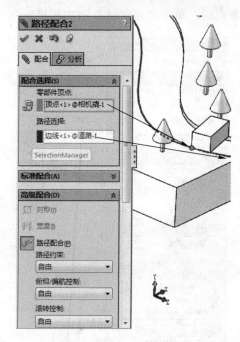

图 7-121　路径配合 2

（4）单击"运动算例 1"，使软件转到动画和仿真界面，并选择算例类型为"Motion 分析"，如图 7-122 所示。

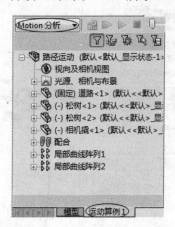

图 7-122　设置算例类型

（5）右键单击"光源、相机于布景"，在右键菜单中选择"添加相机　"，弹出如图 7-123 所示的对话框，在"选择的目标"中选择图中所示的相机撬边线的中点。然后在"选择的位置"中选择相机撬另外一条边线的中点，如图 7-124 所示，设置完后，单击"确定 ✔"添加相机。

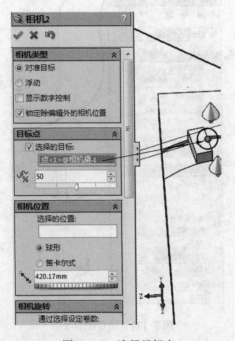

图 7-123　选择目标点

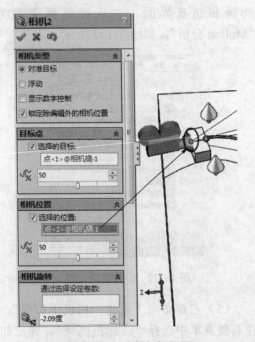

图 7-124　选择相机位置

（6）单击"马达 🔧"，弹出如图 7-125 所示的对话框，在"马达类型"中选择"路径配合马达"，在"路径配合"中选择"路径配合 1"，在马达运动函数中选择"等速"，输入 50mm/s，最后单击"确定 ✔"添加路径配合马达。

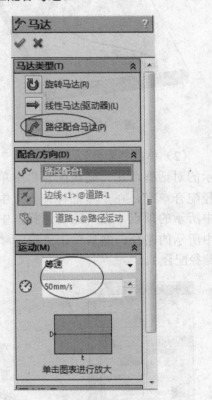

图 7-125　添加路径配合马达

（7）拖动键码到 6 秒的位置，使动画的时间为 6 秒，如图 7-126 所示。

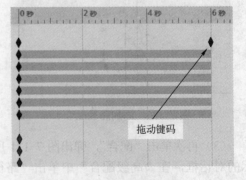

图 7-126　拖动键码

（8）右键单击"视向及相机视图"，在右键菜单中选择"禁用观阅键码播放"，如图 7-127 所示。

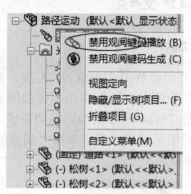

图 7-127　禁用观阅键码播放

（9）右键单击"相机 1"，在图 7-128 所示的右键菜单中选择"相机视图"，激活相机视图。

图 7-128　激活相机视图

（10）单击"计算 🖩"，此时自动生成动画，如图 7-129 所示。

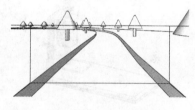

图 7-129　生成动画

7.4.2　案例 2——冲压机构的运动分析

本实例以如图 7-130 所示的冲压机构为例，主要分析冲压机构在工作时所受的反作用力和位移。在对冲压机构进行仿真的时候，首先要添加一个马达，使冲压机构做振荡运动，然后添加冲头与薄板的接触，最后进行仿真和分析图解。

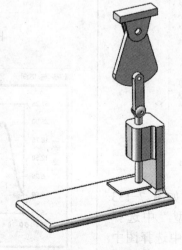

图 7-130　冲压机构

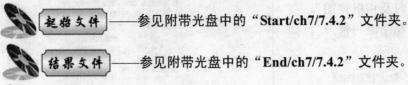

起始文件 ——参见附带光盘中的"Start/ch7/7.4.2"文件夹。

结果文件 ——参见附带光盘中的"End/ch7/7.4.2"文件夹。

动画演示 ——参见附带光盘中的 AVI/ch7/7.4.2.avi

（1）在随书光盘中打开"冲压机构.sldasm"，如图 7-131 所示。

图 7-131 打开模型

（2）单击"运动算例 1"，转到动画和仿真界面，选择算例类型为"Motion 分析"，如图 7-132 所示。

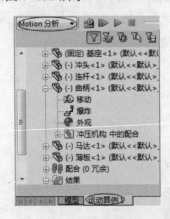

图 7-132 设置算例类型

（3）单击"马达"，弹出如图 7-133 所示的对话框，在"马达类型"中选择"旋转马达"，在"路径配合"中选择图中所示的面，在马达运动函数中选择"振

荡"，在"位移"中输入 25 度，在"频率"中输入 1Hz，单击下面的图表，弹出如图 7-134 所示的马达运动图像，确定函数图像无误后，最后单击"确定"添加旋转马达。

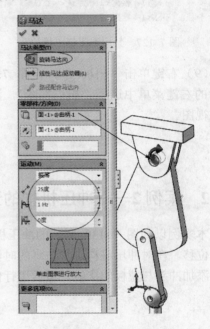

图 7-133 添加马达

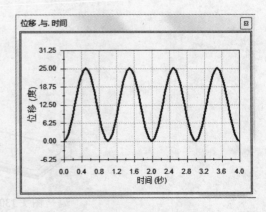

图 7-134 马达运动图象

（4）单击"接触 🗗"，左侧弹出如图 7-135 所示的对话框，在"接触类型"中选择"实体"，然后在"零部件"中选择冲头和薄板作为接触的零件，在"材料"中选择"Steel(Dry)"，然后单击"确定 ✔"添加接触。

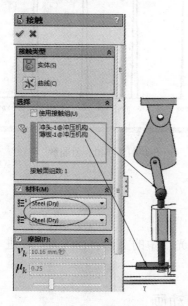

图 7-135　添加接触

（5）如图 7-136 所示，拖动键码到 4 秒的位置，使仿真的时间为 4 秒。

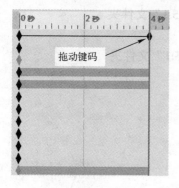

图 7-136　拖动键码

（6）单击"计算 🗗"，对机构的运动进行仿真。单击"图解 🗗"，弹出如图 7-137 所示的对话框，在"结果"选项中，单击下拉菜单，选择分析的类别为"位移/速度/

加速度"、分析的子类别为"线性位移"，分析的结果分量为"幅值"，然后在"特征 🗗"中选择冲头，单击"确定 ✔"，生成如图 7-138 所示的图解。

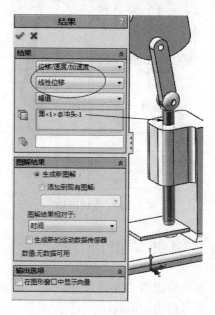

图 7-137　生成图解

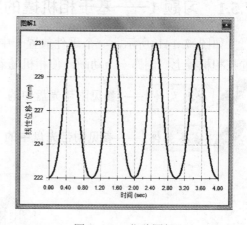

图 7-138　位移图解

（7）单击"图解 🗗"，弹出如图 7-139 所示的对话框，在"结果"选项中，单击下拉菜单，选择分析的类别为"力"、分析的子类别为"反作用力"，分析的结果分量为"幅值"，然后在"特征 🗗"中选择"同心配合 3"，单击"确定 ✔"，生成如图 7-140 所示的图解。此时已经分析完成，保存文件即可。

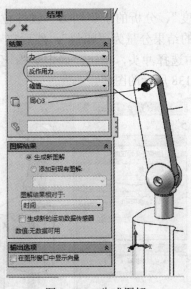

图 7-139　生成图解

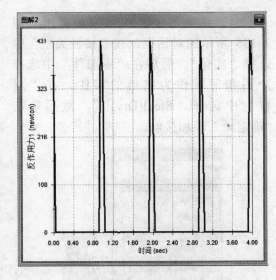

图 7-140　力图解

7.5　习题·巩固

本节给出两个实例作为习题，读者可以参考随书光盘中的文件自行练习，以进一步巩固所学习到的知识点。

7.5.1　习题 1——基于相机撬的路径运动动画

如图 7-141 所示，一个零件放置于中间位置，相机撬可以沿着路径进行运动，相机放置在相机撬上。制作一个动画，使相机随着相机撬运动，并以相机视图观察零件的结构。

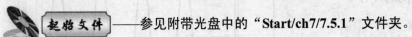
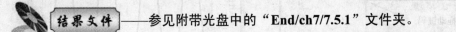

起始文件——参见附带光盘中的"Start/ch7/7.5.1"文件夹。

结果文件——参见附带光盘中的"End/ch7/7.5.1"文件夹。

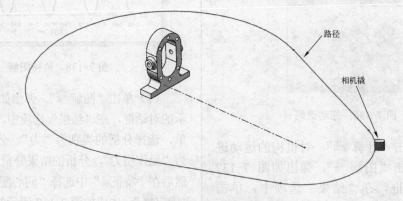

路径

相机撬

图 7-141　基于相机撬的路径运动动画

7.5.2　习题 2——四连杆机构的运动分析

如图 7-142 所示的结构是一个曲柄滑块结构，曲柄受到马达的驱动，从而通过连杆带动滑块做线性运动。滑块和底板之间的面之间有阻尼，分析滑块的运动速度及曲柄受到的反作用力。

 　参见附带光盘中的"**Start/ch7/7.5.2**"文件夹。

起始文件——参见附带光盘中的"**Start/ch7/7.5.2**"文件夹。

结果文件——参见附带光盘中的"**End/ch7/7.5.2**"文件夹。

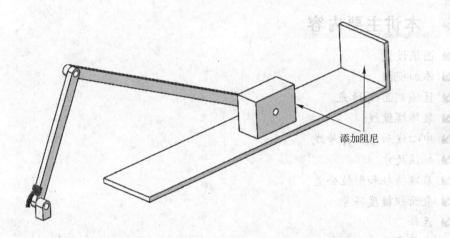

添加阻尼

图 7-142　曲柄滑块运动

第8章 工 程 制 图

工程图作为工程师的语言，是连接设计和制造的桥梁。SolidWorks 的工程图可以和三维模型进行无缝连接，两者之间自动关联。当三维模型发生改变时，工程图也自动更改，工程制图的效率非常高。

 本讲主要内容

➤ 图纸设置
➤ 添加视图
➤ 区域剖面线/填充
➤ 装饰螺纹线
➤ 中心线和中心符号线
➤ 标注尺寸
➤ 基准特征和形位公差
➤ 表面粗糙度符号
➤ 注释
➤ 零件序号
➤ 材料明细表

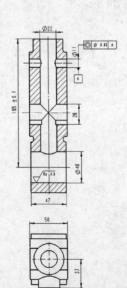

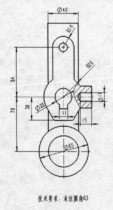

技术要求：未注圆角R3

8.1 实例·知识点——空转臂的工程图制作

本小节先以图 8-1 所示的空转臂为例，主要介绍如何利用 SolidWorks 进行工程图的制作。

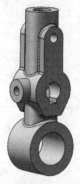
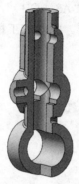

图 8-1 空转臂

**起始文件**——参见附带光盘中的"**Start/ch8/8.1.sldprt**"文件。

**结果文件**——参见附带光盘中的"**End/ch8/8.1**"文件夹。

**动画演示**——参见附带光盘中的 **AVI/ch8/8.1.avi**

（1）单击菜单栏中的"新建▯"，新建一个工程图文件，此时左侧弹出如图 8-2 所示的对话框，单击"浏览"，弹出如图 8-3 所示的打开文件对话框，在随书光盘中找到"空转臂.sldprt"，然后单击"打开"按钮，打开该文件，然后在绘图区域放置模型的三视图，如图 8-4 所示。

图 8-3 打开文件

图 8-2 插入模型视图

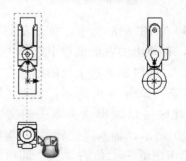

图 8-4 放置视图

（2）如图 8-5 所示，右键单击左侧的"图纸 1"，在弹出的右键菜单中选择"属性"，此时弹出如图 8-6 所示的属性对话框，在该对话框的"比例"中输入"2:3"，在"图纸格式/大小"中单击"A3（GB）"，然后单击"确定"关闭对话框。此时的工程图如图 8-7 所示。

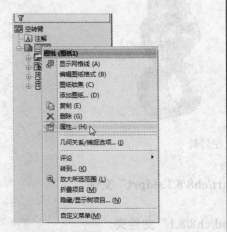

图 8-5　右键对话框

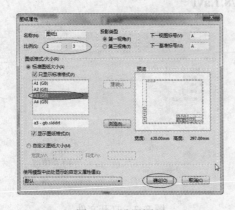

图 8-6　设置图纸

（3）如图 8-8 所示，单击左侧的"图纸 1"，在弹出的右键菜单中选择"编辑图纸格式"，此时图纸右下角的标题栏变成可编辑状态；如图 8-9 所示，双击"图样名称"，此时可以编辑该文本中的文字；如图 8-10 所示，输入"空转臂"，编辑完成后，单击图纸右上角的"▦"即可退出编辑图纸状态。

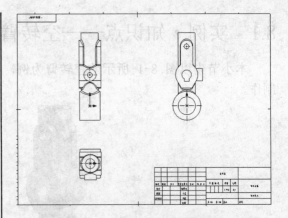

图 8-7　设置好的工程图图纸

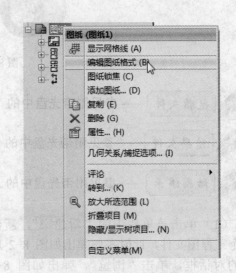

图 8-8　编辑图纸格式

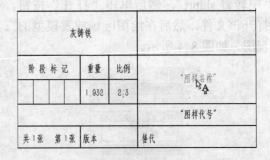

图 8-9　修改图样名称

（4）如图 8-11 所示，选择前视图，单击右键，在右键菜单中选择"删除"，删除前视图。此时工程图如图 8-12 所示。

（5）同时选择右视图和俯视图，选择菜

单栏中的"视图"→"显示"→"切边不可见",展开如图 8-13 所示的视图菜单栏,隐藏右视图和俯视图的切边,被隐藏切边的两个视图如图 8-14 所示。

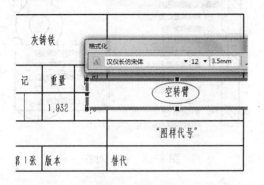

图 8-10 输入文字

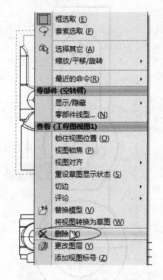

图 8-11 删除前视图

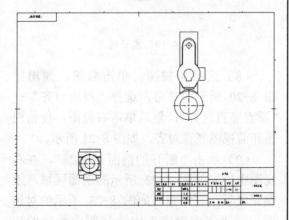

图 8-12 删除前视图后的工程图

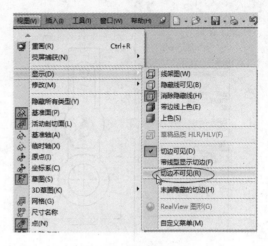

图 8-13 视图菜单栏

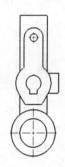

图 8-14 隐藏切边

(6)单击"视图布局"选项卡中的"剖面视图",左侧弹出如图 8-15 所示的对话框,单击"切割线"中的"竖直",此时鼠标出现竖直的切割线,移动鼠标到右视图中,使切割线通过右视图的原点,单击左键,移动鼠标到合适的位置,再次单击左键放置剖面视图,如图 8-16 所示。选择右视图,单击右键,弹出如图 8-17 所示的右键菜单,选择"隐藏切割线",隐藏右视图中的切割线。

(7)选择前视图,单击右键,弹出如图 8-18 所示的菜单,选择"视图对齐"→"原点水平对齐",然后单击右视图,使前视图和右视图水平对齐,如图 8-19 所示。

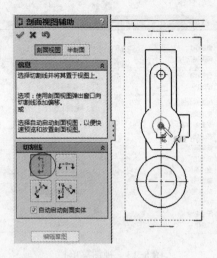

图 8-15　剖面视图

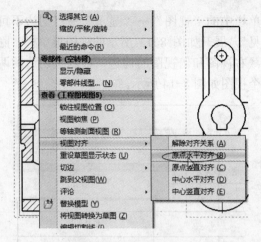

图 8-18　视图对齐

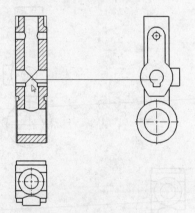

图 8-16　放置剖面视图

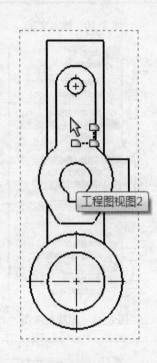

图 8-19　水平对齐

图 8-17　隐藏切割线

（8）选择俯视图，单击右键，弹出如图 8-20 所示的菜单，选择"视图对齐"→"原点竖直对齐"，然后单击右视图，使俯视图和前视图竖直对齐，如图 8-21 所示。

（9）单击"断开的剖面视图🖳"，在右视图中绘制如图 8-22 所示的剖面区域，绘制完成后，左侧弹出如图 8-23 所示的对话框，在"深度参考"中选择图中所示的边线，然后单击"确定✔"，生成断开的剖面视图，如图 8-24 所示。

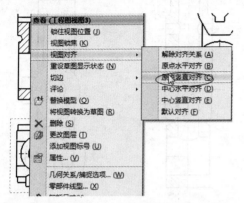

图 8-20　视图对齐

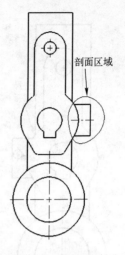

图 8-22　绘制剖面区域

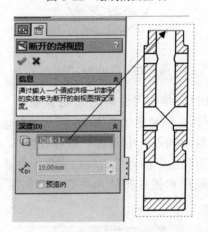

图 8-23　定义剖切深度

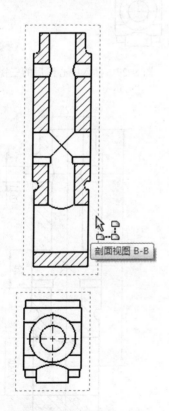

图 8-21　竖直对齐

（10）单击"注解"选项卡中的"中心符号线⊕"，然后单击图 8-25 中所示的圆弧，为之添加中心圆弧形。

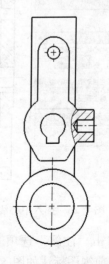

图 8-24　断开的剖面视图

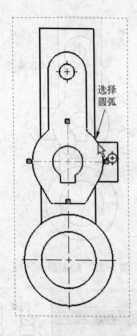

图 8-25　添加中心符号线

如图 8-29 和图 8-30 所示。

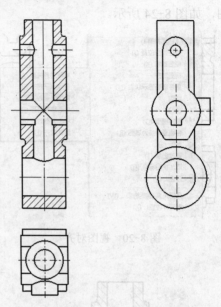

图 8-27　插入中心线后的三视图

（11）单击"注解"选项卡中的"中心线⊞"，左侧弹出如图 8-26 所示的对话框，在"自动插入"中勾选"选择视图"，然后单击前视图，插入中心线。重复上述步骤，为右视图和俯视图插入中心线，如图 8-27 所示。

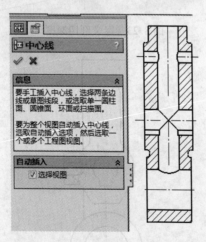

图 8-26　插入中心线

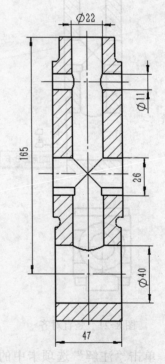

图 8-28　标注前视图尺寸

（12）单击"注解"选项卡中的"智能尺寸◇"，为前视图标注如图 8-28 所示的尺寸，接着为右视图和俯视图标注尺寸，分别

（13）单击前视图中的尺寸 165，左侧弹出如图 8-31 所示的尺寸设置对话框，在

"公差类型"中选择"对称",在"最大变量"中输入 0.1,在"单位精度"中选择".1",然后单击"确定✅"即可。

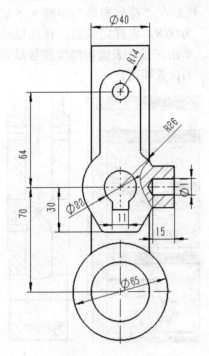

图 8-29 右视图尺寸

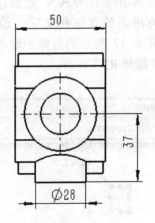

图 8-30 俯视图尺寸

（14）单击"注解"选项卡中的"基准特征△",左侧弹出如图 8-32 所示的对话框,在"标号设定"中输入 A,然后移动鼠标到前视图的尺寸 40 处,再单击左键放置基准特征。

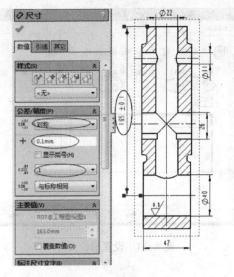

图 8-31 标注尺寸公差

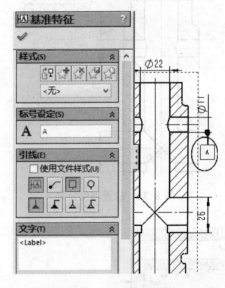

图 8-32 放置基准特征

（15）单击"注解"选项卡中的"形位公差▣回",弹出如图 8-33 所示的对话框,单击"符号"右边的下拉按钮,在下拉菜单中选择"同心度◎",在"公差 1"中输入0.02,在"主要"中输入 A,然后移动鼠标到图 8-34 所示的位置,单击鼠标放置形位公差,接着选择形位公差,左侧弹出如图 8-35所示的对话框,在"引线"中选择"垂直引线⌐x",然后单击"确定✅"。

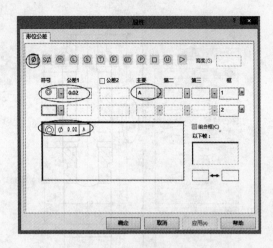

图 8-33　设置形位公差

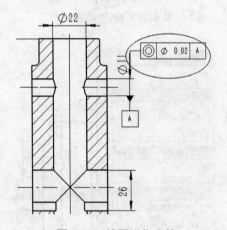

图 8-34　放置形位公差

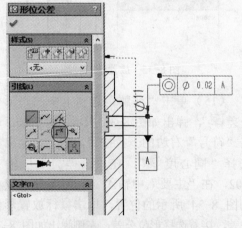

图 8-35　设置引线

（16）单击"注解"选项卡中的"表面粗糙度符号√"，弹出如图 8-36 所示的对话框，在"符号"中选择"要求切削加工√"，然后在"符号布局"中输入"最小粗糙度"为 0.8，设置完成后，移动鼠标到前视图，单击左键将表面粗糙度符号放置在图中所示的位置即可。

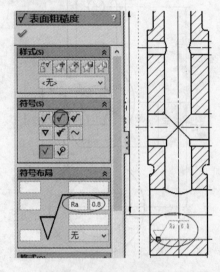

图 8-36　标注表面粗糙度

（17）单击"注释**A**"，然后在工程图合适的地方单击放置注释文字，放置好注释后，在图 8-37 所示的方框中输入"技术要求：未注圆角 R3"即可。

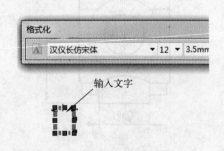

图 8-37　注释

（18）此时已经完成工程图，如图 8-38 所示。

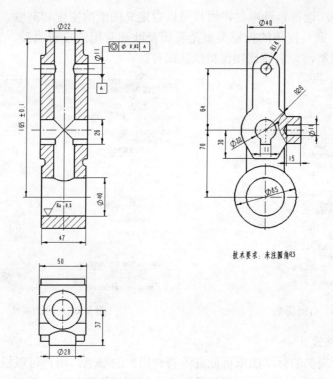

图 8-38　完成的工程图

8.1.1　图纸设置

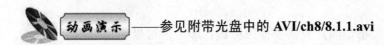——参见附带光盘中的 **AVI/ch8/8.1.1.avi**

在制作工程图之前，一般要进行图纸设置，图纸设置包括定义图纸大小、编辑图纸格式、设置标准环境和制作模板，下面详细介绍图纸的设置。

1．定义图纸大小

一般情况下，制作工程图前必须先定义图纸的大小及制图比例，这些都可以在图纸的属性中进行设置，其操作步骤如下：

- 移动鼠标到左侧的图纸 1 上，单击右键，弹出如图 8-39 所示的右键菜单。
- 选择右键菜单的"属性"，弹出如图 8-40 所示的对话框。
- 在图 8-40 中设置图纸的比例、投影类型、大小等。
- 设置完成后，单击"确定"按钮关闭对话框。

在图纸属性对话框中，各个选项的说明如下：

- 比例：设置绘图比例，该比例可以按照 GB 推荐的绘图比例进行设置。
- 标准图纸大小：选择该选项时，SolidWorks 在下面的文本框中列出了常用的标准格式图纸，其图纸大小一般是 A1～A4；或者单击"浏览"按钮，在本地硬盘中选择用户自定义的图中。

- 自定义大小：选择该选项时，用户可以自定义图纸的宽度和高度。
- 投影类型：第一视角的投影类型是我国及欧洲常用的投影类型，第三视角是美国常用的投影类型，一般该选项保持默认即可。

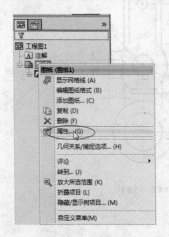

图 8-39　右键菜单　　　　　　　　　　　　　　　图 8-40　图纸属性

2．编辑图纸格式

SolidWorks 所提供的标准图纸可能并不符合用户的要求，用户可以根据国家标准或者企业标准对图纸格式进行编辑，包括图纸的大小、图框和标题栏等，下面以编辑 A3 纵向图纸为例，介绍编辑图纸格式的操作步骤：

- 首先定义 A3 大小的图纸。
- 移动鼠标到左侧的图纸 1 上，单击右键，选择右键菜单中的"属性"，此时图纸变为可编辑状态。
- 由于已经定义了图纸的大小，因此只需要修改标题栏即可，可以使用草图工具来编辑标题栏，可以为标题栏标注尺寸，如图 8-41 所示。

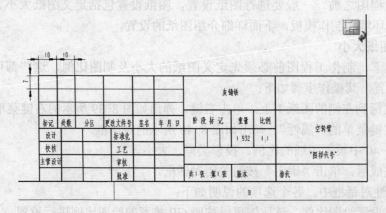

图 8-41　编辑图纸格式

- 选择菜单栏中的"视图"→"隐藏/显示注解"，此时光标变为"⟍◉"，再依次单击所有的尺寸，使之变成灰色（退出编辑图纸状态后尺寸被隐藏）。
- 编辑好标题栏后，单击图纸右上角的"⬓"即可退出编辑图纸状态。

3. 设置标准环境

图纸的标准环境包括尺寸标注、文字字体及大小、箭头、延伸线等内容。用户可以根据自己的需要对图纸标准环境进行设置，以符合国家标准或者企业标准。下面介绍设置标准环境的操作：

- 单击菜单栏中的"工具"→"选项"，弹出如图 8-42 所示的文档属性对话框，单击"文档属性"，转到绘图标准的设置界面。

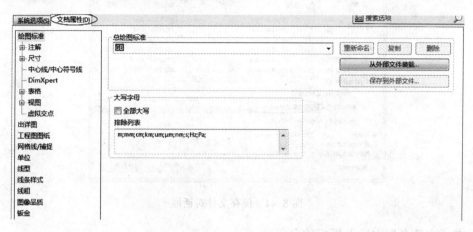

图 8-42　文档属性

- 单击"绘图标准"，右侧变为如图 8-43 所示的界面，单击"总绘图标准"右边的下拉按钮，在下拉菜单中选择"GB"。

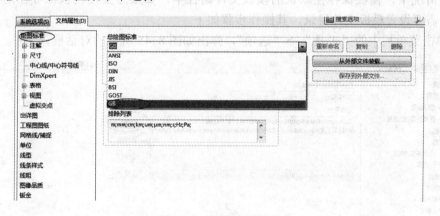

图 8-43　设置绘图标准

- 单击"注解"，可以设置注解文字的字体及大小等。
- 单击"尺寸"，可以设置尺寸的字体及大小、箭头样式、尺寸精度等。

由于图纸标准环境有极多的参数可以设置，限于篇幅，此处不做详细介绍，用户可以根据需要进行设置。

4. 制作模板

工程图模板保存了图纸格式和标准环境的信息，当用户制作了工程图模板后，在以后的工程图制作中可以直接使用模板，而无需重新编辑图纸格式和设置标准环境。制作模板的操作步骤如下：

- 编辑图纸格式和设置标准环境。
- 单击菜单栏中的"另存为"，弹出如图 8-44 所示的保存文件对话框。

图 8-44　保存文件对话框

- 在"文件名"中输入模板的名字。
- 在"保存类型"中选择"工程图模板（*.drwdot）"。
- 单击"保存"按钮，保存模板。

一般情况下，模板保存在默认的模板文件路径下，如果想要使模板保存在用户自定义的位置，需要设置模板文件目录，其操作步骤如下

- 单击菜单栏中的"工具"→"选项"，弹出如图 8-45 所示的对话框。

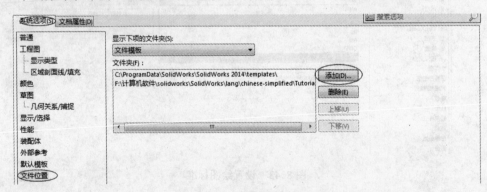

图 8-45　设置模板文件目录

- 单击"系统选项"中的"文件位置"，则右边显示文件位置的界面。
- 单击"显示下项的文件夹"，在下拉菜单中选择"文件模板"，再单击"添加"按钮，则弹出如图 8-46 所示的对话框，在该对话框中选择工程图模板所保存的路径，即可将该文件夹添加到模板文件目录中。

保存了工程图模板后，在新建工程图文件时，单击左下角的"高级"按钮，则会出现如图 8-47 所示的界面，在该界面的"模板"下，会显示出已经保存的工程图模板，选择模

板，然后单击"确定"按钮，即可添加模板。

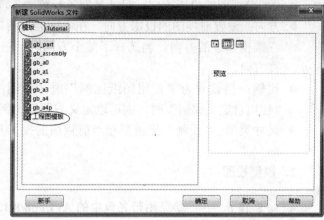

图 8-46　浏览文件夹对话框　　　　　　　　　图 8-47　新建文件

8.1.2　添加视图

视图是工程图中主要组成成分。为了清楚地表达设计意图，必须选择恰当的视图。SolidWorks 提供了标准三视图、投影视图、辅助视图、剖面视图、局部视图等多种视图，下面将详细介绍这些视图。

1. 标准三视图

──参见附带光盘中的 **AVI/ch8/8.1.2.1.avi**

标准三视图只包含前视图、右视图和俯视图，下面以一个例子说明其操作步骤：

- 新建一个工程图文件，单击"视图布局"选项卡的"标准三视图 🔲"，左侧弹出如图 8-48 所示的对话框；
- 单击"浏览"，然后打开要生成工程图的三维模型，则 SolidWorks 会自动生成如图 8-49 所示的标准三视图。

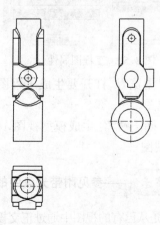

图 8-48　插入标准三视图　　　　　　　　　　图 8-49　标准三视图

生成标准三视图后，单击前视图，左侧出现如图 8-50 所示的属性对话框，在该对话框中可以设置前视图的投影方向、尺寸类型等参数，各项参数意义如下：

- 方向：设置前视图的投影方向。在"标准视图"中列出了 7 个方向，这 7 个方向是三维模型中的方向，当选择了某个方向时，三维模型中的这个方向作为工程图的前视方向。
- 比例：当设置为"使用图纸比例"时，视图的比例和图纸的比例一致；当设定为"使用自定义比例"时，则可以定义与图纸比例不同的视图比例。
- 尺寸类型："预测"指模型在当前视图的投影尺寸，"真实"指模型三维空间中的实际尺寸。

2．模型视图

 动画演示——参见附带光盘中的 AVI/ch8/8.1.2.2.avi

模型视图是根据用户的需要，生成若干个视图。模型视图也可以生成标准的三个视图，但是与标准三视图不同的是，模型视图还可以生成后视图、上视图等视图。下面以一个例子说明其操作步骤。

- 新建一个工程图文件，单击"视图布局"选项卡中的"模型视图 📷"，左侧弹出如图 8-51 所示的对话框。

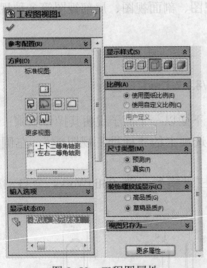

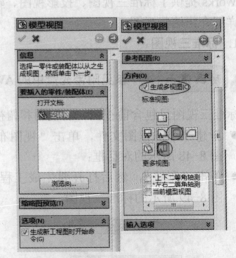

图 8-50 工程图属性   图 8-51 模型视图

- 单击"浏览"，打开要生成工程图的三维模型，勾选"生成多视图"，再单击右视图和俯视图。
- 单击"确定 ✓"，生成模型视图，如图 8-52 所示。

3．投影视图

 动画演示——参见附带光盘中的 AVI/ch8/8.1.2.3.avi

投影视图是从已有的视图中通过正交投影而得到的视图。下面以一个例子说明其操作步骤。

● 单击"视图布局"选项卡中的"投影视图 🔳"。
● 单击要投影的视图,然后往投影方向拖动鼠标,此时往该方向的投影视图会随着鼠标移动,如图 8-53 所示。

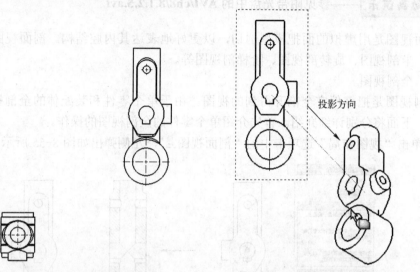

图 8-52　生成的模型视图　　　　　　　　图 8-53　投影视图

● 将鼠标移动到合适的位置后,单击放置投影视图即可。

4. 辅助视图

 动画演示——参见附带光盘中的 **AVI/ch8/8.1.2.4.avi**

辅助视图类似于投影视图,也是从某一方向投影而得到的视图,但是与之不同的是,辅助视图的投影方向是垂直于已有的视图中某条边线。下面举例说明其操作步骤。

● 单击"视图布局"选项卡中的"辅助视图 ⬘"。
● 选择图 8-54 中所示的边线,然后往左下角方向拖动鼠标,此时辅助视图随着鼠标移动。

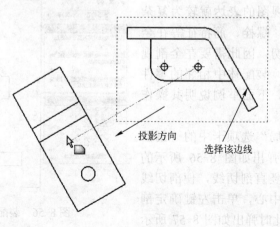

图 8-54　辅助视图

● 移动鼠标到合适位置，单击放置辅助视图即可。

5. 剖面视图

 动画演示——参见附带光盘中的 **AVI/ch8/8.1.2.5.avi**

剖面视图是用虚拟的面把模型剖切，以更好地表达其内腔结构。剖面视图可以分为全剖视图、半剖视图、旋转剖视图、阶梯剖视图等。

（1）全剖视图

全剖视图是把零件完全剖开得到的视图。由于单个零件和装配体的全剖视图的操作略微不同，下面将分别详细介绍。首先介绍单个零件的全剖视图的操作。

● 单击"视图布局"选项卡中的"剖面视图 🗗"，左侧弹出如图 8-55 所示的对话框。

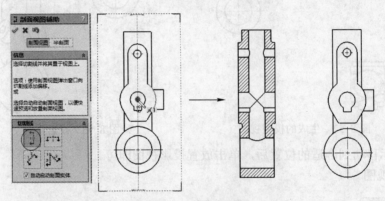

图 8-55　全剖视图

● 单击"剖切线"中的"竖直 🗗"，此时光标出现一条竖直的剖切线。
● 移动剖切线到图中要剖切的视图上，使剖切线经过圆心，然后单击左键确定剖切线的位置。
● 拖动鼠标，此时全剖视图随着鼠标移动，移动鼠标到合适的位置，单击放置全剖视图即可。

单个零件的全剖视图较为简单，但是对于装配体来说，全剖视图的表达就较为复杂了。有些零件例如轴、螺栓、筋特征等在全剖视图中一般不能剖切，因此需要在全剖视图中排除它们。另外，装配体中相邻的零件的剖面线也不能一样。下面举例说明其操作步骤。

● 单击"视图布局"选项卡中的"剖面视图 🗗"，左侧弹出如图 8-56 所示的对话框；选择竖直剖切线，使剖切线经过齿轮泵的中心，单击左键确定剖切线的位置，此时弹出如图 8-57 所示的对话框。

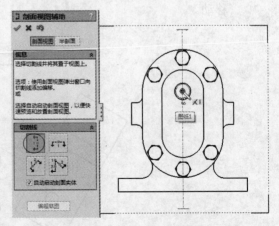

图 8-56　装配体的全剖视图

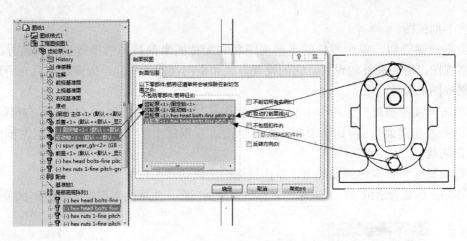

图 8-57　设置剖面视图

- 在"不包括零部件/筋特征"中选择图中所示的 4 个零件，勾选"自动打剖面线"，然后单击"确定"按钮完成设置。
- 此时自动生成全剖视图，移动鼠标到合适的位置，单击放置全剖视图即可，生成的视图如图 8-58 所示。

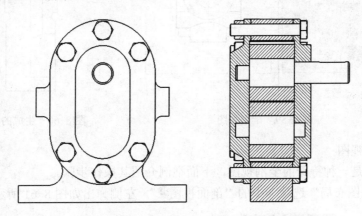

图 8-58　生成的全剖视图

装配体的剖面视图和单个零件的剖面视图不同之处在于，装配体的剖面视图需要设置不剖切的零件及特征，图 8-57 中各个选项的意义如下：

- "不包括零部件/筋特征"：选择不剖切的零件及筋特征，生成的视图中不会对所选的零件及特征进行剖切。
- "不剖切所有实例"：勾选该选项时，在"不包括零部件/筋特征"所选的零件的所有重复实例不会被剖切，例如通过阵列零部件、镜像零部件生成的实例等。
- "自动打剖面线"：勾选该选项时，SolidWorks 自动调整相邻零件的剖切线，使之不一致。
- "不包括扣件"：勾选该选项时，装配体中所有的标准件例如螺栓、齿轮等都不会被剖切。
- 反转方向：设选项可用于反转剖切方向。

（2）半剖视图

和全剖视图类似，单个零件的半剖视图和装配体的半剖视图的操作也有所差异。装配体的半剖视图也需要额外的设置，它的设置方式和全剖视图的一样，因此这里只介绍单个零件的半剖视图的操作。

- 单击"视图布局"选项卡中的"剖面视图🗗"，左侧弹出如图 8-59 所示的对话框。
- 单击"半剖面"，转到半剖面界面，单击"左侧向上🗗"，此时光标出现左侧向上的剖切线。
- 移动鼠标到要剖切的视图上，单击鼠标确定剖切线的位置。
- 移动鼠标到合适位置，再次单击鼠标放置半剖视图，生成的半剖视图如图 8-60 所示。

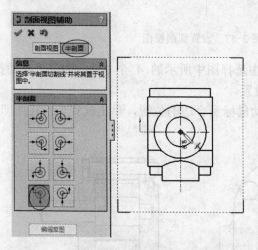
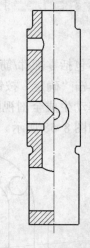

图 8-59　半剖视图　　　　　　　　　　　图 8-60　生成的半剖视图

（3）旋转剖视图

旋转剖视图是一种特殊的全剖视图，下面举例介绍其操作步骤。

- 单击"视图布局"选项卡中的"剖面视图🗗"，左侧弹出如图 8-61 所示的对话框。

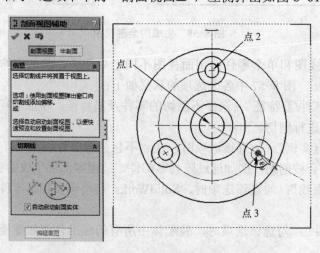

图 8-61　旋转剖视图

- 单击"对齐 ",进入绘制剖切线的状态,依次单击图中所示的点 1、点 2 和点 3,以确定剖切线。
- 移动鼠标到合适位置,单击放置剖面视图,生成的旋转剖视图如图 8-62 所示。

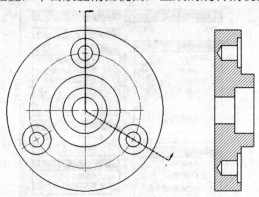

图 8-62　生成的旋转剖视图

（4）阶梯剖视图

阶梯剖视图的操作方法和其他剖面视图的操作方法类似,有一点不同的是,阶梯剖视图在生成剖面视图之前需要手动绘制剖切线。下面举例说明操作步骤。

- 单击菜单栏中的"插入"→"制作剖切线",然后选择要剖切的视图,使用草图工具绘制如图 8-63 所示的剖切线。
- 绘制玩剖切线后,选择剖切线,单击"视图布局"选项卡中的"剖面视图 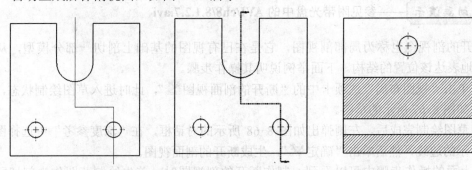",则会自动生成阶梯剖视图,如图 8-64 所示。

图 8-63　绘制剖切线　　　　　图 8-64　生成的阶梯剖视图

6. 局部视图

动画演示——参见附带光盘中的 **AVI/ch8/8.1.2.6.avi**

局部视图是截取已有视图中细小结构的部分并放大显示出来。下面举例说明其操作 步骤。

- 单击"视图布局"选项卡中的"局部视图 ",此时进入绘制草图状态,使用草图工具绘制如图 8-65 所示的草图。
- 绘制完草图后,自动生成局部视图,单击局部视图,左侧出现局部视图的属性对话框,如图 8-66 所示。

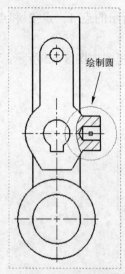

绘制圆

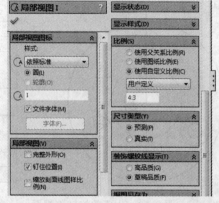

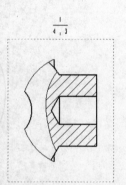

图 8-65　绘制草图　　　　　　　　图 8-66　局部视图

在属性对话框中可以设置局部视图的一些参数，各个参数的意义如下：

- 样式：设置草图轮廓的样式。有"依照标准""断裂圆""带引线""无引线""相连"等几种。
- 完整外形：勾选该选项时，局部视图中会显示出完整的草图轮廓。
- 比例：设定局部视图的比例。

7．断开的剖视图

 动画演示——参见附带光盘中的 AVI/ch8/8.1.2.7.avi

断开的剖视图也称为局部剖视图，它是在已有视图的基础上剖切一部分模型，从而更加清楚地表达该位置的结构。下面举例说明其操作步骤。

- 单击"视图布局"选项卡中的"断开的剖面视图 "，此时进入草图绘制状态，绘制如图 8-67 所示的草图。
- 草图绘制完成后，左侧弹出如图 8-68 所示的对话框，在"深度参考"中选择图中所示的边线，然后单击"确定 "，生成断开的剖面视图。

从上面的操作步骤中可以看到，制作断开的剖视图时，首先绘制草图作为剖切区域，然后指定剖切深度即可。

8．断裂视图

 动画演示——参见附带光盘中的 AVI/ch8/8.1.2.8.avi

断裂视图一般用于表达细长的零件，例如轴类零件。下面举例说明其操作步骤。

- 单击"视图布局"选项卡中的"断裂视图 "，左侧弹出如图 8-69 所示的对话框。
- 在"缝隙大小"中输入 10，在"折断线样式"中选择"锯齿线切断"，此时鼠标变成锯齿线样式的折断线，移动鼠标到要截断的位置，单击鼠标放置第一条折断线，然后在另外一个位置再次单击鼠标放置第二条折断线。

● 放置完折断线后，自动生成断裂视图，如图 8-70 所示。

断裂视图一般需要设置缝隙大小和折断线样式，其意义如下：

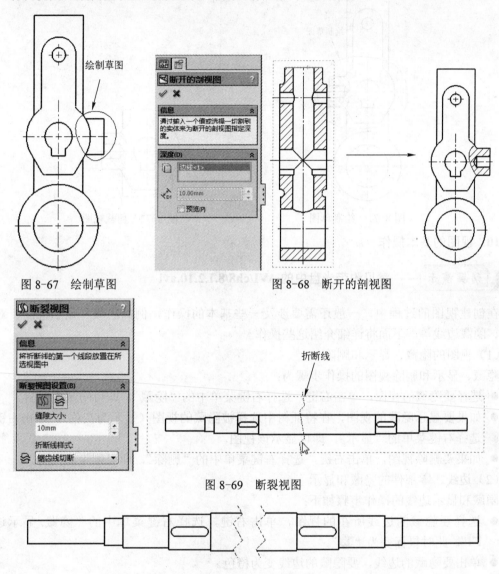

图 8-67　绘制草图　　　　　　　　　　图 8-68　断开的剖视图

图 8-69　断裂视图

图 8-70　生成的断裂视图

● 缝隙大小：生成断裂视图后两条折断线的间距。

● 折断线样式：设置折断线的样式，有"锯齿线切断""直线切断""曲线切断""小锯齿切断"等几种类型。

9. 剪裁视图

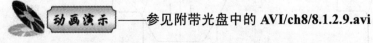

动画演示——参见附带光盘中的 **AVI/ch8/8.1.2.9.avi**

剪裁视图是使用闭合的草图来截取已有视图的一部分。下面举例说明其操作步骤。

● 在已有视图上绘制图 8-71 所示的封闭草图。

● 单击"视图布局"选项卡中的"剪裁视图"，则自动生成如图 8-72 所示的剪裁视图。

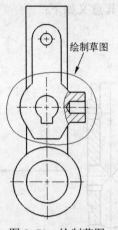

绘制草图

图 8-71 绘制草图

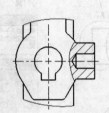

图 8-72 剪裁视图

10. 视图的基本操作

动画演示——参见附带光盘中的 AVI/ch8/8.1.2.10.avi

在创建视图的过程中，一般还需要涉及一些基本的操作，例如隐藏和显示视图、对齐视图、隐藏边线等。下面将详细介绍这些操作。

（1）视图的隐藏、显示和删除

隐藏、显示和删除视图的操作步骤为：

● 选择要隐藏的视图，单击右键，选择右键菜单中的"隐藏"，即可隐藏该视图。

● 如果要显示隐藏的视图，在特征树中选择被隐藏的视图（显示为灰色），单击右键，选择右键菜单的"显示"，即可显示该视图。

● 如果要删除视图，单击右键，选择右键菜单中的"删除"，即可删除该视图。

（2）边线、零部件的隐藏和显示

隐藏和显示边线的操作步骤如下：

● 选择要隐藏的边线所在的视图，单击右键，选择右键菜单中的"隐藏/显示边线"，此时鼠标变为""。

● 单击要隐藏的边线，要隐藏的边线变为橙色。

● 单击右上角的"确定"，即可隐藏边线，如图 8-73 所示。

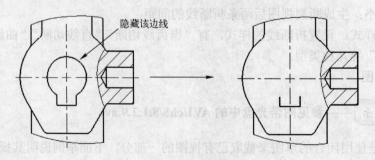

隐藏该边线

图 8-73 隐藏边线

● 如果要显示被隐藏的边线，在单击"隐藏/显示边线 ↲"后，视图中被隐藏的边线会以橙色显示出来，此时用鼠标单击要显示的边线，即可将其显示。

隐藏零部件的操作步骤为：

● 如果只要隐藏某个视图中的零件，则在视图中选择该零件，单击右键，选择"显示/隐藏"→"隐藏零部件"，即可隐藏掉某一视图中的零件，如图 8-74 所示。

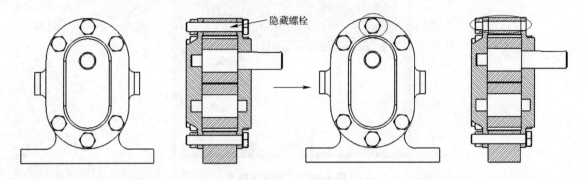

隐藏螺栓

图 8-74　隐藏视图中的零件

● 如果要隐藏所有视图中的同一零件，则在特征树中选择该零件，单击右键，选择"显示/隐藏"→"隐藏零部件"，如图 8-75 所示。

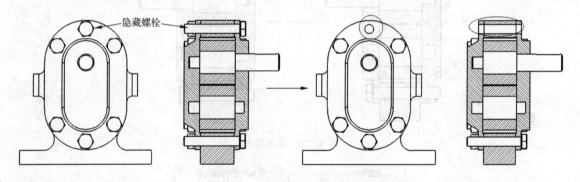

隐藏螺栓

图 8-75　隐藏工程图中的零件

显示零部件的操作步骤如下：

● 选择被隐藏的零件所在的视图，单击右键，在右键菜单中选择"属性"，此时弹出如图 8-76 所示的对话框。

● 单击"隐藏/显示零部件"选项卡，该视图中被隐藏的零件会在此处列出，选择要显示的零件，单击右键，选择"删除"，然后单击"应用"，此时该零件从列表中消失，单击"确定"关闭对话框，被隐藏的零部件会出现在视图中，如图 8-77 所示。

（3）视图对齐

视图对齐是使两个视图在某一方向上保持对齐。视图对齐的操作步骤如下：

● 选择第一个视图，单击右键，选择"视图对齐"，出现如图 8-78 所示的菜单。

● 单击要对齐的类型，然后再选择第二个视图，此时两个视图就会保持对齐，如图 8-79 所示。

图 8-76　工程图属性

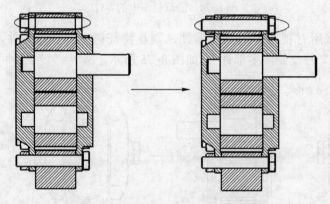

图 8-77　显示零件

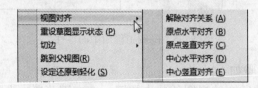

图 8-78　视图对齐菜单

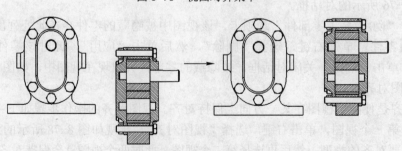

图 8-79　视图对齐

视图对齐的类型有以下几种：

- 原点水平对齐：使两个视图的原点在水平方向上对齐。
- 原点竖直对齐：使两个视图的原点在竖直方向上对齐。
- 中心水平对齐：使两个视图的中心在水平方向上对齐。
- 中心竖直对齐：使两个视图的中心在竖直方向上对齐。
- 默认对齐：使两个视图保持默认的对齐关系。
- 解除对齐关系：使两个视图不再保持对齐关系。

8.1.3 区域剖面线/填充

 **动画演示**——参见附带光盘中的 **AVI/ch8/8.1.3.avi**

生成剖面视图时，SolidWorks 可以自动生成剖面线，用户也可以手动填充剖面线，下面以一个例子说明剖面线的操作。

- 单击"注解"选项卡中的"区域剖面线/填充"，左侧弹出如图 8-80 所示的对话框。
- 在"属性"中选择"剖面线"。
- 在"加剖面线的区域"中选择"边界"，然后选择图中所示的两个边界。
- 单击"确定✔"完成。

在区域剖面线对话框中，可以设置剖面线的类型、比例、角度以及指定加剖面线的区域等，其意义如下：

（1）属性

属性用于设置剖面线的类型，有以下几种类型：

- 剖面线：使用剖面线进行填充。
- 实体：使用实体颜色进行填充。
- 无：不进行填充。

（2）剖面线图样

剖面线图样用于设置剖面线的图样。不同的材料有不同的剖面线图样，具体的图样必须按照 GB 的规定进行设置。单击剖面线图样下拉菜单栏，弹出 SolidWorks 中所收录的剖面线图样，如图 8-81 所示。

（3）比例

比例用于设置剖面线的比例。相邻的零件材料相同时，可以通过设置剖面线的比例来调整两条剖面线的间距，使相邻零件的剖面线不完全一样。

（4）角度

角度用于设置剖面线的角度。剖面线的角度一般可以设置为 0°或者 90°，在特殊情况下也可以设置为 60°。

（5）加剖面线的区域

加剖面线的区域用于设置添加剖面线的视图区域，有以下两种方式：

- 区域：为一个闭合的区域添加剖面线。
- 边界：选择几条闭合的边线，使之成为加剖面线的区域。

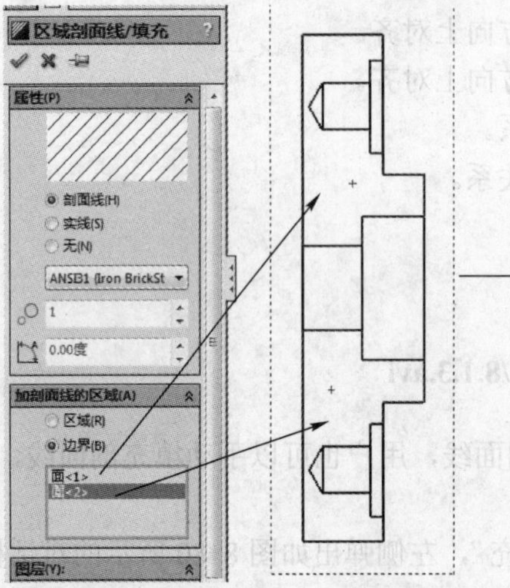

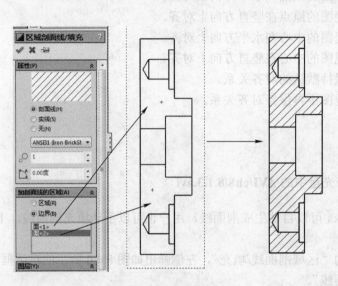

图 8-80　填充剖面线

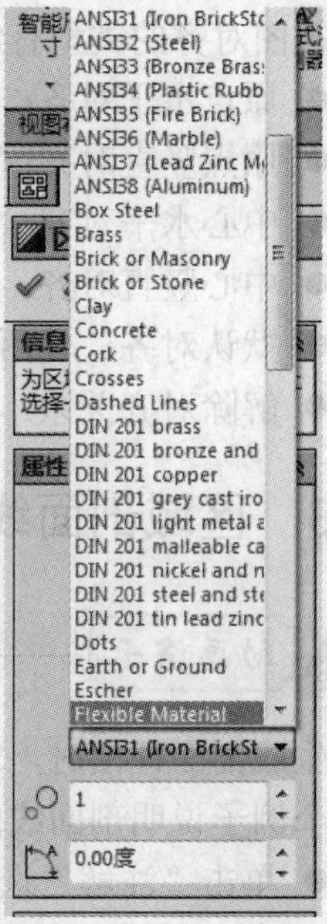

图 8-81　剖面线图样

8.1.4　装饰螺纹线

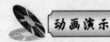

动画演示——参见附带光盘中的 AVI/ch8/8.1.4.avi

机械零件中有大量的螺栓等有螺纹线的零件，而根据 GB 的规定，在工程图中必须标注出螺纹线。SolidWorks 提供了方便的插入螺纹线的工具。下面以一个例子说明其操作步骤。

- 首先打开三维模型，单击菜单栏中的“插入”→“注解”→“装饰螺纹线”，左侧弹出如图 8-82 所示的对话框。

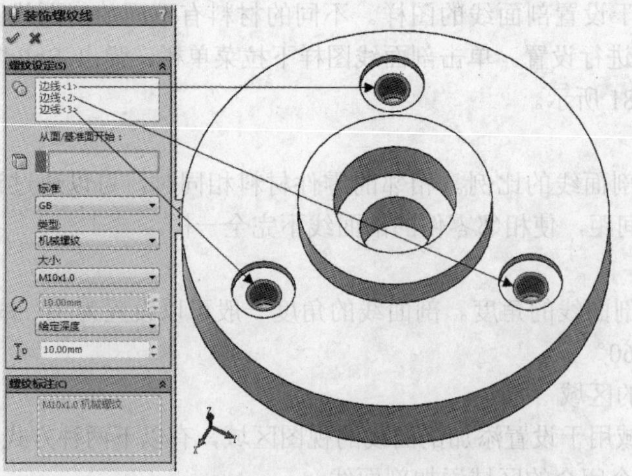

图 8-82　插入装饰螺纹线

- 在"圆形边线 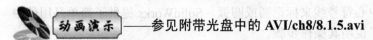"中选择图中所示的三条边线。
- 在"标准"中选择"GB",在"类型"中选择"机械螺纹",在"大小"中选择"M10×1.0"。
- 在"终止条件"中选择"给定深度",然后输入 10。
- 单击"确定 ✓"完成,此时孔出现装饰螺纹线,如图 8-83 所示。
- 制作工程图时,自动会在工程图中插入螺纹线,如图 8-84 所示。

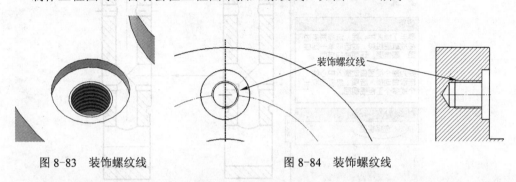

图 8-83 装饰螺纹线   图 8-84 装饰螺纹线

从上面的操作中可以看到,首先在三维模型中插入装饰螺纹线,然后在工程图中会自动显示螺纹线。如果要在工程图中插入螺纹线的标注,可以进行如下操作:

- 选择螺纹线,单击右键,弹出如图 8-85 所示的右键菜单,选择"插入标注"。
- SolidWorks 自动标注螺纹线,如图 8-86 所示。

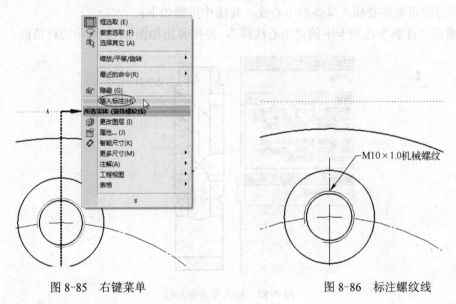

图 8-85 右键菜单   图 8-86 标注螺纹线

8.1.5 添加中心线和中心符号线

动画演示——参见附带光盘中的 AVI/ch8/8.1.5.avi

在制作好视图后,可能需要为视图添加中心线和中心符号线,下面详细介绍这两种操作。

1．中心线

一般情况下，回转体在工程图中都必须绘制中心线，SolidWorks 插入中心线的操作非常简单。下面以一个例子说明其操作步骤。

● 单击"注解"选项卡中的"中心线🔲"，左侧弹出如图 8-87 所示的对话框。

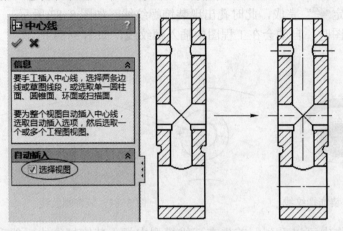

图 8-87　自动插入中心线

● 勾选"选择视图"，然后选择要插入中心线的视图，SolidWorks 自动给该视图插入所有的中心线。

有些时候可能需要插入单条的中心线，其操作步骤如下：

● 单击"注解"选项卡中的"中心线🔲"，左侧弹出如图 8-88 所示的对话框。

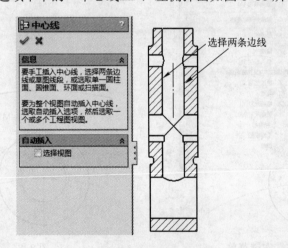

图 8-88　插入单条中心线

● 分别单击图中所示的两条边线，则自动在两条边线中间插入中心线。

2．中心符号线

在工程图中，通常需要用中心符号线来标记圆或圆弧。SolidWorks 提供了简单易用的中心符号线功能。下面以一个例子说明其操作步骤。

● 单击"注解"选项卡中的"中心符号线⊕"，左侧弹出如图 8-89 所示的对话框。

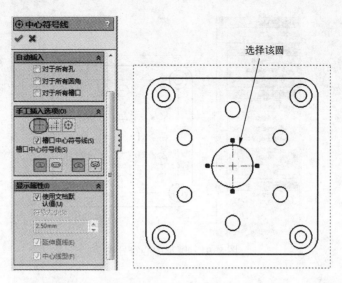

图 8-89　单一中心符号线

● 选择"手工插入选项"中的"单一中心符号线┼"，单击图 8-89 中所示的圆，为该圆插入中心符号线，然后单击"确定✔"。

● 再次调用中心符号线命令，选择"手工插入选项"中的"线性中心符号线┼"，按照顺时针方向依次单击边角的 4 个圆，为之添加中心符号线，如图 8-90 所示，然后单击"确定✔"。

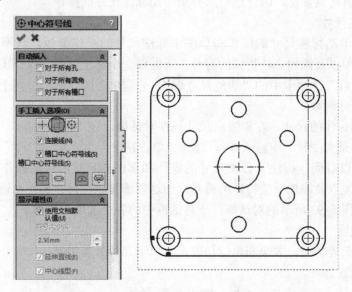

图 8-90　线性中心符号线

● 再次调用中心符号线命令，选择"手工插入选项"中的"圆形中心符号线◉"，先单击中心的圆，然后按照顺时针方向单击其余 6 个圆，为之添加中心符号线，如图 8-91 所示，最后单击"确定✔"。

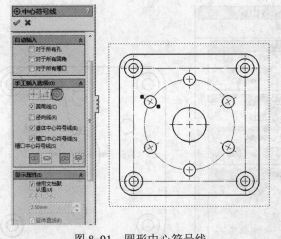

图 8-91　圆形中心符号线

8.1.6　标注尺寸

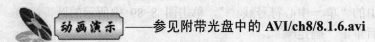

动画演示——参见附带光盘中的 **AVI/ch8/8.1.6.avi**

在工程图中标注尺寸的方法有两种，一种是自动标注，另外一种是手动标注。目前而言，SolidWorks 所提供的自动标注尺寸工具的效果不尽人意，标注的尺寸往往不能符合工程制图的要求，而且布局繁乱，因此这里只介绍手动标注尺寸的操作。

1．手动标注尺寸

在工程图中手动标注尺寸的操作和草图中标注尺寸的操作类似，只不过工程图中部分尺寸需要设置公差以及添加一些特殊的符号。下面以一个例子说明其操作步骤。

● 单击"注解"选项卡中的"智能尺寸 ◇"，分别单击图 8-92 中两个孔的中心线，为之添加尺寸约束。

● 单击刚刚标注的尺寸，左侧弹出尺寸属性对话框，在"公差类型"中选择"对称"，然后在"最大变量"中输入 0.1，选择"单位精度"为".1"。

从例子中可以看到，标注工程图尺寸的操作和草图中尺寸约束的操作一样，但是，工程图需要设置公差以及添加一些特殊的符号，而这些都可以在尺寸属性对话框中设置。单击尺寸，会弹出如图 8-93 所示的对话框，该对话框中的各个选项意义如下：

（1）公差/精度

设置尺寸的公差类型、大小和单位精度。有以下几种公差类型：

● 无：不设置公差。

● 基本：沿尺寸文字添加一方框，如图 8-94 所示。

● 双边：标注上公差和下公差。

● 限制：标注尺寸的上限和下限。

● 对称：标注对称的公差。

● 最大：标注最大的尺寸值，尺寸后面带有后缀 MAX。

● 最小：标注最小的尺寸值，尺寸后面带有后缀 MIN。

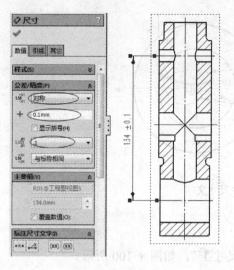

图 8-92　标注尺寸

图 8-93　尺寸属性对话框

● 套合：按照配合的类型（过盈、间隙和过渡）来标注公差，如图 8-95 所示。

一般情况下，工程图中较多使用双边、对称和套合公差来标注。设置了公差类型后，还可以分别在"单位精度 "和"公差精度 "中设置尺寸单位的精度以及公差的精度。

（2）主要值

该选项用于设置尺寸的覆盖值。工程图中的尺寸是直接引用三维模型中的尺寸，如果需要修改尺寸的值，则勾选"覆盖数值"，在文本框中输入新的数值即可，如图 8-96 所示。

图 8-94　基本公差

图 8-95　套合公差

图 8-96　覆盖数值

（3）标注尺寸文字

该选项用于为尺寸添加一些特殊的符号，例如直径符号、角度符号等。如图 8-97 所示，标注尺寸文字选项卡上面的文本框中的内容是用于标注尺寸线上方的文字，而下面的文本框中的内容是用于标注尺寸线下方的文字。在上面的文本框中，代码"<DIM>"表示尺寸值，每一个符号都有相应的代码。如果要为尺寸添加符号，只需要把鼠标光标移动到要添加符号的位置，然后单击下面的符号，即可添加该符号到尺寸中。

单击尺寸属性对话框中的"引线"，转到引线设置的界面，如图 8-98 所示，在该对话框中可以设置尺寸引线的类型。

单击尺寸属性对话框中的"其他"，转到如图 8-99 所示的界面，此处可以自定义尺寸的字体。

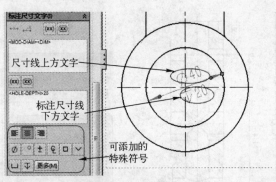

图 8-97　标注尺寸文字

2．标注倒角尺寸

标注倒角尺寸的操作方法如下：

● 单击"智能尺寸"附加菜单中的"倒角尺寸 ✈"，如图 8-100 所示。

图 8-98　设置引线

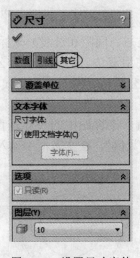

图 8-99　设置尺寸字体

图 8-100　附加菜单

● 先单击要标注尺寸的倒角的斜边，再单击直角边，如图 8-101 所示，此时自动标注倒角尺寸。

3．孔标注

孔标注的操作步骤如下：

● 单击"注解"选项卡中的"孔标注 ⊔⌀"。

● 单击要标注的孔，此时自动标注孔的直径及深度，如图 8-102 所示。

8.1.7　形位公差

 动画演示 ——参见附带光盘中的 AVI/ch8/8.1.7.avi

标注形位公差时，可能要先插入基准特征，下面先以一个例子介绍插入基准特征以及标注形位公差的操作步骤。

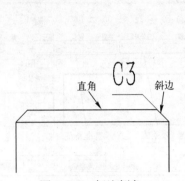

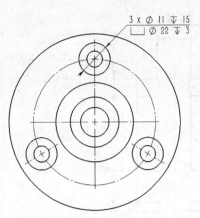

图 8-101 标注倒角　　　　　　　　　　图 8-102 孔标注

- 单击"注解"选项卡中的"基准特征 "，左侧弹出如图 8-103 所示的对话框。
- 在"标号设定"中输入 A，然后移动鼠标到图中所示的尺寸 40 处，再单击左键放置基准特征。
- 单击"注解"选项卡中的"形位公差 "，弹出如图 8-104 所示的对话框。

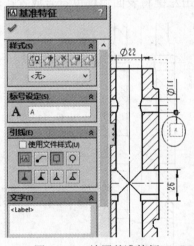

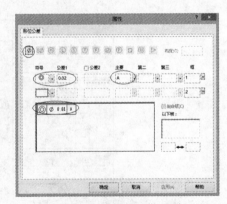

图 8-103 放置基准特征　　　　　　　图 8-104 设置形位公差

- 单击"符号"右边的下拉按钮，在下拉菜单中选择"同心度◎"，在"公差 1"中输入 0.02，在"主要"中输入 A，然后移动鼠标到如图 8-105 所示的位置，单击鼠标放置形位公差。

插入基准特征的操作比较简单，而且其设置参数只是需要定义基准特征符号。而形位公差的需要定义公差符号、公差值、基准特征，如图 8-106 所示。

8.1.8　表面粗糙度符号

动画演示——参见附带光盘中的 **AVI/ch8/8.1.8.avi**

工程图中，某些要求光滑的表面需要标注表面粗糙度，下面以一个例子说明其操作步骤。

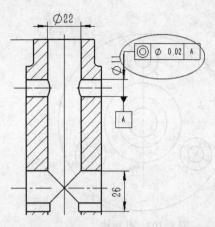

图 8-105　放置形位公差

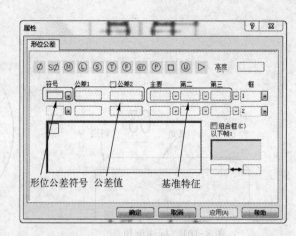

图 8-106　设置形位公差

● 单击 "注解" 选项卡中的 "表面粗糙度符号√"，弹出如图 8-107 所示的对话框。
● 在 "符号" 中选择 "要求切削加工√"，然后在 "符号布局" 的 "最小粗糙度" 中输入 0.8。
● 移动鼠标到要标注表面粗糙度的位置，单击左键将表面粗糙度符号放置在该处。

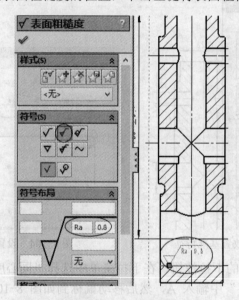

图 8-107　表面粗糙度

在表面粗糙度属性对话框中，可以设置以下参数：
● 符号：定义材料表面的加工方法，应当根据工程制图的标准以及设计的意图来进行选择。
● 符号布局：设置表面粗糙度的有关数值。
● 角度：设置表面粗糙度放置的角度。

8.1.9　标注文字

动画演示——参见附带光盘中的 **AVI/ch8/8.1.9.avi**

　　在工程图中，除了标注尺寸、形位公差、表面粗糙度外，还需要标注必要的文字说明，例如技术要求等。下面以一个例子说明其操作步骤：

- 单击"注解"选项卡中的"注释**A**"，此时光标变为""。
- 移动鼠标到要放置文字的位置，单击鼠标放置文字，此时出现如图 8-108 所示的文本框。

图 8-108　注释

- 在文本框中输入注释文字即可。

　　插入注释文字后，单击注释文字，左侧出现如图 8-109 所示的属性对话框，在该对话框中，可以设置注释文字的字体、大小、引线、边界等，其意义如下：

- 文字格式：设置文字的对齐方式和字体。

图 8-109　注释属性

- 引线：设置引线的类型。
- 边线：设置文字的边界类型。

8.1.10 零件序号

——参见附带光盘中的 AVI/ch8/8.1.10.avi

装配体的工程图中必须插入零件序号，solidworks 提供了自动和手动插入零件序号的功能，下面分别介绍这两种操作方法。

1. 自动插入零件序号

自动插入零件序号的操作步骤如下：

● 同时选择工程图中要插入零件序号的所有工程图，然后单击"注解"选项卡中的"自动零件序号 ⚙"，此时左侧弹出如图 8-110 所示的对话框。

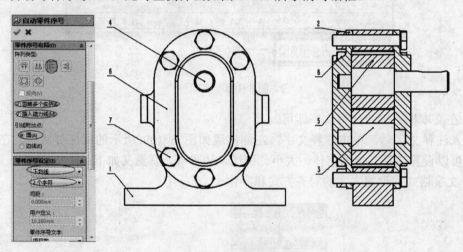

图 8-110 自动零件序号

● 在"阵列类型"中单击"布置零件序号到左 ⊞"，勾选"忽略多个实例"和"插入磁力线"。

● 在"引线附加点"中选择"面"。

● 单击"零件序号设定"中的"样式"，在下拉菜单中选择"下划线"，再单击"大小"，在下拉菜单中选择"2 个字符"。

● 单击"确定 ✔"插入零件序号。

从上面的操作步骤中可以看到，自动插入零件序号主要是要设置零件序号的布置方式以及引线的样式。下面对自动零件序号的参数意义进行详细解释。

（1）阵列类型

设置零件序号的布置方式，有"布置零件序号到上 ⊞""布置零件序号到下 ⊞""布置零件序号到左 ⊞""布置零件序号到右 ⊞""布置零件序号到方形 ⊡""布置零件序号到圆形 ⊛"几种。

（2）忽略多个实例

勾选该选项时，当装配体中有相同的零件，则只标注一个零件的序号。一般要勾选该选项，以避免重复标注相同的零件。

（3）插入磁力线

勾选该选项时，自动插入磁力线，使零件序号的放置更加美观。

（4）引线附加点

设置引线的末端附加到零件上面的位置，有以下两种位置：

- 面：引线的末端附加到零件的面上面，此时引线的末端默认为实心圆点；按照 GB 规定，一般情况下要选择该选项。
- 边线：引线的末端附加到零件的边线上面，此时引线的末端默认为实心箭头。

（5）样式

设置零件序号的样式，有圆形、三角形、下划线等样式，如图 8-111 所示。

（6）大小

设置零件序号的大小。

图 8-111　零件序号样式

2. 手动插入零件序号

自动插入零件序号操作虽然方便，但是有时可能效果不尽如人意，因此需要手动插入零件序号。手动插入零件序号的操作步骤如下：

- 单击"注解"选项卡中的"零件序号🔍"，左侧弹出如图 8-112 所示的对话框。
- 单击"零件序号设定"中的"样式"，在下拉菜单中选择"下划线"，再单击"大小"，在下拉菜单中选择"2 个字符"。
- 移动鼠标到工程图上，单击零件，此时自动插入一个零件的零件序号。
- 重复上一步骤，插入所有的零件序号即可。

手动插入零件序号的参数设置意义和自动插入零件序号的参数意义一样，这里不再赘述。但是需要注意的是，不论是手动插入零件序号，还是自动插入零件序号，零件的序号是由设计装配体时插入零件的顺序决定的，即第一个零件的序号为 1，第二个为 2，依次类推，如果需要更改零件的序号，可以进行如下操作：

- 单击"零件序号🔍"，左侧弹出如图 8-113 所示的对话框。

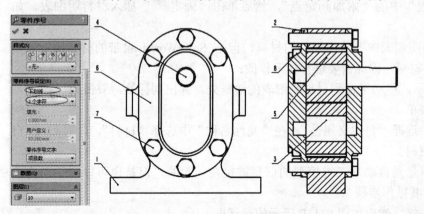

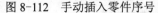

图 8-112　手动插入零件序号

图 8-113　零件序号属性对话框

- 单击"零件序号文字"，在下拉菜单中选择"文本"，然后输入新的序号即可。

3．绘制磁力线

磁力线用于布置零件序号的位置，使若干个零件序号在同一条直线上，从而使零件序号的布局更加美观。下面以一个例子说明其操作步骤：

- 单击"注解"选项卡中的"磁力线 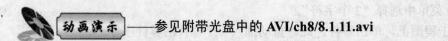"，此时鼠标变成" 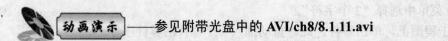 "。
- 在合适的位置绘制如图 8-114 所示的磁力线。

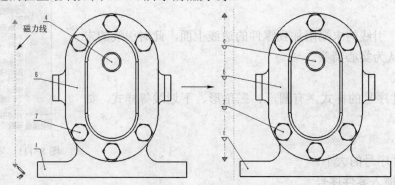

图 8-114　磁力线

- 绘制好磁力线后，拖动零件序号到磁力线附近，则零件符号被自动吸附到磁力　线上。

8.1.11　材料明细表

动画演示——参见附带光盘中的 **AVI/ch8/8.1.11.avi**

材料明细表是装配体工程图中不可缺少的部分，它包含了装配体中所有的零件、零件数量及材料等信息。下面以一个例子说明其操作步骤：

- 选择工程图中的一个视图，单击"注解"选项卡中"表格"下面的下拉按钮，展开如图 8-115 所示的附加菜单，选择该菜单中的"材料明细表"，左侧弹出如图 8-116 所示的对话框。
- 勾选"表格位置"中的"附加到定点"，然后单击"确定 ✅"插入材料明细表，如图 8-117 所示。

通常情况下，材料明细表中要给出零件的材料，但是 SolidWorks 自带的材料明细表模板中并没有给出零件的材料，因此需要进行如下修改：

- 如图 8-118 所示，移动鼠标到材料明细表的边框处，弹出列标签，双击列标签 C，出现两个下拉菜单。
- 在"列类型"中选择"自定义属性"，在"属性名称"中选择"材料"，此时列 C 自动显示零件的材料。

材料明细表中的信息是自动和三维模型的信息链接在一起的，但是也可以在手动修改材料明细表中的信息，其操作步骤为：

- 双击要修改的表格，弹出如图 8-119 所示的对话框。
- 单击"是"，断开材料明细表和三维模型的链接。

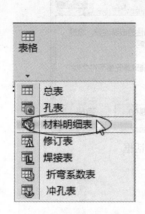

图 8-115　表格附加菜单

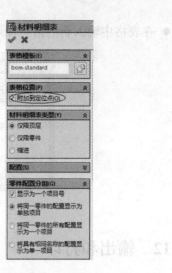

图 8-116　材料明细表属性对话框

项目号	零件号	说明	数量
1	主体		1
2	后盖		1
3	固定轴		1
4	驱动轴		1
5	GB - Spur gear 2M 20T 20PA 32FW --- S20A75H50L20.0.N		2
6	前盖		1
7	GB_FASTENER_BOLT_H HBFPT A M8X1X50-N		6
8	GB_FASTENER_NUT_SN ABTXY M8X1-N		6

标记	处数	分区	更改文件号	签名	年 月 日	阶 段 标 记		重量	比例	"图样名称"
设计			标准化					2.806	1:1	
校核			工艺							"图样代号"
主管设计			审核							
			批准			共 张第 张版本			替代	

图 8-117　材料明细表

	A 项目号	B 零件号	C 材料	D 数量
	1	主体	灰铸铁	1
	2	后盖	灰铸铁	1
	3	固定轴	合金钢	1
	4	驱动轴	合金钢	1
	5	GB - Spur gear 2M 20T 20PA 32FW --- S20A75H50L20.0.N		2
	6	前盖	灰铸铁	1
	7	GB_FASTENER_BOLT_H HBFPT A M8X1X50-N		6
	8	GB_FASTENER_NUT_SN ABTXY M8X1-N		6

列类型：
自定义属性
属性名称：
材料

图 8-118　修改列属性

● 在表格中输入新的信息即可。

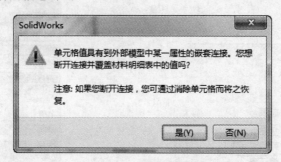

图 8-119 警告对话框

8.1.12 输出和打印

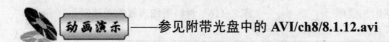

动画演示——参见附带光盘中的 AVI/ch8/8.1.12.avi

工程图制作完成后，还需要将其输出为其他格式或者进行打印。将工程图输出为其他
格式的操作步骤如下：

● 单击菜单栏中的"另存为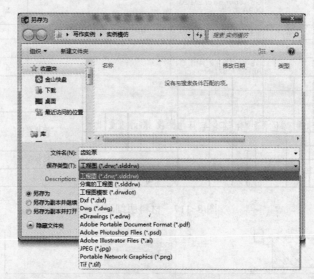

图 8-120 工程图输出

● 单击"保存类型"，在下拉菜单中选择要保存的格式，然后单击"确定"按钮即可。
SolidWorks 工程图可以保存为 PDF、Dwg 等主流软件的格式，方便用户对工程图进行
后续处理。

打印工程图的操作步骤如下：

● 单击菜单栏中的"文件"→"打印"，弹出如图 8-121 所示的对话框。
● 单击"页面设置"，弹出如图 8-122 所示的对话框，在"工程图颜色"中设置彩色或者
黑白打印，在"纸张"中设置打印的纸张大小，然后单击"确定"返回打印对话框；

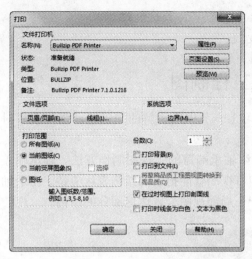

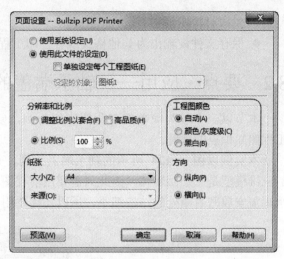

图 8-121 打印工程图   图 8-122 页面设置

● 单击打印对话框中的"线粗"按钮,弹出如图 8-123 所示的对话框,在该对话框中可以设置线的粗细。

图 8-123 设置线粗

● 设置完成后,单击"确定"按钮即可打印工程图。

8.1.13 思路小结——工程制图的步骤

通过本节对工程图知识点的介绍,我们可以总结出如下的制图步骤:

● 设置图纸大小、比例以及标题栏等信息。
● 设置制图的标准环境。
● 生成工程图视图,在必要的情况下生成局部视图、断裂视图等辅助的视图。
● 插入中心线和中心符号线。
● 标注尺寸,并为有公差要求的尺寸设置公差。
● 标注形位公差和表面粗糙度。
● 插入文字注释。
● 装配体工程图中,插入零件序号。

- 生成材料明细表。
- 保存文件，输出为其他格式或者打印工程图。

8.2　要点·应用——轴承端盖的工程制图

本节以一个较为简单的工程图实例为例，复习上一节中所讲解的知识点，强化读者对工程图知识点的理解。

本实例以图 8-124 所示的轴承端盖为例，介绍轴承端盖的工程图制作方法。轴承端盖的三维模型是一个回转体，因此只需要用前视图和右视图就能把它的结构表达清楚。由于轴承端盖安放密封圈处的结构细小，所以还需要用一个局部视图来表达这部分的结构。

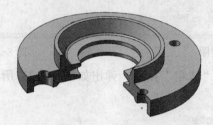

图 8-124　轴承端盖

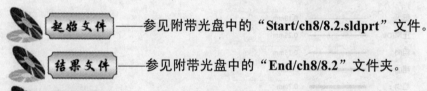

起始文件——参见附带光盘中的"Start/ch8/8.2.sldprt"文件。

结果文件——参见附带光盘中的"End/ch8/8.2"文件夹。

动画演示——参见附带光盘中的 AVI/ch8/8.2.avi

（1）单击"新建"，弹出如图 8-125 所示的对话框，单击"工程图"，再单击"确定"新建一个工程图文件。

图 8-125　新建文件

（2）移动光标到图纸上，单击右键，选择编辑图纸格式，进入图纸编辑状态，双击标题栏的"图样名称"，左侧弹出如图 8-126所示的对话框，单击"链接到属性 🖼"，弹

出如图 8-127 所示的对话框，选择"当前文件"，然后单击下拉菜单，在下拉菜单中选择"SW-文件名称（File Name）"，再单击"确定"按钮，此时"图样名称"变为工程图的文件名。最后退出图纸编辑状态即可。

图 8-126　修改图样名称

（3）单击"视图布局"选项卡中的"模型视图🖼"，弹出如图 8-128 所示的对话框，单击"浏览"按钮，在随书光盘中找到"轴承端盖.sldprt"，打开该文件，插入如图 8-129 所示的前视图；单击前视图，左侧弹出如图 8-130 所示的对话框，单击该对话框中的"下视🔲"，修改视图的方向。

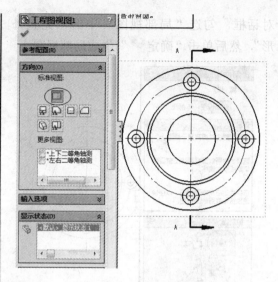

图 8-130　修改视图方向

图 8-127　链接到属性对话框

（4）移动鼠标到图纸上，单击右键，选择属性，弹出如图 8-131 所示的图纸属性对话框，将"比例"设置为"1:2"，在"图纸格式/大小"中选择"A4（GB）"，然后单击"确定"按钮关闭对话框。

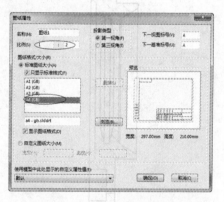

图 8-131　设置图纸

图 8-128　模型视图对话框

（5）单击"视图布局"选项卡中的"剖面视图🛱"，弹出如图 8-132 所示的对话框，单击"切割线"中的"竖直🛱"，然后以竖直剖切线剖切前视图的中心，生成如图 8-133 所示的剖面视图。

（6）单击"视图布局"选项卡中的"局部视图🅐"，绘制如图 8-134 所示的草图；绘制完草图后，自动弹出如图 8-135 所示的

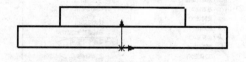

图 8-129　插入前视图

对话框，勾选"局部视图"中的"完整外形"，然后单击"确定✔"生成局部视图。

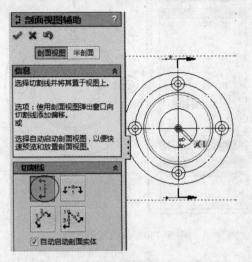

图 8-132 剖面视图

图 8-133 生成的剖面视图

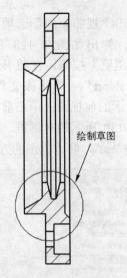

图 8-134 绘制草图

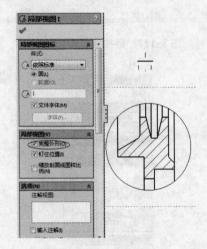

图 8-135 局部视图

（7）同时选择三个视图，单击菜单栏中的"视图"→"显示"→"切边不可见"，如图 8-136 所示，隐藏三个视图的切边。

（8）单击"注解"选项卡中的"中心线⊞"，弹出如图 8-137 所示的对话框，勾选"选择视图"，然后单击右视图，自动为右视图插入中心线。

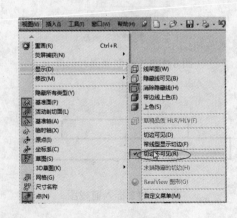

图 8-136 隐藏切边

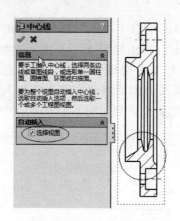

图 8-137　插入中心线

（9）单击"注解"选项卡中的"智能尺寸"，分别为前视图、右视图和局部放大视图标注尺寸，如图 8-138、图 8-139 和图 8-140 所示。

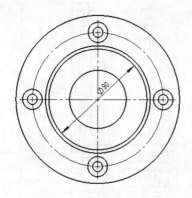

图 8-138　前视图的尺寸

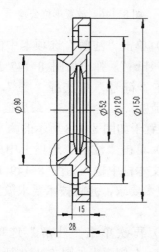

图 8-139　右视图的尺寸

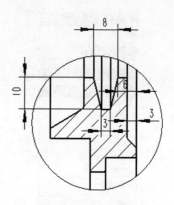

图 8-140　局部放大视图的尺寸

（10）单击右视图中的尺寸"φ90"，左侧弹出如图 8-141 所示的对话框，选择公差类型为"双边"，"最大变量 +" 为 0，"最小变量 −" 为 0.02，设置单位精度为".12"；单击尺寸属性对话框中的"其他"，转到如图 8-142 所示的界面，清除"使用尺寸字体"，然后在"字体比例"中输入 0.7，最后单击"确定"关闭对话框。

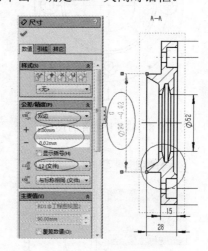

图 8-141　设置公差

（11）单击"注解"选项卡中的"孔标注"，用鼠标单击如图 8-143 所示的孔，则自动标注该孔的尺寸。

（12）单击"注解"选项卡中的"基准特征"，弹出如图 8-144 所示的对话框，在"符号设定"中输入 A，然后放置基准特征在图中所示的位置。

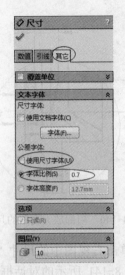

图 8-142　设置公差字体大小

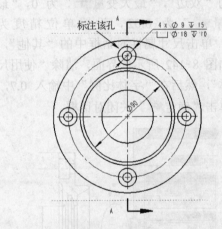

图 8-143　标注孔的尺寸

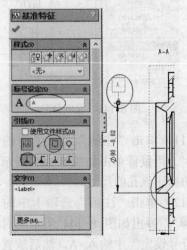

图 8-144　插入基准特征

（13）单击"注解"选项卡中的"形位公差 ⊞"，弹出如图 8-145 所示的对话框，在"符号"中选择"垂直 ⊥"，在"公差 1"中输入 0.04，在"主要"中输入 B，然后放置形位公差到如图 8-146 所示的位置。

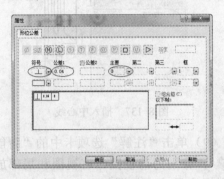

图 8-145　设置形位公差

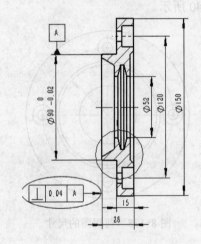

图 8-146　放置形位公差

（14）单击"注解"选项卡中的"表面粗糙度符号 √"，弹出如图 8-147 所示的对话框，在"符号"中选择"√"，然后在"最小粗糙度"中输入 6.3，最后把表面粗糙度符号放置于如图 8-148 所示的两个位置。

（15）单击"注解"选项卡中的"注释 A"，在文本框中输入如图 8-149 所示的文字作为技术要求，并将技术要求放置于图纸的左下角。

（16）再次单击"注解"选项卡中的"注释 A"，左侧弹出如图 8-150 所示的对话框，单击"√"，此时界面转换为如图 8-151 所示的对话框，在"符号"中选择"√"，然后在"最小粗糙度"中输入 12.5，然后单击"确定√"即可。此时已经完成工程图，如图 8-152 所示。

图 8-150　输入注释文字

图 8-147　设置表面粗糙度

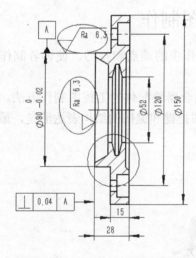

图 8-148　放置表面粗糙度符号

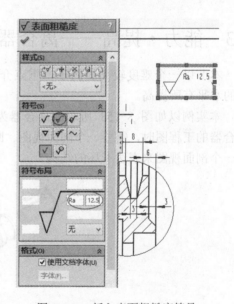

图 8-151　插入表面粗糙度符号

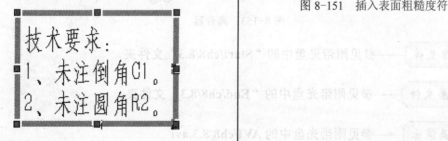

图 8-149　技术要求

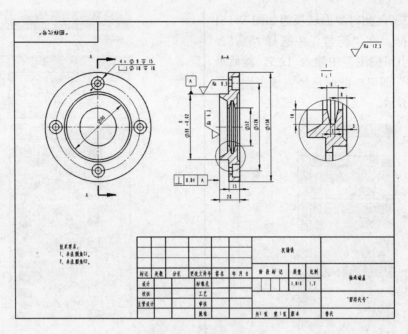

图 8-152　完成的工程图

8.3　能力·提高——离合器的工程图制作

本节以一个难度较高的例子，重点介绍工程图制作中的难点和技巧，使读者制作工程图的水平有所提高。

本实例以如图 8-153 所示的离合器为例，介绍离合器装配体的工程图制作方法。制作离合器的工程图时，需要一个剖面视图、断开的剖视图把键和键槽的结构表达清楚，最后再用一个剖面视图来表达卡环的结构。

图 8-153　离合器

起始文件——参见附带光盘中的"**Start/ch8/8.3**"文件夹。

结果文件——参见附带光盘中的"**End/ch8/8.3**"文件夹。

动画演示——参见附带光盘中的 **AVI/ch8/8.3.avi**

（1）单击"新建"，弹出如图 8-154 所示的对话框，单击"工程图"，再单击"确定"按钮新建一个工程图文件。

图 8-154　新建文件

（2）移动鼠标到图纸上，单击右键，选择"编辑图纸格式"，进入图纸编辑状态，双击标题栏的"图样名称"，左侧弹出如图 8-155 所示的对话框，单击"链接到属性"，弹出如图 8-156 所示的对话框，选择"当前文件"，然后单击下拉菜单，在下拉菜单中选择"SW-文件名称（File Name）"，再单击"确定"，此时"图样名称"变为工程图的文件名。最后退出图纸编辑状态即可。

图 8-155　修改图样名称

（3）单击"视图布局"选项卡中的"模型视图"，弹出如图 8-157 所示的对话框，单击"浏览"，在随书光盘中找到"离合器.sldasm"，打开该文件，插入如图 8-158 所示的视图。

（4）移动光标到图纸上，单击右键，选

择"属性"，弹出如图 8-159 所示的图纸属性对话框，在"比例"中输入"1:1"，在"图纸格式/大小"中选择"A3（GB）"，然后单击"确定"按钮关闭对话框。

图 8-156　链接到属性对话框

图 8-157　模型视图

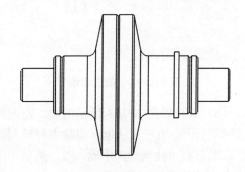

图 8-158　插入视图

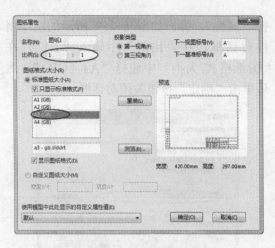

图 8-159　设置图纸属性

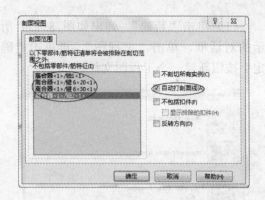

图 8-161　设置剖面视图

（5）单击"视图布局"选项卡中的"剖面视图 "，弹出如图 8-160 所示的对话框，单击"切割线"中的"水平 "，把剖切线放置在视图的中心；放置好剖切线后，弹出如图 8-161 所示的对话框，在"不包括零部件/筋特征"中选择轴 1、轴 2、键 6×20 和键 6×30，勾选"自动打剖面线"，然后单击"确定"，生成如图 8-162 所示的剖面视图。

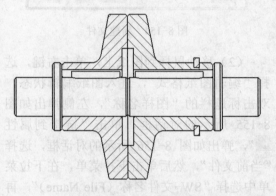

图 8-162　生成剖面视图

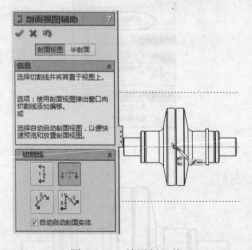

图 8-160　放置剖切线

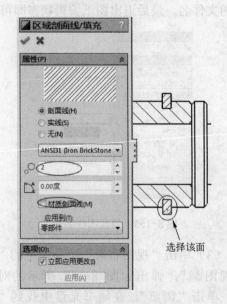

图 8-163　修改剖面线

（6）选择如图 8-163 所示的面，左侧弹出区域剖面线/填充对话框，清除"材质剖面线"，然后在"比例 "中输入 2，然后单击"确定 "关闭对话框。

（7）同时选择两个视图，单击菜单栏中的"视图"→"显示"→"切边不可见"，如图 8-164 所示。隐藏两个视图的切边。

图 8-164　隐藏边线

（8）单击"视图布局"选项卡中的"断开的剖视图🔲"，绘制如图 8-165 所示的草图。绘制完草图后，弹出如图 8-166 所示的对话框，在"不包括零部件/筋特征"中选择轴 1、轴 2、键 6×20 和键 6×30，勾选"自动打剖面线"，然后单击"确定"按钮，弹出如图 8-167 所示的对话框，在"剖切深度"中选择图中所示的边线，然后单击"确定✔"，生成如图 8-168 所示的视图。

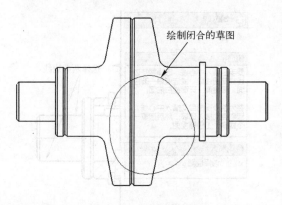

图 8-165　绘制草图

（9）单击"视图布局"选项卡中的"剖面视图🔲"，弹出如图 8-169 所示的对话框，单击"切割线"中的"竖直🔲"，放置剖切线到图中所示的位置；放置好剖切线后，弹出如图 8-170 所示的对话框，在"不包括零部件/筋特征"中选择轴 2 和键 6×30，勾选

"自动打剖面线"，然后单击"确定"按钮，生成如图 8-171 所示的剖面视图 B。

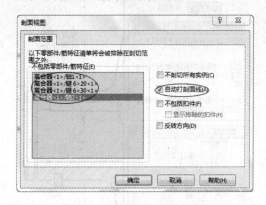

图 8-166　设置剖面视图

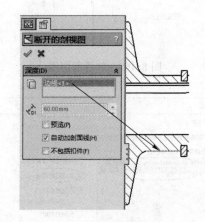

图 8-167　指定剖切深度

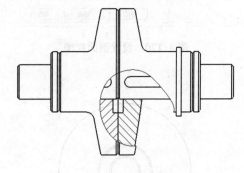

图 8-168　生成断开的剖视图

（10）单击生成的剖面视图 B，左侧弹出如图 8-172 所示的对话框，单击"反转方向"，然后单击"确定✔"，反转视图的方向。

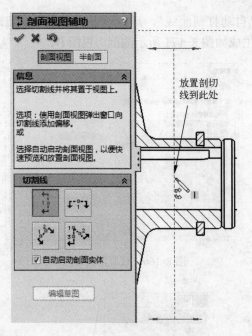

图 8-169　放置剖切线

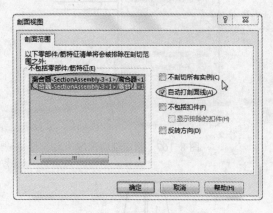

图 8-170　设置剖面视图

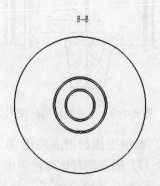

图 8-171　生成剖面视图 B

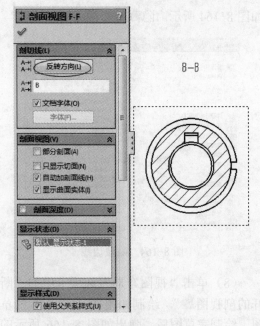

图 8-172　反转视图方向

（11）单击"注解"选项卡中的"中心
线"，单击图 8-173 中的两条边线，为之
插入中心线，然后拖动中心线，使之贯穿整
个视图。同样，也为俯视图插入中心线，如
图 8-174 所示。

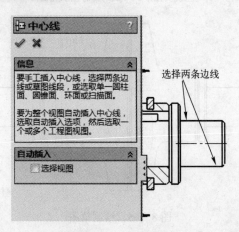

图 8-173　插入中心线

（12）单击"注解"选项卡中的"中心
符号线"，弹出如图 8-175 所示的对话
框，勾选"手动插入选项"，然后选择剖面
视图 B 中的圆，为之插入中心符号线。

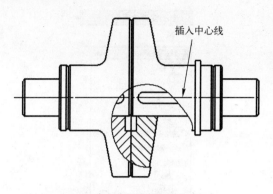

图 8-174　俯视图的中心线

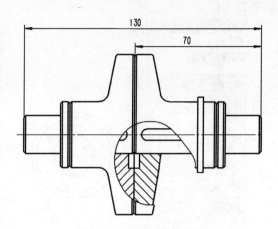

图 8-177　俯视图的尺寸

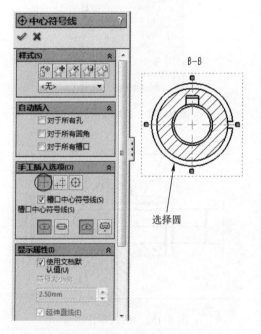

图 8-175　插入中心符号线

（13）单击"注解"选项卡中的"智能尺寸 🖉"，为三个视图标注尺寸，如图 8-176、图 8-177 和图 8-178 所示。

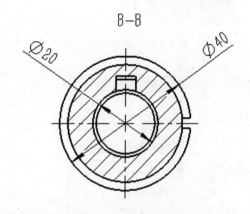

图 8-178　剖面视图 B 的尺寸

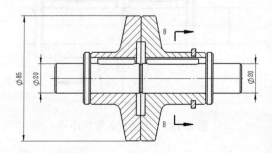

图 8-176　前视图的尺寸

（14）单击右视图中的尺寸"φ20"，左侧弹出如图 8-179 所示的对话框，选择公差类型为"套合"，选择"孔套合 🖾"为"H7"，"轴套合 🖾"为"k6"，单击" 🖾 "；单击尺寸属性对话框的"其他"，转到如图 8-180 所示的界面，清除"使用尺寸字体"，然后在"字体比例"中输入 0.7，最后单击"确定 ✔"关闭对话框。

（15）选择前视图，再单击"注解"选项卡中的"自动零件序号 🖉"，弹出如图 8-181所示的对话框，在"阵列类型"中选择"布置零件序号到上 🔛"，选择引线附加点中的"面"，然后单击"确定 ✔"插入零件序号，如图 8-182 所示。

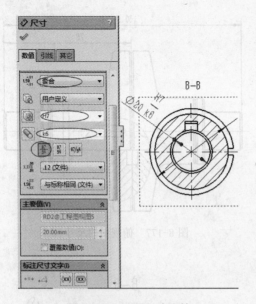

图 8-179　设置尺寸公差

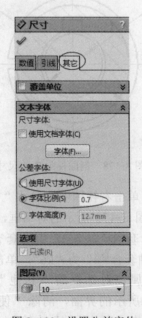

图 8-180　设置公差字体

图 8-181　自动零件序号

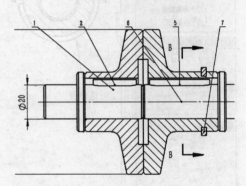

图 8-182　插入零件序号

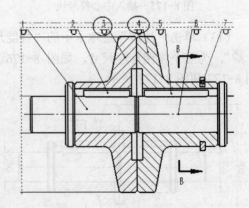

图 8-183　手动插入零件序号

（16）再单击"注解"选项卡中的"零件序号 $\mathscr{P}$ "，标注如图 8-183 所示的零件序号 3 和 4。

（17）选择前视图，再单击"注解"选项卡中的"材料明细表 $\boxed{}$ "，弹出如图 8-184 所示的对话框，直接单击"确定 $\checkmark$ "，插入材料明细表，如图 8-185 所示。

图 8-184　材料明细表对话框

项目号	零件号	说明	数量
1	轴1		1
2	键 6×20		1
3	摩擦片1		1
4	摩擦片2		1
5	键 6×30		1
6	轴2		1
7	卡环		

图 8-185　材料明细表

（18）移动光标到材料明细表的边框处，弹出列标签，双击列标签 C，在"列类型"中选择"自定义属性"，在"属性名称"中选择"材料"，如图 8-186 所示。此时已经完成工程图的制作，如图 8-187 所示。

图 8-186　修改材料

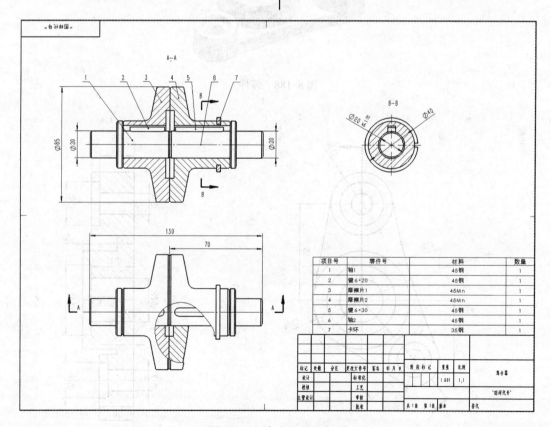

图 8-187　离合器的工程图

8.4 习题·巩固

本节给出两个习题，读者可参照随书光盘中的工程图文件自行练习，以进一步巩固在本章中所学习的内容。

8.4.1 习题1——铸件的工程图制作

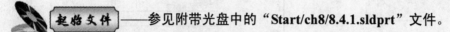

起始文件——参见附带光盘中的"**Start/ch8/8.4.1.sldprt**"文件。

结果文件——参见附带光盘中的"**End/ch8/8.4.1**"文件夹。

如图 8-188 所示的模型是一个铸件，它的工程图如图 8-189 所示，请读者参考随书光盘中的文件自行练习。

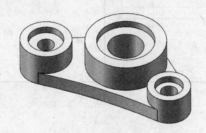

图 8-188 铸件

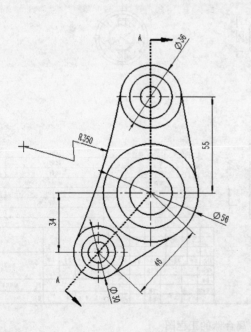
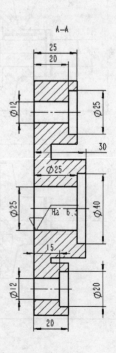

图 8-189 工程图

8.4.2　习题 2——阀体的工程图制作

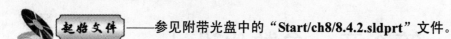
起始文件——参见附带光盘中的"Start/ch8/8.4.2.sldprt"文件。

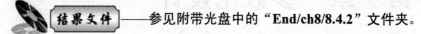
结果文件——参见附带光盘中的"End/ch8/8.4.2"文件夹。

图 8-190 所示的模型是一个阀体，它的工程图如图 8-191 所示，请读者参考随书光盘中的文件自行练习。

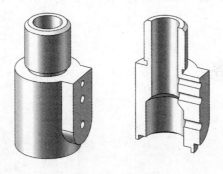

图 8-190　阀体

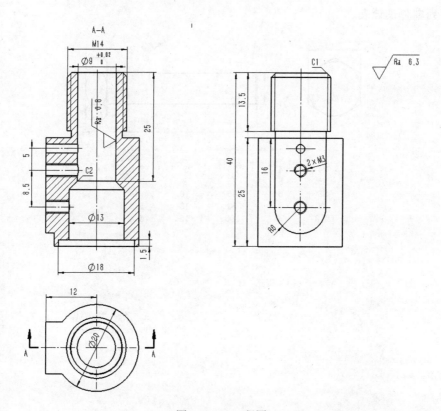

图 8-191　工程图

第 9 章　参数化设计

　　参数化设计是基于参数驱动的设计方法，它可以高效率地设计系列化零件。参数化设计以参数为基础，快速地生成一系列具有相同特征的零件。本章中将详细介绍如何利用 SolidWorks 进行参数化设计。

 本讲主要内容

- 添加尺寸配置
- 添加特征配置
- 添加零件配置
- 全局变量
- 方程式
- 系列零件设计表

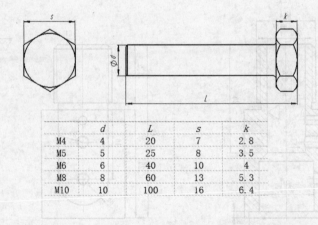

	d	L	s	k
M4	4	20	7	2.8
M5	5	25	8	3.5
M6	6	40	10	4
M8	8	60	13	5.3
M10	10	100	16	6.4

9.1 实例·知识点——螺栓的系列化设计

本节先以图 9-1 中所示的螺栓为例，介绍螺栓的系列化设计方法。螺栓的系列如图 9-2 所示，包括 M4、M5、M6、M8、M10 共 5 种螺栓。在进行螺栓的系列化设计时，首先以 M4 螺栓的尺寸建立螺栓的模型，再用方程式来建立一些尺寸和关键尺寸的表达式，然后对螺栓的关键尺寸进行配合，最后添加系列零件设计表，并在系列零件设计表中添加更多的螺栓型号。

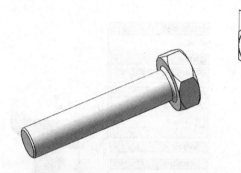

图 9-1　螺栓

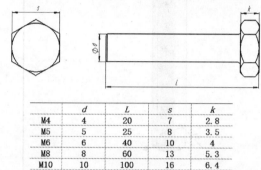

	d	L	s	k
M4	4	20	7	2.8
M5	5	25	8	3.5
M6	6	40	10	4
M8	8	60	13	5.3
M10	10	100	16	6.4

图 9-2　螺栓系列

——参见附带光盘中的"End/ch9/9.1.sldprt"文件。

——参见附带光盘中的 AVI/ch9/9.1.avi

（1）新建一个零件文件，以上视基准面为草图基准面，绘制如图 9-3 所示的草图 1。

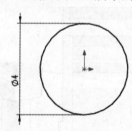

图 9-3　草图 1

（2）单击特征工具栏中的"拉伸凸台/基体🔲"，左侧弹出如图 9-4 所示的对话框，在"终止条件"中选择"给定深度"，然后在"深度🔧"中输入 20，单击"确定✅"生成拉伸凸台 1。

（3）以图 9-5 所示的面为草图基准面，绘制如图 9-6 所示的草图 2。

（4）单击特征工具栏中的"拉伸凸台/基体🔲"，左侧弹出如图 9-7 所示的对话框，在"终止条件"中选择"给定深度"，然后在"深度🔧"中输入 2.8，单击"确定✅"生成拉伸凸台 2。

图 9-4　拉伸凸台 1

（5）以前视基准面为草图基准面，绘制如图 9-8 所示的草图 3。

（6）单击特征工具栏中的"旋转切除
"，左侧弹出如图 9-9 所示的对话框，在
"旋转轴 "中选择图中所示的中心线，然
后单击"确定 "完成。

图 9-5　草图基准面

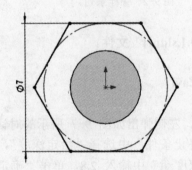

图 9-6　草图 2

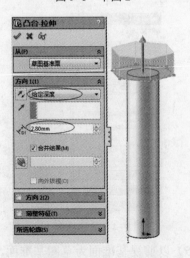

图 9-7　拉伸凸台 2

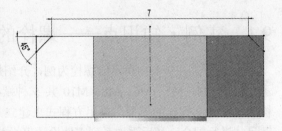

图 9-8　草图 3

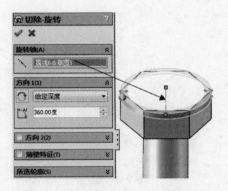

图 9-9　旋转切除

（7）单击特征工具栏中的"基准面 "，
左侧弹出如图 9-10 所示的对话框，在"第
一参考"中选择图中所示的面，然后单击
"距离 "，输入距离值为 1.4，勾选"反
转"，最后单击"确定 "插入基准面。

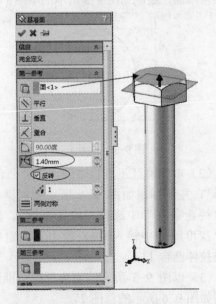

图 9-10　插入基准面

（8）单击特征工具栏中的"镜像🔲"，左侧弹出如图 9-11 所示的对话框，在"镜像面"中选择上一步骤中插入的基准面，在"要镜像的特征"中选择旋转切除，然后单击"确定✔"完成镜像特征。

图 9-11　镜像特征

（9）单击特征工具栏中的"倒角🔲"，左侧弹出如图 9-12 所示的对话框，在"边线、面或顶点🔲"中选择图中所示的边线，在"距离🔲"中输入 0.2。

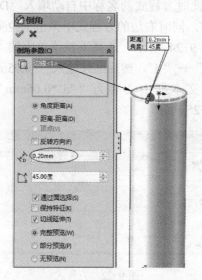

图 9-12　生成倒角

（10）单击特征工具栏中的"圆角🔲"，左侧弹出如图 9-13 所示的对话框，在"边线、面、特征"中选择图中所示的边线作为圆角化的边线，在"半径🔲"中输入 0.4，然后单击"确定✔"完成。

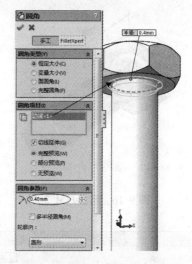

图 9-13　圆角

（11）选择"拉伸凸台 1"，然后右键单击尺寸 20，弹出如图 9-14 所示的右键菜单，选择"链接数值"，然后弹出如图 9-15 所示的对话框，在"名称"中输入"L"，将螺栓的长度名称设置为"L"。

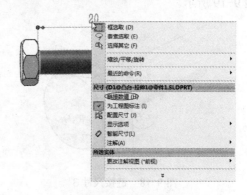

图 9-14　链接尺寸 1

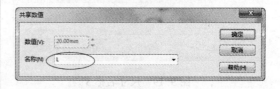

图 9-15　尺寸名称 1

（12）选择"草图 1"，链接如图 9-16 所示的螺栓的直径尺寸，将名称设置为"d"，如图 9-17 所示。

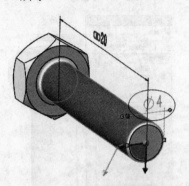

图 9-16　链接尺寸 2

图 9-17　尺寸名称 2

（13）选择"草图 2"，链接如图 9-18 所示的直径尺寸，将名称设置为"s"，如图 9-19 所示。

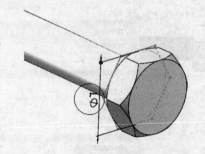

图 9-18　链接尺寸 3

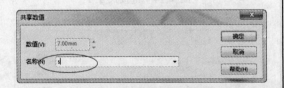

图 9-19　尺寸名称 3

（14）选择"拉伸凸台 2"，链接如图 9-20

所示的拉伸凸台 2 的拉伸深度尺寸，将名称设置为"k"，如图 9-21 所示。

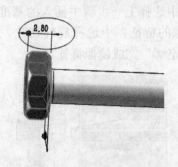

图 9-20　链接尺寸 4

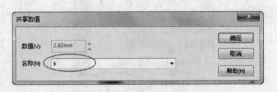

图 9-21　尺寸名称 4

（15）单击菜单栏中的"工具"→"方程式Σ"，弹出如图 9-22 所示的方程式对话框，单击"方程式"下面的文本框，激活该文本框，然后选择图 9-23 所示的倒角的尺寸，此时方程式的名称中自动填入"D1@倒角 1"，同时右边的方程式中弹出下拉菜单，如图 9-24 所示。选择下拉菜单中的"全局变量"→"d"，然后继续输入"*0.05mm"；使该文本框中文字为"d"*0.05mm"，如图 9-25 所示。

图 9-22　方程式

（16）继续在方程式名称中选择如图 9-26 所示的圆角尺寸，然后在方程式中输入""d"*0.1mm"，如图 9-27 所示。

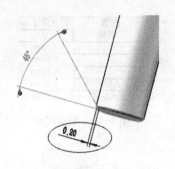

图 9-23　选取尺寸

图 9-24　自动填充方程式名称 1

图 9-25　输入方程式 1

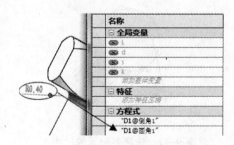

图 9-26　方程式名称 2

（17）在方程式名称中选择如图 9-28 所示的拉伸深度尺寸，然后在方程式中输入""k"*0.5mm"，如图 9-29 所示。

（18）在方程式名称中选择如图 9-30 所示的尺寸，然后在方程式中输入""s""，如

图 9-31 所示。输入方程式后，单击"确定"按钮关闭对话框。

图 9-27　输入方程式 2

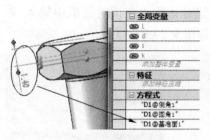

图 9-28　方程式名称 3

图 9-29　输入方程式 3

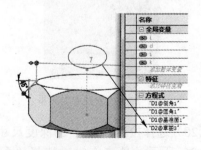

图 9-30　方程式名称 4

图 9-31　输入方程式 4

配置 名称	链接尺寸
	d
M4	4.00mm
M5	5.00mm
M6	6.00mm
M8	8.00mm
< 生成新配置。 >	

图 9-34　配置尺寸

（19）选择草图 1 中的直径尺寸 4，然后单击右键，弹出如图 9-32 所示的右键菜单，选择"配置尺寸"，弹出如图 9-33 所示的配置对话框，在该对话框中输入 4 个配置，如图 9-34 所示。

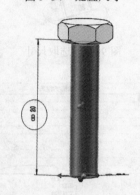

图 9-35　选择要配置的尺寸 1

配置 名称	链接尺寸
	L
M4	20.00mm
M5	25.00mm
M6	40.00mm
M8	60.00mm
< 生成新配置。 >	

图 9-36　配置尺寸 1

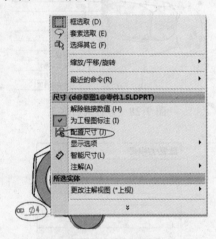

图 9-32　右键菜单

配置 名称	链接尺寸
	d
默认	4.00mm
< 生成新配置。 >	

图 9-33　配置尺寸对话框

（21）选择草图 2 的尺寸，如图 9-37 所示，单击右键，选择"配置尺寸"，对尺寸进行配置，如图 9-38 所示。

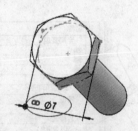

图 9-37　选择要配置的尺寸 2

（20）选择拉伸凸台 1 的深度尺寸，如图 9-35 所示，单击右键，选择"配置尺寸"，对尺寸进行配置，如图 9-36 所示。

配置 名称	链接尺寸
	s
M4	7.00mm
M5	8.00mm
M6	10.00mm
M8	13.00mm
< 生成新配置。 >	

图 9-38　配置尺寸 2

（22）选择拉伸凸台 2 的深度尺寸，如图 9-39 所示，单击右键，选择"配置尺寸"，对尺寸进行配置，如图 9-40 所示。

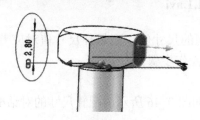

图 9-39　选择要配置的尺寸 3

（23）此时已经生成 4 种配置，单击"ConfigurationManager "，可以看到已经有 4 种配置，如图 9-41 所示。

配置 名称	链接尺寸 ▼
	k
M4	2.80mm
M5	3.50mm
M6	4.00mm
M8	5.30mm
< 生成新配置。 >	

图 9-40　配置尺寸 3

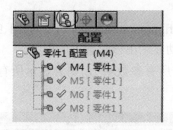

图 9-41　生成的配置

（24）单击菜单栏中的"插入"→"表格"→"设计表 "，左侧弹出如图 9-42 所示的对话框，在"源"中选择"自动生成"，然后单击"确定 "，此时自动生成系列零件设计表。

（25）单击菜单栏中的"编辑"→"系列零件设计表格"→"在新窗口中编辑表格"，此时在 Excel 软件中打开已经配置的尺寸，如图 9-43 所示。在该表中输入新的零件参数，如图 9-44 所示，完成后，保存并关闭表格，此时自动生成第 5 个配置。

图 9-42　系列零件设计表

系列零件设计表：	零件1					
	$说明	$颜色	d@草图1	L@凸台-拉伸1	s@草图2	k@凸台-拉伸2
M4	默认	2E+07	4	20	7	2.8
M5	M5	2E+07	5	25	8	3.5
M6	M6	2E+07	6	40	10	4
M8	M8	2E+07	8	60	13	5.3

图 9-43　设计表

系列零件设计表：	零件1					
	$说明	$颜色	d@草图1	L@凸台-拉伸1	s@草图2	k@凸台-拉伸2
M4	默认	2E+07	4	20	7	2.8
M5	M5	2E+07	5	25	8	3.5
M6	M6	2E+07	6	40	10	4
M8	M8	2E+07	8	60	13	5.3
M10	M10	2E+07	10	100	16	6.4

图 9-44　输入新的零件参数

（26）单击"ConfigurationManager "，可以看到已经有 5 种配置，如图 9-45 所示。此时已经完成螺栓的参数化设计，保存零件即可。

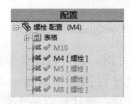

图 9-45　生成的配置

9.1.1 添加尺寸配置

 ——参见附带光盘中的 AVI/ch9/9.1.1.avi

尺寸配置是使同一个模型用，某个尺寸拥有不同的尺寸值，而每种尺寸值对应着一个系列中的一种零件。下面以一个例子说明尺寸配置的操作步骤。

● 选择要配置的尺寸，单击右键。
● 在右键菜单中选择"配置尺寸"，此时会弹出如图 9-46 所示的配置尺寸的对话框。

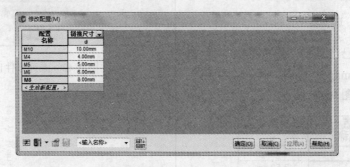

图 9-46 配置尺寸

● 单击"生成新配置"来增加新的行。
● 在"配置名称"所在的列输入配置的名称，然后在"链接尺寸"所在的列输入配置所对应的尺寸的值。
● 配置完尺寸后，单击"确定"按钮关闭对话框。

当零件中存在配置时，所有的配置都会出现在 ConfigurationManager 中，如图 9-47 所示。双击 ConfigurationManager 下的某个配置，则会自动显示出该配置下的模型。

当零件中存在多个配置时，在配置对话框中单击"所有参数"，则会显示所有已经配置的参数，如图 9-48 所示。

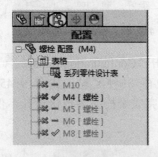

图 9-47 ConfigurationManager

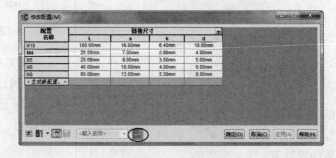

图 9-48 显示所有参数

配置尺寸时，既可以配置草图中的尺寸，也可以配置特征及装配体中的尺寸。其中，特征中的尺寸包括拉伸深度、基准面相对于参考面的距离等。一般情况下，在激活了"Instant3D"后，就比较容易选取这些尺寸。激活 Instant3D 的操作方法如下：

● 单击特征工具栏中的"Instant3D"。

● 在特征设计树中选择草图、特征或者基准面等，则草图、特征或者基准面中的所有尺寸都会以 3D 的形式显示出来，如图 9-49 所示。

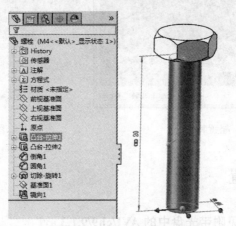

图 9-49　Instant3D

9.1.2　添加特征配置

——参见附带光盘中的 **AVI/ch9/9.1.2.avi**

配置特征指的是使特征处于压缩或者解除压缩的状态。特征包括草图、零件特征、基准面等。特征的压缩状态指的是特征暂时处于被忽略的状态，重建模型时将其视为不存在，解除压缩后，特征又可以恢复原来的状态。压缩并不等于删除，压缩特征后，特征还可以解除压缩，而删除特征后，就无法恢复特征了。下面以一个例子说明配置特征的操作步骤。

● 如图 9-50 所示，选择螺栓中的圆角，单击右键。

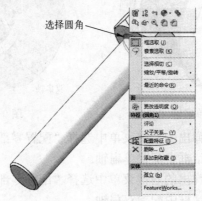

图 9-50　选择圆角

● 选择右键菜单中的"配置特征"，此时弹出如图 9-51 所示的对话框。
● 勾选配置"M5"右边的方框。
● 单击"确定"按钮关闭对话框。

在上述的操作中，将 M5 螺栓中的圆角压缩掉，如果在 ConfigurationManager 中显示 M5 螺栓的模型，则会发现它的圆角已经不在了，如图 9-52 所示。

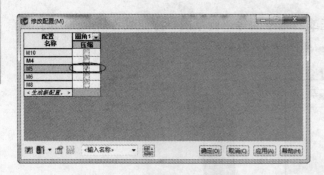

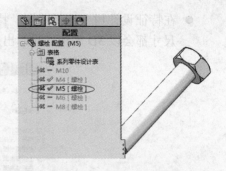

图 9-51　配置特征　　　　　　　　　　　　图 9-52　显示 M5 螺栓

9.1.3　添加零件配置

 动画演示——参见附带光盘中的 **AVI/ch9/9.1.3.avi**

　　配置零件就是配置零件的压缩状态，或者配置零件中已有的配置。下面以一个例子介绍配置零部件的压缩状态的操作步骤。

- 首先在装配体中插入如图 9-53 所示的单扁轴，并添加配合。
- 隐藏单扁轴，插入双扁轴并添加配合，如图 9-54 所示。

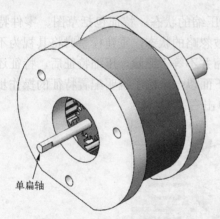

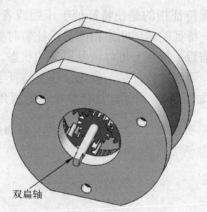

图 9-53　插入单扁轴　　　　　　　　　　图 9-54　插入双扁轴

- 右键单击单扁轴，在弹出的右键菜单中选择"配置零部件"，此时弹出如图 9-55 所示的对话框，在该对话框中配置单扁轴。
- 右键单击双扁轴，在弹出的右键菜单中选择"配置零部件"，此时弹出如图 9-56 所示的对话框，在该对话框中配置双扁轴。

　　添加了零件的配置后，在 ConfigurationManager 中显示出了两种配置，如图 9-57 所示。双击配置"单扁轴"时，安装在装配体上的输出轴是单扁轴。双击配置"双扁轴"时，安装在装配体上的输出轴是双扁轴。

　　在单扁轴的基础上，通过镜像特征就可以方便地生成双扁轴，所以，如果输出轴中已经有了单扁轴和双扁轴两种配置，那么就可以通过在装配体中配置输出轴的两种配置来达到上述操作中同样的效果。下面还是以行星轮减速器为例，介绍这种操作方法。

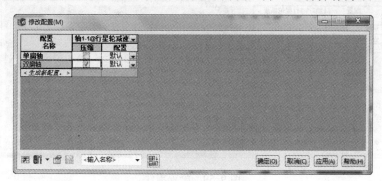

图 9-55　配置单扁轴

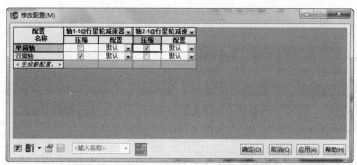

图 9-56　配置双扁轴

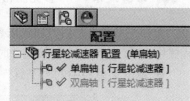

图 9-57　装配体的配置情况

● 打开输出轴，配置如图 9-58 所示的镜像特征。

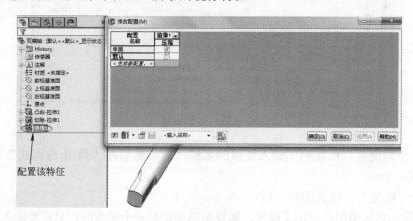

图 9-58　配置特征

● 将输出轴插入装配体中，并添加配合。
● 右键单击单扁轴，在弹出的右键菜单中选择"配置零部件"，此时弹出如图 9-59 所示的对话框，在该对话框中修改零件的配置。

通过上述这种方式配置零件后，在装配体的 ConfigurationManager 中同样出现了两种配置，这两种配置都使装配体拥有不同的输出轴。

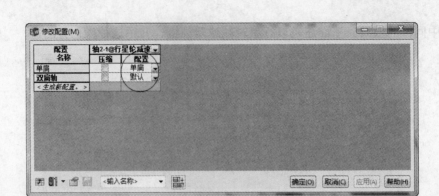

图 9-59　配置零件

9.1.4　全局变量

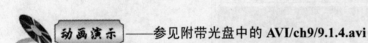——参见附带光盘中的 **AVI/ch9/9.1.4.avi**

全局变量可以是用方程式来表达的变量，或者是一个常量。生成全局变量时，既可以在方程式中生成，也可以在链接尺寸时生成。下面举例说明在方程式中生成全局变量的操作步骤。

● 单击菜单栏中的"工具"→"方程式Σ"，弹出如图 9-60 所示的对话框。

图 9-60　全局变量

● 在"全局变量"所在列中输入变量的名称"a"，然后在"数值/方程式"中输入变量值 20。

● 单击"确定"按钮关闭对话框。

全局变量的名称由用户自定义即可，如果全局变量是一个常数时，只需要输入一个数值即可，如果是由方程式来表达的变量，则需要输入一个方程式。全局变量也是可以带有单位的。

链接尺寸，就是使尺寸的值等于一个全局变量的值，此时也可以设定一个新的全局变量。链接尺寸的操作步骤如下：

● 如图 9-61 所示选择一个尺寸，单击右键，在弹出的右键菜单中选择"链接数值"，则弹出如图 9-62 所示的对话框。

● 在"名称"中输入"L"，然后单击"确定"按钮关闭对话框，则自动生成一个名称

为 "L" 的变量。

图 9-61　选择尺寸

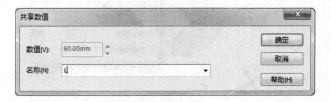

图 9-62　链接数值

9.1.5　方程式

　动画演示——参见附带光盘中的 **AVI/ch9/9.1.5.avi**

方程式是使模型中的两个变量具有函数的关系。建立方程式的操作方法和设定新的全局变量的方法类似，都是要定义一个有表达式的等式。下面以一个例子说明其操作步骤。

● 单击菜单栏中的 "工具" → "方程式 Σ"，弹出如图 9-63 所示的对话框。

图 9-63　方程式

● 单击 "方程式" 所在列的表格，激活该表格，然后选择图 9-64 中所示的尺寸，则该表格中自动填充 "D1@倒角 1"。
● 在右边的数值/方程式表格中输入 ""d"*0.05mm"，如图 9-65 所示。
● 单击 "确定" 按钮关闭对话框。

从上面的操作中可以看到，添加方程式时，需要指定等号左边的变量和右边的表达式，变量的值由表达式得到。指定变量时，可以直接在模型中选取某个尺寸作为变量，也可以手动输入，手动输入的规格为："尺寸的名称@尺寸所在的特征"。例如上述的例子中，倒角的边长尺寸名称为 D1，因此它在方程式中的名称为 "D1@倒角 1"。由于手动输入名称容易出错，因此建议使用直接在模型中选择的方法。

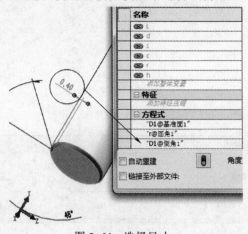

图 9-64   选择尺寸

图 9-65   输入方程式

9.1.6   系列零件设计表

动画演示——参见附带光盘中的 **AVI/ch9/9.1.6.avi**

系列零件设计表是以 Excel 表格的方式来输入配置，在对有很多种配置的零件来说，这种配置的方法显然效率更高。下面以一个例子说明插入系列零件设计表的操作步骤。

- 单击菜单栏中的"插入"→"表格"→"设计表▦"，左侧弹出如图 9-66 所示的对话框。
- 在"源"中选择"自动生成"。
- 单击"确定✔"，此时自动生成系列零件设计表。
- 单击菜单栏中的"编辑"→"系列零件设计表格"→"在新窗口中编辑表格"，则打开如图 9-67 所示的表格。在表格中输入配置即可。

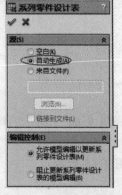

图 9-66   系列零件设计表

系列零件设计表：螺栓	$说明	$颜色	d@草图1	L@凸台-拉伸1	s@草图2	k@凸台-拉伸2
M4	默认	16777215	4	20	7	2.8
M5	M5	16777215	5	25	8	3.5
M6	M6	16777215	6	40	10	4
M8	M8	16777215	8	60	13	5.3
M10	M10	16777215	10	100	16	6.4

图 9-67   输入配置

在系列零件设计表对话框中，一般只需要设置设计表的来源，有以下几种来源：

- 空白：插入一个空的表格，需要用户手动输入所有的配置信息。
- 自动生成：从模型中已有的配置中生成一个表格，用户可以在该表格的基础上增加配置。

- 来自文件：从已有的 Excel 文件中导入配置。

9.1.7 思路小结——参数化设计的一般方法

从本节中对参数化设计的知识点的介绍，可以总结出如下的步骤。

- 建立一个基本的模型。
- 设置全局变量，为全局变量指定数值或者方程式。
- 建立方程式。
- 对尺寸、特征或者零件进行配置。
- 在必要的情况下，使用系列零件设计表来增加配置。
- 逐个打开各个配置，查看生成的零件是否正确。

9.2 要点·应用

本节给出三个较为简单的例子，主要是复习 9.1 节中所讲解的参数化设计的知识点，使读者在学习了本节的内容后，能够深化对参数化设计的理解。

9.2.1 应用 1——平键的系列化设计

本实例以图 9-68 所示的 A 型平键为例，介绍平键的系列化设计方法。平键的工程图及规格如图 9-69 所示，每种轴径对应着一种规格的平键，一共有 9 种规格。设计平键时，先建立起平键的基本模型，再对平键的参数进行配置；由于平键的规格较多，因此先配置一种规格的平键，然后利用系列零件设计表对平键进行批量配置。

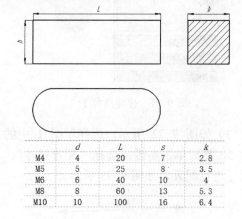

	d	L	s	k
M4	4	20	7	2.8
M5	5	25	8	3.5
M6	6	40	10	4
M8	8	60	13	5.3
M10	10	100	16	6.4

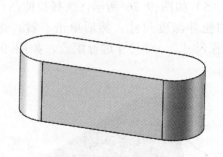

图 9-68 A 型平键　　　　　　　　图 9-69 平键的工程图及规格

 ——参见附带光盘中的"**End/ch9/9.2.1.sldprt**"文件。

 ——参见附带光盘中的 **AVI/ch9/9.2.1.avi**

（1）新建一个零件文件，以上视基准面为草图基准面绘制如图 9-70 所示的草图 1。

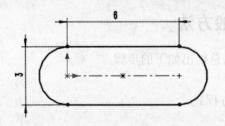

图 9-70　草图 1

（2）单击特征工具栏中的"拉伸凸台/基体📦"，弹出如图 9-71 所示的左侧对话框，在"终止条件"中选择"给定深度"，然后在"深度🔾"中输入 3，单击"确定✔"生成拉伸凸台 1。

图 9-71　拉伸凸台 1

（3）如图 9-72 所示，选择草图 1 中的尺寸 3，然后单击右键，选择"配置尺寸"，对尺寸进行配置，如图 9-73 所示。

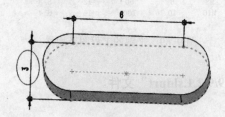

图 9-72　选择尺寸

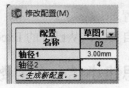

配置 名称	草图1 ▼
	D2
轴径1	3.00mm
轴径2	4
< 生成新配置. >	

图 9-73　配置尺寸

（4）如图 9-74 所示，选择草图 1 中的尺寸 6，然后单击右键，选择"配置尺寸"，对尺寸进行配置，如图 9-75 所示。

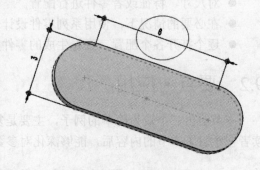

图 9-74　选择尺寸

配置 名称	草图1 ▼	
	D2	D1
轴径1	3.00mm	6.00mm
轴径2	4.00mm	10.00mm
< 生成新配置. >		

图 9-75　配置尺寸

（5）如图 9-76 所示，选择拉伸凸台 1 中的拉伸深度尺寸，然后单击右键，选择"配置尺寸"，对尺寸进行配置，如图 9-77 所示。

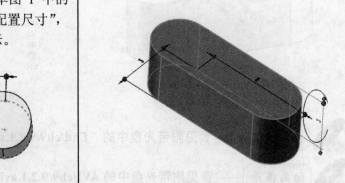

图 9-76　选择尺寸

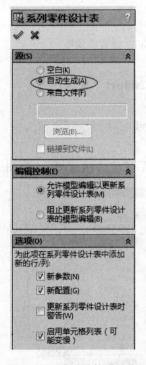

图 9-77　配置尺寸

（6）单击菜单栏中的"插入"→"表格"→"设计表📊"，左侧弹出如图 9-78 所示的对话框，在"源"中选择"自动生成"，然后单击"确定✔"插入系列零件设计表。

图 9-78　系列零件设计表

（7）单击菜单栏中的"编辑"→"系列零件设计表格"→"在新窗口中编辑表格"，打开如图 9-79 所示的表格，在该表格中输入其余的零件配置，如图 9-80 所示。

系列零件设计表：零件1

	$说明	$颜色	D2@草图1	D1@草图1	D1@凸台-拉伸
轴径1	默认	2E+07	3	6	3
轴径2	轴径2	2E+07	4	10	4

图 9-79　零件配置表格

系列零件设计表：键

	$说明	$颜色	D2@草图1	D1@草图1	D1@凸台-拉伸
轴径1	默认	16777215	3	6	3
轴径2	轴径2	16777215	4	10	4
轴距3	轴距3	16777215	5	20	5
轴距4	轴距4	16777215	6	30	6
轴距5	轴距5	16777215	8	50	7
轴距6	轴距6	16777215	10	70	8
轴距7	轴距7	16777215	12	90	8
轴距8	轴距8	16777215	14	120	9
轴距9	轴距9	16777215	16	150	10

图 9-80　输入配置

（8）打开 ConfigurationManager，可以看到，已经有 9 种配置，如图 9-81 所示。分别双击每种配置，确认是否有错误，确认无误后，保存文件即可。

图 9-81　查看配置

9.2.2　应用 2——弹簧的系列化设计

本实例以如图 9-82 所示的弹簧为例，介绍弹簧的系列化设计。弹簧的规格如图 9-83 所示，它的参数包括中心直径 $D1$、螺距 S、圈数 n 和线径 $D2$。在对弹簧进行参数化设计的过程中，首先建立弹簧的基本模型，然后设定 $D1$、S、n 和 $D2$ 等全局变量，然后添加方程式，最后对参数进行配置。

图 9-82　弹簧

图 9-83　弹簧的规格

	中心直径$D1$	螺距S	圈数n	线径$D2$
弹簧1	20	4	10	2
弹簧2	25	5	12	2
弹簧3	30	6	14	2
弹簧4	35	7	16	2
弹簧5	20	6	10	3
弹簧6	25	7	12	3
弹簧7	30	8	14	3
弹簧8	35	9	16	3
弹簧9	20	7	10	4
弹簧10	25	8	12	4
弹簧11	30	9	14	4
弹簧12	35	10	16	4

　**结果文件**——参见附带光盘中的"**End/ch9/9.2.2.sldprt**"文件。

　**动画演示**——参见附带光盘中的 **AVI/ch9/9.2.2.avi**

（1）新建一个零件文件，以上视基准面为草图基准面，绘制如图 9-84 所示的草图 1。

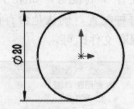

图 9-84　草图 1

（2）单击特征工具栏中的"螺旋线/涡状线 8"，此时左侧弹出如图 9-85 所示的对话框，在"定义方式"中选择"螺距和圈数"，在"螺距"中输入 4，在"圈数"中输入 10，在"起始角度"中输入 0，然后单击"确定 ✓"插入螺旋线。

（3）以右视基准面为草图基准面，绘制如图 9-86 所示的草图 2。

（4）单击特征工具栏中的"扫描 ⑤"，左侧弹出如图 9-87 所示的对话框。在"轮廓"中选择"草图 2"，在"路径"中选择螺旋线，然后单击"确定 ✓"完成扫描特征。

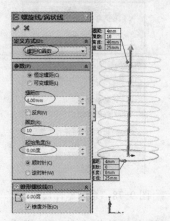

图 9-85　插入螺旋线

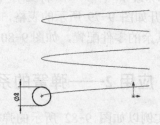

图 9-86　草图 2

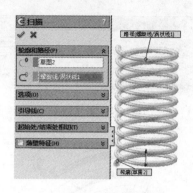

图 9-87 扫描

（5）以上视基准面为草图基准面，绘制如图 9-88 所示的草图 3。

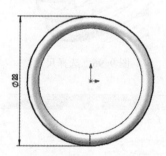

图 9-88 草图 3

（6）单击特征工具栏中的"拉伸切除 "，左侧弹出如图 9-89 所示的对话框，在"终止条件"中选择"给定深度"，然后在"深度 "中输入 1，单击"确定 "。

图 9-89 拉伸切除

（7）单击特征工具栏中的"基准面 "，左侧弹出如图 9-90 所示的对话框，在"第一参考"中选择上视基准面，然后单击"距离 "，输入距离值为 20，最后单击"确定 "插入基准面。

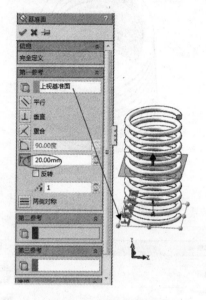

图 9-90 插入基准面

（8）单击特征工具栏中的"镜像 "，左侧弹出如图 9-91 所示的对话框，在"镜像面"中选择上一步骤中插入的基准面，在"要镜像的特征"中选择拉伸切除，然后单击"确定 "完成镜像特征。

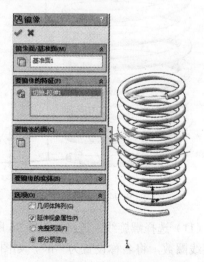

图 9-91 镜像特征

（9）选择草图 1，链接如图 9-92 所示的中心直径尺寸，将名称设置为"D1"，如图 9-93 所示。

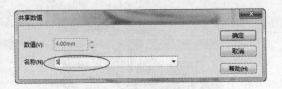

图 9-95　链接数值

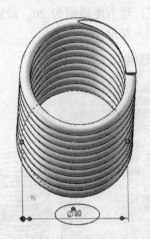

图 9-92　选择尺寸

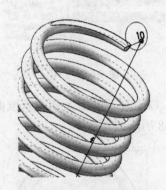

图 9-96　选择尺寸

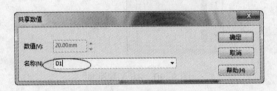

图 9-93　链接数值

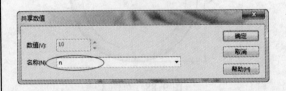

图 9-97　链接数值

（10）选择螺旋线，链接如图 9-94 所示的螺距尺寸，使之名称为"S"，如图 9-95 所示。

（12）选择草图 2，链接如图 9-98 所示的线径尺寸，使之名称为"D2"，如图 9-99 所示。

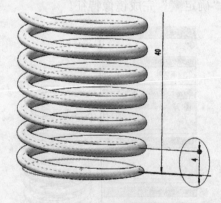

图 9-94　选择尺寸

图 9-98　选择尺寸

（11）选择螺旋线，链接如图 9-96 所示的螺旋线圈数，将名称设置为"n"，如图 9-97 所示。

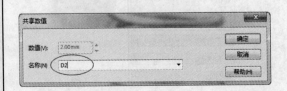

图 9-99　链接数值

（13）单击菜单栏中的"工具"→"方程式 Σ"，弹出如图 9-100 所示的对话框，在方程式名称中选择草图 3 的尺寸 22，然后在右边的方程式中输入 " "D1"+"D2" "，如图 9-101 所示。

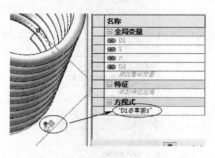

图 9-100　选择方程式名称

图 9-101　输入方程式

（14）又选择图 9-102 中拉伸切除的拉伸深度尺寸为方程式的名称，然后在右边的方程式中输入 " "D2"/2"，如图 9-103 所示。

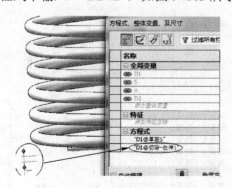

图 9-102　选择方程式名称

（15）选择图 9-104 中基准面和上视基准面的距离尺寸为方程式的名称，然后在右边的方程式中输入 " "s"*"n"/z"，如图 9-105所示。

图 9-103　输入方程式

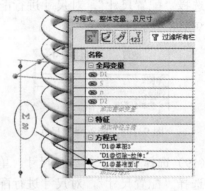

图 9-104　选择方程式名称

数值/方程式	
20	
4	
10	
2	
= "D1" + "D2"	
= "D2" / 2	
= "s" * "n" / 2	

图 9-105　输入方程式

（16）选择草图 1 的中心直径尺寸，单击右键，选择"配置尺寸"，对尺寸进行配置，如图 9-106 所示。

配置 名称	链接尺寸 ▼
	D1
弹簧1	20.00mm
弹簧2	25.00mm
<生成新配置。>	

图 9-106　配置中心直径尺寸

（17）选择螺旋线的螺距尺寸，单击右键，选择"配置尺寸"，对尺寸进行配置，如图 9-107 所示。

配置名称	链接尺寸 S
弹簧1	4.00mm
弹簧2	5.00mm
<生成新配置。>	

图 9-107　配置螺距尺寸

（18）选择螺旋线的圈数尺寸，单击右键，选择"配置尺寸"，对尺寸进行配置，如图 9-108 所示。

配置名称	链接尺寸 n
弹簧1	10
弹簧2	12
<生成新配置。>	

图 9-108　配置圈数尺寸

（19）选择草图 2 的线径尺寸，单击右键，选择"配置尺寸"，对尺寸进行配置，如图 9-109 所示。

配置名称	链接尺寸 D2
弹簧1	2.00mm
弹簧2	3.00mm
<生成新配置。>	

图 9-109　配置线径尺寸

（20）单击菜单栏中的"插入"→"表格"，选择"设计表"，左侧弹出如图 9-110 所示的对话框，在"源"中选择"自动生成"，然后单击"确定"插入系列零件设计表。

（21）单击菜单栏中的"编辑"→"系列零件设计表格"→"在新窗口中编辑表格"，打开如图 9-111 所示的表格。在该表格中输入其余的零件配置，如图 9-112 所示。

（22）打开 ConfigurationManager，可以看到，已经有 12 种配置，如图 9-113 所示。分别双击每种配置，确认是否有错误，

确认无误后，保存文件即可。

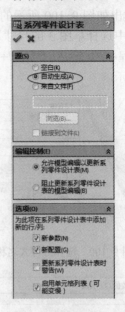

图 9-110　插入系列零件设计表

系列零件设计表：弹簧

	$说明	$颜色	D1@草图1	s@螺旋线/涡状线1	n@螺旋线/涡状线1	D2@草图2
弹簧1	默认	16777215	20	4	10	2
弹簧2	弹簧2	16777215	25	5	12	2

图 9-111　系列零件设计表

系列零件设计表：弹簧

	$说明	$颜色	D1@草图1	s@螺旋线/涡状线1	n@螺旋线/涡状线1	D2@草图2
弹簧1	默认	16777215	20	4	10	2
弹簧2	弹簧2	16777215	25	5	12	2
弹簧3	弹簧3	16777215	30	6	14	2
弹簧4	弹簧4	16777215	35	7	16	2
弹簧5	弹簧5	16777215	20	6	10	3
弹簧6	弹簧6	16777215	25	7	12	3
弹簧7	弹簧7	16777215	30	8	14	3
弹簧8	弹簧8	16777215	35	9	16	3
弹簧9	弹簧9	16777215	20	7	10	4
弹簧10	弹簧10	16777215	25	8	12	4
弹簧11	弹簧11	16777215	30	9	14	4
弹簧12	弹簧12	16777215	35	10	16	4

图 9-112　输入配置

图 9-113　查看配置

9.3　能力·提高

本节给出 3 个难度较高的实例，主要讲解参数化设计中的难度和技巧，使读者在学习完本节后，参数化设计的能力可以得到提高。

9.3.1　案例 1——齿轮的系列化设计

本实例以如图 9-114 所示的直齿轮为例，介绍直齿轮的参数化设计方法。直齿轮的规格如表 9-1 所示。设计齿轮时，首先要建立一个圆柱作为齿轮的基体，然后绘制齿的轮廓草图，再拉伸凸台，最后利用圆周阵列特征完成齿轮的建模。完成建模后，建立方程式和对齿轮进行配置。

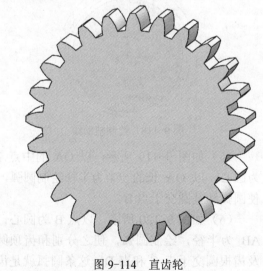

图 9-114　直齿轮

表 9-1　齿轮的规格

规　格	齿　数	模　数
1 模 20 齿	20	1
1 模 25 齿	25	1
1 模 30 齿	30	1
1 模 35 齿	35	1
1.5 模 20 齿	20	1.5
1.5 模 25 齿	25	1.5
1.5 模 30 齿	30	1.5
1.5 模 35 齿	35	1.5
2 模 20 齿	20	2
2 模 25 齿	25	2
2 模 30 齿	30	2
2 模 35 齿	35	2

在绘制齿的轮廓草图时，需要掌握以下的渐开线齿轮的公式（已知齿数 n 和模数 m）：

齿轮的分度圆直径为：$d=nm$

齿轮的齿顶圆直径为：$d_a=(n+2)m$

齿轮的齿根圆直径为：$d_f=(n-2.5)m$

齿轮的基圆直径为：$d_0=d×\cos20°$

以上计算齿轮的参数是假设齿轮是渐开线齿轮，其压力角为 20° 时所得到的公式，详细推导请读者参考机械原理的相关书籍。

 ——参见附带光盘中的 "End/ch9/9.3.1.sldprt" 文件。

 ——参见附带光盘中的 AVI/ch9/9.3.1.avi

（1）新建一个零件文件，以上视基准面为草图基准面，绘制如图 9-115 所示的草图 1。

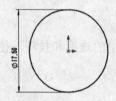

图 9-115　草图 1

（2）单击特征工具栏中的"拉伸凸台/基体"，左侧弹出如图 9-116 所示的对话框，在"终止条件"中选择"给定深度"，然后在"深度"中输入 5，单击"确定"生成拉伸凸台 1。

（3）再以上视基准面为草图面，绘制草图。首先绘制如图 9-117 所示的 3 个圆，这 3 个圆从大到小依次为齿顶圆、分度圆和基圆。

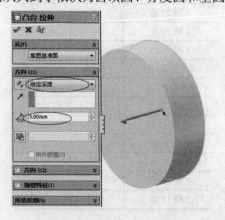

图 9-116　拉伸凸台 1

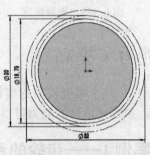

图 9-117　绘制圆

（4）绘制如图 9-118 所示的两条辅助线，其中一条和分度圆的交点为 A。

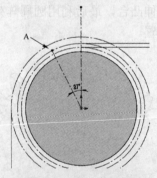

图 9-118　绘制辅助线

（5）如图 9-119 所示，以 OA 的中点 1 为圆心，以 OA 长的一半为半径绘制圆弧，使圆弧和基圆交于点 B。

（6）如图 9-120 所示，以点 B 为圆心，AB 为半径，绘制圆弧，使之分别和齿顶圆及齿根圆交于点 C 和点 D，这条圆弧就是齿的轮廓线。

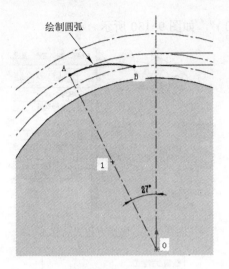

图 9-119　绘制圆弧

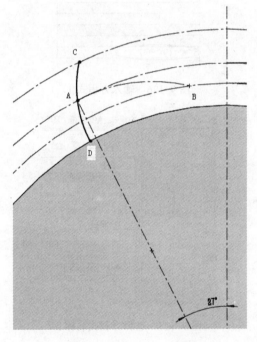

图 9-120　绘制齿的轮廓线

（7）如图 9-121 所示，绘制一条中心线，然后使用镜像实体命令，绘制另外一条齿的轮廓线，最后再绘制齿顶的圆弧和齿根的圆弧，完成齿的轮廓线。完成后，退出草图即可。

（8）单击特征工具栏中的"拉伸凸台/基体"，左侧弹出如图 9-122 所示的对话

框，在"终止条件"中选择"成形到一面"，然后选择图中所示的面，单击"确定"生成拉伸凸台 2。

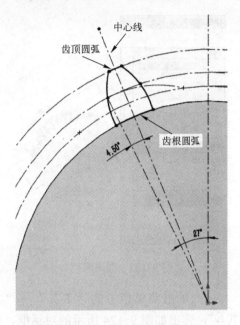

图 9-121　完成齿的轮廓线

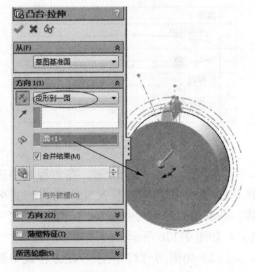

图 9-122　拉伸凸台 2

（9）单击特征工具栏中的"圆周阵列"，弹出如图 9-123 所示的对话框，在"阵列轴"中选择图中所示的面，在"阵列数"中输入 20，在"要阵列的特征"中选择

"凸台-拉伸 2",然后单击"确定✔"生成圆周阵列。此时已经建立了一个模数为 1、齿数为 20 的齿轮的模型。

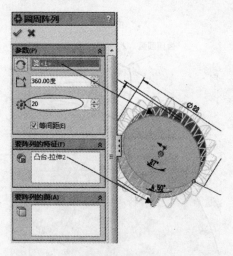

图 9-123　圆周阵列

（10）单击菜单栏中的"工具"→"方程式∑",弹出如图 9-124 所示的对话框,定义两个全局变量 m 和 n。

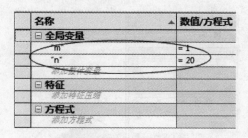

图 9-124　定义全局变量

（11）如图 9-125 所示,在方程式中选择草图 2 中齿顶圆直径尺寸作为方程式名称,在右边的方程式中输入 ""m" * ("n" + 2)",如图 9-126 所示。

（12）如图 9-127 所示,在方程式中选择草图 2 中分度圆直径尺寸作为方程式名称,在右边的方程式中输入 ""m"*"n"",如图 9-128 所示。

（13）如图 9-129 所示,在方程式中选择草图 2 中基圆直径尺寸作为方程式名称,在右边的方程式中输入 ""D1@草图 2" * cos

(20)",如图 9-130 所示。

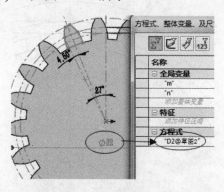

图 9-125　选择方程式名称 1

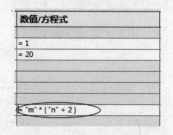

图 9-126　输入方程式 1

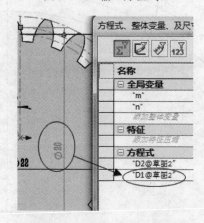

图 9-127　选择方程式名称 2

数值/方程式
= 1
= 20
= "m" * ("n" + 2)
= "m" * "n"

图 9-128　输入方程式 2

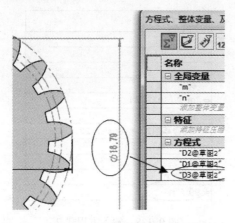

图 9-129　选择方程式名称 3

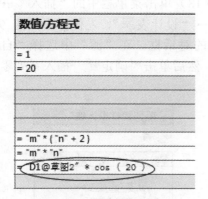

图 9-130　输入方程式 3

（14）如图 9-131 所示，在方程式中选择草图 1 中的齿根圆直径尺寸作为方程式名称，在右边的方程式中输入""m" * ("n" – 2.5)"，如图 9-132 所示。

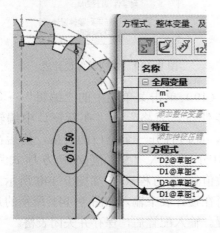

图 9-131　选择方程式名称 4

图 9-132　输入方程式 4

（15）如图 9-133 所示，在方程式中选择圆周阵列中的阵列数作为方程式名称，在右边的方程式中输入""n""，如图 9-134 所示。

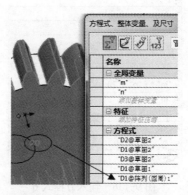

图 9-133　选择方程式名称 5

图 9-134　输入方程式 5

（16）如图 9-135 所示，在方程式中选择草图 2 的角度尺寸 27° 作为方程式名称，在右边的方程式中输入" 540/"n" "，如图 9-136 所示。

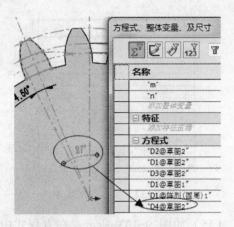

图 9-135　选择方程式名称 6

数值/方程式
= 1
= 20
= "m" * ("n" + 2)
= "m" * "n"
= "D1@草图2" * cos (20)
= "m" * ("n" - 2.5)
= "n"
= 540 / "n"

图 9-136　输入方程式 6

（17）如图 9-137 所示，在方程式中选择草图 2 的角度尺寸 4.5° 作为方程式名称，在右边的方程式中输入"90/"n""，如图 9-138 所示。

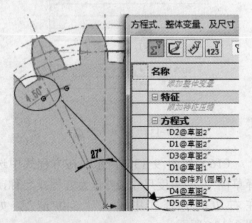

图 9-137　选择方程式名称 7

数值/方程式
= "m" * ("n" + 2)
= "m" * ("n" + 2)
= "D1@草图2" * cos (20)
= "m" * ("n" - 2.5)
= "n"
= 540 / "n"
= 90 / "n"

图 9-138　输入方程式 7

（18）单击菜单栏中的"插入"→"表格"→"设计表"，左侧弹出如图 9-139 所示的对话框，在"源"中选择"自动生成"，然后单击"确定"插入系列零件设计表。

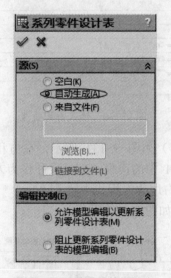

图 9-139　系列零件设计表

（19）单击菜单栏中的"编辑"→"系列零件设计表格"→"在新窗口中编辑表格"，此时打开一个空白的表格，然后在表格中分别输入"$数值@n@方程式"和"$数值@m@方程式"，如图 9-140 所示。然后再在设计表中输入如图 9-141 所示的几种配置。输入配置后，保存并关闭表格。

系列零件设计表：齿轮

$数值@n@方程式

$数值@m@方程式

图 9-140　输入表格

系列零件设计表：齿轮

	$数值@n@方程式	$数值@m@方程式
1模25齿	25	1
1模30齿	30	1
1模35齿	35	1
1.5模20齿	20	1.5
1.5模25齿	25	1.5
1.5模30齿	30	1.5
1.5模35齿	35	1.5
2模20齿	20	2
2模25齿	25	2
2模30齿	30	2
2模35齿	35	2

图 9-141　输入配置

（20）打开 ConfigurationManager，可以看到，已经有 12 种配置，如图 9-142 所示。分别双击每种配置，确认是否有错误，确认无误后，保存文件即可。

图 9-142　查看配置

9.3.2　案例 2——轴承的系列化设计

本实例以图 9-143 所示的深沟球轴承为例，用参数化的方法设计表 9-2 所示的几种型号的深沟球轴承。

在设计的过程中，首先以 6200 型的深沟球轴承的外形尺寸建立轴承的基本模型，然后设置全局变量和方程式，接着插入系列零件设计表对轴承进行配置。

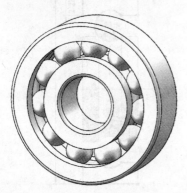

图 9-143　深沟球轴承

表 9-2　深沟球轴承的型号

型号	外径	内径	宽度	滚珠个数
6200	30	10	9	11
6201	32	12	10	12
6202	35	15	11	14
6203	40	17	12	14
6204	47	20	14	14

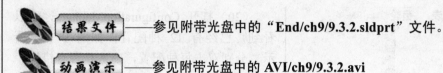

结果文件——参见附带光盘中的"End/ch9/9.3.2.sldprt"文件。

动画演示——参见附带光盘中的 AVI/ch9/9.3.2.avi

（1）新建一个零件文件，以前视基准面为草图基准面，绘制如图 9-144 所示的草 图1。

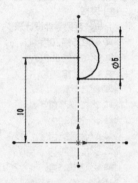

图 9-144　草图 1

（2）单击特征工具栏中的"旋转凸台/基体📍"，左侧弹出如图 9-145 所示的对话框，在"旋转轴"中选择图中所示的中心线，然后单击"确定✔"生成旋转1。

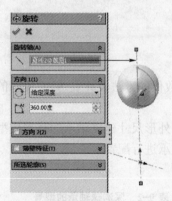

图 9-145　旋转 1

（3）以前视基准面为草图基准面，绘制如图 9-146 所示的草图 2。

（4）单击特征工具栏中的"旋转凸台/基体📍"，左侧弹出如图 9-147 所示的对话框，在"旋转轴"中选择图中所示的中心线，然后单击"确定✔"生成旋转2。

（5）以前视基准面为草图基准面，绘制如图 9-148 所示的草图 3。

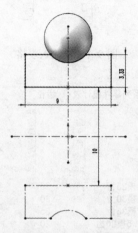

图 9-146　草图 2

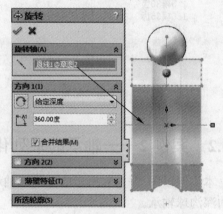

图 9-147　旋转 2

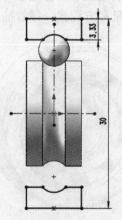

图 9-148　草图 3

（6）单击特征工具栏中的"旋转凸台/基体⚙"，左侧弹出如图 9-149 所示的对话框，在"旋转轴"中选择图中所示的中心线，然后单击"确定✔"生成旋转 3。

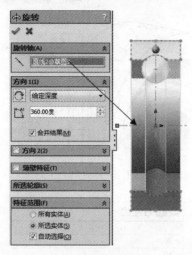

图 9-149　旋转 3

（7）单击特征工具栏中的"圆周阵列⚙"，弹出图 9-150 所示的对话框，在"阵列轴"中选择图中所示的面，在"阵列数"中输入 11，在"要阵列的实体"中选择"旋转 1"，然后单击"确定✔"生成圆周阵列。

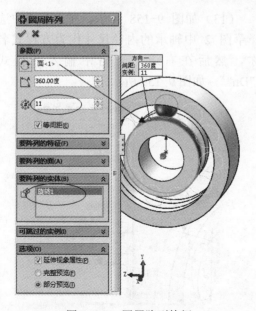

图 9-150　圆周阵列特征

（8）单击特征工具栏中的"圆角⚙"，弹出如图 9-151 所示的对话框，在"边线、面和特征"选择图中所示的两条边线，然后在"半径⚙"中输入 0.6，最后单击"确定✔"生成圆角 1。

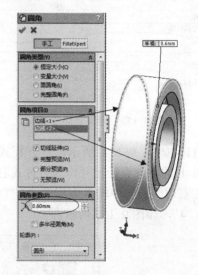

图 9-151　生成圆角 1

（9）单击特征工具栏中的"圆角⚙"，弹出如图 9-152 所示的对话框，在"边线、面和特征"选择图中所示的两条边线，然后在"半径⚙"中输入 0.6，最后单击"确定✔"生成圆角 2。

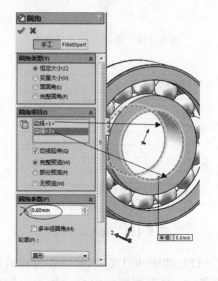

图 9-152　生成圆角 2

（10）单击菜单栏中的"工具"→"方程式Σ"，弹出如图 9-153 所示的对话框，定义两个全局变量 Dm 和 Dn。

图 9-153 定义全局变量

（11）如图 9-154 所示，在方程式中选择草图 1 的滚珠直径尺寸作为方程式名称，然后在右边的表格中输入方程式"（"Dm" - "Dn"）/ 4"，如图 9-155 所示。

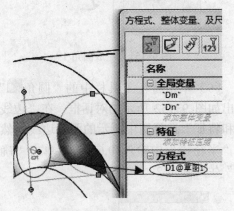

图 9-154 选择方程式名称 1

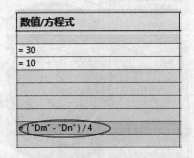

图 9-155 输入方程式 1

（12）如图 9-156 所示，在方程式中选择草图 1 的滚珠的位置尺寸作为方程式名

称，然后在右边的表格中输入方程式"（"Dm" - "Dn"）/ 4 + "Dn" / 2"，如图 9-157 所示。

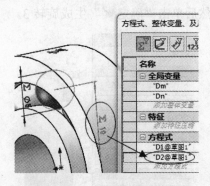

图 9-156 选择方程式名称 2

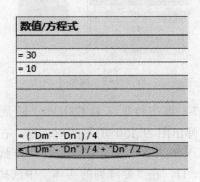

图 9-157 输入方程式 2

（13）如图 9-158 所示，在方程式中选择草图 2 中轴承的内径尺寸作为方程式名称，然后在右边的表格中输入方程式""Dn""，如图 9-159 所示。

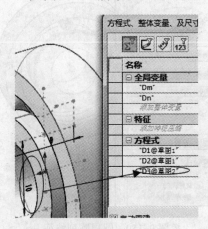

图 9-158 选择方程式名称 3

数值/方程式
= 30
= 10
= ("Dm" - "Dn") / 4
= ("Dm" - "Dn") / 4 + "Dn" / 2
= "Dn"

图 9-159　输入方程式 3

　　（14）如图 9-160 所示，在方程式中选择草图 2 中的尺寸 3.33 作为方程式名称，然后在右边的表格中输入方程式 " ("Dm" - "Dn") / 6 "，如图 9-161 所示。

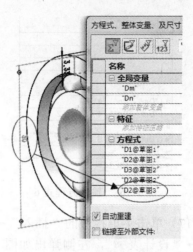

图 9-162　选择方程式名称 5

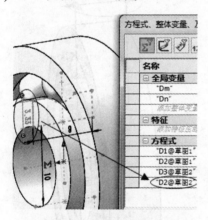

图 9-160　选择方程式名称 4

数值/方程式
= 30
= 10
= ("Dm" - "Dn") / 4
= ("Dm" - "Dn") / 4 + "Dn" / 2
= "Dn"
= ("Dm" - "Dn") / 6

图 9-163　输入方程式 5

数值/方程式
= 30
= 10
= ("Dm" - "Dn") / 4
= ("Dm" - "Dn") / 4 + "Dn" / 2
= "Dn"
= ("Dm" - "Dn") / 6

图 9-161　输入方程式名称 4

　　（16）如图 9-164 所示，在方程式中选择草图 3 中的尺寸 3.33 作为方程式名称，然后在右边的表格中输入方程式 " ("Dm" - "Dn") / 6 "，如图 9-165 所示。设置好方程式后，单击 "确定" 按钮关闭方程式对话框。

　　（15）如图 9-162 所示，在方程式中选择草图 3 中轴承的外径尺寸作为方程式名称，然后在右边的表格中输入方程式 " "Dm" "，如图 9-163 所示。

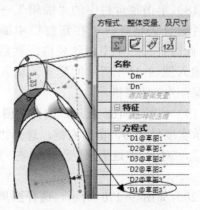

图 9-164　选择方程式名称 6

数值/方程式
= 10
= ("Dm" - "Dn") / 4
= ("Dm" - "Dn") / 4 + "Dn" / 2
= "Dn"
= ("Dm" - "Dn") / 6
= "Dm"
= ("Dm" - "Dn") / 6

图 9-165　输入方程式 6

（17）单击菜单栏中的"插入"→"表格"→"设计表 🖳"，左侧弹出如图 9-166 所示的对话框，在"源"中选择"自动生成"，然后单击"确定 ✔"插入系列零件设计表。

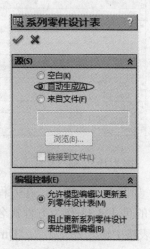

图 9-166　插入零件设计表

（18）单击菜单栏中的"编辑"→"系列零件设计表格"→"在新窗口中编辑表格"，此时打开一个空白的表格，然后在表格中输入图 9-167 所示的配置。输入配置后，保存并关闭表格。

（19）如图 9-168 所示，选择草图 2 中的轴承宽度尺寸 9，单击右键，选择"配置尺寸"，对尺寸进行配置，如图 9-169 所示。

（20）如图 9-170 所示，选择圆周阵列中的阵列数，单击右键，选择"配置尺寸"，对尺寸进行配置，如图 9-171 所示。

系列零件设计表：　轴承

	$数值@Dm@方程式	$数值@Dn@方程式	D1@草图2	D1@阵列(圆周)2
6201	=32	=12	10	12
6202	=35	=15	11	14
6203	=40	=17	12	14
6204	=47	=20	14	14

图 9-167　输入配置

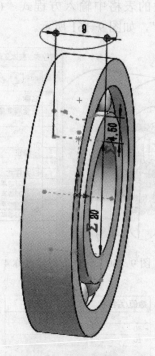

图 9-168　选择要配置的尺寸 1

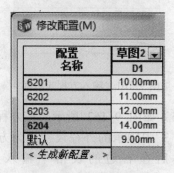

图 9-169　配置尺寸 1

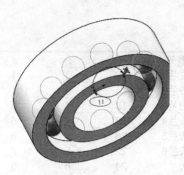

图 9-170 选择要配置的尺寸 2

（21）打开 ConfigurationManager，可以看到，已经有 5 种配置，如图 9-172 所示。分别双击每种配置，确认是否有错误，确认无误后，保存文件即可。

图 9-172 查看配置

修改配置(M)

配置 名称	阵列(圆周)1
	D1
6201	12
6202	14
6203	14
6204	14
默认	11
<生成新配置。>	

图 9-171 配置尺寸 2

9.4 习题·巩固

本节给出两个习题，让读者自行练习，以巩固本章中所学习的知识点。

9.4.1 习题 1——法兰的系列化设计

 **结果文件**——参见附带光盘中的"**End/ch9/9.4.1.sldprt**"文件。

本习题为如图 9-173 所示的法兰，其规格如图 9-174 所示，在该规格表中，有如下的尺寸关系：$D1=4×D$，$D2=2×D$，请读者参照随书光盘的文件自行练习。

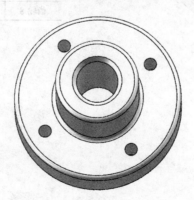

图 9-173 法兰

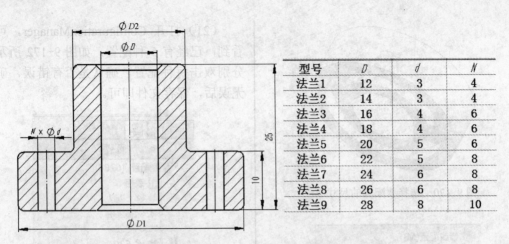

图 9-174　法兰规格

型号	D	d	N
法兰1	12	3	4
法兰2	14	3	4
法兰3	16	4	6
法兰4	18	4	6
法兰5	20	5	6
法兰6	22	5	8
法兰7	24	6	8
法兰8	26	6	8
法兰9	28	8	10

9.4.2　习题 2——齿轮轴孔的系列化设计

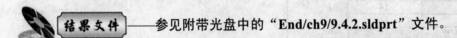

结果文件——参见附带光盘中的"End/ch9/9.4.2.sldprt"文件。

本习题是以如图 9-175 所示的齿轮，练习的内容是配置齿轮轴孔的大小及凸台。齿轮的规格如表 9-3 所示。

图 9-175　齿轮

表 9-3　齿轮规格

	轴孔直径/mm	凸台
齿轮 1	5	有
齿轮 2	6	有
齿轮 3	7	有
齿轮 4	8	有
齿轮 5	5	无
齿轮 6	6	无
齿轮 7	7	无
齿轮 8	8	无

第 10 章　二级齿轮减速器的设计

　　二级齿轮减速器是一种常见的机械设备,本章以二级齿轮减速器为例,介绍减速器的零件设计、装配设计、工程图制作、动画和仿真、有限元分析等,最后根据减速器的设计内容撰写设计报告。

 本讲主要内容

- ➥ 减速器的设计要求
- ➥ 减速器零件的设计
- ➥ 减速器的装配设计
- ➥ 减速器的动画制作
- ➥ 齿轮组的运动分析
- ➥ 齿轮轴的有限元分析
- ➥ 工程图的制作
- ➥ 设计报告的写作

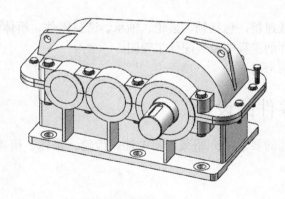

10.1　减速器的设计要求

减速箱的简图如图 10-1 所示，它由两级的齿轮组组成，其参数如表 10-1 所示。

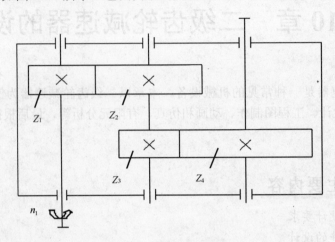

图 10-1　减速箱示意图

表 10-1　减速箱的参数

输入轴转速 n_1 /RMP	输入轴功率 p_1 /kW	高　速　级		低　速　级	
		Z_2/Z_1	m/mm	Z_4/Z_3	m/mm
1000	3	105/28	2	70/26	3.5

设计要求：

- 设计二级齿轮减速箱，包括轴、齿轮、轴承、密封零件、箱体结构等。
- 绘制减速箱零件的工程图及装配体工程图。
- 撰写设计说明书一份。

10.2　减速器零件的设计

本节根据课程设计的要求，介绍减速箱中轴、齿轮、箱体、箱盖、端盖、轴承盖等零件的设计。

10.2.1　轴的设计

减速箱中有高速轴、中间轴和低速轴三种轴，其中高速轴和中间轴是齿轮轴，即齿轮和轴一体化设计。轴类零件的设计方法都较为相似，因此这里只详细介绍高速轴的设计。

高速轴的模型如图 10-2 所示，它是一个典型的回转体结构，因此在设计的时候，首先用旋转凸台建立其主体，然后使用拉伸凸台来设计齿轮的部分，最后再用拉伸切除来生成键槽。

根据减速箱的传动比要求，高速轴中的齿轮模数为 2，齿数为 28。

图 10-2　高速轴

——参见附带光盘中的"End/ch10/10.2.1.sldprt"文件。

——参见附带光盘中的 AVI/ch10/10.2.1.avi

（1）新建一个零件文件，以前视基准面为草图基准面，绘制如图 10-3 所示的草图 1。

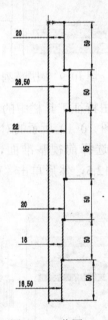

图 10-3　草图 1

（2）选择草图 1，单击特征工具栏中的"旋转"，左侧弹出如图 10-4 所示的对话框，在"旋转轴"中选择图中所示的直线，然后单击"确定"生成旋转凸台。

（3）选择如图 10-5 所示的面作为草图 2 的基准面，绘制如图 10-6 所示的草图 2。

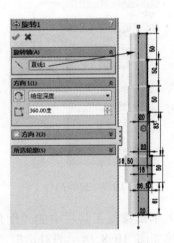

图 10-4　旋转凸台 1

选择该面

图 10-5　草图 2 的基准面

（4）选择草图 2，单击特征工具栏中的"拉伸凸台/基体"，左侧弹出如图 10-7 所示的对话框，在"终止条件"中选择"成形到一面"，然后选择图中所示的面，最后单击"确定"生成拉伸凸台 1。

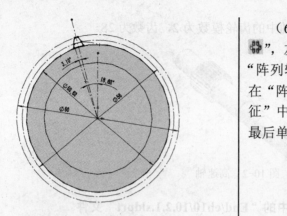

图 10-6　草图 2

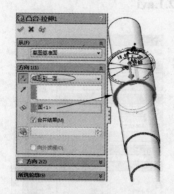

图 10-7　拉伸凸台 1

（5）单击特征工具栏中的"倒角 "，左侧弹出如图 10-8 所示的对话框，在"边线、面和顶点 "中选择图中所示的两条边线，在"距离"中输入 0.5，然后单击"确定 "生成倒角 1。

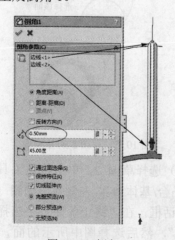

图 10-8　倒角 1

（6）单击特征工具栏中的"圆周阵列 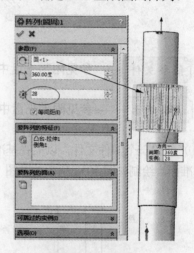"，左侧弹出如图 10-9 所示的对话框，在"阵列轴"中选择图中所示的圆柱面，然后在"阵列数 "中输入 28，在"要阵列的特征"中选择"凸台-拉伸 1"和"倒角 1"，最后单击"确定 "生成圆周阵列。

图 10-9　圆周阵列

（7）单击特征工具栏中的"基准面 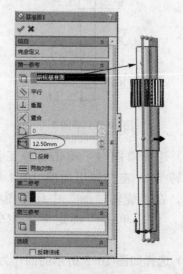"，左侧弹出如图 10-10 所示的对话框，在"第一参考"中选择前视基准面，单击"距离 "，输入 12.5，然后单击"确定 "插入基准面。

图 10-10　插入基准面

（8）以上一步骤中插入的前视基准面为草图基准面，绘制如图 10-11 所示的草图 3。

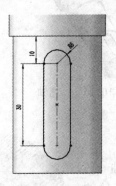

图 10-11　草图 3

（9）选择草图 3，单击特征工具栏中的"拉伸切除📄"，左侧弹出如图 10-12 所示的对话框，在"终止条件"中选择"完全贯穿"，单击"确定✔"生成拉伸切除 1。

（10）单击特征工具栏中的"倒角📄"，左侧弹出如图 10-13 所示的对话框，在"边线、面和顶点📄"中选择图中所示的两条边线，在"距离"中输入 2，然后单击"确定✔"生成倒角 2。此时高速轴的模型已经完成，如图 10-14 所示。

图 10-12　拉伸切除 1

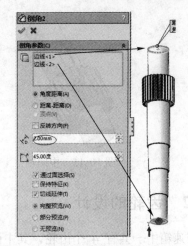

图 10-13　倒角 2

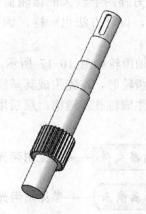

图 10-14　高速轴

完成高速轴的模型后，读者可以参考高速轴的设计步骤，分别设计中间轴和低速轴，其模型分别如图 10-15 和图 10-16 所示。根据减速箱的传动比要求，中间轴中的齿轮模数为 3.5，齿数为 26。

图 10-15 中间轴

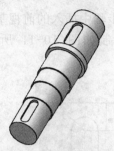

图 10-16 低速轴

10.2.2 齿轮的设计

减速箱中一共有 4 个齿轮，其中两个较小的齿轮是和轴一体化设计，另外两个较大的齿轮需要单独设计。由于两个齿轮的结构类似，设计方法也一样，因此这里只详细介绍中间轴齿轮的设计。

中间轴齿轮如图 10-17 所示，其模数为 2，齿数为 105。设计中间轴齿轮时，首先生成其基圆，然后用圆周阵列生成齿轮的齿，接着生成轴孔及键槽，最后用圆周阵列和镜像生成齿轮上的 4 个孔。

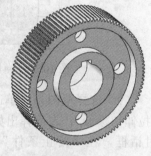

图 10-17 中间轴齿轮

 结果文件 ——参见附带光盘中的"**End/ch10/10.2.2.sldprt**"文件。

 动画演示 ——参见附带光盘中的 **AVI/ch10/10.2.2.avi**

（1）新建一个零件文件，以前视基准面为草图基准面，绘制如图 10-18 所示的草图 1。

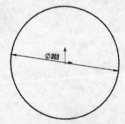

图 10-18 草图 1

（2）选择草图 1，单击特征工具栏中的"拉伸凸台/基体"，左侧弹出如图 10-19 所示的对话框，在"终止条件"中选择"两侧对称"，然后在拉伸深度中输入 57，最后单击"确定"生成拉伸凸台 1。

（3）选择如图 10-20 所示的面作为草图 2 的基准面，绘制如图 10-21 所示的草图 2。

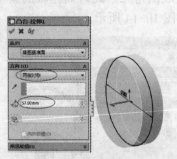

图 10-19 拉伸凸台 1

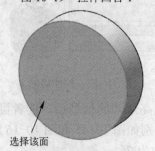

选择该面

图 10-20 草图 2 的基准面

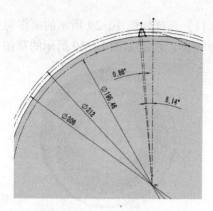

图 10-21　草图 2

（4）选择草图 2，单击特征工具栏中的"拉伸凸台/基体"，左侧弹出如图 10-22 所示的对话框，在"终止条件"中选择"成形到一面"，然后选择图中所示的面，最后单击"确定"生成拉伸凸台 2。

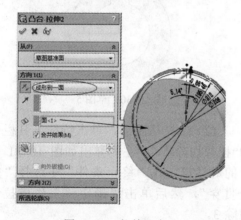

图 10-22　拉伸凸台 2

（5）单击特征工具栏中的"倒角"，左侧弹出如图 10-23 所示的对话框，在"边线、面和顶点"中选择图中所示的两条边线，在"距离"中输入 0.5，然后单击"确定"生成倒角。

（6）单击特征工具栏中的"圆周阵列"，左侧弹出如图 10-24 所示的对话框，在"阵列轴"中选择齿轮基圆的圆柱面，然后在"阵列数"中输入 105，在"要阵列的特征"中选择"凸台-拉伸 2"和倒角 1，最后单击"确定"生成圆周阵列 1。

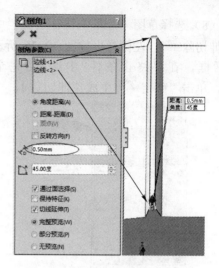

图 10-23　倒角 1

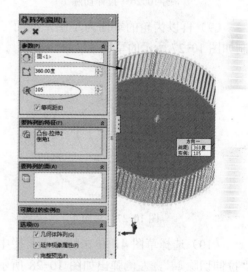

图 10-24　圆周阵列 1

（7）以齿轮的一个端面为草图基准面，绘制如图 10-25 所示的草图 3。

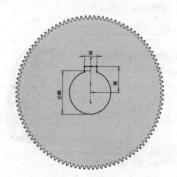

图 10-25　草图 3

（8）选择草图 3，单击特征工具栏中的"拉伸切除🔲"，左侧弹出如图 10-26 所示的对话框，在"终止条件"中选择"完全贯穿"，单击"确定✔"生成拉伸切除 1。

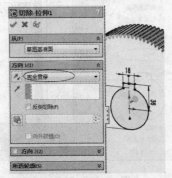

图 10-26　拉伸切除 1

（9）再以齿轮的端面为草图基准面，绘制如图 10-27 所示的草图 4。

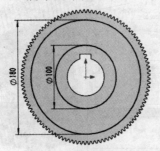

图 10-27　草图 4

（10）选择草图 4，单击特征工具栏中的"拉伸切除🔲"，左侧弹出如图 10-28 所示的对话框，在"终止条件"中选择"给定深度"，输入拉伸深度值为 20，最后单击"确定✔"生成拉伸切除 2。

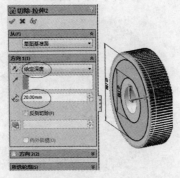

图 10-28　拉伸切除 2

（11）选择如图 10-29 所示的面作为草图 5 的基准面，绘制如图 10-30 所示的草图 5。

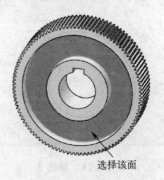

选择该面

图 10-29　草图 5 的基准面

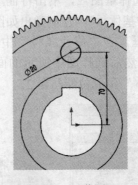

图 10-30　草图 5

（12）选择草图 5，单击特征工具栏中的"拉伸切除🔲"，左侧弹出如图 10-31 所示的对话框，在"终止条件"中选择"完全贯穿"，然后单击"确定✔"生成拉伸切除 3。

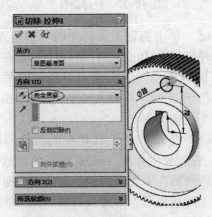

图 10-31　拉伸切除 3

（13）单击特征工具栏中的"圆周阵列"，左侧弹出如图 10-32 所示的对话框，在"阵列轴"中选择图中所示的圆柱面，然后在"阵列数"中输入 4，在"要阵列的特征"中选择"切除-拉伸 3"，最后单击"确定"生成圆周阵列 2。

（14）单击特征工具栏中的"镜像"，左侧弹出如图 10-33 所示的对话框，在"镜像面/基准面"中选择前视基准面，在"要镜像的特征"中选择"切除-拉伸 2"，然后单击"确定"生成镜像特征。此时已经完成中间轴齿轮的设计，保存文件即可。

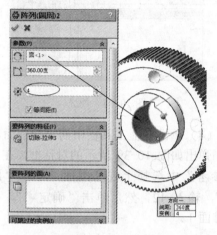

图 10-32　圆周阵列 2

图 10-33　镜像 1

设计完中间轴齿轮后，读者可以参考中间轴齿轮的设计方法来设计低速轴齿轮。低速轴齿轮的模型如图 10-34 所示，其模数为 3.5，齿数为 70。

10.2.3　箱盖的设计

箱盖是减速箱中较为复杂的零件，它包含了很多的特征，如图 10-35 所示。通过观察箱盖可以发现，箱盖是一个对称的零件，因此设计箱盖时，首先建立起对称特征的模型，再用镜像特征来完成设计。

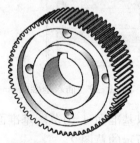

图 10-34　低速轴齿轮

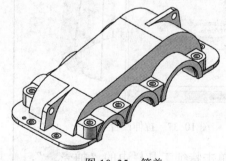

图 10-35　箱盖

——参见附带光盘中的"End/ch10/10.2.3.sldprt"文件。

——参见附带光盘中的 AVI/ch10/10.2.3.avi

（1）新建一个零件文件，以右视基准面为草图基准面，绘制如图 10-36 所示的草图 1。

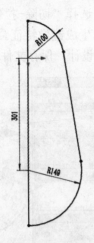

图 10-36　草图 1

（2）选择草图 1，单击特征工具栏中的"拉伸凸台/基体 "，左侧弹出如图 10-37 所示的对话框，在"终止条件"中选择"两侧对称"，然后输入拉伸深度为 171，最后单击"确定 "生成拉伸凸台 1。

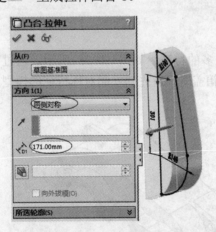

图 10-37　拉伸凸台 1

（3）单击特征工具栏中的"抽壳 "，左侧弹出如图 10-38 所示的对话框，在"厚度 "中输入 6，在"要移除的面 "中选择图中所示的面，然后单击"确定 "，生成抽壳。

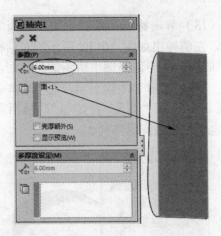

图 10-38　抽壳

（4）单击特征工具栏中的"基准面 "，左侧弹出如图 10-39 所示的对话框，在"第一参考"中选择上视基准面，单击"距离 "，输入 12，然后单击"确定 "，插入基准面 1。

图 10-39　插入基准面 1

（5）以基准面 1 为草图基准面，绘制如图 10-40 所示的草图 2。

（6）选择草图 2，单击特征工具栏中的"拉伸凸台/基体 "，左侧弹出如图 10-41 所示的对话框，在"终止条件"中选择"给定深度"，然后在"拉伸深度"中输入 12，最后单击"确定✔"生成拉伸凸台 2。

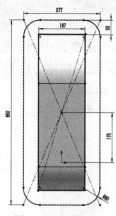

图 10-40　草图 2

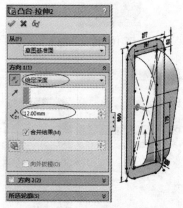

图 10-41　拉伸凸台 3

（7）单击特征工具栏中的"基准面"，左侧弹出如图 10-42 所示的对话框，在"第一参考"中选择图中所示的面，单击"距离"，输入 4，然后单击"确定✔"，插入基准面 2。

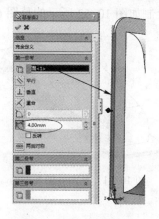

图 10-42　插入基准面 2

（8）以基准面 2 为草图基准面，绘制如图 10-43 所示的草图 3。

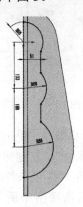

图 10-43　草图 3

（9）选择草图 3，单击特征工具栏中的"拉伸凸台/基体"，左侧弹出如图 10-44 所示的对话框，在"终止条件"中选择"给定深度"，然后在"拉伸深度"中输入 57，最后单击"确定✔"，生成拉伸凸台 3。

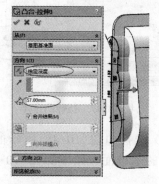

图 10-44　拉伸凸台 3

（10）选择如图 10-45 所示的面为草图基准面，绘制如图 10-46 所示的草图 4。

选择该面

图 10-45　草图 4 的基准面

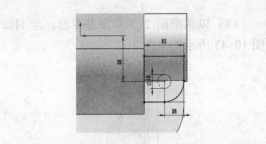

图 10-46 草图 4

（11）选择草图 4，单击特征工具栏中的
"拉伸凸台/基体🗔"，左侧弹出如图 10-47 所
示的对话框，在"终止条件"中选择"成形
到一面"，然后选择图中所示的面，最后单
击"确定✔"，生成拉伸凸台 4。

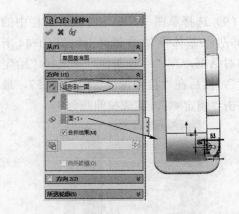

图 10-47 拉伸凸台 4

（12）选择如图 10-48 所示的面作为
草图 5 的基准面，绘制如图 10-49 所示
的草图。

选择该面

图 10-48 草图 5 的基准面

（13）选择草图 5，单击特征工具栏中的
"拉伸凸台/基体🗔"，左侧弹出如图 10-50 所
示的对话框，在"终止条件"中选择"成形
到一面"，然后选择图中所示的面，最后单
击"确定✔"，生成拉伸凸台 5。

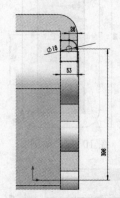

图 10-49 草图 5

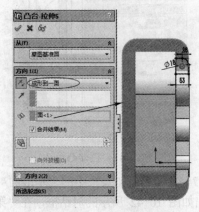

图 10-50 拉伸凸台 5

（14）选择如图 10-51 所示的面作为基
准面，绘制如图 10-52 所示的草图 6。

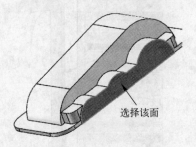

选择该面

图 10-51 草图 6 的基准面

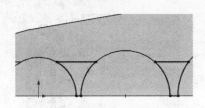

图 10-52　草图 6

（15）选择草图 6，单击特征工具栏中的
"拉伸切除 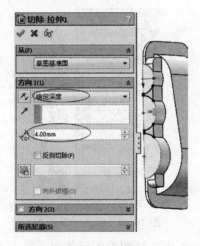"，左侧弹出如图 10-53 所示的
对话框，在"终止条件"中选择"给定深
度"，输入拉伸深度值 4，最后单击"确定
"，生成拉伸切除 1。

图 10-53　拉伸切除 1

（16）单击特征工具栏中的"异型孔向
导"，左侧弹出如图 10-54 所示的对话
框，在"孔类型"中选择"柱形沉头孔"，
在"标准"中选择"GB"，在"类型"中选
择"六角头螺栓 C 级（GB/T5780-2000）"，
在"大小"中选择"M16"，在"终止条
件"中选择"完全贯穿"。设置好孔的参数
后，单击"位置"，转到位置选项卡，单
击"绘制 3D 草图"，在模型上放置 4 个
柱形沉头孔，如图 10-55 所示。

（17）在设计树中选择柱形沉头孔的 3D
草图，单击右键，选择"编辑草图"，对草
图进行编辑，以调整孔的位置，如图 10-56
所示。

图 10-54　设置孔的参数

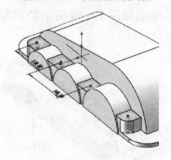

图 10-55　放置孔

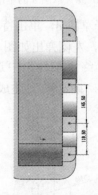

图 10-56　标注孔的尺寸

（18）单击特征工具栏中的"镜像"，
左侧弹出如图 10-57 所示的对话框，在"镜
像面/基准面"中选择右视基准面，在"要镜
像的特征"中"切除-拉伸 1""拉伸凸台 3"
"拉伸凸台 4""拉伸凸台 5"和"柱形沉头

孔 M16",然后单击"确定✔",生成镜
像 1。

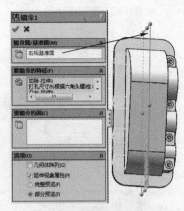

图 10-57　镜像 1

（19）选择如图 10-58 所示的面为草图
基准面，绘制如图 10-59 所示的草图 8。

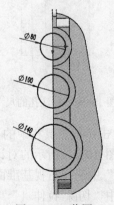

选择该面

图 10-58　草图 8 的基准面

（20）选择草图 8，单击特征工具栏中的
"拉伸切除▣"，左侧弹出如图 10-60 所示的
对话框，在"终止条件"中选择"完全贯
穿"，然后单击"确定✔"，生成拉伸切除 2。

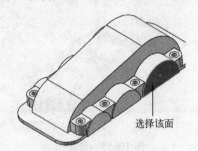

图 10-59　草图 8

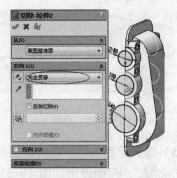

图 10-60　拉伸切除 2

（21）单击特征工具栏中的"基准面▣"，
左侧弹出如图 10-61 所示的对话框，在"第

图 10-61　插入基准面 3

一参考"中选择图中所示的面，单击"距离
▣"，输入 6，然后单击"确定✔"插入基
准面 3。

（22）以基准面 3 为草图基准面，绘制
如图 10-62 所示的草图 9。

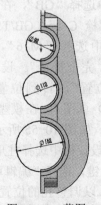

图 10-62　草图 9

（23）选择草图 9，单击特征工具栏中的"拉伸切除⬚"，左侧弹出如图 10-63 所示的对话框，在"终止条件"中选择"给定深度"，然后输入拉伸深度值 6，最后单击"确定✓"，生成拉伸切除 3。

击"位置"，转到位置选项卡，单击"绘制 3D 草图"，在模型上放置两个孔，并为之标注尺寸，如图 10-66 所示。

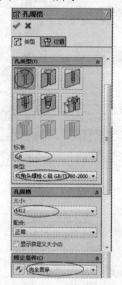

图 10-65　设置孔的参数

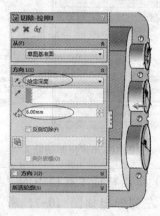

图 10-63　拉伸切除 3

（24）单击特征工具栏中的"镜像⬚"，左侧弹出如图 10-64 所示的对话框，在"镜像面/基准面"中选择右视基准面，在"要镜像的特征"中选择"拉伸切除 3"，然后单击"确定✓"生成镜像 2。

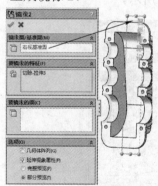

图 10-64　镜像 2

（25）单击特征工具栏的"异型孔向导⬚"，左侧弹出如图 10-65 所示的对话框，在"孔类型"中选择"柱形沉头孔"，在"标准"中选择"GB"，在"类型"中选择"六角头螺栓 C 级（GB/T5780-2000）"，在"大小"中选择"M12"，在"终止条件"中选择"完全贯穿"。设置好孔的参数后，单

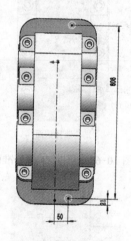

图 10-66　设定孔的位置

（26）单击特征工具栏中的"镜像⬚"，左侧弹出如图 10-67 所示的对话框，在"镜像面/基准面"中选择右视基准面，在"要镜像的特征"中柱形沉头孔 M12，然后单击"确定✓"生成镜像 3。

（27）选择图 10-68 所示的面作为草图基准面，绘制图 10-69 所示的草图 11。

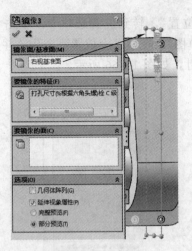

图 10-67 镜像 3

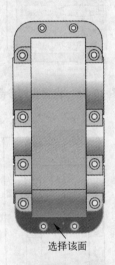

选择该面

图 10-68 草图 11 的基准面

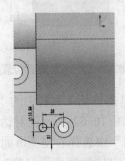

图 10-69 草图 11

（28）选择草图 11，单击特征工具栏中的"拉伸切除"，左侧弹出如图 10-70 所示的对话框，在"终止条件"中选择"完全贯

穿"，单击"拔模"，然后输入拔模角度 1.15，最后单击"确定 √"生成拉伸切除 4。

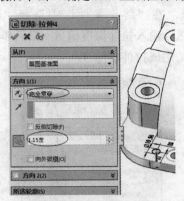

图 10-70 拉伸切除 4

（29）单击特征工具栏中的"异型孔向导"，左侧弹出如图 10-71 所示的对话框，在"孔类型"中选择"孔"，在"标准"中选择"GB"，在"类型"中选择"螺纹钻孔"，在"大小"中选择"M12×1.5"，在"终止条件"中选择"完全贯穿"。单击"位置"，转到位置选项卡，单击"绘制 3D 草图"，在模型上放置孔，并标注尺寸，如图 10-72 所示。

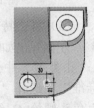

图 10-71 设置孔的参数　　图 10-72 放置孔

（30）以右视基准面为草图基准面，绘制如图 10-73 所示的草图 13。

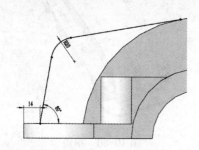

图 10-73　草图 13

（31）选择草图 13，单击特征工具栏中的"筋"，左侧弹出如图 10-74 所示的对话框，在"筋厚度"中输入 16，在"拉伸方向"中选择"平行于草图"，然后单击"确定"，生成筋。

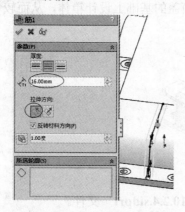

图 10-74　筋 1

（32）以右视基准面为草图基准面，绘制如图 10-75 所示的草图 14。

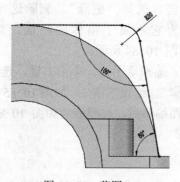

图 10-75　草图 14

（33）选择草图 14，单击特征工具栏中的"筋"，左侧弹出如图 10-76 所示的对话框，在"筋厚度"中输入 16，在"拉伸方向"中选择"平行于草图"，然后单击"确定"生成筋。

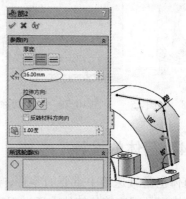

图 10-76　筋 2

（34）选择如图 10-77 所示的基准面作为草图基准面，绘制如图 10-78 所示的草图 15。

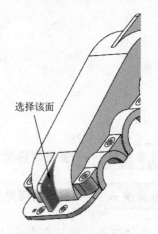

图 10-77　草图 15 的基准面

（35）选择草图 15，单击特征工具栏中的"拉伸切除"，左侧弹出如图 10-79 所示的对话框，在"终止条件"中选择"完全贯穿"，最后单击"确定"生成拉伸切除 5。此时已经完成箱盖的设计，如图 10-80 所示。

图 10-78　草图 15　　图 10-79　拉伸切除 5

图 10-80　箱盖

10.2.4　箱体的设计

箱体也是减速箱中重要的零件，和箱盖一样，它也具有较为复杂的特征。如图 10-81 所示的模型是减速箱的箱体，通过观察箱体的机构可以发现，箱体也是具有对称的特征，而且它的大多数特征是和箱盖相同的，因此我们可以在箱盖的基础上设计箱体，从而较快地建立箱体的模型。

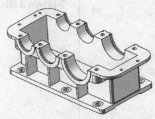

图 10-81　箱体

　**结果文件**——参见附带光盘中的 "End/ch10/10.2.4.sldprt" 文件。

动画演示——参见附带光盘中的 AVI/ch10/10.2.4.avi

（1）复制箱盖，将其命名为"箱体"，并打开该文件，如图 10-82 所示。

图 10-82　打开文件

（2）选择如图 10-83 所示的 4 个特征，单击右键，选择"删除"，删除这 4 个特征，因为它不属于箱体的特征，此时的模型如图 10-84 所示。

（3）选择草图 1，单击右键，选择"编辑草图 "，编辑草图 1，如图 10-85 所示。完成草图编辑后，模型变为如图 10-86 所示的样子。

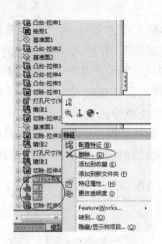

图 10-83　删除特征

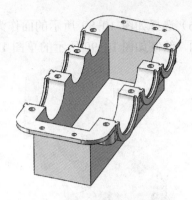

图 10-86　编辑草图后的模型

（4）选择草图 11，单击右键，选择"编辑草图 "，编辑草图 1 的尺寸，如图 10-87所示。

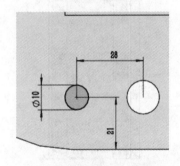

图 10-87　编辑草图 11

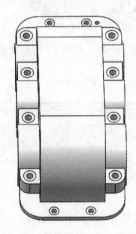

图 10-84　删除特征后的模型

（5）选择拉伸切除 4，单击右键，选择"编辑特征 "，弹出如图 10-88 所示的对话框，勾选"向外拔模"，然后单击"确定 "。

图 10-85　编辑草图 1

图 10-88　编辑拉伸切除 4

（6）选择如图 10-89 所示的面作为草图基准面，绘制如图 10-90 所示的草图 12。

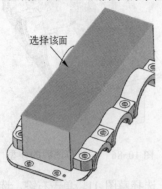
选择该面

图 10-89　草图 12 的基准面

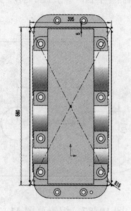

图 10-90　草图 12

（7）选择草图 12，单击特征工具栏中的"拉伸凸台/基体　"，左侧弹出如图 10-91 所

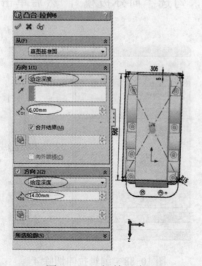

图 10-91　拉伸凸台 6

示的对话框，在方向 1 的"终止条件"中选择"给定深度"，并输入拉伸深度值 6，然后在方向 2 的"终止条件"中选择"给定深度"，并输入拉伸深度值 14，最后单击"确定　"，生成拉伸凸台 6。

（8）选择如图 10-92 所示的面作为草图基准面，绘制如图 10-93 所示的草图 13。

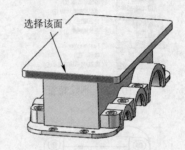
选择该面

图 10-92　草图 13 的基准面

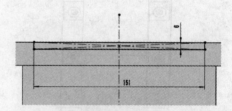

图 10-93　草图 13

（9）选择草图 13，单击特征工具栏中的"拉伸切除　"，左侧弹出如图 10-94 所示的对话框，在"终止条件"中选择"完全贯穿"，最后单击"确定　"生成拉伸切除 5。

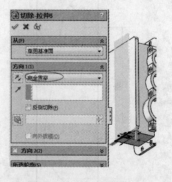

图 10-94　拉伸切除 5

（10）单击特征工具栏中的"异型孔向导　"，左侧弹出如图 10-95 所示的对话

框，在"孔类型"中选择"柱形沉头孔"，在"标准"中选择"GB"，在"类型"中选择"六角头螺栓 C 级 GB/T5780/2000"，在"大小"中选择"M22"，在"终止条件"中选择"完全贯穿"。单击"位置"，转到位置选项卡，单击"绘制 3D 草图"，在模型上放置孔，并标注尺寸，如图 10-96 所示。

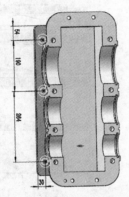

图 10-95 设置孔的参数　　图 10-96 放置孔

（11）以图 10-97 所示的面作为草图基准面，绘制图 10-98 所示的草图 14。

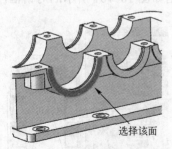

图 10-97 草图 14 的基准面

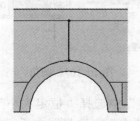

图 10-98 草图 14

（12）选择草图 15，单击特征工具栏中的"筋 "，左侧弹出如图 10-99 所示的对话框，在"筋厚度"中输入 8，在"拉伸方向"中选择"垂直于草图 "，然后单击"确定 "生成筋。

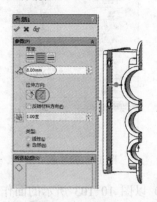

图 10-99 筋 1

（13）以图 10-100 所示的面作为草图基准面，绘制如图 10-101 所示的草图 15。

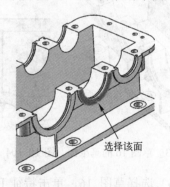

图 10-100 草图 15 的基准面

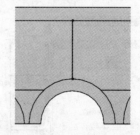

图 10-101 草图 15

（14）选择草图 15，单击特征工具栏中的"筋 "，左侧弹出如图 10-102 所示的对话框，在"筋厚度"中输入 8，在"拉伸方向"中选择"垂直于草图 ,然后单击"确定 ✔"生成筋。

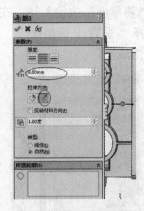

图 10-102　筋 2

（15）以图 10-103 所示的面作为草图基准面，绘制如图 10-104 所示的草图 16。

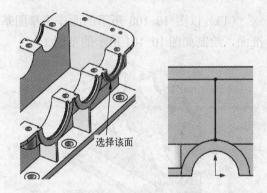

选择该面

图 10-103　草图 16 的基准面　图 10-104　草图 16

（16）选择草图 16，单击特征工具栏中的"筋 ![]"，左侧弹出如图 10-105 所示的对

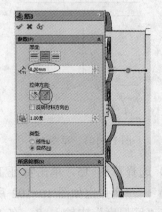

图 10-105　筋 3

话框，在"筋厚度"中输入 8，在"拉伸方向"中选择"垂直于草图 ![]"，然后单击"确定 ✔"生成筋。

（17）单击特征工具栏中的"镜像 ![]"，左侧弹出如图 10-106 所示的对话框，在"镜像面/基准面"中选择右视基准面，在"要镜像的特征"中选择柱形沉头孔 M22、筋 1、筋 2 和筋 3，然后单击"确定 ✔"生成镜像 4。

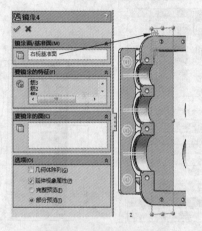

图 10-106　镜像 4

（18）单击特征工具栏中的"圆角 ![]"，左侧弹出如图 10-107 所示的对话框，在

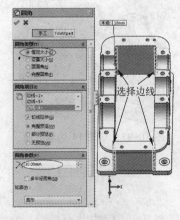

图 10-107　圆角

"圆角类型"中选择"恒定大小"，在"边线、面和顶点"中选择图中所示的 4 条边

线，在"半径"中输入 10，然后单击"确定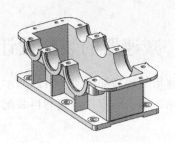"生成圆角。此时已经完成箱体的设计，如图 10-108 所示。

图 10-108 箱体

10.2.5 减速器密封零件的设计

减速箱中的密封零件包括端盖、轴承盖、挡油环、毡圈油封等零件。这些零件的结构都是回转体，设计这些零件时，只需要用一个旋转凸台的特征就可以了，因此这里只详细介绍端盖的设计过程，而其余零件只给出几何尺寸。

高速轴端盖的模型如图 10-109 所示，由于它是一个回转体零件，因此只需要用旋转凸台就可以完成模型的建立。

图 10-109 高速轴端盖

结果文件——参见附带光盘中的"End/ch10/10.2.5.sldprt"文件。

动画演示——参见附带光盘中的 AVI/ch10/10.2.5.avi

（1）新建一个零件文件，以前视基准面为草图基准面，绘制如图 10-110 所示的草图 1。

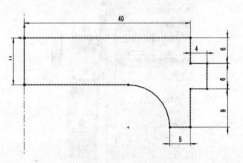

图 10-110 草图 1

（2）选择草图 1，单击特征工具栏中的

"旋转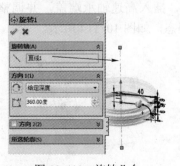"，左侧弹出如图 10-111 所示的对话框，在"旋转轴"中选择图中所示的直线，然后单击"确定"生成旋转凸台。此时已经完成了高速轴端盖的设计。

图 10-111 旋转凸台

10.3 减速器的装配设计

减速箱的模型如图 10-112 所示，在设计减速箱的装配体时，首先插入箱体，然后装配轴、齿轮、端盖等零件，接着再装配箱盖，最后装配连接箱体和箱盖的螺栓及螺母等零件。

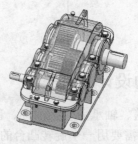

图 10-112　减速箱

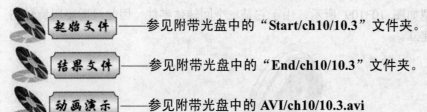

起始文件——参见附带光盘中的"Start/ch10/10.3"文件夹。

结果文件——参见附带光盘中的"End/ch10/10.3"文件夹。

动画演示——参见附带光盘中的 AVI/ch10/10.3.avi

（1）新建一个装配体文件，单击装配体工具栏的"插入零部件"，插入箱体，如图 10-113 所示。

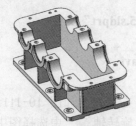

图 10-113　插入箱体

（2）单击装配体工具栏中的"插入零部件"，插入高速轴承端盖，并调整它到合适的姿态，如图 10-114 所示。

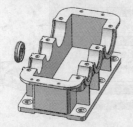

图 10-114　插入高速轴承端盖

（3）单击装配体工具栏中的"配合"，弹出如图 10-115 所示的对话框，在"要配合的实体"中选择图中所示的两个圆柱面，在"标准配合"中选择"同轴心"，单击"确定"添加同心配合 1。然后在"要配合的实体"中选择图 10-116 中所示的两个平面，在"标准配合"中选择"重合"，单击"确定"添加重合配合 1。

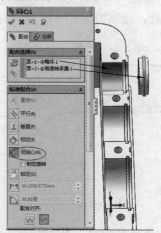

图 10-115　同心配合 1

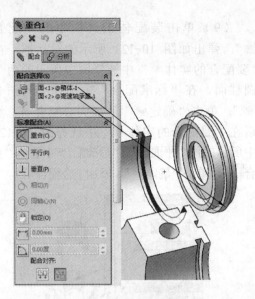

图 10-116　重合配合 1

（4）单击装配体工具栏中的"插入零部件"，插入高速轴毡圈油封，并调整它到合适的姿态，如图 10-117 所示。

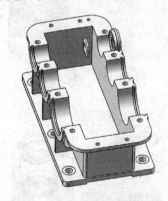

图 10-117　插入高速轴毡圈油封

（5）单击装配体工具栏中的"配合"，弹出如图 10-118 所示的对话框，在"要配合的实体"中选择图中所示的两个圆柱面，在"标准配合"中选择"同轴心"，单击"确定"，添加同心配合 2。然后在"要配合的实体"中选择图 10-119 中所示的两个平面，在"标准配合"中选择"重合"，单击"确定"添加重合配合 2。

图 10-118　同心配合 2

图 10-119　重合配合 2

（6）单击装配体工具栏中的"插入零部件"，插入高速轴，并调整它到合适的姿态，如图 10-120 所示。

（7）单击装配体工具栏中的"配合"，弹出如图 10-121 所示的对话框，在"要配合的实体"中选择图中所示的两个圆柱面，在"标准配合"中选择"同轴心"，单击"确定"添加同心配合 3。

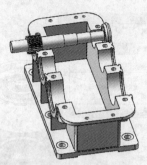

图 10-120　插入高速轴

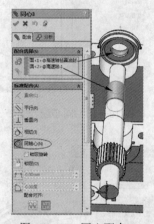

图 10-121　同心配合 3

（8）插入 Toolbox，依次单击"GB"→
"bearing"→"滚动轴承"→"圆锥滚子轴
承"，单击右键，选择"插入到装配体"，此
时左侧弹出如图 10-122 所示的对话框，在
"尺寸系列代号"中选择"02"，在"大小"
中选择"30208"，然后单击"确定 ✔"插入
轴承。

图 10-122　插入滚动轴承

（9）单击装配体工具栏中的"配合
🖉"，弹出如图 10-123 所示的对话框，在
"要配合的实体 🖳"中选择图中所示的两个
圆柱面，在"标准配合"中选择"同轴心
◎"，单击"确定 ✔"添加同心配合 4。然
后在"要配合的实体 🖳"中选择图 10-124
中所示的两个平面，在"标准配合"中选择"重
合 🝕"，单击"确定 ✔"，添加重合配合 4。

图 10-123　同心配合 4

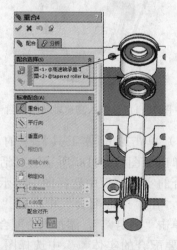

图 10-124　重合配合 4

（10）单击装配体工具栏中的"插入零
部件 🔗"，插入高速轴挡油环，并调整它到
合适的姿态，如图 10-125 所示。

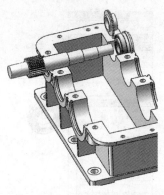

图 10-125　插入高速轴挡油环

（11）单击装配体工具栏中的"配合
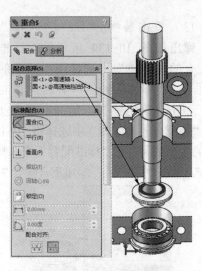

图 10-127　重合配合 5

"，弹出如图 10-126 所示的对话框，在
"要配合的实体"中选择图中所示的两个
圆柱面，在"标准配合"中选择"同轴心
"，单击"确定"添加同心配合 5。然
后在"要配合的实体"中选择图 10-127 中
所示的两个平面，在"标准配合"中选择
"重合"，单击"确定"添加重合配合 5。
最后在"要配合的实体"中选择图 10-128
中所示的两个平面，在"标准配合"中选
择"重合"，单击"确定"添加重合
配合 6。

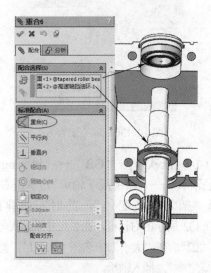

图 10-128　重合配合 6

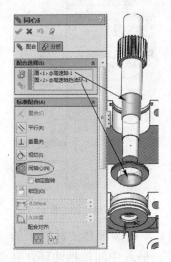

图 10-126　同心配合 5

（12）单击装配体工具栏中的"插入零
部件"，插入中间轴端盖，并调整它到合
适的姿态，如图 10-129 所示。

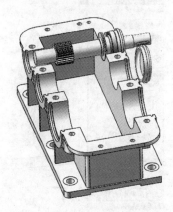

图 10-129　插入中间轴端盖

（13）单击装配体工具栏中的"配合 "，弹出如图 10-130 所示的对话框，在"要配合的实体 "中选择图中所示的两个圆柱面，在"标准配合"中选择"同轴心 "，单击"确定 "添加同心配合 6。然后在"要配合的实体 "中选择图 10-131 中所示的两个平面，在"标准配合"中选择"重合 "，单击"确定 "添加重合配合 7。

图 10-130　同心配合 6

（14）依次单击"GB"→"bearing"→"滚动轴承"→"圆锥滚子轴承"，单击右键，选择"插入到装配体"，此时左侧弹出如图 10-132 所示的对话框，在"尺寸系列代号"中选择"02"，在"大小"中选择"30211"，然后单击"确定 "，插入轴承。

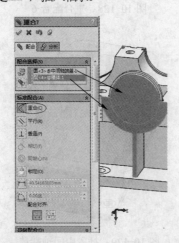

图 10-131　重合配合 7

图 10-132　插入轴承

（15）单击装配体工具栏中的"配合 "，弹出如图 10-133 所示的对话框，在"要配合的实体 "中选择图中所示的两个圆柱面，在"标准配合"中选择"同轴心 "，单击"确定 "添加同心配合 7。然后在"要配合的实体 "中选择图 10-134 中所示的两个平面，在"标准配合"中选择"重合 "，单击"确定 "添加重合配合 8。

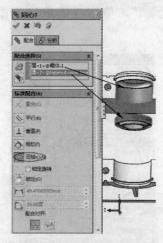

图 10-133　同心配合 7

（16）单击装配体工具栏中的"插入零部件 "，插入中间轴挡油环，并调整它到合适的姿态，如图 10-135 所示。

（17）单击装配体工具栏中的"配合 "，弹出如图 10-136 所示的对话框，在"要配合的实体 "中选择图中所示的两个

圆柱面，在"标准配合"中选择"同轴心
◎"，单击"确定✔"添加同心配合 8。然后
在"要配合的实体🔧"中选择图 10-137 中所
示的两个平面，在"标准配合"中选择"重
合📐"，单击"确定✔"添加重合配合 9。

（18）单击装配体工具栏中的"插入零
部件🔧"，插入中间轴，并调整它到合适的
姿态，如图 10-138 所示。

图 10-137　重合配合 9

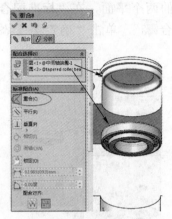

图 10-134　重合配合 8

图 10-135　插入中间轴挡油环

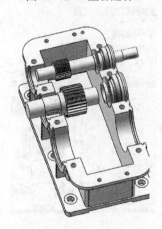

图 10-138　插入中间轴

（19）单击装配体工具栏中的"配合
🔗"，弹出如图 10-139 所示的对话框，在
"要配合的实体🔧"中选择图中所示的两个
圆柱面，在"标准配合"中选择"同轴心
◎"，单击"确定✔"添加同心配合 9。然
后在"要配合的实体🔧"中选择图 10-140
中所示的两个平面，在"标准配合"中选
择"重合📐"，单击"确定✔"添加重合配
合 10。

（20）单击装配体工具栏中的"插入零
部件🔧"，插入低速轴端盖，并调整它到合

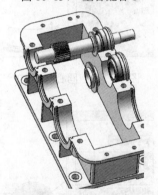

图 10-136　同心配合 8

适的姿态，如图 10-141 所示。

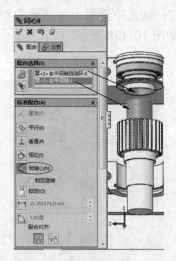

图 10-139　同心配合 9

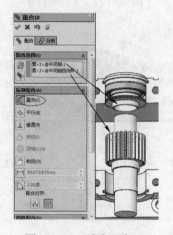

图 10-140　重合配合 10

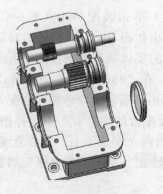

图 10-141　低速轴端盖

（21）单击装配体工具栏中的"配合

"，弹出如图 10-142 所示的对话框，在
"要配合的实体 🔲" 中选择图中所示的两个
圆柱面，在"标准配合"中选择"同轴心
◎"，单击"确定 ✔"添加同心配合 10。然
后在"要配合的实体 🔲"中选择图 10-143
中所示的两个平面，在"标准配合"中选
择"重合 🔲"，单击"确定 ✔"添加重合
配合 11。

图 10-142　同心配合 10

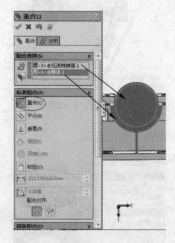

图 10-143　重合配合 11

（22）依次单击"GB"→"bearing"→
"滚动轴承"→"圆锥滚子轴承"，单击右键，
选择"插入到装配体"，此时左侧弹出如
图 10-144 所示的对话框，在"尺寸系列代
号"中选择"02"，在"大小"中选择"30216"，

然后单击"确定✔",插入轴承。

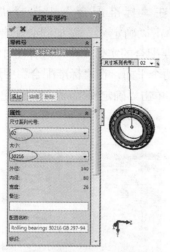

图 10-144　插入轴承

（23）单击装配体工具栏中的"配合
✏"，弹出如图 10-145 所示的对话框，在
"要配合的实体🔲"中选择图中所示的两个
圆柱面，在"标准配合"中选择"同轴心
◎"，单击"确定✔"添加同心配合 11。然
后在"要配合的实体🔲"中选择图 10-146 中
所示的两个平面，在"标准配合"中选择"重
合🔲"，单击"确定✔"添加重合配合 12。

图 10-145　同心配合 11

（24）单击装配体工具栏中的"插入零
部件👉"，插入低速轴挡油环，并调整它到
合适的姿态，如图 10-147 所示。

图 10-146　重合配合 12

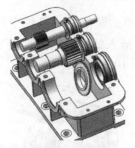

图 10-147　插入低速轴挡油环

（25）单击装配体工具栏中的"配合
✏"，弹出如图 10-148 所示的对话框，在
"要配合的实体🔲"中选择图中所示的两个
圆柱面，在"标准配合"中选择"同轴心
◎"，单击"确定✔"添加同心配合 12。然
后在"要配合的实体🔲"中选择图 10-149 中
所示的两个平面，在"标准配合"中选择"重
合🔲"，单击"确定✔"添加重合配合 13。

图 10-148　同心配合 12

图 10-149　重合配合 13

（26）单击装配体工具栏中的"插入零部件🔲"，插入低速轴，并调整它到合适的姿态，如图 10-150 所示。

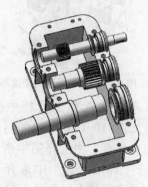

图 10-150　插入低速轴

（27）单击装配体工具栏中的"配合🔲"，弹出如图 10-151 所示的对话框，在

图 10-151　同心配合 13

"要配合的实体🔲"中选择图中所示的两个圆柱面，在"标准配合"中选择"同轴心⊚"，单击"确定✔"添加同心配合 13。然后在"要配合的实体🔲"中选择图 10-152 中所示的两个平面，在"标准配合"中选择"重合🔲"，单击"确定✔"，添加重合配合 14。

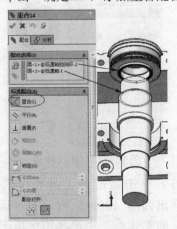

图 10-152　重合配合 14

（28）依次单击"GB"→"销和键"→"平行键"→"普通平键"，单击右键，选择"插入到装配体"，此时左侧弹出如图 10-153 所示的对话框，在"大小"中选择"25"，在"长度"中选择 70，然后单击"确定✔"，插入平键。

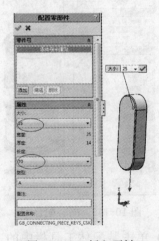

图 10-153　插入平键

（29）单击装配体工具栏中的"配合🔲"，弹出如图 10-154 所示的对话框，在

"要配合的实体🔲"中选择图中所示的两个圆柱面,在"标准配合"中选择"同轴心◎",

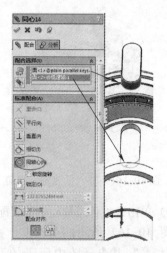

图 10-154　同心配合 14

单击"确定✔",添加同心配合 14。然后在"要配合的实体🔲"中选择图 10-155 中所示的两个圆柱面,在"标准配合"中选择"同轴心◎",单击"确定✔",添加同心配合 15。最后在"要配合的实体🔲"中选择图 10-156 中所示的两个平面,在"标准配合"中选择"重合◤",单击"确定✔",添加重合配合 15。

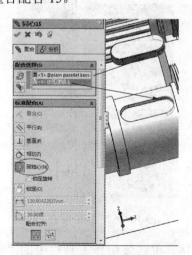

图 10-155　同心配合 15

(30)单击装配体工具栏中的"插入零部件🔩",插入低速轴齿轮,并调整它到合适的姿态,如图 10-157 所示。

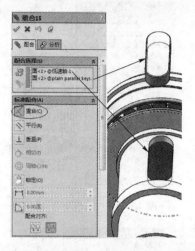

图 10-156　重合配合 15

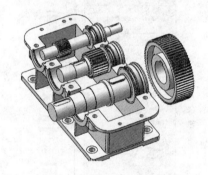

图 10-157　插入低速轴齿轮

(31)单击装配体工具栏中的"配合🔩",弹出如图 10-158 所示的对话框,在"要配合的实体🔲"中选择图中所示的两个圆柱面,在"标准配合"中选择"同轴心◎",单击"确定✔"添加同心配合 16。然后在"要配合的实体🔲"中选择图 10-159 中所示的两个圆柱面,在"标准配合"中选择"平行",单击"确定✔"添加平行配合 1。最后在"要配合的实体🔲"中选择图 10-160 中所示的两个平面,在"标准配合"中选择"重合◤",单击"确定✔"添加重合配合 16。

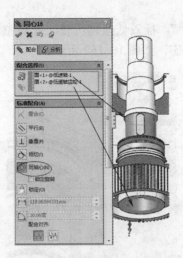

图 10-158　同心配合 16

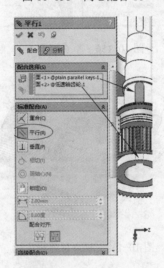

图 10-159　平行配合 1

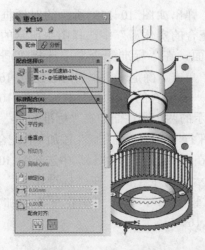

图 10-160　重合配合 16

（32）单击装配体工具栏中的"插入零部件 🎇"，插入低速轴承端盖，并调整它到合适的姿态，如图 10-161 所示。

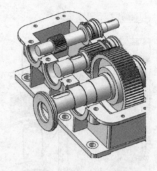

图 10-161　插入低速轴承端盖

（33）单击装配体工具栏中的"配合 🔗"，弹出如图 10-162 所示的对话框，在"要配合的实体 🔗"中选择图中所示的两个圆柱面，在"标准配合"中选择"同轴心 ◎"，单击"确定 ✔"，添加同心配合 17。然后在"要配合的实体 🔗"中选择图 10-163 中所示的两个平面，在"标准配合"中选择"重合 ⼈"，单击"确定 ✔"添加重合配合 17。

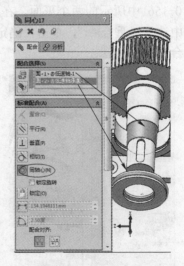

图 10-162　同心配合 17

（34）单击装配体工具栏中的"插入零部件 🎇"，插入低速轴毡圈油封，并调整它到合适的姿态，如图 10-164 所示。

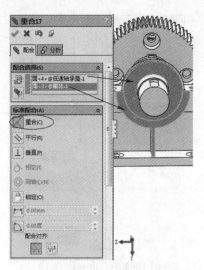

图 10-163　重合配合 17

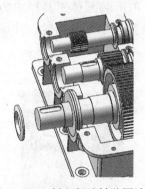

图 10-164　插入低速轴毡圈油封

（35）单击装配体工具栏中的"配合"，弹出如图 10-165 所示的对话框，在"要

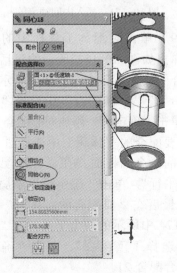

图 10-165　同心配合 18

配合的实体"中选择图中所示的两个圆柱面，在"标准配合"中选择"同轴心"，单击"确定"，添加同心配合 18。然后在"要配合的实体"中选择图 10-166 中所示的两个面，在"标准配合"中选择"重合"，单击"确定"添加重合配合 18。

图 10-166　重合配合 18

（36）依次单击"GB"→"销和键"→"平行键"→"普通平键"，单击右键，选择"插入到装配体"，此时左侧弹出如图 10-167 所示的对话框，在"大小"中选择"18"，在"长度"中选择 50，然后单击"确定"，插入平键。

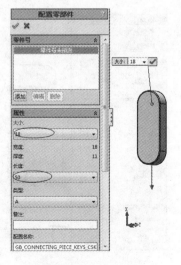

图 10-167　插入平键

（37）单击装配体工具栏中的"配合🖇"，弹出如图 10-168 所示的对话框，在"要配合的实体🖧"中选择图中所示的两个圆柱面，在"标准配合"中选择"同轴心◎"，单击"确定✔"，添加同心配合 19。然后在"要配合的实体🖧"中选择图 10-169 中所示的两个圆柱面，在"标准配合"中选择"同轴心◎"，单击"确定✔"，添加同心配合 20。最后在"要配合的实体🖧"中选择图 10-170 中所示的两个平面，在"标准配合"中选择"重合🅺"，单击"确定✔"，添加重合配合 19。

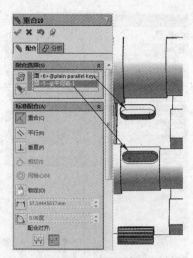

图 10-170　重合配合 19

（38）单击装配体工具栏中的"插入零部件🖱"，插入中间轴齿轮，并调整它到合适的姿态，如图 10-171 所示。

图 10-171　插入中间轴齿轮

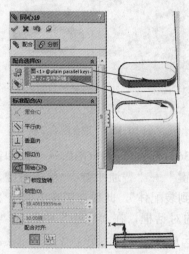

图 10-168　同心配合 19

（39）单击装配体工具栏中的"配合🖇"，弹出如图 10-172 所示的对话框，在"要配合的实体🖧"中选择图中所示的两个圆柱面，在"标准配合"中选择"同轴心◎"，单击"确定✔"添加同心配合 21。然后在"要配合的实体🖧"中选择图 10-173 中所示的两个圆柱面，在"标准配合"中选择"平行"，单击"确定✔"添加平行配合 2。最后在"要配合的实体🖧"中选择图 10-174 中所示的两个平面，在"标准配合"中选择"重合🅺"，单击"确定✔"添加重合配合 21。

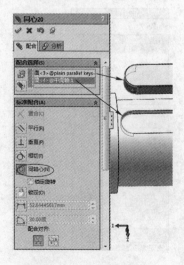

图 10-169　同心配合 20

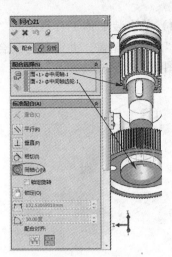

图 10-172　同心配合 21

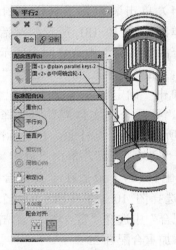

图 10-173　平行配合 2

图 10-174　重合配合 21

（40）单击装配体工具栏中的"插入零部件💾"，插入高速轴端盖，并调整它到合适的姿态，如图 10-175 所示。

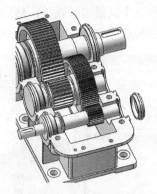

图 10-175　插入高速轴端盖

（41）单击装配体工具栏中的"配合💾"，弹出如图 10-176 所示的对话框，在"要配合的实体💾"中选择图中所示的两个圆柱面，在"标准配合"中选择"同轴心◎"，单击"确定✔"，添加同心配合22。然后在"要配合的实体💾"中选择图 10-177 中所示的两个面，在"标准配合"中选择"重合【"，单击"确定✔"，添加重合配合 22。

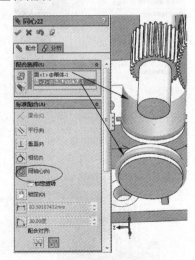

图 10-176　同心配合 22

（42）单击特征工具栏中的"镜像零部件💾"，左侧弹出如图 10-178 所示的对话框，在"镜像基准面"中选择箱体的右视基准面，在"要镜像的零部件"中选择高速轴挡油环、中间轴挡油环、低速轴挡油环、中间轴端盖和三个圆锥滚子轴承，然后单击"确定✅"生成镜像零部件，如图 10-179 所示。

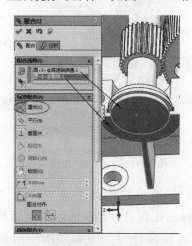

图 10-177　重合配合 22

图 10-178　镜像零部件 1

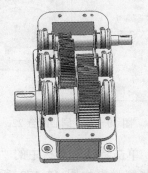

图 10-179　生成的镜像零部件

（43）单击装配体工具栏中的"插入零部件📷"，插入箱盖，并调整它到合适的姿态，如图 10-180 所示。

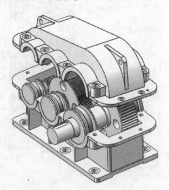

图 10-180　插入箱盖

（44）单击装配体工具栏中的"配合✎"，弹出如图 10-181 所示的对话框，在"要配合的实体📇"中选择图中所示的两个圆柱面，在"标准配合"中选择"同轴心◎"，单击"确定✅"，添加同心配合 23。然后在"要配合的实体📇"中选择图 10-182 中所示的两个圆柱面，在"标准配合"中选择"同轴心◎"，单击"确定✅"，添加同心配合 24。最后在"要配合的实体📇"中选择图 10-183 中所示的两个面，在"标准配合"中选择"重合✖"，单击"确定✅"，添加重合配合 23。

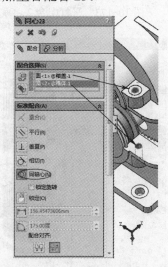

图 10-181　同心配合 23

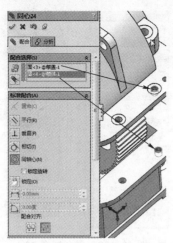

图 10-182　同心配合 24

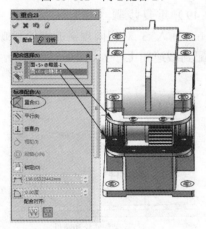

图 10-183　重合配合 23

（45）依次单击"GB"→"bolts and studs"→"六角头螺栓"→"六角头螺栓 C 级"，单击右键，选择"插入到装配体"，此时左侧弹出如图 10-184 所示的对话框，在"大小"中选择"M16"，在"长度"中选择 120，在"螺纹线显示"中选择"装饰"，然后单击"确定✓"插入螺栓。

（46）单击装配体工具栏中的"配合⚙"，弹出如图 10-185 所示的对话框，在"要配合的实体🔧"中选择图中所示的两个圆柱面，在"标准配合"中选择"同轴心◎"，单击"确定✓"，添加同心配合 25。然后在"要配合的实体🔧"中选择图 10-186 中所示的两个面，在"标准配合"中选择"重

合🔲"，单击"确定✓"添加重合配合 24。

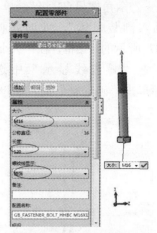

图 10-184　插入螺栓

图 10-185　同心配合 25

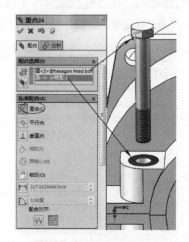

图 10-186　重合配合 24

（47）依次单击"GB"→"螺母"→"六角螺母"→"六角螺母 C 级"，单击右键，选择"插入到装配体"，此时左侧弹出如图 10-187 所示的对话框，在"大小"中选择"M16"，在"螺纹线显示"中选择"装饰"，然后单击"确定✔"插入螺母。

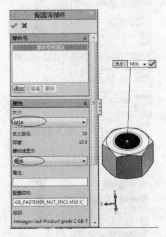

图 10-187　插入螺母

（48）单击装配体工具栏中的"配合🔩"，弹出如图 10-188 所示的对话框，在"要配合的实体🔲"中选择图中所示的两个圆柱面，在"标准配合"中选择"同轴心◎"，单击"确定✔"，添加同心配合 26。然后在"要配合的实体🔲"中选择图 10-189 中所示的两个面，在"标准配合"中选择"重合🔀"，单击"确定✔"，添加重合配合 25。

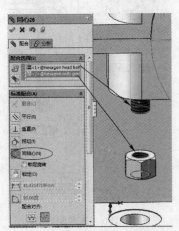

图 10-188　同心配合 26

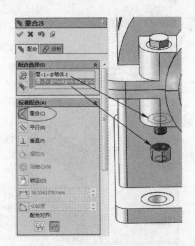

图 10-189　重合配合 25

（49）重复步骤（45）～（48），再从 Toolbox 插入 3 对相同规格的螺栓和螺母，并装配到减速箱上，如图 10-190 所示。

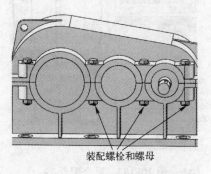

装配螺栓和螺母

图 10-190　装配螺栓和螺母

（50）再从 Toolbox 中插入大小为"M12"、长度为 55 的螺栓和大小为"M12"的螺母，将它们装配在如图 10-191 所示的位置。

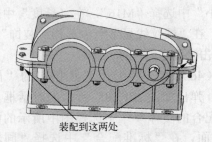

装配到这两处

图 10-191　装配 M12 螺栓和螺母

（51）单击特征工具栏中的"镜像零部件🔷"，左侧弹出如图 10-192 所示的对话框，在"镜像基准面"中选择箱体的右视基准面，在"要镜像的零部件"中选择所有的螺栓和螺母，然后单击"确定 ✔"生成镜像零部件 2，如图 10-193 所示。

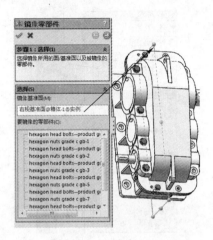

图 10-192　镜像零部件 2

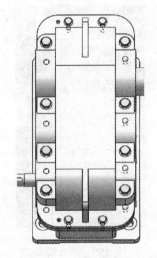

图 10-193　生成的镜像零部件

（52）依次单击"GB"→"bolts and studs"→"六角头螺栓"→"六角头螺栓 C 级"，单击右键，选择"插入到装配体"，此时左侧弹出如图 10-194 所示的对话框，在"大小"中选择"M12"，在"长度"中选择 55，在"螺纹线显示"中选择"装饰"，然后单击"确定 ✔"插入启盖螺栓。

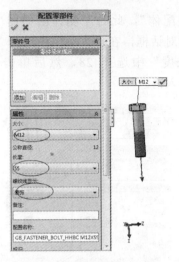

图 10-194　插入启盖螺栓

（53）单击装配体工具栏中的"配合 ✎"，弹出如图 10-195 所示的对话框，在"要配合的实体 ☜"中选择图中所示的两个圆柱面，在"标准配合"中选择"同轴心 ◎"，单击"确定 ✔"，添加同心配合 27。然后在"要配合的实体 ☜"中选择图 10-196 中所示的两个面，在"标准配合"中选择"距离 ⟷"，输入距离值 12，勾选"反转尺寸"，最后单击"确定 ✔"，添加距离配合 1。

图 10-195　同心配合 27

（54）依次单击"GB"→"销和键"→"锥销"→"圆锥销"，单击右键，选择"插入到装配体"，此时左侧弹出如图 10-197 所示的对话框，在"大小"中选择"10"，在"长度"中选择 28，然后单击"确定 ✅"插入销。

中所示的销的边线和箱盖的平面，在"标准配合"中选择"重合 ✅"，单击"确定 ✅"添加重合配合 26。此时已经完成装配体的设计，保存文件即可。

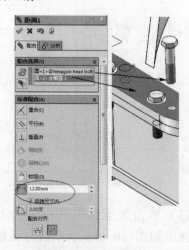

图 10-196　距离配合 1

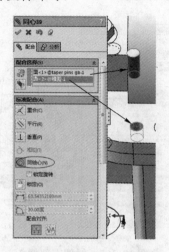

图 10-198　同心配合 28

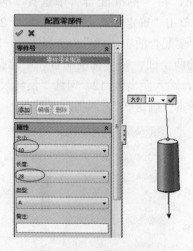

图 10-197　插入销

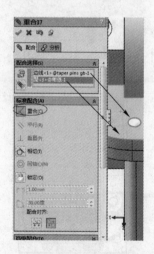

图 10-199　重合配合 26

（55）单击装配体工具栏中的"配合 📎"，弹出如图 10-198 所示的对话框，在"要配合的实体 🖧"中选择图中所示的两个圆柱面，在"标准配合"中选择"同轴心 ◎"，单击"确定 ✅"，添加同心配合 39。然后在"要配合的实体 🖧"中选择图 10-199

10.4　减速器的动画制作

本节制作减速箱的动画，用于展示减速箱的运动效果。在制作动画时，首先为齿轮添加齿轮配合，然后生成减速箱的爆炸视图，最后为高速轴添加驱动马达，使齿轮组可以顺利运动。生成动画后，动画的效果为：首先箱盖和螺栓向上运动，方便观察减速箱的内部结构；然后齿轮组在马达的驱动下运动。

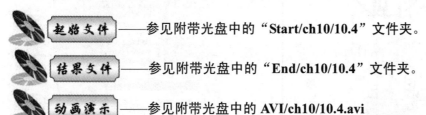

起始文件——参见附带光盘中的"Start/ch10/10.4"文件夹。

结果文件——参见附带光盘中的"End/ch10/10.4"文件夹。

动画演示——参见附带光盘中的 AVI/ch10/10.4.avi

（1）打开减速箱的装配体，并隐藏箱盖，如图 10-200 所示。

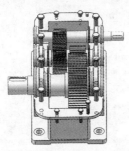

图 10-200　打开减速箱

（2）单击装配体工具栏中的"配合"，弹出如图 10-201 所示的对话框，单击

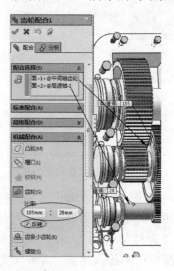

图 10-201　齿轮配合 1

"机械配合"中的"齿轮"，在"要配合的实体"中选择图中所示的两个圆柱面，然后在"比率"中输入"105:28"，勾选"反转"，最后单击"确定"添加齿轮配合 1。

（3）单击装配体工具栏中的"配合"，弹出如图 10-202 所示的对话框，单击"机械配合"中的"齿轮"，在"要配合的实体"中选择图中所示的两个圆柱面，然后在"比率"中输入"70:26"，勾选"反转"，最后单击"确定"添加齿轮配合 2。

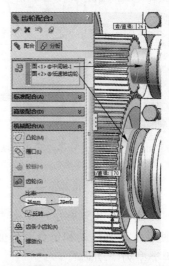

图 10-202　齿轮配合 2

（4）显示箱盖，单击装配体工具栏中的"爆炸视图"，左侧弹出如图 10-203

所示的对话框，在"爆炸步骤零部件 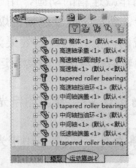" 中选择所有的螺栓，然后向上拖动这些螺栓到合适的位置。

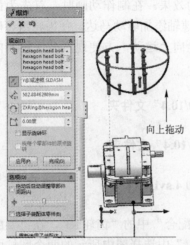

向上拖动

图 10-203　爆炸步骤 1

（5）在"爆炸步骤零部件 "中选择箱盖，并向上拖动箱盖到合适的位置，使其位于螺栓之下，如图 10-204 所示。然后单击"确定 "，完成爆炸视图。

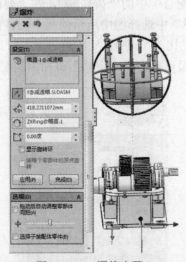

图 10-204　爆炸步骤 2

（6）如图 10-205 所示，单击"运动算例 1"，使软件转到运动和仿真的界面，然后选择算例类型为"动画"。

（7）单击"动画向导 "，弹出如图 10-206 所示的对话框，在该对话框中选择"爆炸"，并单击"下一步"按钮，

则弹出如图 10-207 所示的对话框，在"时间长度"中输入 4s，在"开始时间"中输入 0，然后单击"完成"，完成爆炸视图动画。

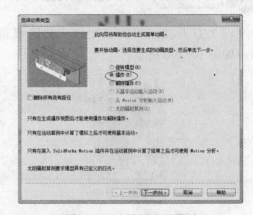

图 10-205　选择算例类型

图 10-206　设置动画类型

图 10-207　设置动画时间

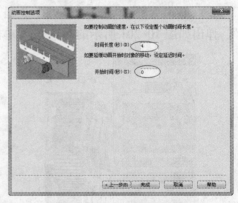

（8）单击"马达 "，左侧弹出如图 10-208 所示的对话框，在"马达类型"中选择"旋转马达 "，在"马达位置 "中选择图中所示的圆柱面，单击"运动"中的"函数"，在下拉菜单中选择"等速"，在

"速度 🕐"中输入"1000RPM",然后单击下面的函数图像,弹出如图 10-209 所示的马达运动函数图像,确认无误后,单击"确定 ✅"完成。

图 10-208　添加马达

（9）拖动马达的键码到 4 秒的位置,使其在 4 秒时开始运动,如图 10-210 所示。然后在马达的时间轴的 8 秒处放置一个键码,如图 10-211 所示,则马达运动的结束时间为 8 秒。

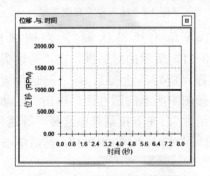

图 10-209　马达运动函数图像

图 10-210　拖动马达键码

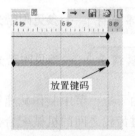

图 10-211　放置键码

（10）单击"计算 🖩",则自动生成动画,如图 10-212 所示。

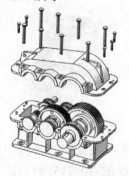

图 10-212　生成动画

10.5　齿轮组的运动分析

本节对齿轮组的运动进行仿真并分析其运动特点。由于减速箱中运动的部分只有齿轮及轴,因此在分析之前要删除减速箱中不必要的零件及配合。如图 10-213 所示,把减速箱中的箱盖、轴承、端盖、挡油环和轴承盖等删除,并对减速箱添加适当的配合约束。

对减速箱进行分析时,在高速轴添加一个马达来驱动齿轮组的运动,然后对齿轮组的运动进行仿真,最后对仿真结果进行分析。

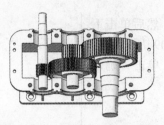

图 10-213 删除不必要的零件

起始文件——参见附带光盘中的 **"Start/ch10/10.5"** 文件夹。

结果文件——参见附带光盘中的 **"End/ch10/10.5"** 文件夹。

动画演示——参见附带光盘中的 **AVI/ch10/10.5.avi**

（1）由于上一节中制作减速箱的动画时已经添加过齿轮之间的机械配合，因此复制上一节中减速箱的模型并打开，把减速箱中的箱盖、轴承、端盖、挡油环和轴承盖等删除，如图 10-214 所示。

图 10-214 打开模型

（2）单击装配体工具栏中的"配合 ✎"，弹出如图 10-215 所示的对话框，在"要配合的实体🔲"中选择高速轴和箱体的面，在"标准配合"中选择"同轴心◎"，单击"确定✔"添加同心配合。重复操作，也为其他两根轴添加和箱体的同心配合。

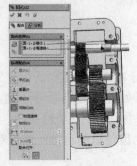

图 10-215 添加同心约束

（3）如图 10-216 所示，单击"运动算例 1"，使软件转到运动和仿真的界面，然后选择算例类型为"Motion 分析"。

图 10-216 设置算例类型

（4）单击"马达 🔘"，左侧弹出如图 10-217 所示的对话框，在"马达类型"中选择"旋转马达🔘"，在"马达位置🔲"中选择图中所示的圆柱面，单击"运动"中的"函数"，在下拉菜单中选择"等速"，在"速度⊘"输入"1000RPM"，然后单击下面

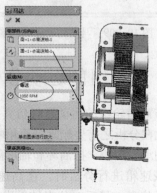

图 10-217 添加马达

的函数图像，弹出如图 10-218 所示的马达运动函数图像，确认无误后，单击"确定 ✅"完成。

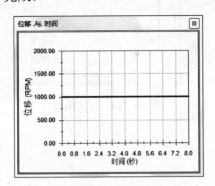

图 10-218　马达运动函数图像

（5）如图 10-219 所示，拖动键码到 5 秒的位置，使仿真的时间为 5 秒。

（6）单击"计算 ⊞"，对齿轮组的运动进行仿真，如图 10-220 所示。

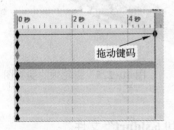

图 10-219　设置键码

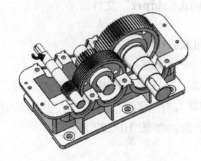

图 10-220　齿轮组运动仿真

（7）单击"结果和图解 🔲"，左侧弹出如图 10-221 所示的对话框，在"结果类别"中选择"位移/速度/加速度"，在"结果子类别"中选择"角速度"，在"结果分

量"中选择"幅值"，然后单击"确定 ✅"，生成如图 10-222 所示的图解。

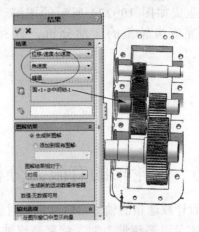

图 10-221　设置结果分量

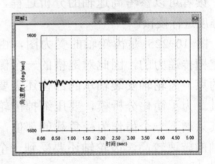

图 10-222　生成图解

（8）再次单击"结果和图解 🔲"，左侧弹出如图 10-223 所示的对话框，在"结果类别"中选择"位移/速度/加速度"，在"结

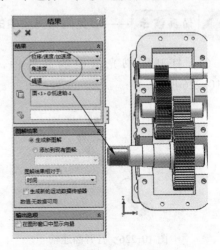

图 10-223　设置结果分量

果子类别"中选择"角速度",在"结果分量"中选择"幅值",然后单击"确定✅"生成如图 10-224 所示的图解。此时已经完成齿轮组的运动分析,保存文件即可。

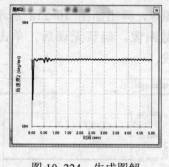

图 10-224　生成图解

10.6　齿轮轴的有限元分析

设计减速箱的轴时,通常需要对轴进行强度的校核,以确定轴的强度能够符合设计要求。本节以高速轴为例,结束高速轴的有限元分析。读者可以参考高速轴的分析过程,对其他轴的强度进行校核。

图 10-225 是齿轮轴的受力图,由于轴是通过键槽传递力的,因此对键槽的一个侧面添加固定约束,齿轮轴安装轴承的部位还需要添加轴承夹具。为了简化分析模,要压缩掉齿轮轴的齿,使其只剩下一个齿作为受负载的部位,而由于高速轴的转速较高,齿轮轴还要受到一个离心力的作用。

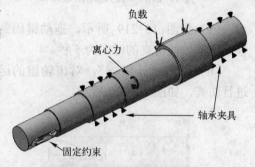

图 10-225　齿轮轴的受力图

起始文件——参见附带光盘中的"Start/ch10/10.6.sldprt"文件。

结果文件——参见附带光盘中的"End/ch10/10.6.sldprt"文件。

动画演示——参见附带光盘中的 AVI/ch10/10.6.avi

（1）打开随书光盘中的高速轴,如图 10-226 所示。

图 10-226　打开高速轴

（2）选择圆周阵列 1,单击右键,选择"压缩",压缩圆周阵列 1,此时齿轮只剩下一个齿,如图 10-227 所示。

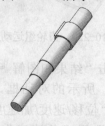

图 10-227　压缩特征

（3）单击菜单工具栏中"选项 📷·"右边的下拉按钮，在附加菜单中单击"插件"，弹出如图 10-238 所示的对话框，勾选"SolidWorks Simulation"，激活 Simulation 插件。

图 10-228　激活 Simulation 插件

（4）单击"新算例 🔍"，弹出如图 10-229 所示的对话框，单击"静应力分析 🔀"，然后单击"确定 ✅"，将算例类型设置为静应力分析

图 10-229　设置算例类型

（5）单击"应用材料 ⬛"，弹出如图 10-230 所示的对话框，在材料库中选择"合金钢"，然后单击"应用"按钮，再单击"关闭"，关闭对话框。

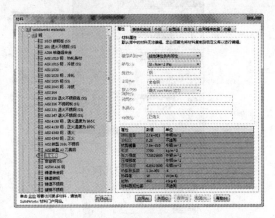

图 10-230　应用材料

（6）右键单击设计树中的"夹具"，弹出如图 10-231 所示的右键菜单，选择"固定几何体"，弹出如图 10-232 所示的对话框，在"夹具的面、边线和顶点 📷"中选择键槽的一个侧面，然后单击"确定 ✅"，添加固定约束。

图 10-231　右键菜单

（7）右键单击设计树中的"夹具"→"轴承夹具"，左侧弹出如图 10-233 所示的对话框，在"壳体上的圆柱面和圆形边线 🔘"中选择图中所示的圆柱面，选择"刚度"中的"刚性"，然后单击"确定 ✅"添加轴承夹具 1。

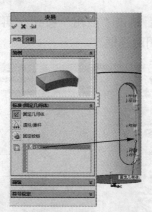

图 10-232　固定几何体

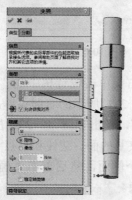

图 10-233　添加轴承夹具 1

（8）再次右键单击设计树中的"夹具"→
"轴承夹具"，左侧弹出如图 10-234 所示的
对话框，在"壳体上的圆柱面和圆形边线
"中选择图中所示的圆柱面，选择"刚
度"中的"刚性"，然后单击"确定"添
加轴承夹具 2。

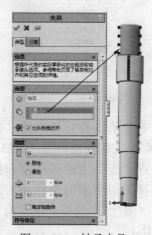

图 10-234　轴承夹具 2

（9）单击"离心力"，左侧弹出如
图 10-235 所示的对话框，在"方向的轴、
边线和圆柱面"中选择图中所示的圆柱
面，在"角速度"中输入 104，然后单击
"确定"添加离心力。

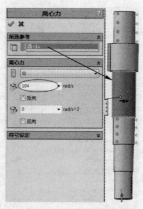

图 10-235　添加离心力

（10）单击"力"，左侧弹出如图 10-236
所示的对话框，在"法向力的面、边线和顶
点"中选择图中所示的面作为受力面，在
"力值"中输入 1000，然后单击"确定
"，添加力。

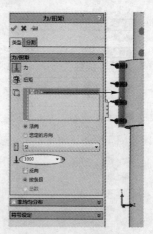

图 10-236　添加力

（11）单击"生成网格"，左侧弹出
如图 10-237 所示的对话框，勾选"网格
参数"中的"标准网格"，然后单击"确
定"生成网格。生成的网格如图 10-238
所示。

图 10-237　生成网格

图 10-238　生成的网格

（12）单击"运行 "，弹出如图 10-239
所示的对话框，程序自动运行分析。分析完
成后，双击"结果"下的"应力 1"，查看应
力云图，如图 10-240 所示。再双击"位移
1"，查看齿轮轴的位移云图，如图 10-241
所示。最后双击"应变 1"，查看齿轮轴的应
变云图，如图 10-242 所示。

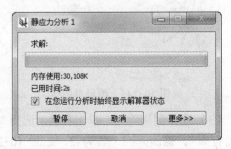

图 10-239　运行分析

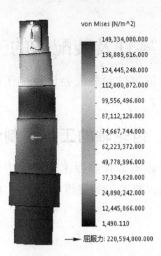

图 10-240　应力云图

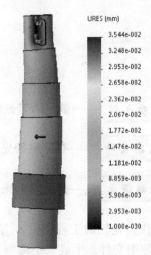

图 10-241　位移云图

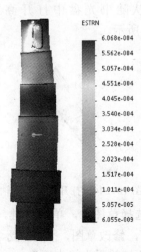

图 10-242　应变云图

10.7 零件及装配体的工程图制作

设计的零件最终需要进行加工制作，因此，本节主要介绍减速箱中零件及装配体的工程图制作。

10.7.1 齿轮轴的工程图制作

由于轴类零件制作工程图的方法比较类似，因此这里只详细介绍高速齿轮轴的工程图制作方法，高速轴的三维模型如图 10-243 所示。

图 10-243 高速轴

——参见附带光盘中的"Start/ch10/10.7.1"文件夹。

——参见附带光盘中的"End/ch10/10.7.1"文件夹。

——参见附带光盘中的 AVI/ch10/10.7.1.avi

在制作齿轮轴的工程图前，首先要修改特征，使模型中只显示两个对称的齿，然后新建一个工程图文件，生成一个模型视图和用于表达键槽的剖面视图，接着对模型进行标注尺寸、表面粗糙度和形位公差等。

（1）从随书光盘中打开高速轴，如图 10-244 所示。

图 10-244 打开高速齿轮轴

（2）选择草图 2，单击右键，选择"编辑草图 "，修改草图，使如所示图 10-245 的中心线几何关系为"水平"。

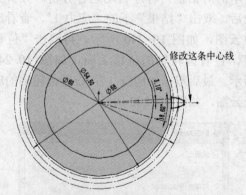

图 10-245 编辑草图

（3）选择圆周阵列，单击右键，选择"编辑特征 "，修改阵列个数为 2，如图 10-246 所示。

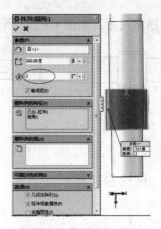

图 10-246　修改特征

（4）单击菜单栏中的"新建　"，新建一个工程图文件，此时左侧弹出如图 10-247 所示的对话框，双击"高速轴"，然后在绘图区域放置模型前视图，如图 10-248 所示。

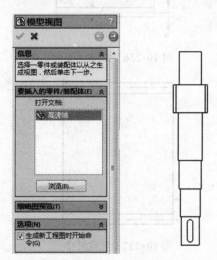

图 10-247　插入模型视图　　图 10-248　前视图

（5）右键单击左侧的"图纸 1"，在弹出的右键菜单中选择"属性"，此时弹出如图 10-249 所示的属性对话框，在该对话框的"比例"中输入"2:3"，在"图纸格式/大小"中单击"A3（GB）"，然后单击"确定"按钮关闭对话框。

（6）选择前视图，单击右键，选择"旋转视图　"，弹出如图 10-250 所示的对话框，在"工程视图角度"中输入 90°，然后

单击"应用"按钮，再单击"关闭"按钮，关闭对话框，此时前视图已经旋转 90°，如图 10-251 所示。

图 10-249　设置图纸

图 10-250　旋转视图

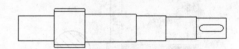

图 10-251　旋转后的前视图

（7）单击"视图布局"选项卡中的"剖面视图　"，左侧弹出如图 10-252 所示的对

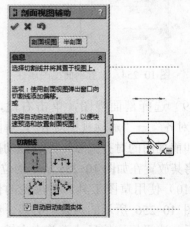

图 10-252　放置剖面线

话框，单击"切割线"中的"竖直▯"，此时鼠标出现竖直的切割线，移动鼠标到右视图中，使切割线通过键槽的中点，单击左键，移动鼠标到合适的位置，再次单击左键放置剖面视图，如图 10-253 所示。

图 10-253　剖面视图

（8）选择剖面视图，左侧弹出如图 10-254 所示的属性对话框，单击"反转方向"按钮，然后勾选"只显示切面"，最后单击"确定✔"。

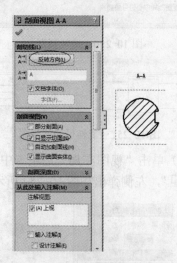

图 10-254　设置剖面视图属性

（9）选择剖面视图，单击右键，选择"视图对齐"→"解除视图对齐"，解除剖面视图和前视图的对齐关系，然后拖动剖面视图，将其放置在如图 10-255 所示的位置。

（10）使用草图工具，在齿轮的位置绘制如图 10-256 所示的两条中心线。绘制中心线后，选择标注的尺寸，单击右键，选择

"隐藏"，隐藏尺寸，如图 10-257 所示。

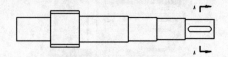

图 10-255　解除对齐关系

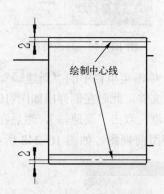

绘制中心线

图 10-256　绘制草图

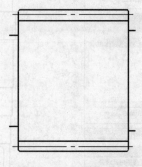

图 10-257　隐藏尺寸

（11）单击"注解"选项卡中的"中心符号线⊕"，然后单击剖面视图中的圆弧，为之添加中心圆弧形，如图 10-258 所示。

（12）单击"注解"选项卡中的"中心线⊞"，左侧弹出如图 10-259 所示的对话框，在"自动插入"中勾选"选择视图"，然后单击前视图，插入中心线，如图 10-260 所示。

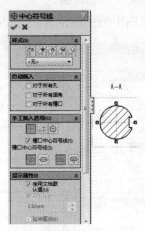

图 10-258 中心符号线

图 10-259 中心线属性对话框

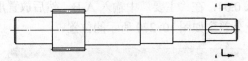

图 10-260 插入中心线

（13）单击"注解"选项卡中的"智能尺寸 "，为前视图标注如图 10-261 所示的尺寸

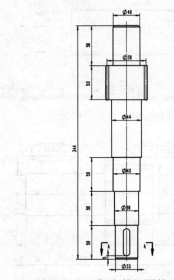

图 10-261 标注前视图的尺寸

（为了方便查看，已将前视图旋转 90°）；然后又为剖面视图标注尺寸，如图 10-262 所示。

图 10-262 标注前视图的尺寸

（14）单击前视图中的尺寸"φ40"，左侧弹出如图 10-263 所示的对话框，选择公差类型为"双边"，"最大变量 ➕"为 0.02，"最小变量 ➖"为 0，设置单位精度为".12"。单击尺寸属性对话框中的"其他"，转到如图 10-264 所示的界面，清除"使用尺寸字体"，然后在"字体比例"中输入 0.7，最后单击"确定 ✔"关闭对话框。

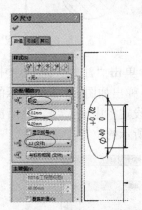

图 10-263 设置尺寸公差

图 10-264 设置公差字体大小

（15）重复上一步骤，为前视图和剖面视图中的尺寸标注公差，如图 10-265 和图 10-266 所示。

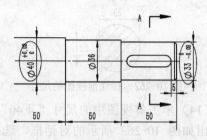

图 10-265　设置前视图中尺寸的公差

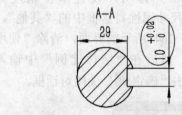

图 10-266　设置剖面视图中的尺寸公差

（16）单击"注解"选项卡中的"基准特征"，弹出如图 10-267 所示的对话框，在"符号设定"中输入 A，然后放置基准特征在图中所示的位置。

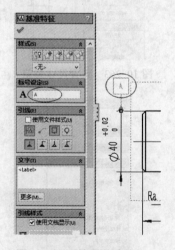

图 10-267　放置基准特征 A

（17）再次单击"注解"选项卡中的"基准特征"，弹出如图 10-268 所示的对话框，在"符号设定"中输入 B，然后放置基准特征在图中所示的位置。

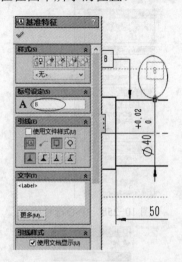

图 10-268　插入基准特征 B

（18）单击"注解"选项卡中的"形位公差"，弹出如图 10-269 所示的对话框，在"符号"中选择"跳动"，在"公差 1"中输入 0.04，在"主要"中输入 A-B，然后放置形位公差到如图 10-270 所示的位置。

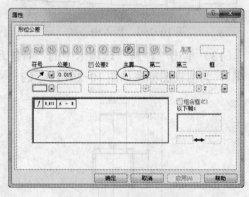

图 10-269　设置形位公差

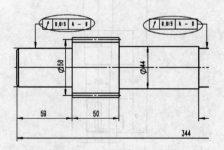

图 10-270　放置形位公差

（19）单击"注解"选项卡中的"表面粗糙度符号✓"，弹出如图 10-271 所示的对

图 10-271　设置表面粗糙度

话框，在"符号"中选择"✓"，然后在"最小粗糙度"中输入 1.6，最后把表面粗糙度符号放置于如图 10-272 所示的位置。

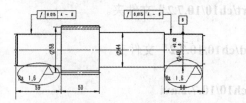

图 10-272　放置表面粗糙度符号

（20）再次单击"注解"选项卡中的"表面粗糙度符号✓"，弹出如图 10-273 所示

图 10-273　设置表面粗糙度

的对话框，在"符号"中选择"✓"，然后在"最小粗糙度"中输入 3.2，最后把表面粗糙度符号放置于如图 10-274 所示的位置。

（21）单击"注解"选项卡中的"注释 A"，在文本框中输入如图 10-275 所示的文字作为技术要求，并将技术要求放置于图纸的右下角。

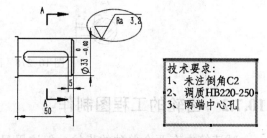

技术要求：
1、未注倒角C2
2、调质HB220-250
3、两端中心孔

图 10-274　放置表面粗糙度符号　图 10-275　技术要求

（22）单击"表格"附加菜单栏中的"总表⊞"，弹出如图 10-276 所示的对话框，在"列"和"行"中输入 2，然后单击"确定✓"插入表格，并在表格中输入图 10-277 所示的内容。此时已经完成工程图的制作，如图 10-278 所示。

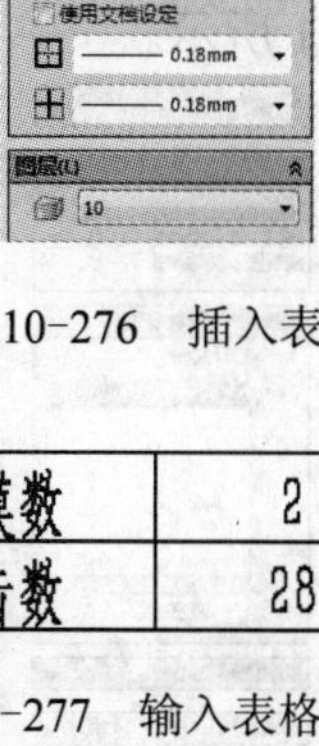

图 10-276　插入表格

模数	2
齿数	28

图 10-277　输入表格内容

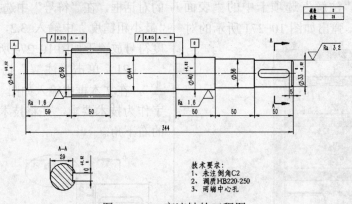

图 10-278　高速轴的工程图

10.7.2　齿轮的工程图制作

　　减速箱中有两个单独的齿轮，但这里只详细介绍中间轴齿轮的工程图制作。中间轴齿轮的三维模型如图 10-279 所示，制作齿轮的工程图时，首先需要生成一个前视图和剖面视图来表达齿轮的结构，然后再对齿轮标注尺寸、添加表面粗糙度符号等操作。

图 10-279　中间轴齿轮

 ——参见附带光盘中的 **"Start/ch10/10.7.2"** 文件夹。

 ——参见附带光盘中的 **"End/ch10/10.7.2"** 文件夹。

 ——参见附带光盘中的 **AVI/ch10/10.7.2.avi**

　　（1）新建一个工程图文件，然后单击"视图布局"选项卡中的"模型视图🖼"，弹出如图 10-280 所示的对话框，双击"中间轴齿轮"，然后在绘图区域放置模型前视图，如图 10-281 所示。

图 10-280　模型视图

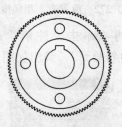

图 10-281　前视图

　　（2）右键单击左侧的"图纸 1"，在弹出的右键菜单中选择"属性"，此时弹出如图 10-282 所示的属性对话框，在该对话框的"比例"中输入"2:3"，在"图纸格式/大小"中单击"A3（GB）"，然后单击"确定"关闭对话框。

　　（3）单击"视图布局"选项卡中的"剖面视图📐"，左侧弹出如图 10-283 所示的对话框，单击"切割线"中的"竖直 ⬚"，此时鼠标出现竖直的切割线，移动鼠标到右视图中，使切割线通过齿轮中点，单击左键，移动鼠标到合适的位置，再次单击左键放置剖面视图，如图 10-284 所示。

图 10-282　设置图纸比例

（4）选择剖面视图中的剖面线，左侧弹出如图 10-285 所示的对话框，清除"材质剖面线"，然后选择"无"，清除默认的剖面线。

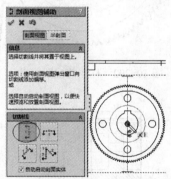

图 10-283　放置剖面线

A—A

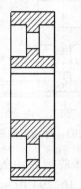

图 10-284　剖面视图

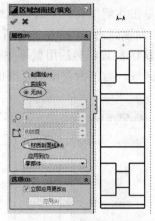

图 10-285　清除剖面线

（5）使用草图工具，在剖面视图中绘制如图 10-286 所示的草图。绘制草图后，选择标注的尺寸，单击右键，选择"隐藏"，隐藏尺寸，如图 10-287 所示。

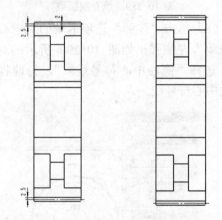

图 10-286　绘制草图　　图 10-287　隐藏尺寸

（6）再次使用草图工具，在前视图中绘制如图 10-288 所示的草图，绘制草图后，隐藏所标注的尺寸。

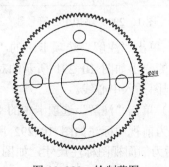

图 10-288　绘制草图

（7）单击注解工具栏中的"区域剖面线/填充 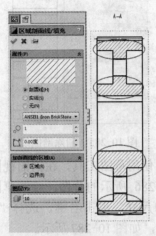"，左侧弹出如图 10-289 所示的对话框，保持默认参数，然后用鼠标单击图中所示的 4 个区域，为剖面视图填充剖面线。

图 10-289　填充剖面线

（8）单击"注解"选项卡中的"中心符号线 "左侧弹出如图 10-290 所示的对话框，选择"圆心中心符号线"，为前视图添加中心符号线。

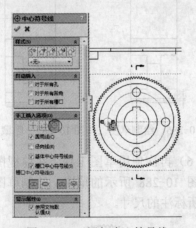

图 10-290　添加中心符号线

（9）单击"注解"选项卡中的"中心线"，左侧弹出如图 10-291 所示的对话框，为剖面视图插入中心线。

（10）单击"注解"选项卡中的"智能尺寸"，为前视图标注如图 10-292 所示的尺寸。然后为剖面视图标注尺寸，如图 10-293 所示。

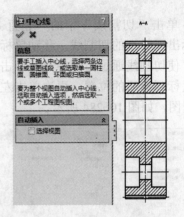

图 10-291　中心线

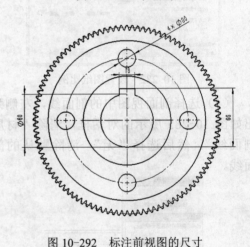

图 10-292　标注前视图的尺寸

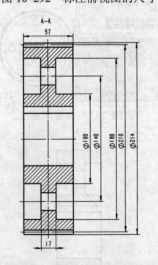

图 10-293　标注剖面视图的尺寸

（11）选择前视图中的尺寸"φ60"，左侧弹出如图 10-294 所示的对话框，选择公差类型为"双边","最大变量 **+**"为 0.02,"最小变量 **−**"为 0,设置单位精度为".12"。单击尺寸属性对话框中的"其他",转到如图 10-295 所示的界面,清除"使用尺寸字体",然后在"字体比例"中输入 0.7,最后单击"确定 ✔"关闭对话框。

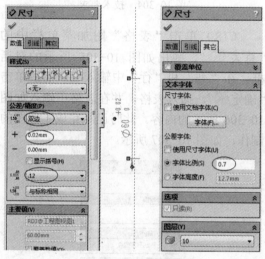

图 10-294 设置尺寸 图 10-295 设置公差
公差 字体大小

（12）重复上一个步骤,为图 10-296 所示的尺寸标注公差。

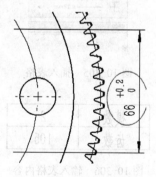

图 10-296 标注尺寸公差

（13）单击"注解"选项卡中的"表面粗糙度符号 ✔",弹出如图 10-297 所示的对话框,在"符号"中选择"✔",然后在"最小粗糙度"中输入 1.6,最后把表面粗糙度符号放置于如图 10-298 所示的位置。

（14）再次单击"注解"选项卡中的"表面粗糙度符号 ✔",弹出如图 10-299 所示的对话框,在"符号"中选择"✔",然后在"最小粗糙度"中输入 3.2,最后把表面粗糙度符号放置于如图 10-300 所示的位置。

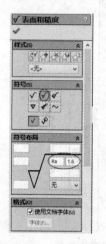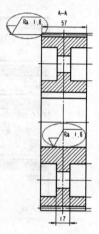

图 10-297 设置表面 图 10-298 放置表面
粗糙度 粗糙度符号

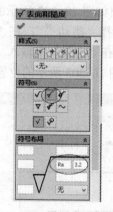

图 10-299 设置表面粗糙度

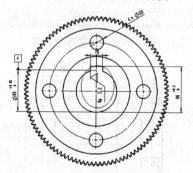

图 10-300 放置表面粗糙度符号

（15）单击"注解"选项卡中的"基准特征🅐"，弹出如图 10-301 所示的对话框，在"符号设定"中输入 A，然后放置基准特征在图中所示的位置。

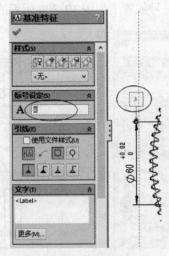

图 10-301　放置形位公差

（16）单击"注解"选项卡中的"形位公差🔲"，弹出如图 10-302 所示的对话框，在"符号"中选择"跳动↗"，在"公差 1"中输入 0.022，在"主要"中输入 A，然后放置形位公差到图 10-303 所示的位置。

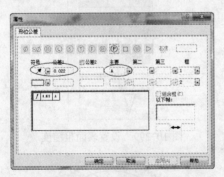

图 10-302　设置形位公差

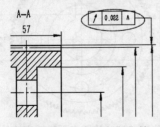

图 10-303　放置形位公差

（17）单击"注解"选项卡中的"注释A"，在文本框中输入图 10-304 所示的文字作为技术要求，并将技术要求放置于图纸的右下角。

图 10-304　技术要求

（18）单击"表格"附加菜单栏中的"总表🏓"，弹出如图 10-305 所示的对话框，在"列"和"行"中输入 2，然后单击"确定✔"，插入表格，并在表格中输入如图 10-306 所示的内容。此时已经完成工程图的制作，如图 10-307 所示。

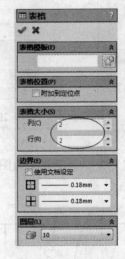

图 10-305　插入表格

模数	2
齿数	105

图 10-306　输入表格内容

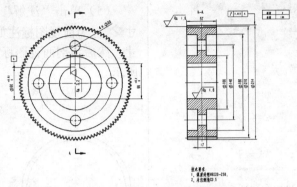

图 10-307　中间轴齿轮的工程图

10.7.3　密封零件的工程图制作

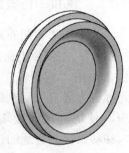

图 10-308　高速轴端盖

减速箱中的密封零件包括端盖、轴承盖等，它们都是回转体零件，其工程图的制作方法类似，因此这里只介绍高速轴端盖的工程图制作步骤。高速轴端盖的三维模型如图 10-308 所示，在制作工程图时，只需要生成一个前视图和剖面视图即可，然后再标注尺寸、表面粗糙度等。

——参见附带光盘中的"**Start/ch10/10.7.3**"文件夹。

——参见附带光盘中的"**End/ch10/10.7.3**"文件夹。

——参见附带光盘中的 **AVI/ch10/10.7.3.avi**

（1）新建一个工程图文件，然后单击"视图布局"选项卡中的"模型视图🖼"，弹出如图 10-309 所示的对话框，双击"高速轴端盖"，在绘图区域放置模型前视图，选择前视图，左侧弹出如图 10-310 所示的对话框，在"标准视图"中单击"上视🖼"。

（2）右键单击左侧的"图纸 1"，在弹出的右键菜单中选择"属性"，此时弹出如图 10-311 所示的属性对话框，在该对话框的"比例"中输入"2:3"，在"图纸格式/大小"中单击"A3（GB）"，然后单击"确定"按钮关闭对话框。

图 10-309　模型视图

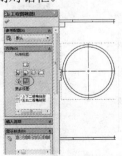

图 10-310　插入前视图

图 10-311　设置图纸比例

（3）单击"视图布局"选项卡中的"剖面视图"，左侧弹出如图 10-312 所示的对话框，单击"切割线"中的"竖直"，此时光标变为竖直的切割线，移动鼠标到右视图中，使切割线通过端盖的中点，单击左键，移动鼠标到合适的位置，再次单击左键放置剖面视图，如图 10-313 所示。

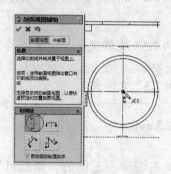

图 10-312　放置剖面线

（4）单击"注解"选项卡中的"中心线"，左侧弹出如图 10-314 所示的对话框，为剖面视图插入中心线。

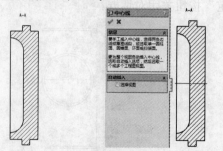

图 10-313　剖面视图　　图 10-314　插入中心线

（5）单击"注解"选项卡中的"智能尺寸"，为前视图标注如图 10-315 所示的尺寸。然后为剖面视图标注尺寸，如图 10-316 所示。

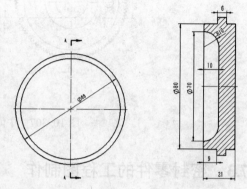

图 10-315　前视图的　　图 10-316　剖面视图的
　　　　尺寸　　　　　　　　　尺寸

（6）选择剖面视图中的尺寸"φ80"，左侧弹出如图 10-317 所示的对话框，选择公差类型为"双边"，"最大变量 +"为 0，"最小变量 -"为 0.02，设置单位精度为".12"。单击尺寸属性对话框的"其他"，转到如图 10-318 所示的界面，清除"使用尺寸字体"，然后在"字体比例"中输入 0.7，最后单击"确定"关闭对话框。

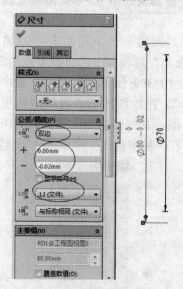

图 10-317　设置尺寸公差

图 10-318　设置公差字体大小

（7）单击"注解"选项卡中的"表面粗糙度符号√"，弹出如图 10-319 所示的对话框，在"符号"中选择"√"，然后在

"最小粗糙度"中输入 3.2，最后把表面粗糙度符号放置于图中所示的位置。此时已经完成高速轴端盖的工程图制作，如图 10-320 所示。

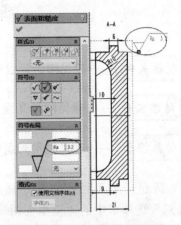

图 10-319　放置表面粗糙度符号

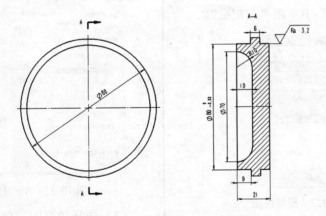

图 10-320　高速轴端盖的工程图

10.7.4　箱体结构的工程图制作

　　减速箱中的箱体和箱盖包含有大多数共同的特征，其工程图的表达方法也基本一样，因此这里只详细介绍箱体的工程图制作过程。

　　箱盖的三维模型如图 10-321 所示，它包含有很多的特征，因此在制作工程图时，首先要生成三视图来表达整体的结构，然后生成断开的剖面视图来表达箱盖中的螺栓孔和销孔，最后再添加尺寸、表面粗糙度等。

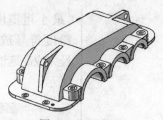

图 10-321　箱盖

起始文件——参见附带光盘中的"**Start/ch10/10.7.4**"文件夹。

结果文件——参见附带光盘中的"**End/ch10/10.7.4**"文件夹。

动画演示——参见附带光盘中的 AVI/ch10/10.7.4.avi

（1）新建一个工程图文件，然后单击"视图布局"选项卡中的"模型视图📷"，弹出如图 10-322 所示的对话框，双击"箱盖"，在绘图区域放置模型前视图，选择前视图，左侧弹出如图 10-323 所示的对话框，在"标准视图"中单击"左视🔲"。

图 10-322　模型视图

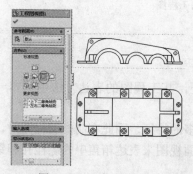

图 10-323　生成的视图

（2）右键单击左侧的"图纸 1"，在弹出的右键菜单中选择"属性"，此时弹出如图 10-324 所示的属性对话框，在该对话框的"比例"中输入"1:3"，在"图纸格式/大小"中单击"A2（GB）"，然后单击"确定"按钮关闭对话框。

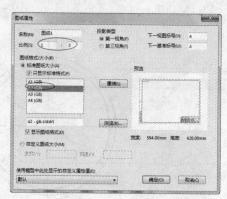

图 10-324　设置图纸比例

（3）选择俯视图，单击"插入"→"制作剖面线"，在俯视图上绘制如图 10-325 所示的剖面线。

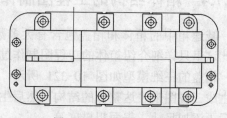

图 10-325　绘制剖面线

（4）选择剖面线，单击"视图布局"选项卡中的"剖面视图🔲"，弹出如图 10-326

所示的对话框，在"筋特征"中选择筋 1 和筋 2，然后勾选"反转方向"，最后单击"确定"生成如图 10-327 所示的剖面视图。

图 10-326　设置剖面视图

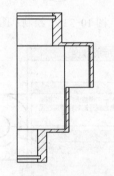

图 10-327　剖面视图

（5）如图 10-328 所示，选择剖面视图，单击右键，选择"视图对齐"→"解除对齐关系"，解除剖面视图和俯视图的对齐关系。

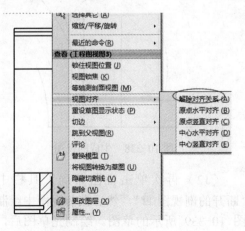

图 10-328　解除视图对齐

（6）选择剖面视图，单击右键，选择"旋转视图 ⟳"，弹出如图 10-329 所示的对话框，在"工程图角度"中输入 90°，然后单击"应用"按钮，再单击"关闭"按钮，关闭对话框，此时剖面视图变为如图 10-330 所示的样子。

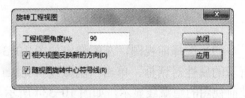

图 10-329　旋转视图

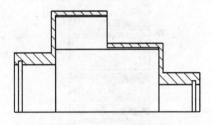

图 10-330　旋转后的剖面视图

（7）如图 10-331 所示，选择剖面视图，单击右键，选择"视图对齐"→"中心水平对齐"，此时鼠标变为"⬚"，单击前视图，使前视图和剖面视图对齐。

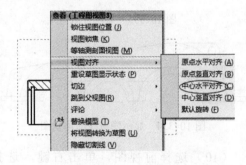

图 10-331　视图对齐

（8）选择三个视图，单击菜单栏中的"视图"→"显示"→"切边不可见"，则三个视图的切边被隐藏，变为如图 10-332 所示的样子。

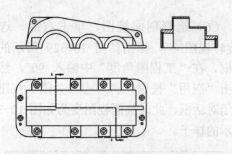

图 10-332　隐藏切边

（9）选择前视图，左侧弹出如图 10-343
所示的属性对话框，单击"隐藏线可见 "
使前视图的隐藏线显示，如图 10-334 所示。

图 10-333　显示样式

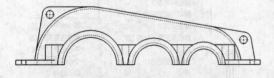

图 10-334　显示隐藏线的前视图

（10）选择前视图，单击右键，选择
"显示/隐藏边线 "，将前视图中不必要的
虚线隐藏掉，如图 10-335 所示。

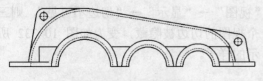

图 10-335　隐藏虚线

（11）单击视图布局工具栏中的"断开的
剖视图 "，然后在前视图中绘制如图 10-336
所示的草图。绘制完草图后，弹出如图 10-337
所示的对话框，在"深度参考 "中选择图
中所示的边线，然后单击"确定 "生成
如图 10-338 所示的视图。

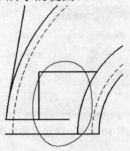

图 10-336　绘制草图

图 10-337　深度参考

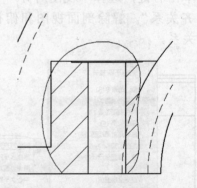

图 10-338　生成的视图

（12）再次单击视图布局工具栏中的
"断开的剖视图 "，然后在前视图中绘制如
图 10-339 所示的草图。绘制完草图后，弹
出如图 10-340 所示的对话框，在"深度参

考□"中选择图中所示的边线，然后单击"确定✔"，生成如图 10-341 所示的视图。

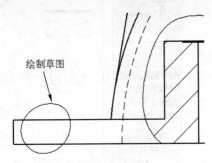

图 10-339　绘制草图

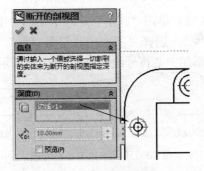

图 10-340　深度参考

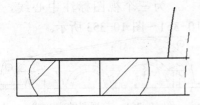

图 10-341　生成的剖面视图

（13）单击视图布局工具栏中的"断开的剖视图📰"，然后在前视图中绘制如图 10-342

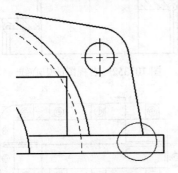

图 10-342　绘制草图

所示的草图；绘制完草图后，弹出如图 10-343 所示的对话框，在"深度参考□"中选择图中所示的边线，然后单击"确定✔"生成如图 10-344 所示的视图。

（14）单击视图布局工具栏中的"局部视图📰"，绘制如图 10-345 所示的草图。绘制完成草图后，生成如图 10-346 所示的局部视图。然后单击局部视图，左侧弹出如图 10-347 所示的属性对话框，在"样式"中选择"带引线"，在"比例"中选择"2:1"，然后单击"确定✔"关闭对话框。

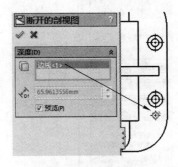

图 10-343　深度参考

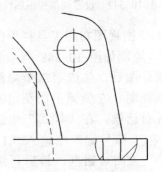

图 10-344　生成的剖面视图

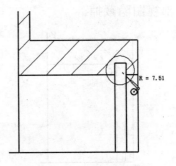

图 10-345　绘制草图

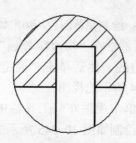

图 10-346　局部视图

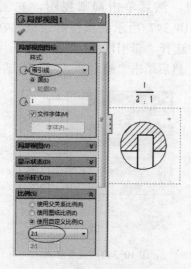

图 10-347　设置局部视图属性

（15）单击视图布局工具栏中的"局部视图🔲"，绘制如图 10-348 所示的草图。绘制完成草图后，生成第二个局部视图，选择局部视图，左侧弹出如图 10-349 所示的属性对话框，在"样式"中选择"带引线"，在"标号🅐"中输入"I"，单击"确定✅"关闭对话框。最后再选择这个局部视图，单击右键，选择"隐藏"，将这个局部视图隐藏掉。

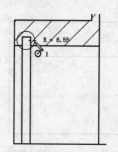

图 10-348　绘制草图

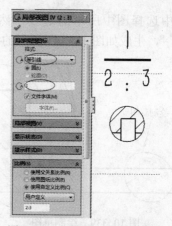

图 10-349　设置局部视图属性

（16）单击"注解"选项卡中的"中心符号线✛"，选择"圆心中心符号线⊕"，为前视图添加中心符号线，如图 10-350 所示。

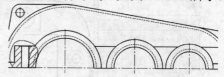

图 10-350　添加中心符号线

（17）单击"注解"选项卡中的"中心线⊟"，为三个视图标注中心线，分别如图 10-351～图 10-353 所示。

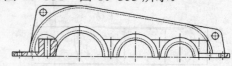

图 10-351　前视图的中心线

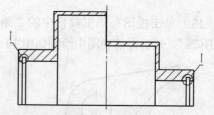

图 10-352　右视图的中心线

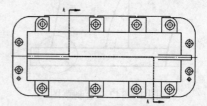

图 10-353　俯视图的中心线

（18）单击"注解"选项卡中的"智能尺寸◇"，为前视图标注如图 10-354 所示的尺寸。然后为其他视图标注尺寸，分别如图 10-355～图 10-357 所示。

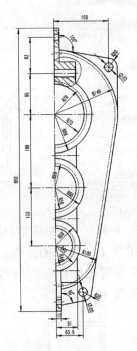

图 10-354　前视图的尺寸

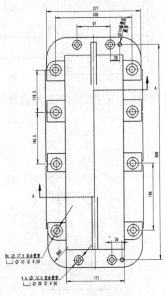

图 10-355　俯视图的尺寸

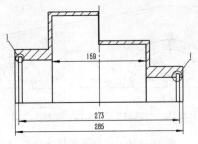

图 10-356　右视图的尺寸

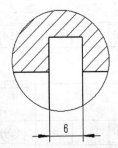

图 10-357　局部视图的尺寸

（19）选择前视图中的尺寸 95，左侧弹出如图 10-358 所示的尺寸属性对话框，在"公差类型"中选择"对称"，在"最大变量┿"中输入 0.08，然后单击"确定✔"，为尺寸设置公差。

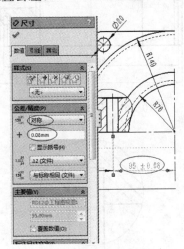

图 10-358　设置尺寸公差

（20）重复上一个步骤，为其他尺寸设置公差。各个视图中的尺寸公差分别如图 10-359～图 10-362 所示。

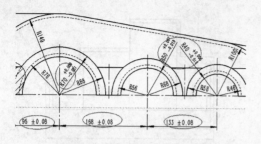

图 10-359　前视图的尺寸公差

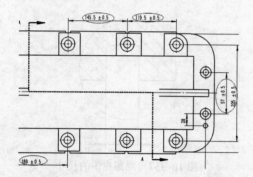

图 10-360　俯视图的尺寸公差

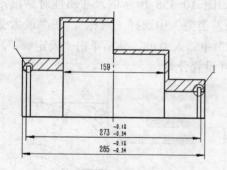

图 10-361　右视图的尺寸公差

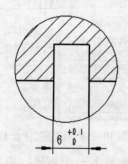

图 10-362　局部视图的尺寸公差

（21）再次单击"注解"选项卡中的"表面粗糙度符号√"，弹出如图 10-363 所示的对话框，在"符号"中选择"√"，然后在"最小粗糙度"中输入 1.6，然后把表面粗糙度符号放置图中所示的位置。

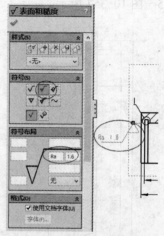

图 10-363　表面粗糙度符号

（22）重复上一步骤的操作，为右视图和局部视图放置表面粗糙度符号，分别如图 10-364 和图 10-365 所示。

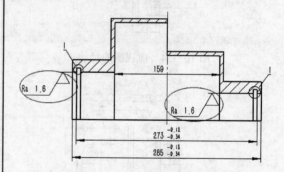

图 10-364　右视图的表面粗糙度符号

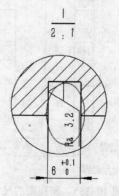

图 10-365　局部视图的表面粗糙度符号

（23）单击"注解"选项卡中的"注释
A"，在文本框中输入如图 10-366 所示的文字作为技术要求，并将技术要求放置于图纸的右下角。此时已经完成工程图的制作，如图 10-367 所示。

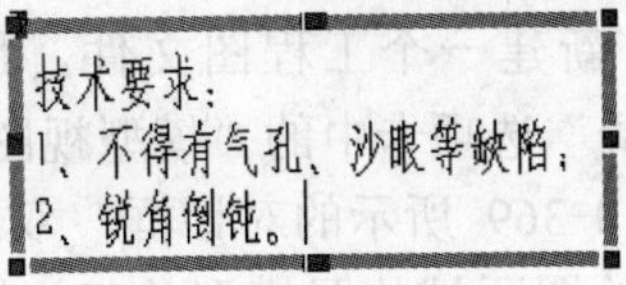

技术要求：
1、不得有气孔、沙眼等缺陷；
2、锐角倒钝。

图 10-366 技术要求

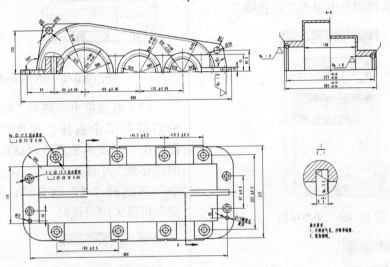

图 10-367 箱盖的工程图

10.7.5 装配体的工程图制作

减速箱的三维模型如图 10-368 所示，制作减速箱的工程图时，首先生成减速箱的三视图，然后在这三个视图中生成断开的剖视图来表达减速箱中螺栓和螺母的配合，最后标注尺寸和插入零件序号。

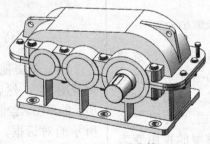

图 10-368 减速箱

起始文件 —— 参见附带光盘中的"Start/ch10/10.7.5"文件夹。

结果文件 —— 参见附带光盘中的"End/ch10/10.7.5"文件夹。

动画演示 —— 参见附带光盘中的 AVI/ch10/10.7.5.avi

（1）新建一个工程图文件，然后单击"视图布局"选项卡中的"模型视图 ⑨"，弹出如图 10-369 所示的对话框，双击"减速箱"，在绘图区域放置模型的三视图。选择前视图，左侧弹出如图 10-370 所示的对话框，在"标准视图"中单击"右视 ⊟"。

图 10-369　模型视图

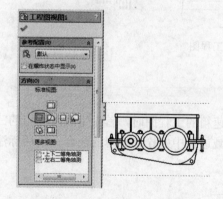

图 10-370　设置视图投影方向

（2）选择剖面视图，单击右键，选择"旋转视图 ⟳"，弹出如图 10-371 所示的对话框，在"工程图角度"中输入 180°，然后单击"应用"按钮，再单击"关闭"按钮，关闭对话框，此时前模型的视图变为如图 10-372 所示的样子。

图 10-371　旋转视图

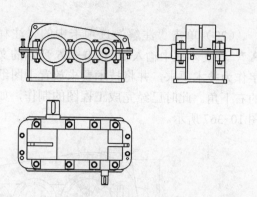

图 10-372　旋转后的视图

（3）右键单击左侧的"图纸 1"，在弹出的右键菜单中选择"属性"，此时弹出如图 10-373 所示的属性对话框，在该对话框的"比例"中输入"1:2"，在"图纸格式/大小"中选择"A1（GB）"，然后单击"确定"按钮关闭对话框。

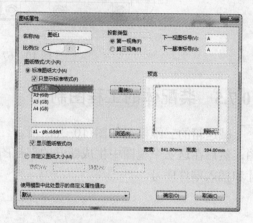

图 10-373　设置图纸比例

（4）单击视图布局工具栏中的"断开的剖视图 ⊡"，然后在俯视图中绘制如图 10-374 所示的草图。绘制完草图后，弹出如图 10-375 所示的对话框，在"不包括的零部件/筋特征"中选择所有的螺栓、三根轴和两个平键，然后单击"确定"按钮，此时又出现如图 10-376 所示的对话框，在"深度参考 ⬚"中选择图中所示的边线，然后单击"确定 ✓"，生成如图 10-377 所示的视图。

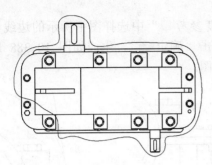

图 10-374　绘制草图

图 10-375　设置剖面属性

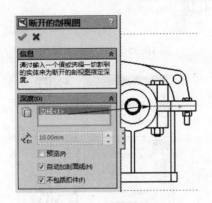

图 10-376　深度参考

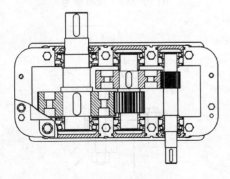

图 10-377　生成的视图

（5）选择俯视图中的螺栓，单击右键，选择"显示/隐藏"→"隐藏零部件"，隐藏如图 10-378 所示的几个螺栓。

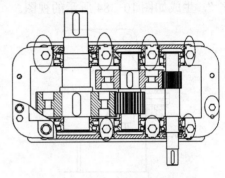

图 10-378　隐藏螺栓

（6）选择前视图中的螺栓，单击右键，选择"显示/隐藏"→"隐藏零部件"，隐藏如图 10-379 所示的螺栓和螺母。隐藏螺栓和螺母后的视图如图 10-380 所示。

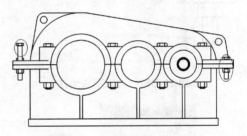

图 10-379　隐藏螺栓和螺母

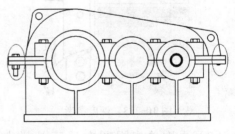

图 10-380　隐藏螺栓和螺母后的视图

（7）再次单击视图布局工具栏中的"断开的剖视图[图标]"，然后在前视图中绘制如图 10-381 所示的草图。绘制完草图后，弹出如图 10-382 所示的对话框，在"不包括的零部件/筋特征"中选择图中所示的螺栓和螺母，然后单击"确定"按钮，此时又出现如图 10-383 所示的对话框，在"深度参考 □"中选择图中所示的边线，然后单击"确定 ✓"，生成如图 10-384 所示的视图。

"深度参考□"中选择图中所示的边线，然后单击"确定✓"，生成如图 10-388 所示的视图。

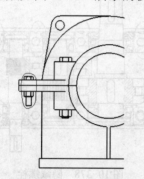

图 10-381　绘制草图

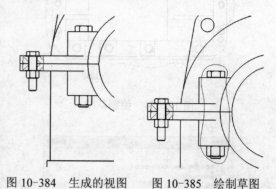

图 10-384　生成的视图　　图 10-385　绘制草图

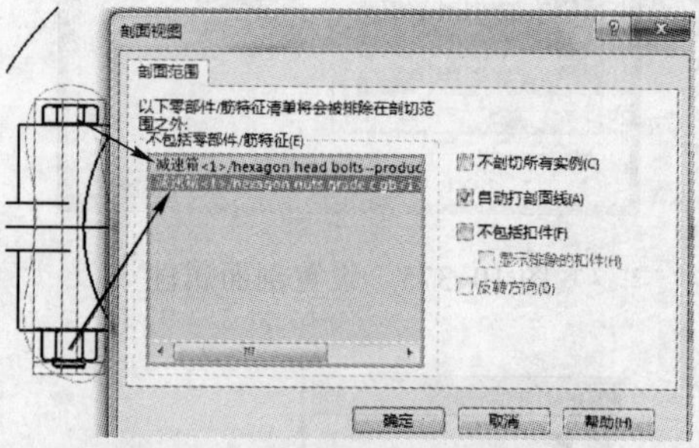

图 10-382　设置剖面属性

图 10-386　设置剖面属性

图 10-383　深度参考

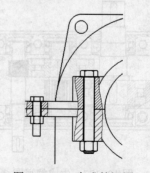

图 10-387　深度参考

　　（8）再次单击视图布局工具栏中的"断开的剖视图 ▣"，然后在前视图中绘制如图 10-385 所示的草图。绘制完草图后，弹出如图 10-386 所示的对话框，在"不包括的零部件/筋特征"中选择图中所示的螺栓和螺母，然后单击"确定"按钮，此时又出现如图 10-387 所示的对话框，在

图 10-388　生成的视图

（9）再次单击视图布局工具栏中的"断开的剖视图 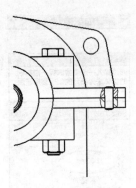"，然后在前视图中绘制如图 10-389 所示的草图。绘制完草图后，弹出如图 10-390 所示的对话框，在"不包括的零部件/筋特征"中选择图中所示的销，然后单击"确定"按钮，此时又出现如图 10-391 所示的对话框，在"深度参考 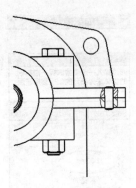"中选择图中所示的边线，然后单击"确定 ✔"，生成如图 10-392 所示的视图。

图 10-392　生成的视图

（10）单击视图布局工具栏中的"断开的剖视图 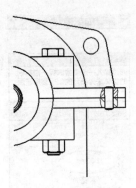"，然后在前视图中绘制如图 10-393 所示的草图。绘制完草图后，弹出如图 10-394 所示的对话框，在"不包括的零部件/筋特征"中选择图中所示的螺栓，然后单击"确定 ✔"，此时又出现如图 10-395 所示的对话框，在"深度"中选择输入 21，然后单击"确定 ✔"生成如图 10-396 所示的视图。

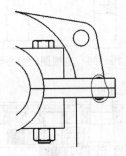

图 10-389　绘制草图

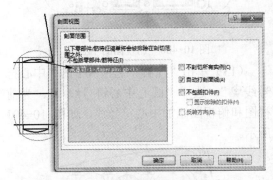

图 10-390　设置剖面属性

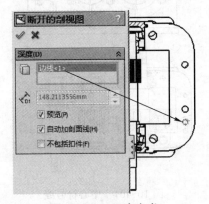

图 10-391　深度参考

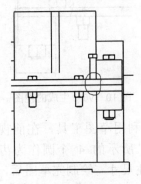

图 10-393　绘制草图

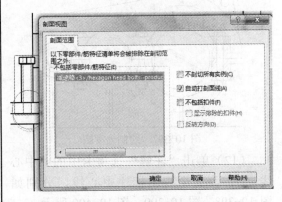

图 10-394　设置剖面属性

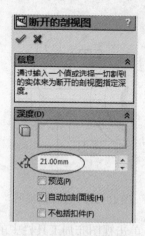

图 10-395　深度参考

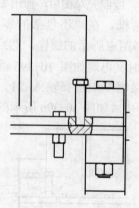

图 10-396　生成的视图

（11）利用草图工具，在前视图绘制如图 10-397 所示的 4 个圆作为齿轮的分度圆，并标注尺寸。绘制完草图后，隐藏标注的尺寸。

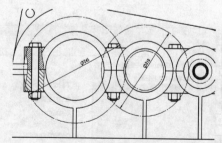

图 10-397　绘制分度圆

（12）单击"注解"选项卡中的"中心线🔁"，为三个视图标注中心线，分别如图 10-398、图 10-399、图 10-400 所示。

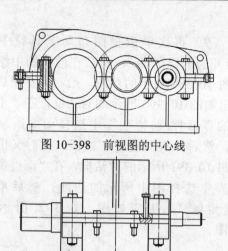

图 10-398　前视图的中心线

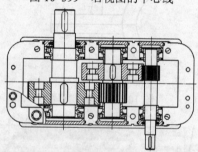

图 10-399　右视图的中心线

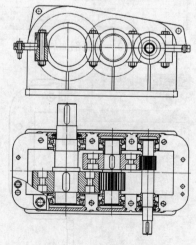

图 10-400　俯视图的中心线

（13）单击"注解"选项卡中的"中心符号线⊕"，选择"圆心中心符号线⊕"，为前视图和俯视图添加中心符号线，如图 10-401 所示。

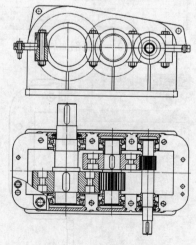

图 10-401　中心符号线

（14）单击"注解"选项卡中的"智能尺寸 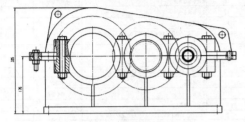"，为前视图标注如图 10-402 所示的尺寸。然后为其他视图标注尺寸，分别如图 10-403 和图 10-404 所示。标注完尺寸后，为俯视图的尺寸设置套合公差，如图 10-405 所示。

图 10-405　设置尺寸公差

图 10-402　前视图的尺寸

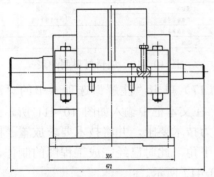

图 10-403　右视图的尺寸

图 10-406　自动零件序号

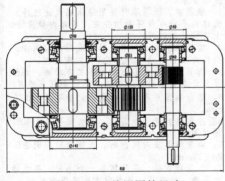

图 10-404　俯视图的尺寸

（15）单击"自动零件序号 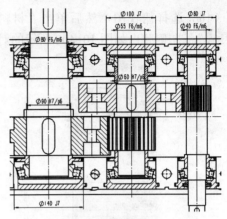"，弹出如图 10-406 所示的对话框，在"阵列类型"中选择"布置零件序号到方形 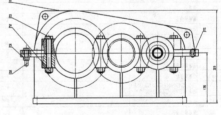"，然后选择前视图和俯视图，自动添加零件序号，再调整零件序号到合适的位置，如图 10-407 所示。

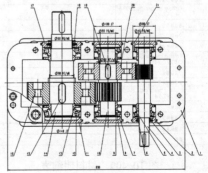

图 10-407　布置零件序号

（16）选择俯视图，然后单击"材料明细表 🖾"，左侧弹出如图 10-408 所示的对话

图 10-408 插入材料明细表

框，再单击"确定 ✔"，生成材料明细表，如图 10-409 所示。最后编辑材料明细表，输入各个零件的材料，如图 10-410 所示。

项目号	零件号	说明	数量
27	GB_CONNECTING_PIECE_PIN_CP 10X28		1
26	GB_FASTENER_BOLT_HHBC M12X55-C		5
25	GB_FASTENER_NUT_SNC1 M12-C		4
24	GB_FASTENER_NUT_SNC1 M16-C		8
23	GB_FASTENER_BOLT_HHBC M16X120-C		8
22	箱盖		1
21	高速轴端盖		1
20	中间轴齿轮		1
19	GB_CONNECTING_PIECE_KEYS_CSK 18X50		1
18	低速轴毡圈油封		1
17	低速轴承盖		1
16	低速轴齿轮		1
15	GB_CONNECTING_PIECE_KEYS_CSK 25X70		1
14	低速轴		1
13	低速轴挡油环		2
12	Rolling bearings 30216 GB 297-94		2
11	低速轴端盖		1
10	中间轴		1
9	中间轴挡油环		2
8	Rolling bearings 30211 GB 297-94		2
7	中间轴端盖		2
6	高速轴挡油环		2
5	Rolling bearings 30208 GB 297-94		2
4	高速轴		1
3	高速轴毡圈油封		1
2	高速轴承盖		1
1	箱体		1

图 10-409 材料明细表

项目号	零件号	材料	数量
27	GB_CONNECTING_PIECE_PIN_CP 10X28		1
26	GB_FASTENER_BOLT_HHBC M12X55-C		5
25	GB_FASTENER_NUT_SNC1 M12-C		4
24	GB_FASTENER_NUT_SNC1 M16-C		8
23	GB_FASTENER_BOLT_HHBC M16X120-C		8
22	箱盖	HT200	1
21	高速轴端盖	铸钢	1
20	中间轴齿轮	45号钢	1
19	GB_CONNECTING_PIECE_KEYS_CSK 18X50		1
18	低速轴毡圈油封	半粗羊毛毡	1
17	低速轴承盖	铸钢	1
16	低速轴齿轮	45号钢	1
15	GB_CONNECTING_PIECE_KEYS_CSK 25X70		1
14	低速轴	45号钢	1
13	低速轴挡油环	08F	2
12	Rolling bearings 30216 GB 297-94		2
11	低速轴端盖	HT150	1
10	中间轴	45号钢	1
9	中间轴挡油环	08F	2
8	Rolling bearings 30211 GB 297-94		2
7	中间轴端盖	铸钢	2
6	高速轴挡油环	08F	2
5	Rolling bearings 30208 GB 297-94		2
4	高速轴	45号钢	1
3	高速轴毡圈油封	半粗羊毛毡	1
2	高速轴承盖	铸钢	1
1	箱体	HT200	1

图 10-410 编辑材料明细表

（17）单击"注解"选项卡中的"注释 **A**"，在文本框中输入如图 10-411 所示的文字作为技术要求，并将技术要求放置于图纸的右下角。此时已经完成工程图的制作，如图 10-412 所示。

技术要求：
1、装配前，所有零件要用煤油或汽油洗净，机体内不许有任何杂物存在，机体内壁应涂上防侵蚀的涂料。
2、齿轮采用浸油润滑，轴承采用脂肪润滑，机体内装齿轮油HL-CKC68至规定高度。
3、所有结合面及密封处都不允许漏油，剖分面允许涂密封胶或水玻璃，不得加任何垫片。
4、啮合侧隙可用铅丝检验，侧隙不小于0.21mm。
5用涂色法检验接触斑点，沿齿高不小于40%，沿齿宽不小于50%。
6、调整轴承轴向间隙时，应留有轴向间隙0.12~0.20mm。
7、作空载试验；正反转各一个小时，要求运作平稳，噪音小，连接固定处不得有松动，温升正常。

图 10-411 技术要求

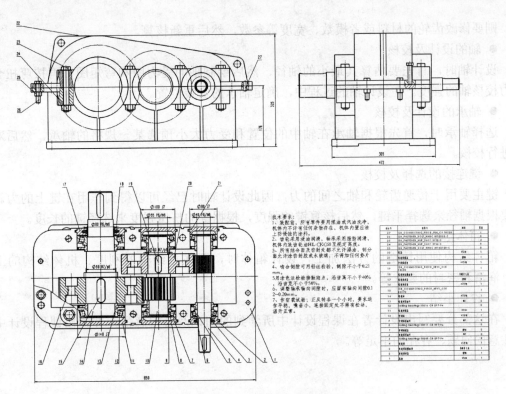

图 10-412　减速箱工程图

10.8　设计报告的写作

　　二级齿轮减速器的设计报告是课程设计中重要的部分，它应当包括电动机的选型、传动装置的运动参数、零件的校核、箱体结构的设计等内容。一般可以按照如下的大纲进行写作：

　　● 设计任务书

　　在设计任务书中，应该给出课题的名称、减速器的技术数据和它的工作条件及技术要求等参数，同时还要画出传动装置的示意图。

　　● 电机的选型

　　选择电动机时，首先要按照负载所要求的最大功率及齿轮、轴承的传动效率来确定若干个电动机的型号，然后根据负载所要求的转速来确定一个合适的电动机。选择电动机时，电动机的额定功率应当和负载的要求匹配，而且其转速要合适，以免造成减速器总的减速比过大，从而提高减速器的成本。

　　● 传动装置的运动参数

　　减速器的传动比由电动机的额定转速和负载的转速来决定。分配减速比时，要注意两级齿轮的减速比不能相差过大，以免齿轮直径过大。

　　● 齿轮的设计及校核

　　设计齿轮时，要根据每一级齿轮的减速比来选择接近的齿数和模数，然后对齿轮进行校核。校核齿轮时，要根据接触疲劳强度和弯曲疲劳强度来校核齿轮的强度，如果强度不够，则要修改齿轮的材料或者模数、宽度等参数，然后重新核算。

● 轴的设计及校核

设计轴时，首先要估算其最小的轴径，然后绘制轴的受力图和弯矩图，再按弯扭合成应力校核轴的强度。在设计轴的过程中，确定轴承的安装位置。

● 轴承的设计及校核

选择轴承时，首先根据轴承在轴中的位置和受力大小预选某一规格的轴承，然后对轴承进行校核。

● 键连接的选择及校核

键主要用于传递齿轮和轴之间的力，因此设计轴时已经可以得到作用在键上的力。首先要根据轴径来选择平键，然后核算键的强度，根据键的挤压强度来选择键的长度。

● 箱体结构设计

箱体结构使用铸造的方法加工，设计箱体时，要注意结构的刚度、机体结构的工艺性、润滑和密封的要求等。

● 设计小结

在这部分要写出设计者在课程设计中所学到的知识及心得感悟，并列出课程设计中需要注意的问题、存在的不足等。